PRAKTISCHES HANDBUCH DER LICHTBOGENSCHWEISSUNG

von

Ingenieur KTH. DAG DU RIETZ, Stockholm
und Dr.-Ing. HELMUT KOCH, Hannover
Dozent an der Technischen Hochschule Hannover

3. unveränderte Auflage

Mit 197 Abbildungen

Springer Fachmedien Wiesbaden GmbH 1948

Der schwedische Originaltitel lautet „Praktisk Handbok i Bågsvetsning

Genehmigt für den Gebrauch in Schulen
durch Control Commission for Germany (B. E.)

ISBN 978-3-663-19846-8 ISBN 978-3-663-20183-0 (eBook)
DOI 10.1007/978-3-663-20183-0
Softcover reprint of the hardcover 3rd edition 1948

Druck. Schloßbuchdruckerei Braunschweig

VORWORT ZUR ZWEITEN AUFLAGE

Die erste Auflage dieses Buches ist im Jahre 1939 entstanden aus dem schwedischen Werk „Praktisk Handbok i Bågsvetsning" (Praktisches Handbuch der Lichtbogenschweißung) von *Dag Du Rietz.* Obgleich im deutschen Schrifttum eine Reihe bewährter Darstellungen aus diesem Fachgebiet vorlagen, erschien eine Übertragung der Arbeit des schwedischen Fachgenossen wünschenswert, der auf verschiedenen Sondergebieten wertvolle Forschungsarbeit geleistet hat.

Erwies sich schon damals eine weitgehende Neufassung des deutschen Textes als zweckmäßig, so wurde das Buch für die zweite Auflage erneut einer gründlichen Überarbeitung unterzogen. Der schnellen Weiterentwicklung der Lichtbogenschweißung wurde in jeder Hinsicht Rechnung getragen. Neu entwickelte Schweißverfahren wurden in die Darstellung einbezogen. Einige Abschnitte, so vor allem die „Maschinen und Geräte für die Lichtbogenschweißung" und die „Kostenberechnung", wurden vollständig neu abgefaßt.

Unverändert geblieben ist die Art der Darstellung, die allgemein starken Beifall gefunden hat. Das Buch wendet sich in erster Linie an Schweißingenieure, Meister und Schweißer und soll auch als Lehrbuch für den Unterricht dienen. Größter Wert wurde daher auf die Besprechung der praktischen Schweißarbeit gelegt. Der Schweißvorgang selbst, auftretende Schwierigkeiten, die Blaswirkung des Lichtbogens, die Entstehung von Schrumpfungen und Schrumpfspannungen, die Rißgefahr sowie Aufbau und Behandlung der Schweißmaschinen werden eingehend behandelt. Ich habe versucht, hierbei wissenschaftliche Gründlichkeit mit einer gemeinfaßlichen Darstellungsweise zu verbinden. Auch schwierige Fragen wurden in den Kreis der Erörterung einbezogen, weil ein Eindringen in die Tiefe, selbst wenn es nur auf schmalen Ausschnitten geschehen kann, den Suchenden mehr befriedigt als eine oberflächliche Erklärung. Um an den entsprechenden Stellen die physikalischen, chemischen und metallurgischen Grundbegriffe voraussetzen zu können, wurden die einführenden Abschnitte aus der schwedischen Ausgabe übernommen.

Bewußt verzichtet wurde auf eine Darstellung der verschiedenen Anwendungsgebiete der Lichtbogenschweißung und auf Einzelheiten der schweißtechnischen Gestaltung und Berechnung. Die gesonderte Behandlung dieses Gebietes in einem späteren zweiten Band ist in Aussicht genommen.

Es ist mir eine angenehme Pflicht, auch an dieser Stelle allen denjenigen meinen Dank zum Ausdruck zu bringen, die meine Arbeit mit Rat und Tat unterstützten. Neben Herrn Ingenieur *Du Rietz* habe ich besonders den Herren Professor Dr. *Matting*, Professor Dr. *Bierett* und Dr. *Zeyen* für vollständige Durchsicht der Handschrift und für viele wertvolle Anregungen zu danken. Einzelne Abschnitte wurden von den Herren Professor Dr. *Humburg*, Oberingenieur Dr. *Le Comte*, Dr. *Lessel*, Dr. *Tewes*, Oberingenieur *Ritz*, Reichsbahnrat Dr. *Stieler*, Oberingenieur *Horn*, Dipl.-Ing. *Hase*, Dipl.-Ing. *Schnarz*, Dr. *Brenner*, Chemiker *Röhrig*, Professor Dr. *Berthold* und Dipl.-Ing. *Nagel* durchgesehen. Außer ihnen gaben zahlreiche weitere Fachgenossen wertvolle Anregungen für die Verbesserung des Buches. Ihnen allen gilt mein verbindlichster Dank für die kameradschaftliche Unterstützung, ebenso den Firmen, die Bildunterlagen bereitwillig zur Verfügung stellten.

Durch die Kriegsverhältnisse wurde leider das Erscheinen der zweiten Auflage um mehrere Jahre verzögert. Aus dem gleichen Grunde konnten nicht alle Wünsche hinsichtlich der Neugestaltung des Buches erfüllt werden.

Hannover, im Mai 1947.

Dr. **H. Koch**

INHALTSVERZEICHNIS

Seite

I. CHEMISCHE UND PHYSIKALISCHE GRUNDBEGRIFFE

1. Grundstoffe, chemische Verbindung, Lösung und Gemenge

Die Baustoffe der Natur und unsere technischen Werkstoffe sind zusammengesetzte Stoffe, die auf chemischem Wege in ihre Grundstoffe zerlegt werden können. Die 92 chemischen Grundstoffe oder Elemente werden auf Grund ihrer chemischen und physikalischen Eigenschaften in zwei Gruppen eingeteilt: Metalle und Metalloide. Die Metalle bilden die größere Gruppe.

In der folgenden Tafel sind die wichtigsten Elemente mit ihren chemischen Kurzzeichen zusammengestellt.

Metalle:

Aluminium	Al	Molybdän	Mo
Blei	Pb	Natrium	Na
Chrom	Cr	Nickel	Ni
Eisen	Fe	Platin	Pt
Gold	Au	Quecksilber	Hg
Kalium	K	Silber	Ag
Kalzium	Ca	Titan	Ti
Kobalt	Co	Vanadium	V
Kupfer	Cu	Wolfram	W
Magnesium	Mg	Zink	Zn
Mangan	Mn	Zinn	Sn

Metalloide:

Chlor	Cl	Schwefel	S
Kohlenstoff	C	Silizium	Si
Phosphor	P	Stickstoff	N
Sauerstoff	O	Wasserstoff	H

Der neueren Atomphysik ist es gelungen, die kleinsten Teile der Elemente, die Atome, aufzuspalten und damit ein Element in ein anderes überzuführen. Die Vereinigung der Grundstoffe oder einfacher Stoffe zu den verwickeltsten Systemen ist auf verschiedene Weise möglich. Man unterscheidet: chemische Verbindung, Lösung und Gemenge.

Eine chemische Verbindung stellt die innigste Vereinigung zweier oder mehrerer Grundstoffe dar. Eine Trennung ist nur durch chemische Vorgänge möglich. Die Verbindung weist andere Eigenschaften auf als die Stoffe, aus der sie besteht. Wasser ist eine chemische Verbindung aus den beiden Gasen Wasserstoff (H) und Sauerstoff (O) und hat die Formel H_2O, d. h. es verbinden sich zwei Teile Wasserstoff mit einem Teil Sauerstoff. Andere Beispiele sind Salzsäure (HCl), die aus einem Teil Wasserstoff (H) und einem Teil Chlor (Cl) besteht, oder Magneteisenstein (Fe_3O_4), der aus drei Teilen Eisen (Fe) und vier Teilen Sauerstoff (O) und somit aus einem festen Metall und einem Gas besteht. — Kennzeichnend für eine chemische Verbindung ist, daß sich die Bestandteile stets in ganzzahligen Verhältnissen miteinander verbinden.

Eine Gruppe von chemischen Verbindungen, die beim Schweißen eine besondere Rolle spielen, sind die Oxyde. Es sind Verbindungen von Sauerstoff mit einem anderen Grundstoff. Die meisten Grundstoffe und besonders die unedlen Metalle zeigen eine ausgeprägte Neigung, sich mit Sauerstoff zu verbinden. Wenn ein solches Metall im geschmolzenen Zustande mit Luft in Berührung kommt, verbindet sich sofort der Sauerstoff der Luft damit, und das Metallbad überzieht sich mit einer Oxydhaut.

Im Gegensatz zur chemischen Verbindung behalten die Stoffe in einer Lösung mehr oder weniger ihre kennzeichnenden Eigenschaften. Die Vereinigung ist nicht so innig. Wie z. B. Kochsalz oder Zucker in Wasser aufgelöst werden, so kann sich auch Luft in Wasser lösen und ebenso ein Gas in einer Metallschmelze. Die Lösung von Gasen in flüssigen Metallen spielt sowohl bei der Stahlerzeugung als auch in der Schweißtechnik eine große Rolle. — Lösungen brauchen nicht immer flüssig zu sein, sie kommen auch im festen Zustande vor. Diese festen Lösungen sind ein wichtiger Begriff in der Legierungstechnik.

Das Gemenge ist eine einfache mechanische Vermengung kleinster Teile von verschiedenen Stoffen, die ohne chemische Umsetzungen wieder voneinander getrennt werden können. Die Bestandteile behalten ihre Eigenschaften bei.

Legierung ist die technische Bezeichnung für zusammengeschmolzene Metalle, die gegenüber ihren Einzelbestandteilen (Komponenten) oft ganz neue Eigenschaften aufweisen. So ist Messing eine Legierung aus hauptsächlich Kupfer und Zink, Bronze aus Kupfer und Zinn. Eine Legierung kann sowohl eine chemische Verbindung, eine feste Lösung als auch ein Gemenge sein. Meistens ist sie eine Kombination dieser Möglichkeiten. — Weißes Gußeisen ist in der Hauptsache ein Gemenge aus Eisen und einer chemischen Verbindung von Eisen und Kohlenstoff, die als Eisenkarbid oder Zementit bezeichnet wird (Fe_3C). Im grauen Gußeisen hat sich der größte Teil des Kohlenstoffs elementar ausgeschieden und ist als Graphitadern eingelagert. Die graue

Färbung ist eine Folge der Graphitausscheidung, gleichzeitig auch die geringe Härte und gute Bearbeitbarkeit sowie geringe Festigkeit. In hochlegierten Chrom-Nickel-Stählen (sog. austenitische Stähle, z. B. *Krupp*scher V 2 A-Stahl) bilden Eisen und Kohlenstoff eine feste Lösung, in der die übrigen Legierungselemente und Stahlbegleiter z. T. ebenfalls gelöst, z. T. in chemischen Verbindungen ausgeschieden enthalten sind. Durch diese Mannigfaltigkeit erscheint die Legierungstechnik zunächst sehr verwickelt, aber auch hier herrschen bestimmte Gesetzmäßigkeiten.

2. Der Vorgang des Schmelzens und Erstarrens

Werden Metalle und Legierungen erhitzt, so beginnen sie schließlich zu schmelzen. Die reinen Metalle schmelzen bei bestimmten Temperaturpunkten, während die meisten Legierungen ein Temperaturintervall benötigen. Der Schmelzvorgang beginnt bei einer unteren Temperatur und ist erst beendet, wenn eine bestimmte obere Temperatur erreicht ist. In diesem Temperaturbereich ist die Legierung teils fest, teils flüssig. Bei einigen Legierungen von bestimmter Zusammensetzung geht die Umwandlung vom festen zum flüssigen Zustand plötzlich ohne Temperaturerhöhung vor sich. Diese Legierungen werden als eutektische bezeichnet.

In der folgenden Tafel sind die Schmelztemperaturen für einige Elemente, Legierungen und Oxyde zusammengestellt, die beim Schweißen von Bedeutung sind [1]).

Schmelztemperaturen:

Aluminium	658°
Aluminiumoxyd (Tonerde)	2050°
Blei	327°
Bleioxyd	880°
Bronze und Messing	700 bis 1000°
Chrom *)	1770 bis 1890°
Chemisch reines Eisen	1528°
Weicher Stahl (0,1 % C)	1490 bis 1520°
Harter Stahl (0,5 % C)	1380 bis 1480°
Sehr harter Stahl (0,9 % C)	1260 bis 1460°
Gußeisen	über 1150°
Eisenoxydul (FeO)	1365°
Kohlenstoff	3400 bis 3600°
Kobalt	1490°

[1]) Die Ziffern beziehen sich auf das Schrifttumsverzeichnis am Schluß des Buches (S. 277).

*) Der obere Wert gilt für chemisch reines Chrom. Durch geringe Verunreinigungen wird der Schmelzpunkt herabgesetzt.

Kupfer	1083°
Kupferoxyd	1150 bis 1230°
Magnesium	650°
Magnesia (Magnesiumoxyd)	2500 bis 2800°
Mangan	1245 bis 1260°
Manganoxyd	1785°
Molybdän	2620°
Monelmetall (Nickel—Kupfer)	1310 bis 1360°
Nickel	1451°
Platin	1755 bis 1780°
Silizium	1410°
Siliziumoxyd	1680 bis 1715°
Wolfram	3370°
Zinn	232°
Zink	419°

Die Erstarrung während des Abkühlens geschieht bei der gleichen Temperatur oder z. T. bei etwas geringerer. Es bilden sich kleine Kristalle aus, die in das Innere der Schmelze hineinwachsen. Sie stoßen schließlich gegeneinander und grenzen sich ab. Je größer die Zahl der Kerne ist, von denen aus das Wachstum der Kristalle beginnt, um so feiner ist das Gefüge des erstarrten Körpers. Grobes Gefüge ist im allgemeinen spröde und bruchempfindlich.

Stoffe, die in dieser Weise erstarren, werden als kristallin bezeichnet; sie haben eine kristalline Struktur. Hierzu gehören alle metallischen Stoffe und weitaus die meisten Mineralien. Die Kristallstruktur kann man meistens schon mit bloßem Auge erkennen. Die Bruchfläche eines Stahl- oder Gußeisenstückes besteht aus vielen kleinen glänzenden Flächen, den Bruchflächen der Kristalle.

Daneben gibt es Stoffe, die nicht in dieser Weise erstarren, sondern derart, daß die Schmelze ohne Kristallbildung im ganzen immer dickflüssiger wird, bis sie allmählich in den festen Zustand übergeht. Zu diesen amorphen Stoffen gehört z. B. Glas. Man kann sie als unterkühlte Flüssigkeiten auffassen [2]).

Nachteilig auswirken kann sich die im vorhergehenden Abschnitt erwähnte Gasaufnahme in der Metallschmelze. Im festen Zustand der Metalle können die Gase nicht in Lösung bleiben, sondern sie werden während der Erstarrung ausgeschieden. Bei plötzlicher Erstarrung gelingt es den ausgeschiedenen Gasen nicht mehr, zur Oberfläche emporzusteigen; sie bleiben dann als Poren oder Blasen im metallischen Werkstoff enthalten. Dieser Vorgang hat beim Schweißen porige Nähte zur Folge.

3. Die Festigkeit der Werkstoffe

Eine der wichtigsten Eigenschaften der festen Werkstoffe ist ihre Fähigkeit, Belastungen verschiedener Art zu ertragen. Sie können auf Zug, Druck, Biegung, Abscheren, Verdrehung und Ausknicken beansprucht werden. Als Wertmaßstab eines metallischen Werkstoffes ist die Angabe der Zugfestigkeit am häufigsten. Ein Probestab vermag eine bestimmte Zugkraft aufzunehmen, bevor er zerreißt. Die Zugkraft wird auf die Fläche des Bruchquerschnittes vor dem Bruch bezogen und ergibt die Bruchspannung (Bruchfestigkeit). Da die Zugkraft an der Zerreißmaschine in kg abgelesen und der Querschnitt der Zerreißprobe in mm^2 ausgemessen wird, so ergibt sich die Zahlenangabe für die Spannung in kg/mm^2. Es ist üblich, eine Spannung mit dem griechischen Buchstaben σ (sigma) zu bezeichnen. Die Bruchspannung, d. h. die höchste Spannung, die der Probestab bis zum Bruch aufzunehmen vermag, wird mit σ_B bezeichnet. Dieser Wert stellt die Zugfestigkeit des betreffenden Werkstoffes dar.

Die Abmessungen von Konstruktionsteilen müssen so gewählt werden, daß die auftretenden Spannungen ohne Gefahr eines Bruches ertragen werden. Im allgemeinen darf die größte auftretende Spannung σ_{zul} (zulässige Spannung) nur einen Bruchteil der Zugfestigkeit betragen. Das Verhältnis von Zugfestigkeit zur zulässigen Spannung wird als Sicherheit bezeichnet.

Die Zugfestigkeit der technischen Werkstoffe ist verschieden. Stahl erreicht den höchsten Wert, der wesentlich höher liegt als bei den meisten Leichtmetallen und den übrigen Schwermetallen. Aber auch die verschiedenen Stähle besitzen sehr unterschiedliche Zugfestigkeitswerte. Es ist deshalb üblich, die unlegierten und niedrig legierten Baustähle nach ihrer Festigkeit einzuteilen. Mit St 37 z. B. wird ein Stahl bezeichnet, der eine Mindestfestigkeit von 37 kg/mm^2 hat. Sie liegt im allgemeinen etwas höher, und zwar zwischen 40 und 45 kg/mm^2. Das entsprechende gilt für St 34, St 52, St 60, St 70 usw. Mit St 00 wird eine Stahlsorte bezeichnet, für die kein Mindestwert vorgeschrieben ist. Auch für die verschiedenen Sorten von Stahlguß und Gußeisen sind Mindestfestigkeitswerte in den Werkstoffnormen angegeben, ebenso für Nichteisenmetalle und ihre gebräuchlichsten Legierungen.

Ein Probekörper kann nur eine wesentlich kleinere Spannung aufnehmen, wenn die Belastung nicht langsam und einmalig, sondern häufig wiederholt aufgebracht wird. Die schwingende Beanspruchung, die beliebig oft ertragen werden kann, wird als Dauerfestigkeit bezeichnet. Näheres hierüber sowie über die Prüfung des Verformungsvermögens, der Härte und der Kerbschlagzähigkeit befindet sich im Abschnitt „Prüfung der Werkstoffe und Schweißverbindungen" (S. 240).

4. Grundbegriffe der Elektrotechnik

Eine Erklärung für das Wesen des elektrischen Stromes hat die neuere physikalische Forschung gegeben. Man hat erkannt, daß die kleinsten Teile des Stoffes, die Atome, aus noch kleineren Teilen aufgebaut sind. Das Atom besteht aus einem positiv geladenen Kern, um den negative, fast masselose Teilchen, die Elektronen, in bestimmten Bahnen herumwirbeln, ähnlich wie die Planeten um die Sonne kreisen. Ein Elektron ist als negative Einheitsladung anzusehen. In einem Atom, das sich im Gleichgewicht befindet, hat die positive Ladung des Kerns den gleichen Wert wie die Summe der Elektronenladungen. Fehlt ein Elektron in dem kreisenden Reigen, so überwiegt die positive Ladung. Ein solches Masseteilchen mit positivem Ladungsüberschuß wird als positives Ion (Kation) oder Metallion bezeichnet.

Den Kristall eines Metalles stellt man sich aus Metallionen aufgebaut vor, die in einem regelmäßigen System, dem Kristallgitter, angeordnet sind. Da der metallische Körper nach außen neutral ist, d. h. keine elektrische Ladung aufweist, so müssen sich in den Zwischenräumen zwischen den Metallionen negative Teilchen, Elektronen, befinden, die den positiven Metallionen das Gleichgewicht halten. Sie sind im Gegensatz zu den fest gelagerten Metallionen leicht beweglich.

Der elektrische Strom, der in einem metallischen Leiter fließt, ist ein Strom der freien Elektronen. Beim Anlegen einer elektrischen Spannung fließen die Elektronen durch den Leiter und werden durch neue, im Strome zugeführte ersetzt. Es ist gleichsam ein Elektronenwind, der durch das Kristallgitter hindurchweht, und wie ein Zaun, durch dessen Lücken die Luft blies, unverändert erscheint, obgleich die Luft in den Zaunlücken durch andere ersetzt ist, so erscheint ein Metallstück nach dem Stromdurchgang ebenso unverändert [3]).

Der Elektronenstrom fließt vom Minuspol zum Pluspol der Stromquelle, umgekehrt, als man sich früher die Stromrichtung vorstellte. Die seinerzeit festgelegte Bezeichnung der Stromrichtung wurde jedoch beibehalten, so daß der Elektronenstrom als negative Stromrichtung bezeichnet wird. Die Menge der strömenden Elektronen ergibt die Stromstärke, die in Ampere (abgekürzt Amp. oder A) gemessen wird.

Zur Veranschaulichung der Begriffe Stromstärke und Spannung wird der elektrische Strom mit dem Fließen des Wassers in einer Rohrleitung verglichen [4]). Der Stromstärke entspricht die Wassermenge, die in der Zeiteinheit durch die Leitung fließt. Der elektrischen Spannung, die in Volt (abgekürzt V) gemessen wird, entspricht der Druckunterschied in der Wasserleitung. Je höher der Druck, um so größer ist bei gleichem Widerstand im Leitungssystem die Wassermenge. Dem entspricht in der Elektrotechnik das *Ohm*sche Gesetz, das lautet:

$$\text{Stromstärke} = \frac{\text{Spannung}}{\text{Widerstand}}$$

Der elektrische Widerstand, der in Ohm (abgekürzt Ω) gemessen wird, ist abhängig vom Querschnitt, von der Länge und vom Werkstoff des Leiters. Je größer die Länge und je kleiner der Querschnitt des Leiters sind, desto größer ist der Widerstand.

Die Leitfähigkeit der Metalle und Legierungen ist sehr verschieden. Die besten Leiter sind Silber und Kupfer. Die Leitfähigkeit der Leichtmetalle ist noch als gut zu bezeichnen. Schlechter leitet bereits Eisen den elektrischen Strom. Sämtliche Metalle sind sehr gute Leiter im Vergleich zu den nichtmetallischen Leitern, z. B. Kohle.

Zum Fließen des elektrischen Stromes ist Voraussetzung, daß das Leitungssystem einen geschlossenen Stromkreis darstellt. Wird der Stromkreis geöffnet, so fließt kein Strom, jedoch ist eine Spannung vorhanden. Bei leerlaufenden Stromerzeugern (Dynamomaschinen oder Generatoren), aus denen kein Strom entnommen wird, spricht man von der Leerlaufspannung. Die Elektronen ruhen, sie sind aber innerhalb des Leiters zum negativen Pol hin verschoben. Dadurch entsteht an beiden Polen eine Ladung (Überschuß bzw. Mangel an freien Elektronen).

Starke Ladungen können in Kondensatoren gebunden werden. Die leitenden Schichten sind durch Nichtleiter isoliert, so daß kein unbeabsichtigter Ausgleich eintreten kann. In der nichtleitenden Schicht besteht ein elektrisches Feld.

Strömende Elektrizität erzeugt magnetische Felder, und zwar umgibt sich ein Stromleiter mit ringförmigen magnetischen Kraftlinien. Auf dem Wechselspiel zwischen elektrischen Strömen und magnetischen Feldern beruhen die Elektromotoren, Generatoren, Transformatoren und viele andere Maschinen und Geräte.

Jede Änderung eines magnetischen Feldes erzeugt in einem mit ihm verketteten Stromkreis einen elektrischen Strom (Induktion). Die Änderung kann in einem An- und Abschwellen des magnetischen Flusses bestehen (Transformatoren) oder in einer Relativbewegung zwischen Leiter und Feld (Generatoren). Bei den Transformatoren (Umspannern) führen wechselnde magnetische Felder, hervorgerufen durch die mit Wechselstrom gespeiste Primärwicklung, zur Erzeugung des umgespannten (transformierten) Stromes in der Sekundärwicklung. Bei den Generatoren (Stromerzeugern) dreht sich der Anker mit seiner Wicklung in einem ruhenden magnetischen Felde oder umgekehrt.

Fließt der Strom stets in gleicher Richtung, so handelt es sich um Gleichstrom. Beim Wechselstrom wechselt die Spannung fortwährend ihre Richtung, im allgemeinen 100 mal je Sekunde. Plus- und Minuspol werden 100 mal in der Sekunde vertauscht. Damit wechselt der Strom in gleicher Weise seine Richtung, d. h. er ist 50 mal je Sekunde im gleichen Sinne gerichtet. Man spricht daher von 50periodigem Wechselstrom.

Werden drei derartige Wechselstromkreise in bestimmter Weise miteinander verkoppelt, so ergibt sich ein Dreiphasen- oder Drehstrom. Die Anordnung geht aus Bild 1 hervor. Drei Wechselstrommotoren mögen von drei Generatoren angetrieben werden, wobei die Stromwechsel in den drei Stromkreisen um je $1/3$ Periode verschoben sind (*a*). Die drei Rückleitungen können ohne weiteres zu einer ge-

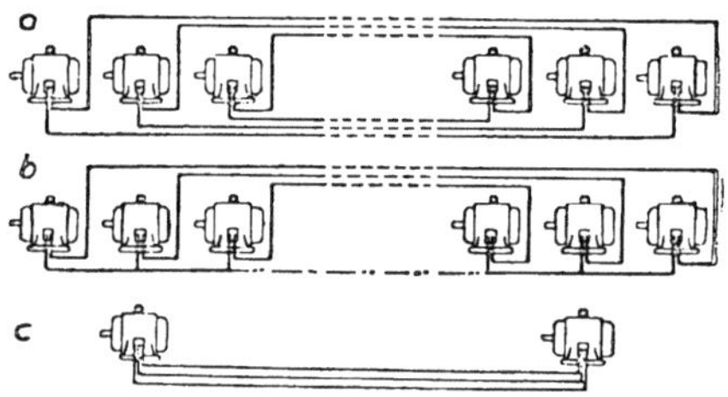

Bild 1. Verkopplung von drei einphasigen Wechselströmen zu Drehstrom

meinsamen Erdleitung zusammengefaßt werden (*b*). Dabei ergibt sich, daß diese Leitung stromlos ist, weil die drei um $1/3$ Periode verschobenen Ströme sich in jedem Augenblick gerade aufheben. Die Rückleitung kann daher wegfallen. Es bleiben drei Leitungen, die für ein Drehstromnetz bezeichnend sind, wobei die drei Generatoren und Motoren je zu einer Maschine zusammengebaut werden (*c*). Drehstrommotoren sind billig und einfach in ihrem Aufbau.

Der Drehstrom verdrängt den Gleichstrom immer mehr. Das hat seinen Grund in erster Linie darin, daß nur Wechselstrom bzw. Drehstrom in Umspannern auf Hochspannung zur Fortleitung auf große Entfernungen gebracht werden und am Gebrauchsort mühelos wieder herabgespannt werden kann. Die Leitungsverluste sind um so geringer, je höher die Spannung ist. Gleichstrom kann nicht ohne weiteres umgespannt werden. Die Umwandlung von Drehstrom in Gleichstrom und umgekehrt in rotierenden Maschinen wird als Umformen bezeichnet.

Die Leistung des elektrischen Stromes, d. h. die in der Zeiteinheit geleistete Arbeit, wird in Watt gemessen. Bei Gleichstrom ergibt sie sich als das Produkt aus Spannung und Stromstärke:

$$1\ \text{Watt} = 1\ \text{Volt} \cdot 1\ \text{Amp.}$$

1000 Watt werden als 1 Kilowatt (kW) bezeichnet.

Bei Wechselstrom geht ein weiterer Faktor, der Leistungsfaktor cos φ (cosinus phi), in das Produkt ein, der sich dadurch erklärt, daß zwischen den einander zugeordneten Werten von Stromstärke und Spannung eine Phasenverschiebung besteht. Stromwechsel und Spannungswechsel finden nicht im gleichen Augenblick statt, sondern sind um den Winkel φ verschoben, wenn eine volle Periode einem Winkel von 360° entspricht. Um den gleichen Betrag sind die Scheitelpunkte (Höchstpunkte) und alle anderen einander entsprechenden Punkte der Spannungs- und Stromkurven gegeneinander verschoben. cos φ kann sämtliche Werte zwischen 0 und 1 annehmen. Die Leistung eines Wechselstromes beträgt:

Leistung (in Watt) = Stromstärke (in Amp.) · Spannung (in Volt) · cos φ.

Die Phasenverschiebung wird bedingt durch die im Stromkreis vorhandenen Induktivitäten (Selbstinduktion des Wechselstromes) und Kapazitäten (Kondensatorwirkung). Der Stromanteil, der keine Arbeit leistet, wird als Blindstrom bezeichnet.

Die elektrische Leistung kann ohne weiteres in mechanische Leistung umgerechnet werden, die meistens in Pferdestärken (PS) angegeben wird. Es ist:

$$1 \text{ kW} = 1{,}36 \text{ PS},$$
$$1 \text{ PS} = 0{,}736 \text{ kW}.$$

1 PS entspricht 75 mkg/sec, d. h. der sekundlichen Arbeit, die geleistet wird, wenn 75 kg in der Sekunde 1 m hoch gehoben werden.

Für die Umwandlung der elektrischen Energie in Wärme gilt die Beziehung:

$$1 \text{ kWh} = 860 \text{ kcal}.$$

1 kW erzeugt in einer Stunde 860 große Wärmeeinheiten.

In jeder Maschine treten Verluste auf, so durch Erwärmung der Stromleitungen und magnetischen Eisenteile sowie durch mechanische Reibung bei rotierenden Maschinen. Die abgegebene Nutzleistung ist daher stets kleiner als die aufgenommene Leistung. Das Verhältnis beider wird als Wirkungsgrad η (eta) bezeichnet:

$$\text{Wirkungsgrad } \eta = \frac{\text{Nutzleistung}}{\text{aufgenommene Leistung}}$$

Der Wirkungsgrad stellt einen Gütemaßstab für eine Maschine dar. Je mehr sich η dem Werte 1 (= 100 %) nähert, um so verlustloser arbeitet die Maschine.

II. KURZE ÜBERSICHT ÜBER DIE HERSTELLUNG, EIGENSCHAFTEN UND BEHANDLUNG DES STAHLES

1. Herstellung und Verarbeitung des Stahles

Da der Stahl weitaus der wichtigste Werkstoff für die Anwendung der Lichtbogenschweißung ist, soll im folgenden ein kurzer Überblick über seine Herstellung, Eigenschaften und Behandlung gegeben werden. Zum gründlichen Studium dieses umfangreichen Fachgebietes muß auf das einschlägige Buchschrifttum [5]) verwiesen werden.

Das Eisen wird aus seinen Erzen, die im allgemeinen aus Eisenoxyden bestehen, durch Reduktion mit Kohlenstoff gewonnen. Der Reduktionsvorgang, der im Hochofen stattfindet, besteht darin, daß sich der Kohlenstoff unter Verbrennung mit dem Sauerstoff des Erzes verbindet, so daß das Eisen frei wird. Der Hochofen wird mit Eisenerzen und Koks beschickt, dazu kommen geeignete Zuschläge, um den beabsichtigten Verlauf des Reduktionsvorganges zu gewährleisten. Das Eisen selbst nimmt, besonders im unteren Teil des Hochofens, Kohlenstoff auf. Dadurch wird sein Schmelzpunkt so weit herabgesetzt, daß es im untersten Teil des Ofens flüssig wird. Außer Kohlenstoff nimmt das Roheisen noch andere Stoffe auf, die sich im Erz, in den Zuschlägen und im Koks befinden. Hierzu gehören stets: Mangan, Silizium, Phosphor und Schwefel. Das Roheisen wird weiter verarbeitet zu Gußeisen einerseits und Stahl andererseits.

Gußeisen erhält man durch Umschmelzen von Roheisen in Gießereischachtöfen (Kupolöfen), wobei durch Auswahl und Vermengung verschiedener Sorten (Gattierung) die für jeden Einzelfall geeignete Zusammensetzung erreicht wird. Das flüssige Gußeisen wird in Formen vergossen und ergibt nach der Erstarrung die Gußstücke zweiter Schmelzung. Kennzeichnend für Gußeisen ist hoher Kohlenstoffgehalt (3 bis 3,5 %), der sich meistens in Form von Graphit im Eisen ausscheidet und die graue Färbung verursacht (Grauguß). Im weißen Gußeisen ist der Kohlenstoff chemisch gebunden. Die verschiedenen Gußeisensorten sind in DIN 1691 genormt. Näheres über die Eigenschaften des Gußeisens befindet sich im Abschnitt „Schweißen von Gußeisen" (S. 224).

Wird kleineren Werkstücken aus weißem Gußeisen durch eine nachträgliche Behandlung ein Teil des chemisch gebundenen Kohlenstoffs entzogen oder wird er in fein verteiltem Zustande elementar ausgeschieden (Temperkohle), so spricht man von Temperguß. Es wird dabei unterschieden zwischen dem weißen Temperguß, dessen Kohlenstoff durch eine nachfolgende Glühung in oxydierender Atmosphäre ganz oder teilweise aus dem Gußstück entfernt wird, wobei der im Kern vorliegende Werkstoff den Kohlenstoff meist als Temperkohle in perlitischer Grundmasse enthält, und dem schwarzen Temperguß (Kurzbezeichnung „Schwarzguß"), dessen Kohlenstoff durch Glühung in neutraler Atmosphäre als Temperkohle abgeschieden wird (DIN 1692).

Um aus dem Roheisen Stahl zu gewinnen, muß durch einen Oxydationsvorgang, der als Frischen bezeichnet wird, der größte Teil des aufgenommenen Kohlenstoffs und anderer Eisenbegleiter entfernt werden. Der Frischprozeß wurde im vorigen Jahrhundert überwiegend in muldenförmigen Herdöfen durchgeführt und ergab das Schweiß- und Puddeleisen. Während des Frischens in dieser Art befindet sich das Eisen im teigigen Zustande. Die Kristalle werden bei der Erstarrung miteinander verschweißt, da die Luppen zur völligen Entkohlung in der Schlacke durchgeknetet werden. Das Schweißeisen ist vielfach von Schlackenadern durchsetzt, enthält jedoch nur geringe Beimengungen und ist deshalb gut schweißbar.

Heute wird der Frischprozeß allgemein in der Weise durchgeführt, daß sich das Eisen während des ganzen Vorganges im flüssigen Zustande befindet. Das Erzeugnis wird daher als Flußstahl bezeichnet. Zum Ausdruck „Stahl" ist zu bemerken, daß hierunter heute sämtliche ohne Nachbehandlung schmiedbaren Eisensorten zusammengefaßt werden (bis 1,7 % C). Man unterscheidet grundsätzlich nur Gußeisen und Stahl, während früher außerdem unter einer Sondergruppe „Schmiedeeisen" die schmiedbaren, aber nicht härtbaren Eisensorten verstanden wurden. Da die Grenzen willkürlich und nicht scharf ausgeprägt sind, ist die Bezeichnung Stahl für sämtliche schmiedbaren Eisensorten vorgeschrieben worden.

Der Frischprozeß kann in einem birnenförmigen Behälter, dem Konverter, durchgeführt werden. Das Erzeugnis heißt dann je nach Art des verwendeten Erzes und der entsprechenden Ausmauerung des Konverters Bessemerstahl oder Thomasstahl. Beim Siemens-Martin-Stahl wird der Frischvorgang in einem Flammofen, dem Siemens-Martin-Ofen, vorgenommen, wobei weitgehend Schrott zugesetzt werden kann. Tiegelstahl wird in Tiegeln, Elektrostahl in elektrischen Öfen erschmolzen.

Stahl kann ähnlich wie Gußeisen in Formen unmittelbar zu fertigen Gegenständen vergossen werden und heißt dann Stahlguß (Stahlformguß, DIN 1681). Weitaus der größte Teil der Stahlerzeugung wird zunächst in dickwandigen gußeisernen Formen (Kokillen) zu Vierkantblöcken vergossen. Die Blöcke werden im glühenden Zustande durch Schmieden, Pressen oder Walzen und Ziehen zu Schmiedestücken oder Stabeisen, Formeisen, Schienen, Blechen, Rohren und Draht weiter verarbeitet. Durch die spanlose Verformung werden die groben Kristalle der Gußstruktur zerkleinert, langgestreckt und gerichtet. Das Gefüge wird feinkörnig; die mechanischen Eigenschaften des Werkstoffes werden verbessert.

In manchen Fällen schließt sich an das Warmwalzen eine Kaltverformung an. Es gibt kaltgewalzten Bandstahl, kaltgezogene Rohre, Drähte usw. Durch die Kaltreckung tritt eine erhebliche Steigerung der Festigkeit und Härte, jedoch auch Zunahme der Sprödigkeit und Verminderung des Verformungsvermögens ein.

Alle diese Verarbeitungsvorgänge werden gegebenenfalls durch Glüh- und Wärmebehandlungsvorgänge unterbrochen und abgeschlossen. Näheres hierüber wird im Abschnitt „Wärmebehandlung des Stahles" (S. 17) ausgeführt.

Im Hinblick auf den Verwendungszweck werden die Stähle eingeteilt in Baustähle (etwa 0,05 bis 0,5 % C) und Werkzeugstähle (etwa 0,5 bis 1,7 % C).

2. Zusammensetzung und Eigenschaften der Stähle [6]) [7])

Die Eigenschaften der verschiedenen Stähle sind unter Berücksichtigung der Wärmebehandlung in erster Linie von ihrer Zusammensetzung abhängig. Besonders der Kohlenstoffgehalt beeinflußt ausschlaggebend das gesamte Verhalten des Stahles. Nach ihrer Zusammensetzung werden die Stähle in zwei Gruppen unterteilt, in Kohlenstoffstähle und legierte Stähle.

Kohlenstoffstahl enthält außer Kohlenstoff andere Elemente (in der Hauptsache Silizium, Mangan, Phosphor und Schwefel) nur in solchen geringen Mengen, wie sie vom Erz her oder durch das Herstellungsverfahren bedingt auf natürliche Weise hineinkommen. Werden bewußt größere Mengen Silizium oder Mangan oder andere Elemente, wie Chrom, Nickel, Wolfram, Kobalt, Molybdän, Vanadin usw. zugeführt, so handelt es sich um legierte Stähle. Durch die Legierungselemente können die Eigenschaften des Stahles erheblich verändert werden. Darüber hinaus sind sie stark abhängig von dem Verarbeitungsverfahren (Warmformgebung, Kaltverformung) und von der Wärmebehandlung.

a) Kohlenstoffstahl. Der Kohlenstoffgehalt im Stahl schwankt zwischen etwa 0,05 % und 1,7 %. Je geringer der C-Gehalt ist, desto weicher, dehnbarer und zäher ist der Stahl. Chemisch reines Eisen spielt in der Technik eine untergeordnete Rolle. Eisen mit geringem C-Gehalt, Weicheisen und Armco-Eisen, ist sehr weich, aber korrosionsbeständig, d. h. widerstandsfähig gegen chemische Angriffe. Mit zunehmendem Kohlenstoffgehalt bis etwa 1 % C werden Zugfestigkeit, Härte und Streckgrenze erhöht, Dehnung und Kerbschlagzähigkeit herabgesetzt. Bild 2 zeigt die Gütewerte eines warmgewalzten Knüppels (Vierkanteisen) von 22 mm ⌀ aus Kohlenstoffstahl in Abhängigkeit vom Kohlenstoffgehalt.

Mit zunehmendem Kohlenstoffgehalt nehmen Schmiedbarbeit und Schweißbarkeit ab. Die Schweißbarkeit verschlechtert sich stark ab 0,25 % C, da durch beginnende Härtbarkeit des Stahles Versprödung und Rißgefahr auftreten. Die Grenze der Schmelzschweißbarkeit muß bei etwa 0,35 % C angesetzt werden, obgleich in Sonderfällen noch Stähle bis zu 0,6 % C geschweißt werden können. Die Härtbarkeit des Stahles für praktische Zwecke beginnt bei etwa 0,3 % C und nimmt zu bis zu einem Kohlenstoffgehalt von rund 0,9 %.

Silizium kommt im Kohlenstoffstahl in Mengen von 0,01 bis 0,5 % vor als Folge des Herstellungsvorganges. Si dient zur Beruhigung des Gußblockes, da es Blasenbildung verhindert. Der Mangangehalt kann bis zu 0,8 % betragen. Stähle mit mehr als 0,5 % Si oder 0,8 % Mn sind bereits als legierte Stähle anzusehen. Stets in geringen Mengen vorhanden, aber fast immer unerwünscht, sind Phosphor und Schwefel. Beide Elemente sollen im allgemeinen einzeln 0,06 %*) und zusammen 0,10 % nicht überschreiten.

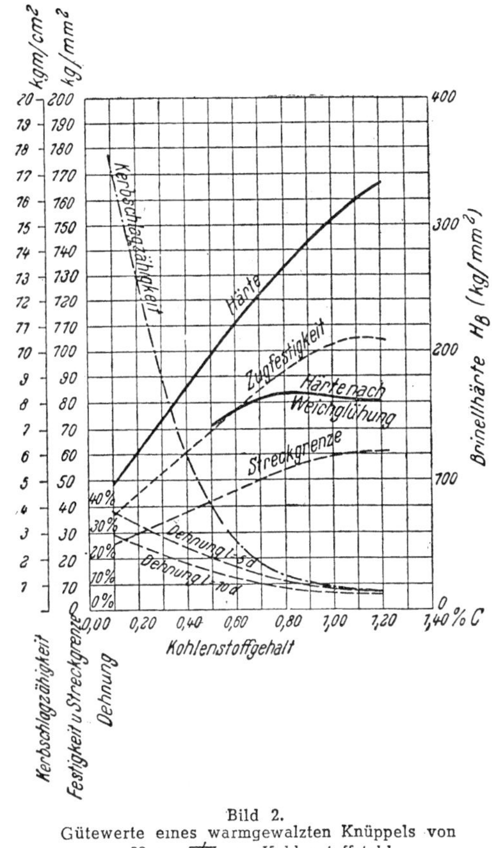

Bild 2.
Gütewerte eines warmgewalzten Knüppels von 22 mm ⌀ aus Kohlenstoffstahl, abhängig vom Kohlenstoffgehalt

Phosphor verursacht Kaltbrüchigkeit des Stahles, Schwefel Rotbrüchigkeit. In allen Fällen, wo Schrumpfungen und innere Spannungen auftreten, ist daher Schwefel besonders gefährlich. Er begünstigt ferner die unerwünschte Aufnahme von Sauerstoff im Stahl. Die Gasaufnahme ist schädlich, weil dadurch Sprödigkeit und Bruchneigung hervorgerufen werden. Zu hoher Sauerstoffgehalt macht den Stahl faulbrüchig. Stickstoff setzt die Verformungsfähigkeit und Zähigkeit stark herab.

Wegen der Rohstofflage mußte Thomasstahl während des Krieges gegenüber Siemens-Martin-Stahl bevorzugt werden. Gewöhnliche Thomas-

*) Siehe dazu die Umstellnorm DIN 1601 U.

stähle sind durch höhere Phosphor- und Stickstoffgehalte gekennzeichnet. Es muß mit mehr als 0,06 % P und mehr als 0,012 % N gerechnet werden. Die Folge ist, daß sie nach Kaltverformung höhere Härten und Spannungen und verminderte Zähigkeit, vor allem in dickeren Querschnitten, annehmen. Sie sind empfindlich gegen mehrachsigen Spannungszustand (örtliche Trennbruchgefahr), der als Folge hoher Beanspruchungen beim Richten und Schweißen dicker Querschnitte auftreten kann. Grundsätzlich sollen deshalb kaltverformte Teile aus Thomasstahl nicht geschweißt werden, da Versprödungserscheinungen und Neigung zur Rißbildung auftreten.

Durch besondere metallurgische Maßnahmen ist die Herstellung von windgefrischten Austauschstählen (W) gelungen, die in ihren Eigenschaften den Siemens-Martin-Stählen weitgehend entsprechen, z. B. Alto- und PN-Stähle. Die Alto-Stähle werden mit Silizium und größeren Mengen Aluminium beruhigt. Durch diese Zusätze wird die ungünstige Wirkung des Phosphor- und Stickstoffgehaltes weitgehend ausgeglichen. Bei den PN-Stählen sind Phosphor- und Stickstoffgehalt begrenzt ($<$ 0,06 % P, $<$ 0,012 % N). Sie sind vollwertige Austauschstähle für Siemens-Martin-Stahl und ohne Vorbehalt schweißbar. Je nach Verwendungszweck werden sie unberuhigt, beruhigt und mit Aluminiumzusatz geliefert. (Z. Zt. nicht mehr hergestellt.)

b) Legierte Stähle. Legierte Stähle [8]) können niedrig legiert sein, d. h. Legierungsbestandteile nur in geringen Mengen enthalten, und sind dann den Kohlenstoffstählen ähnlich, weisen aber in verschiedenen Richtungen Verbesserungen auf. Sie werden sowohl als Baustähle wie auch als Werkzeugstähle verwandt. Hochlegierte Stähle zeigen stark abweichende Eigenschaften und werden für Sonderzwecke gebraucht. Das Gebiet der legierten Stähle ist außerordentlich umfangreich. Im folgenden kann nur andeutungsweise der Einfluß der wichtigsten Legierungselemente besprochen werden [9]).

Silizium erhöht wie Kohlenstoff die Festigkeit und Streckgrenze, während die Dehnung und Kerbschlagzähigkeit wenig beeinflußt werden. Siliziumstähle mit 2 bis 4 % Si und wenig C ergeben geringe Verluste beim Ummagnetisieren und werden deshalb viel im Elektromaschinenbau verwendet (Dynamoblech). Legierungen mit höherem Si-Gehalt weisen hohe chemische Widerstandsfähigkeit auf. Sie sind bei gleichzeitigem höheren Kohlenstoffgehalt schwarzbruchempfindlich, da Si die Ausscheidung freien Kohlenstoffs fördert. Zum Schweißen sind höher legierte Si-Stähle schlecht geeignet, da leicht Poren und Rißbildung auftreten.

Mangan verbessert die mechanischen Eigenschaften des perlitischen Stahles und wird bis zu etwa 2,5 % allein oder mit anderen Legierungselementen (Silizium) zusammen für hochwertigen Bau- und Maschinenbaustahl verwendet. Perlitische Manganstähle werden auch für Werkzeuge gebraucht. Von großem Einfluß ist dabei der Kohlenstoffgehalt. Hochlegierte Stähle mit 10 bis 15 % Mn (austenitische Manganstähle) weisen bei großer Zähigkeit sehr hohe Verschleißfestigkeit auf. Sie werden daher für Brechplatten, Baggerteile, Weichenzungen, Herzstücke usw verwendet. Manganstähle sind schweißbar. Hochlegiert werden sie für verschleißfeste Auftragschweißungen benutzt.

Die wichtigste Wirkung des C h r o m s besteht darin, daß es den Stahl gegen Rosten und zum Teil auch gegen andere Korrosionsangriffe widerstandsfähig macht. Bei Gehalten über 13 % Cr sind die Stähle „korrosionsbeständig". Wegen guter Durchhärtbarkeit werden Chromstähle gern für Werkzeuge gewählt. Beim Schweißen wie bei jeder anderen Wärmebehandlung besteht die Gefahr, daß sich Karbide bilden, d. h. Verbindungen mit Kohlenstoff, die außerordentlich hart sind. Schon bei geringen Cr-Gehalten neigt der Stahl zur Härtung in den Übergangszonen. Die Schweißbarkeit des Chromstahles wird mit zunehmendem Cr-Gehalt immer schlechter und hängt gleichzeitig vom C-Gehalt ab.

Sehr gefördert wird die Schweißbarkeit dieser Stähle durch Zusatz von N i c k e l, während reine Nickelstähle schwieriger zu schweißen sind. Nickel verbessert die mechanischen Eigenschaften des Stahles bedeutend, besonders die Kerbschlagzähigkeit sowie Festigkeit und Streckgrenze bei höheren Temperaturen bis etwa 350°. Es ist eins der wichtigsten Legierungselemente und wird vorwiegend mit Chrom zusammen dem Stahl beigegeben. C h r o m - N i c k e l - S t ä h l e weisen Gütewerte auf, die den höchsten Ansprüchen genügen und sonst kaum erreicht werden.

Geringe Zusätze an W o l f r a m steigern Härte und Verschleißfestigkeit des Stahles, ohne Einbuße an Zähigkeit. Wolframstähle sind sehr warmfest. Für verschleißfeste Auftragsschweißungen wird Wolframstahl vielfach als Zusatzstoff gewählt.

M o l y b d ä n verbessert ebenfalls die Festigkeitseigenschaften der Baustähle, besonders die Dauerstandfestigkeit bei höheren Temperaturen (400° bis 600°). Es wird oft zusammen mit Chrom oder mit Chrom und Nickel dem Stahl beigegeben. In ähnlicher Weise wirkt V a n a d i u m, das nur in geringen Mengen hinzulegiert wird. Auf die Schweißbarkeit haben die geringen Gehalte nur wenig Einfluß.

K u p f e r kann niedrig legierten Baustählen in geringen Mengen (bis zu 0,55 %) zur Erhöhung der Korrosionsbeständigkeit beigegeben werden. Auch hierdurch wird die Schweißbarkeit nicht merklich beeinflußt.

c) Einteilung der Baustähle. In Tafel 1 sind die nach DIN 1611, 1612 und 1613 für den Maschinenbau und für allgemeine Zwecke genormten Stähle sowie St 44 und St 52 nach Reichsbahnvorschrift zusammengestellt. Grenz-

Tafel 1. Eigenschaften und Verwendung von Kohlenstoffstählen und niedrig legierten Baustählen (Nach DIN-Norm und Reichsbahnvorschriften zusammengestellt.)

Bezeichnung	Vorschrift	Vorgeschriebene mechanische Eigenschaften: Streckgrenze mindest kg/mm²	Zugfestigkeit kg/mm²	Bruchdehnung mindest δ_{10} %	Chemische Zusammensetzung in %: C	Si	Mn	P	S	Verwendung
St 00	DIN 1611/12	—	< 50	—	0,05 und mehr	< 0,4	< 0,8	—	—	Für untergeordnete Zwecke, Handelsgüte
St 34	DIN 1611/12/13	19	34 bis 42	25	0,10 bis 0,12	< 0,4	< 0,8	< 0,06 zus.: < 0,10	< 0,06	Weicher Maschinenbaustahl, Nietstahl
St 37	DIN 1611/12	—	37 bis 45	20	≈ 0,10	< 0,4	< 0,8	—	—	Maschinenbaustahl, gewöhnlicher Baustahl, Normalgüte
St 38	DIN 1613	—	38 bis 45	20	≈ 0,10	< 0,4	< 0,8	< 0,06 zus.: < 0,10	< 0,06	Schraubenstahl, Nietstahl
St 42	DIN 1611/12	23	42 bis 50	20	≈ 0,25	< 0,4	< 0,8	< 0,06 zus.: < 0,10	< 0,06	Maschinenbaustahl, Sondergüte, Dampfkessel- und Schiffbau
St 44	Reichsbahn	—	44 bis 52	23	wie St 52, jedoch mit geringerem C-Gehalt					Nietstahl, hochwertiger Baustahl
St 50	DIN 1611	27	50 bis 60	18	≈ 0,35	< 0,4	< 0,8	< 0,06 zus.: < 0,10	< 0,06	Maschinenbaustahl für höher beansprucht. Teile
St 52	Reichsbahn	32 bis 36 je nach Blechdicke	52 bis 64	18 bis 20 je nach Blechdicke	< 0,20 dazu **zusätzl.:**	< 0,6 < 0,2 **oder**	< 1,2 < 0,4	< 0,06 zus.: < 0,10	< 0,06	Hochwertiger Baustahl
St 60	DIN 1611	30	60 bis 70	14	≈ 0,45	< 0,4	< 0,8	< 0,06 zus.: < 0,10	< 0,06	Maschinenbaustahl für höher beanspruchte Teile und Teile mit hohem Flächendruck
St 70	DIN 1611	35	70 bis 85	10	≈ 0,60	< 0,4	< 0,8	< 0,06 zus.: < 0,10	< 0,06	Maschinenbaustahl für Teile mit hoher Härte

Anmerkung: Die Streckgrenze ist durch Abnahme nicht bindend.

werte sind vorgeschrieben für Zugfestigkeit, Streckgrenze und Bruchdehnung. Der Kohlenstoffgehalt liegt mit der Zugfestigkeit angenähert fest. Für Schweißzwecke sind Sondergüten mit niedrigerem Kohlenstoff- und höherem Mangangehalt entwickelt worden. Wegen verschiedener Rückschläge an geschweißten Brücken sind in den letzten Jahren von der Reichsbahn Begrenzungsvorschriften für die Legierungselemente des St 52 erlassen worden. Die in der Tafel angegebenen Werte stellen hiernach für St 52 *Höchstwerte* dar. Höhere Gehalte können beim Schweißen zu Härtungserscheinungen führen und Schrumpf- und Spannungsrisse zur Folge haben.

Flußstahlbleche sind in den gleichen Festigkeitsstufen nach DIN 1621, 1622 und 1623 genormt, überlappt geschweißte Flußstahlrohre und Formstücke nach DIN 1628. Für die chemische Zusammensetzung gelten ungefähr die gleichen Richtwerte wie die in Tafel 1 angegebenen. Nahtlose Flußstahlrohre liegen nach DIN 1629 in den Festigkeitsstufen St 00, St 35, St 45, St 55 und St 65 vor.

Die unlegierten Kesselbleche nach den „Werkstoff- und Bauvorschriften für Landdampfkessel“ [10]) sind in Tafel 2 zusammengestellt. Ihre chemische Zusammensetzung weicht insofern von den genormten Kohlenstoffstählen ab, als der Kohlenstoffgehalt meist etwas niedriger und der Mangangehalt etwas höher liegt. Mindestdehnungswerte sind in Abhängigkeit vom Probenquerschnitt und von der Zugfestigkeit festgelegt.

Tafel 2. *Unlegierte Kesselbaustoffe*

Blechsorte	Zugfestigkeit	Berechnungsfestigkeit	Kerbschlagzähigkeit	Chemische Zusammensetzung in % (Richtwerte)				
	kg/mm²	kg/mm²	mkg/cm²	C	Si	Mn	P	S
I	35 bis 44	36	12	0,10 bis 0,13	0,10 bis 0,30	0,6 bis 0,9	0,03 bis 0,05	0,02 bis 0,03
II	41 bis 50	41	10	0,12 bis 0,17				
III	44 bis 53	44	8	0,18 bis 0,24				
IV	47 bis 56	47	6	0,20 bis 0,26				

Darüber hinaus bestehen für eine große Zahl weiterer Stähle, vor allem legierter Stähle, DIN-Normen und Vorschriften der verschiedenen Behörden. Eine Zusammenstellung aller Normen und Vorschriften, die für die Schweißtechnik von Bedeutung sind, befindet sich am Schluß des Buches (S. 272).

3. Wärmebehandlung des Stahles

Das Verhalten des Stahles in der Wärme abhängig vom Kohlenstoffgehalt wird durch das Eisen-Kohlenstoff-Schaubild veranschaulicht, das kurz besprochen werden soll. Zum gründlichen Studium der teilweise verwickelten Vorgänge muß auf das Fachschrifttum verwiesen werden [11] [12].

Die Vereinigung von Eisen und Kohlenstoff im Stahl geschieht in der Weise, daß der Kohlenstoff mit einem geringen Teil des Eisens eine chemische Verbindung von der Formel Fe_3C bildet. 3 Teile Eisen verbinden sich mit 1 Teil Kohlenstoff und ergeben einen äußerst harten Stoff, der als E i s e n k a r b i d oder Z e m e n t i t bezeichnet wird. Dieser Zementit bildet mit dem übrigen Eisen im festen Zustande — je nach Temperatur und Kohlenstoffgehalt — eine Lösung o d e r ein Ge-

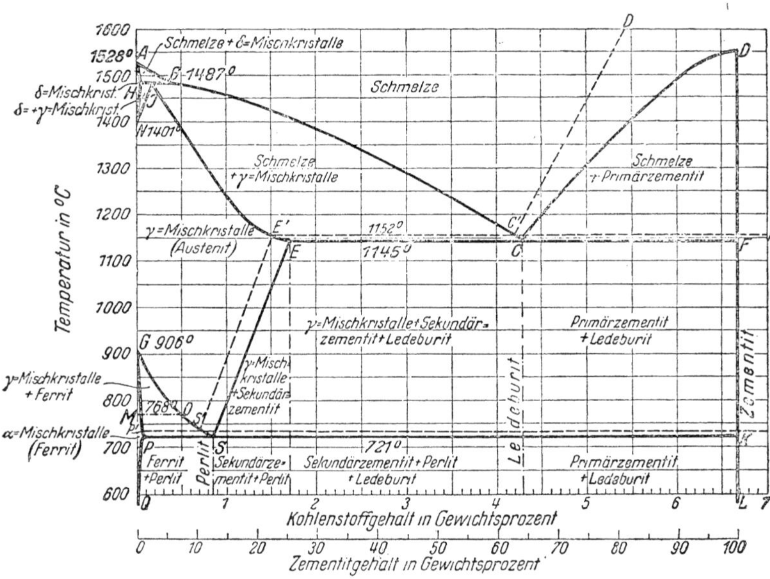

Bild 3. Das Eisen-Kohlenstoff-Schaubild

menge. Diese Grundtatsachen muß man sich vor Augen halten, um das in Bild 3 dargestellte Eisen-Kohlenstoff-Schaubild zu verstehen.

In dem Schaubild werden auf der Waagerechten (Abszisse) die Gehalte an Eisenkarbid bzw. Kohlenstoff, auf der Senkrechten (Ordinate) die Temperaturen aufgetragen. Die eingezeichneten Linienzüge stellen Umwandlungen der Zweistofflegierung Eisen-Eisenkarbid dar. Oberhalb des Linienzuges *ABCD* (ausgezogene Linien) ist alles flüssig, auf dem Linienzug selbst beginnt die Erstarrung. Hieraus ist zu entnehmen, daß der Schmelz- und Erstarrungspunkt des reinen Eisens bei 1528⁰ liegt, daß er mit zunehmendem Kohlenstoffgehalt immer weiter sinkt, bis er bei 4,3 % C einen Kleinstwert von 1145⁰ aufweist (Punkt C), und dann wieder ansteigt. Das Schaubild legt die jedem Fachmann bekannte Tatsache zahlenmäßig fest, daß der Schmelzpunkt eines Stahles um so niedriger liegt, je mehr Kohlenstoff er enthält, und daß Gußeisen die niedrigsten Schmelzpunkte hat.

In den beiden Bereichen *BCEJ* und *DCF* (ausgezogene Linien) findet der Übergang vom flüssigen zum festen Zustand, die Erstarrung, statt. Sie vollzieht sich allmählich in einem Temperaturbereich mit Ausnahme der Legierung mit 4,3 % C (Punkt *C*), die plötzlich bei der Temperatur von 1145° fest wird. Diese Legierung erstarrt zu einem Gemenge, indem die Bestandteile, die vorher ineinander gelöst waren, einzeln ausgeschieden werden. Sie können im Mikroskop fein verteilt nebeneinander gesehen werden. Das Gefüge heißt Ledeburit, die Konzentration von 4,3 % C mit dem niedrigsten Schmelzpunkt Eutektikum. Bei Legierungen mit mehr als 4,3 % C (rechts vom Punkt *C*) scheidet sich aus der Schmelze zunächst der überschüssige Zementit aus, bis die Schmelze die eutektische Konzentration hat und als solche erstarrt. Wir haben in diesem sogenannten übereutektischen Gebiet nach der Erstarrung ein Gemenge von Ledeburit und Zementit.

Grundsätzlich anders verläuft der Erstarrungsvorgang bei den untereutektischen Legierungen links vom Punkt *C*. Hier bleibt die Legierung während (und links vom Punkt *E* auch nach) der Erstarrung eine Lösung. Nach Durchlaufen des teigigen Übergangszustandes bilden die Legierungen links vom Punkt *E* eine feste Lösung in dem Gebiet *GOSEJN*. Diese feste Lösung, in der Eisen und Eisenkarbid einheitliche Mischkristalle bilden, heißt Austenit. Das Eisen befindet sich im γ-Zustand (Gamma-Zustand) und ist unmagnetisch.

Auch reines Eisen kommt in verschiedenen Zustandsformen vor, die mit den griechischen Buchstaben als α- (Alpha-), γ- (Gamma-) und δ- (Delta-) Eisen bezeichnet werden. Jede Zustandsform ist an einen Temperaturbereich gebunden. Es handelt sich dabei um Änderungen im Aufbau des Kristallgitters aus den Atomen, die bei bestimmten Temperaturen im festen Zustande eintreten. Durch Legieren mit Kohlenstoff bis zu gewissen Mengen wird an den Zustandsformen des Eisens grundsätzlich nichts geändert, nur verschieben sich die Temperaturbereiche entsprechend den im Schaubild dargestellten Linien.

Unterhalb der Linien *GOS* und *SE* zerfällt die feste Lösung des Austenits und scheidet die Einzelbestandteile aus. Der Vorgang verläuft dabei grundsätzlich genau so wie beim Punkt *C*, nur ist die Lösung selbst schon fest. Die Konzentration mit 0,9 % C hat den niedrigsten Umwandlungspunkt bei 721° (Punkt *S*). Sie wird als Eutektoid bezeichnet; das Gefüge heißt Perlit. Perlit besteht aus einem Gemenge von Eisen und Eisenkarbid, die bei entsprechender Vergrößerung im Mikroskop nebeneinander zu sehen sind. Enthält der Stahl mehr als

0,9 % C (übereutektoid, rechts vom Punkt S), so scheidet sich daneben der überschüssige Zementit aus; enthält der Stahl weniger als 0,9 % C (untereutektoid, links vom Punkt S), so scheidet sich neben Perlit das überschüssige Eisen aus. Das Eisen befindet sich jetzt im α-Zustand und ist magnetisch. Sein Lösungsvermögen für Kohlenstoff ist sehr gering (Grenze: Linienzug GPQ); gefügemäßig wird es als F e r r i t (ferrum = Eisen) bezeichnet. Die Umwandlung von unmagnetischem in magnetisches α-Eisen geschieht bei 768° (Curie-Punkt, Linie MO). Die Zustandsform des Eisens von dieser Temperatur bis 906° wird auch als β- (Beta-) Eisen bezeichnet. Das Gebiet des δ-Eisens oben links soll übergangen werden, da es für die Schweißtechnik ohne Bedeutung ist.

Besondere Bedeutung dagegen hat der Punkt E des Schaubildes, der als Grenze zwischen Stahl und Gußeisen anzusehen ist. Er bezeichnet den höchsten Gehalt an Eisenkarbid, der von den γ-Mischkristallen im festen Zustande aufgenommen werden kann.

Zu beachten ist, daß neben dem besprochenen m e t a s t a b i l e n System, in dem es sich um eine Legierung von Eisen und der chemischen Verbindung Eisenkarbid handelt, das s t a b i l e System auftreten kann, in dem elementarer Kohlenstoff die zweite Komponente der Legierung bildet. Dieses System Eisen-Kohlenstoff, das im Schaubild durch gestrichelte Linienzüge dargestellt wird, unterscheidet sich im Aufbau nicht wesentlich vom metastabilen System Eisen-Eisenkarbid. Es bildet sich im allgemeinen bei höheren Kohlenstoffgehalten aus und ist daher für Gußeisen von Bedeutung. Im Gebiete des Stahles spielt es praktisch keine Rolle.

Die durch die Linienzüge des Eisen-Kohlenstoff-Schaubildes dargestellten Umwandlungen treten nur ein, wenn die Abkühlungsgeschwindigkeit nicht zu groß ist, so daß genügend Zeit für die Umwandlung zur Verfügung steht. Durch schnelle Abkühlung, A b s c h r e c k e n , kann die Umwandlung ganz oder teilweise unterdrückt werden. Durch bestimmte Legierungselemente, z. B. Mangan und Nickel, wird die Unterdrückung begünstigt, d. h. das γ-Gebiet wird so weit nach unten erweitert, daß der Austenit raumtemperaturbeständig wird. Zwischen dem Austenit und Perlit treten je nach Abkühlungsgeschwindigkeit und Gegenwart sonstiger Legierungselemente Zwischenzustände auf, die mit Martensit, Troostit, Osmondit und Sorbit (Abschreckgefüge) bezeichnet werden. Aus dem Eisen-Kohlenstoff-Schaubild können sie nicht entnommen werden. Martensit zeichnet sich durch größte Härte aus. Die Härtung wird erzielt, indem der Stahl von einer Temperatur oberhalb der Linie GOS bzw. SK durch Eintauchen in Wasser, Öl oder ähnliches abgeschreckt wird. Die Härte kann durch anschließendes erneutes Erwärmen, durch A n l a s s e n , wieder gemildert werden, je nach Anlaßtemperatur bis zum perlitischen Zustand (Vergütungsgefüge). Der Gesamtvorgang von Abschrecken und Anlassen wird als Vergüten des Stahles bezeichnet. Durch das Anlassen wird vor allem die Sprödigkeit vermindert. Nach ihrem Gefüge werden die Stähle als austenitisch, martensitisch, perlitisch, ferritisch und ledeburitisch bezeichnet.

Es gibt eine Reihe weiterer Arten von Wärmebehandlungen, die in Bild 4 zusammengestellt sind. Auf der Temperaturachse dieses Schaubildes sind neben den Temperaturen auch die Glühfarben des Stahles angegeben. Bei der Abkühlung zieht sich der Stahl wie fast jeder Körper zusammen, er schrumpft. Kann sich die Schrumpfung nicht frei auswirken, d. h. wird die Zusammenziehung durch starre Einspannung oder innere Verspannung behindert, so entstehen Schrumpfspannungen. Diese inneren Spannungen treten bei Gußstücken als sogenannte Gußspannungen auf. Auch beim Schweißen hat man stets mit Schrumpfspannungen zu rechnen. Außer durch Wärmebehandlung können auch durch Kaltverformung innere Spannungen auftreten. Der Stahl vermag jedoch nur bis zu einer bestimmten Temperatur Spannungen aufzunehmen. Wird er über diese Temperatur erhitzt, so lösen sie sich aus, und das Werkstück ist nach langsamer und gleichmäßiger Abkühlung praktisch spannungsfrei. Der Vorgang wird als Spannungsfreiglühen bezeichnet. Die Temperatur liegt unter dem unteren Umwandlungspunkt (721°) zwischen 600° und 650° und ist unabhängig vom Kohlenstoffgehalt. In vielen Fällen wird auch die Kerbschlagzähigkeit von Schweißverbindungen durch Spannungsfreiglühen verbessert.

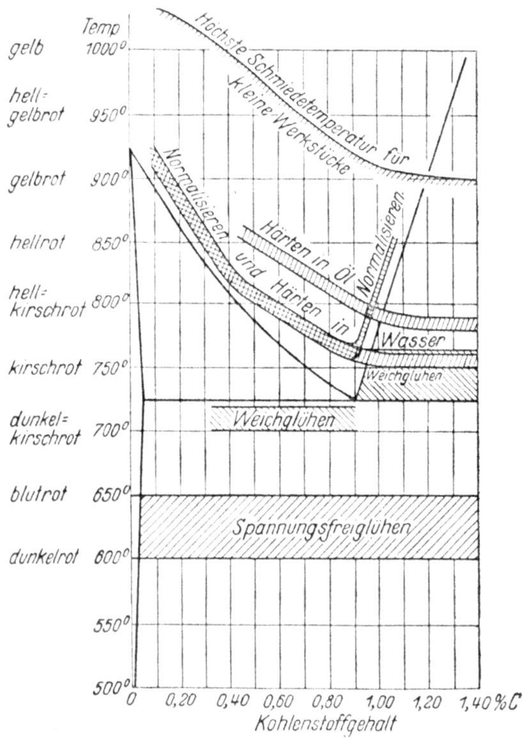

Bild 4. Die Wärmebehandlung des Kohlenstoffstahles

Stähle mit höherem Kohlenstoffgehalt (über 0,4 % C) können im gewalzten oder geschmiedeten Zustand eine solche Härte aufweisen, daß sie schwer oder gar nicht mit spanabhebenden Werkzeugen zu bearbeiten sind. Durch W e i c h g l ü h e n bei etwa 720° ballt sich der karbidische Bestandteil des Perlits, der Zementit, zu Kugeln zusammen. Der Stahl wird dadurch weicher und läßt sich besser bearbeiten.

Wird bei einer Glühung die Umwandlungslinie *GOSE* überschritten, so werden alle Auswirkungen einer Härtung, Warm- und Kaltverarbeitung rückgängig gemacht. Der Werkstoff nimmt einen eindeutig festliegenden, normalen Zustand an, der nur von der Zusammensetzung abhängt. Der Glühvorgang wird als N o r m a l g l ü h e n oder N o r m a l i s i e r e n bezeichnet. Die Temperaturen sind abhängig vom Kohlenstoffgehalt und liegen betriebsmäßig 20° bis 50° über der Linie *GOSE*. Von Bedeutung sind außerdem Glühdauer und Abkühlungsgeschwindigkeit. Für Schweißnähte wird eine Glühzeit von 1 min je mm Wanddicke, mindestens jedoch von 20 min verlangt [10]. Um feines Korn mit möglichst geringen Restspannungen zu verbinden, wird nach dem Glühen zweckmäßig bis auf 721° beschleunigt und anschließend langsam abgekühlt.

Aus Bild 4 gehen ferner die zweckmäßigen Härtetemperaturen für Härtung in Wasser und Öl hervor, sowie die höchste Schmiedetemperatur für kleinere Werkstücke. Beim Überschreiten dieser Temperatur besteht die Gefahr von Überhitzungen des Werkstoffes durch Grobkornbildung und von Verbrennungen. Überhitzung kann durch spätere Glühbehandlung wieder rückgängig gemacht werden. Verbrannter Stahl kann nur durch Einschmelzen dem Verbrauch wieder zugeführt werden.

Das Eisen-Kohlenstoff-Schaubild und die Wärmebehandlung des Stahles sind deshalb ausführlicher besprochen worden, weil ihre Kenntnis die Grundlage zur Beurteilung der metallurgischen Vorgänge auch beim Schweißen bildet. Die Prüfung des Werkstoffes (Zugfestigkeit, Streckgrenze, Dehnung, Härte, Kerbschlagzähigkeit usw.) wird am Schluß des Buches zusammen mit der Prüfung der Schweißverbindung behandelt, um Wiederholungen zu vermeiden (S. 240). Zum tieferen Eindringen in alle werkstofflichen Fragen, die beim Schweißen auftreten, wird auf das Schrifttum verwiesen [13].

III. BEGRIFFE UND EINTEILUNG DER SCHWEISSVERFAHREN

Schweißen ist das Vereinigen von Metallen gleicher oder gleichartiger Zusammensetzung unter Einwirkung von Wärme mit oder ohne Zuführung eines gleichen oder gleichartigen Metalles (Begriffserklärung nach DIN E 1910). Die Verbindungsstelle soll mit den anschließenden Werkstückteilen ein möglichst gleichwertiges Ganzes bilden.

Im Gegensatz zum Schweißen wird beim Löten [14]) ein Fremdmetall mit niedrigerem Schmelzpunkt als Verbindungsstoff benutzt. Die Schmelztemperatur der zu lötenden Metallstücke wird dabei im allgemeinen nicht erreicht, während bei einer Schmelzschweißung selbst unter Verwendung artfremder Zusatzstoffe stets so hohe Temperaturen angewendet werden, daß die Flächen der Werkstücke in den schmelzflüssigen Zustand gelangen. Die Lötverbindung ist nicht so hochwertig wie die Schweißverbindung und wegen der Lötwerkstoffe stärker devisenbelastet, sie wird aber trotzdem in vielen Fällen aus werkstofflichen oder konstruktiven Gründen angewendet [15]). Hartlötverbindungen [16]) erreichen bei richtiger Ausführung höhere Festigkeitswerte, als bisher angenommen wurde [17]). Die Lötzusatzstoffe sind in den Normblättern DIN 1707, 1710 und 1711 genormt.

Die gebräuchlichen Schweißverfahren werden nach DIN E 1910 in zwei Hauptgruppen eingeteilt, die Schmelzschweißung und die Preßschweißung. Bei der Schmelzschweißung werden die zu verschweißenden Kanten der Werkstücke verflüssigt. Durch den örtlich begrenzten Schmelzfluß werden die Werkstücke ohne Anwendung von Druck oder Schlag miteinander vereinigt. Bei der Preßschweißung findet die Vereinigung der beiden Werkstückteile unter Anwendung von Druck oder Schlag in teigigem Zustand statt. Zusatzwerkstoff wird hierbei im allgemeinen nicht zugeführt.

Eine weitere Unterteilung ergibt sich durch die Art der Wärmeerzeugung und des Arbeitsverfahrens. Neben den älteren Schweißverfahren sind in den letzten Jahren neue aufgekommen. Im einzelnen können folgende Verfahren unterschieden werden:

I. Schmelzschweißung:

1. Gasschmelzschweißung,
2. Lichtbogenschweißung,
3. Atomare Schweißung,
4. Thermitgießschweißung und die Zu- und Ablaufgießverfahren.

II. **Preßschweißung:**

1. Hammerschweißung,
2. Elektrische Widerstandschweißung,
3. Thermitpreßschweißung.

III. **Sonderverfahren.**

Obgleich das vorliegende Buch nur die Lichtbogenschweißung im einzelnen behandelt, sollen doch die anderen Verfahren kurz in ihrer Wesensart besprochen werden. Zum eingehenden Studium wird auf das angegebene Schrifttum verwiesen [18, 19]).

1. Gasschmelzschweißung [20])

Bei der Gasschmelzschweißung (Autogenschweißung) wird als Wärmequelle eine Schweißflamme verwendet, in der ein brennbares Gas mit Sauerstoff verbrannt wird, um die Kanten der Werkstücke zu verflüssigen und den Zusatzdraht in der Schweißfuge niederzuschmelzen. Der Schweißer hält den Brenner in der rechten und den Zusatzdraht in der linken Hand, Bild 5.

Als Brenngas überwiegt bei weitem Azetylen, daneben werden in Sonderfällen Leuchtgas, Wasserstoff, Propan, Benzin- und Benzoldämpfe verwendet.

Azetylen wird aus Kalziumkarbid (CaC_2) und Wasser (H_2O) in Gaserzeugern oder Entwicklern hergestellt. Die Entwickler, wovon Bild 5 und 6 Beispiele zeigen, werden in den verschiedensten Größen gebaut. Das entwickelte Gas befindet sich unter einem Druck von wenigen mm WS bis höchstens 1,5 atü. Auf die verschiedenen Bauarten (Einwurfsystem, Zuflußsystem, Tauch- und Verdrängungssystem) kann hier nicht eingegangen werden. Bei allen Apparaten wird die Gaserzeugung selbsttätig dem Verbrauch angepaßt und der Druck konstant gehalten. Da Azetylen bei Luft- und Sauerstoffzutritt sehr explosiv ist, ist stets eine Wasservorlage vorgesehen, die einen Sauerstoffrücktritt oder Flammenrückschlag in den Entwickler verhindert.

Bei geringerem Azetylenverbrauch oder nach Zeit und Ort welchselndem Arbeitsanfall wird das Gas zweckmäßig aus Stahlflaschen entnommen, die in besonderen Füllwerken gefüllt werden. Das Gas befindet sich hierin unter einem Druck bis höchstens 15 atü. Da Azetylen bei diesen Drücken durch Zerfall explosionsgefährlich werden kann, werden die Flaschen mit einer porösen Masse, die mit Azeton getränkt ist, gefüllt. Azetylen löst sich im Azeton; eine Gefahr ist damit bei vorschriftsmäßiger Behandlung nicht verbunden. Flaschengas (auch Dissousgas genannt) hat den Vorteil größter Reinheit, ist aber teurer als in eigenen Entwicklern erzeugtes Gas. Die Flaschen sind immer betriebsbereit, einfach zu bedienen und leicht zu befördern.

Der für die Verbrennung nötige Sauerstoff wird ebenfalls Stahlflaschen entnommen, die jedoch unter einem Druck bis zu 150 atü stehen. Der Sauerstoff wird in besonderen Werken aus der Luft gewonnen und in die Flaschen gepreßt. Für ortsbewegliche Anlagen werden zweckmäßig Sauerstoff- und Gasflasche auf einem fahrbaren Gestell untergebracht. Der Flaschendruck wird durch Druckminderer auf den Arbeitsdruck herabgesetzt. Beide Drücke werden durch Manometer angezeigt. Die Gase werden durch Schläuche zum Brenner geleitet, hier im richtigen Verhältnis miteinander vermischt und verbrannt, wobei eine Flammentemperatur von über 3000° erzeugt wird. Beide Gase können entweder unter gleichem Arbeitsdruck stehen (Gleichdruckbrenner), oder der Sauerstoff kann das unter niederem Druck stehende Azetylen im Brenner ansaugen (Injektorbrenner).

Bild 5. Gasschmelzschweißung

An Vorsichtsmaßnahmen ist zu beachten, daß Sauerstoff beim Auftreffen auf Öl und Fett zu Explosionen führen kann. Sauerstoffventile dürfen daher niemals eingefettet werden. Die Flaschen und Ventile

Bild 6. Neuzeitliche Großentwickleranlage

müssen langsam und vorsichtig geöffnet werden. Vor dem Anzünden der Schweißflamme läßt man zweckmäßig etwas Gas entweichen, damit sich keine explosiven Gas-Luftgemische entzünden.

Je nach der Schweißrichtung und Führung von Brenner und Zusatzdraht wird zwischen Nachrechtsschweißung (Rückwärtsschweißung) und Nachlinksschweißung (Vorwärtsschweißung) unterschieden. Bei der Nachrechtsschweißung (Schweißrichtung von links nach rechts) eilt die Flamme dem Zusatzdraht voraus, bei der Nachlinksschweißung ist es umgekehrt. Abgesehen von dünnen Blechen und Sonderfällen empfiehlt sich die Anwendung der Nachrechtsschweißung, weil sie wirtschaftlicher arbeitet. Dünne Bleche können in vielen Fällen ohne Zusatzdraht verschweißt werden.

Beim Schweißen von Nichteisenmetallen und auch von Gußeisen wird in der Regel ein Schweißpulver verwendet. Dieses Flußmittel soll das an der Oberfläche des Schweißbades sich bildende Metalloxyd durch Überführen in eine leicht schmelzbare Schlacke unschädlich machen.

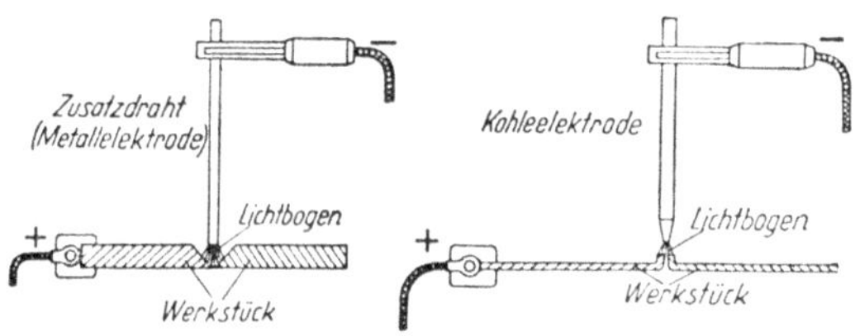

Bild 7. Lichtbogenschweißverfahren

Die Gasschmelzschweißung ist neben der Lichtbogenschweißung das wichtigste Verfahren und kann zur Schweißung sämtlicher schweißbaren Metalle und Legierungen herangezogen werden. Besonders vorteilhaft wird sie angewendet bei Wiederherstellungsarbeiten und zum Schweißen dünner Bleche, sowie für Gußeisen und Nichteisenmetalle. Die Grenzen des Verfahrens sind durch wirtschaftliche Erwägungen und durch die auftretenden starken Schrumpfungen und Verwerfungen gegeben. Die Umgebung der Schweißstelle wird stärker erwärmt als bei der Lichtbogenschweißung, so daß sich die Werkstücke mehr verziehen. Nicht ausgebaute Teile können nur unter bestimmten Vorsichtsmaßregeln gasgeschweißt werden.

Mit elektrisch oder gasbeheizten Schweißgeräten lassen sich durch Aufblasen eines warmen Luft- oder Gasstromes auch nichthärtbare (thermoplastische) Kunststoffe schweißen [21]. Die Arbeitsweise ähnelt der Gasschmelzschweißung von Metallen [22].

2. Lichtbogenschweißung [23]

Bei der Lichtbogenschweißung wird der elektrische Lichtbogen als Wärmequelle verwendet. Der Lichtbogen wird entweder unmittelbar zwischen dem Zusatzdraht (der Elektrode) und dem Werkstück oder zwischen einer Kohleelektrode und dem Werkstück gezogen [24]. Hiernach werden zwei Verfahren unterschieden, die in Bild 7 schematisch dargestellt sind.

a) Metallichtbogenschweißung (Slavianoff-Verfahren). Das weitaus wichtigste Lichtbogenschweißverfahren ist das von *Slavianoff*, der 1890 hierauf ein deutsches Patent erhielt. Der Lichtbogen wird unmittelbar zwischen dem Zusatzdraht und dem Werkstück gezogen. Durch die im Lichtbogen entstehende Wärme wird das Werkstück an der Schweißstelle zum Schmelzen gebracht und der Zusatzdraht in der Schweißfuge abgeschmolzen. Wärmezufuhr durch den Lichtbogen und Verflüssigung des Zusatzstoffes sind zwangläufig miteinander verbunden.

Bild 8. Lichtbogenschweißung

Durch dieses Verfahren wird nur die rechte Hand des Schweißers beschäftigt; mit der linken hält er den Schutzschild, um sich vor den Strahlen des Lichtbogens zu schützen, Bild 8. Zum Schutz der Hände werden Lederhandschuhe getragen.

Die Spannung im Stahllichtbogen beträgt 15 bis 40 V und schwankt mit der Lichtbogenlänge. Zum Zünden ist eine Spannung von 60 bis 70 V erwünscht. Die Schweißstromstärken schwanken zwischen 20 und 600 A und sind durch den Durchmesser und die Art der verwendeten Elektrode bestimmt. Die gebräuchlichen Durchmesser der Elektroden liegen zwischen 1 und 8 mm. Weitaus am meisten verwendet werden 4, 5 und 6 mm. Elektroden unter 3 mm ϕ sind für dünnere Bleche bestimmt. In Sonderfällen wählt man bis zu 10 mm und darüber als Elektrodendurchmesser. Gußeisenwarmschweißungen werden mit noch wesentlich höheren Stromstärken, bis 1000 A, und mit Gußeisenstäben bis 20 mm ⌀ ausgeführt.

Grundsätzlich kann sowohl mit Gleichstrom als auch mit Wechselstrom geschweißt werden. Bei Wechselstrom kann jedoch kein nackter Draht als Elektrode verwendet werden, wie im Abschnitt „Der Schweißlichtbogen" (S. 39) erläutert wird. Die eine Klemme der Schweißmaschine wird durch Schweißkabel, deren Querschnitt der Stromstärke angepaßt sein muß, mit dem Werkstück verbunden, die andere Klemme mit der Schweißzange (Schweißkolben, Elektrodenhalter), in die der Draht (Elektrode) eingespannt wird. Durch Auftupfen der unter Spannung stehenden Elektrode auf das Werkstück entsteht ein Kurzschluß, durch darauf folgendes vorsichtiges Entfernen der Spitze bis auf etwa Drahtdurchmesser wird der Lichtbogen gezogen. Die Fertigkeit des Lichtbogenschweißens besteht darin, den Lichtbogen gleichmäßig zu halten und dabei die Elektrode langsam vorzubewegen, so daß eine gleichmäßige und gut eingebrannte Schweißraupe entsteht.

b) Kohlelichtbogenschweißung (Benardos-Verfahren). Der Lichtbogen wird zwischen einer Kohleelektrode und dem Werkstück gezogen. Der Zusatzstoff wird von außen wie bei der Gasschmelzschweißung zugeführt, oder es wird ohne Zusatzstoff geschweißt, z. B. beim Niederschmelzen von Bördelnähten, Bild 7. Der Kohlestab wird an den Minuspol der Stromquelle gelegt, um eine Aufkohlung der Werkstücke (Kohlenstoffaufnahme aus der abbrennenden Kohle) zu vermeiden, da der Kohlenstoff vom Plus- zum Minuspol übergeht. Der Kohlelichtbogen neigt zum Flackern, wodurch die Güte der Schweißarbeit leidet. Ein ruhigeres Brennen wird erreicht, wenn der Kohlestab mit einer Blasspule umgeben wird, einer Magnetspule, die unmittelbar vom Schweißstrom durchflossen werden kann und den Lichtbogen in seiner Richtung konstant hält. Die Schweißkanten werden vielfach mit Pasten bestrichen.

Das Verfahren wurde im Jahre 1885 *Benardos* in Deutschland patentiert. Es wird heute in Sonderfällen angewendet, z. B. für Rotguß- und Gußeisenschweißungen, für selbsttätige Schweißeinrichtungen (Automaten) und für die Dünnblechschweißung. Am besten wird in waagerechter Lage des Werkstückes geschweißt; Schweißen an senkrechter Wand ist schwierig, über Kopf im allgemeinen nicht möglich. Verwendet werden Kohlestäbe zwischen 3 und 20 mm ⌀ bei 15 bis 600 A Schweißstromstärke und einer Lichtbogenspannung von 20 bis 45 V.

Ein drittes Lichtbogenschweißverfahren, das *Zerener*-Verfahren, wird heute nicht mehr angewendet. Hierbei wurde der Lichtbogen zwischen zwei Kohleelektroden gezogen und durch einen Blasmagneten auf die Schweißstelle gerichtet.

3. Atomare Schweißung (Arcatomverfahren)[25)]

Große Bedeutung hat in den letzten Jahren das Arcatomverfahren erlangt. Zwischen zwei Wolframelektroden wird ein Wechselstromlichtbogen gezogen. Sie sind in Ringdüsen eingespannt, durch die Wasserstoff zugeführt wird, Bild 9.

Durch die hohe Temperatur des Lichtbogens wird ein Teil der Wasserstoffmoleküle H_2 (ein Molekül ist eine Vereinigung von zwei oder mehreren Atomen) in die Atome 2H zerlegt. Dieser Vorgang verbraucht Wärme, die dem Lichtbogen entzogen wird. Am Rande der hufeisenförmigen Flamme vereinigen sich die Atome wieder zu Molekülen H_2 und geben ihre Wärme an die Schweißstelle ab. Auf diese Weise werden dort hohe Temperaturen erzeugt. Ein weiterer Vorteil des Verfahrens besteht darin, daß der den Lichtbogen umgebende Wasserstoff eine Schutzwirkung auf das Schweißbad ausübt.

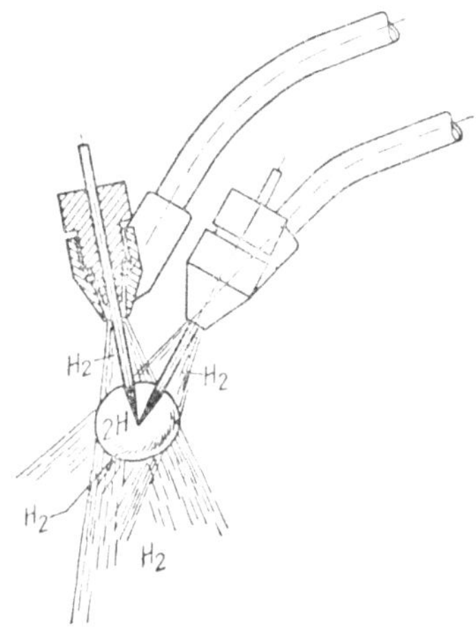

Bild 9. Arcatomlichtbogen

In der praktischen Handhabung ähnelt das Arcatomverfahren der Gasschmelzschweißung. Der Schweißer hält den Elektrodenhalter, Bild 10, wie einen Gasbrenner in der rechten und den Zusatzdraht — wenn erforderlich — in der linken Hand. Die Schmelzwirkung ist wegen der Regelfähigkeit des Lichtbogens in weiten Grenzen einstellbar. Durch leichte Daumenbewegung am Handrad des Schweißbrenners kann der Elektrodenabstand und damit die Lichtbogengröße verändert werden.

Bild 10. Arcatom-Schweißbrenner

Zum Schutz des Kopfes muß eine Schutzkappe (Kopfmaske) getragen werden. Der Wasserstoff wird einer Stahlflasche entnommen. Der

Wechselstrom wird von einem Transformator in geeigneter Spannung und Stromstärke geliefert.

Die Schweißnähte zeichnen sich durch gleichmäßiges Aussehen aus und zeigen hohe Gütewerte, besonders Dichtigkeit, Zähigkeit und Dehnung. Das Verfahren, das im Jahre 1926 durch *Langmuir* bekannt wurde, hat weitgehend Eingang in die Praxis gefunden. Es ist geeignet zum Verschweißen sämtlicher Stahlsorten und der meisten Nichteisenmetalle. Bevorzugt wird die Schweißung in waagerechter Lage.

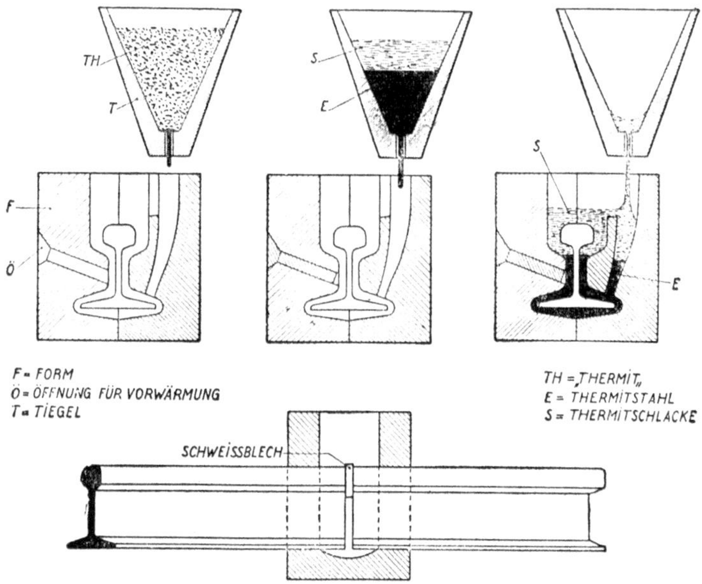

Bild 11. Schematische Darstellung einer Schweißung nach dem kombinierten Thermit-Verfahren

4. Thermitschweißung [26])

Die Thermitschweißung (aluminothermische Schweißung) beruht auf der starken Neigung des Aluminiums, sich mit Sauerstoff zu verbinden (zu verbrennen), wobei sehr hohe Temperaturen entwickelt werden. Thermit ist im wesentlichen eine Mischung aus gepulvertem Aluminium und Eisenoxyd. Bei der ruhig verlaufenden Thermitumsetzung, die in einem Tiegel stattfindet und mit einer Spezialzündmasse eingeleitet wird, verbindet sich der Sauerstoff des Eisenoxyds mit dem Aluminium, und es entstehen reines Eisen und Tonerde (Aluminiumoxyd), die als Schlacke auf dem schwereren Eisen schwimmt, Bild 11. Beide haben eine Temperatur von ungefähr 2400^0. Der Thermitmasse werden Stahlbildner in Form von Ferrolegierungen zugegeben, so daß ein Stahl erzeugt werden kann, der in seinen mechanischen Eigenschaften dem zu schweißenden Werkstoff entspricht. Das Werkstück wird an der Schweißstelle mit einer Zwischengußfuge versehen und mit einer feuerfesten Form aus Eisenberger Klebsand umgeben. Nach Vorwärmung der Schweißstelle und Trocknung der Form wird der Thermitstahl eingegossen, der die Schweißenden aufschmilzt und durch Zwischen- und Umguß verbindet (Schmelzgußschweißung).

Man kann auch Werkstücke aus Stahl mit geringem Kohlenstoffgehalt an flächengleich bearbeiteten Stirnflächen gegeneinander pressen, nach Vorwärmung mit Thermitschlacke umgießen und durch Pressung eine reine Druckschweißung herbeiführen, worauf die Schlacke wieder abgeschlagen wird (Druckschweißung).

Bei der Schienenschweißung, die neben Instandsetzungsarbeiten das Hauptanwendungsgebiet des Thermitschweißverfahrens darstellt, wird in großem Umfang ein kombiniertes Verfahren angewandt, das in der Fuß- und Stegzone der Schiene aus einer Schmelzgußschweißung, in der Schienenkopfzone aus einer Druckschweißung besteht. Dabei ist es vorteilhaft, die Druckschweißung durch Einfügung eines ferritreichen Schweißbleches zwischen den Schienenkopfstirnflächen zu unterstützen (kombinierte Schweißung), Bild 11.

5. Hammerschweißung

Das älteste Schweißverfahren ist die F e u e r s c h w e i ß u n g. Die Werkstücke, deren Enden abgeschrägt oder eingekerbt sind, werden im Schmiedefeuer oder Schmiedeofen erhitzt und auf dem Amboß durch Hammerschläge (Hand- oder Maschinenhämmer) vereinigt. Die neueren Schweißverfahren haben die Feuerschweißung heute fast vollständig verdrängt, weil sie unwirtschaftlich ist und hohe Anforderungen an die Geschicklichkeit des Ausführenden stellt. Sie wird nur noch bei Schmiedearbeiten und bei der Kettenherstellung angewendet.

Zu den Hammerschweißverfahren gehört auch die W a s s e r g a s - s c h w e i ß u n g. Das Verfahren wird nur von wenigen großen Werken ausgeführt und dient zur Herstellung von größeren Rohren, Blechzylindern und Kesseln. Die zu schweißenden Blechkanten werden übereinandergelegt und auf eine Länge von 100 bis 300 mm durch zwei Brenner mit schlitzförmigen Düsen auf Schweißhitze gebracht. Das Werkstück wird dann gedreht oder verschoben, so daß die Schweißkanten auf einem Amboß durch maschinell arbeitende Hämmer oder Druckrollen verschweißt werden. Wassergas besteht in der Hauptsache aus Wasserstoff und Kohlenoxyd und wird in schachtförmigen

Öfen (Generatoren) erzeugt, indem in bestimmten Zeitabständen Wasserdampf über glühenden Koks geblasen wird. Wassergas eignet sich deshalb gut für Schweißzwecke, weil es reduzierend wirkt, d. h. es verhindert die Bildung von Oxyden auf der Oberfläche der Werkstücke. Bei der Verbrennung mit Gebläseluft wird eine Temperatur von etwa 1800° erreicht.

Die Hammerschweißung (Feuerschweißung und Wassergasschweißung) und die jetzt zu besprechende elektrische Widerstandschweißung, die zu den Preßschweißverfahren gehören, können nur an solchen Werkstoffen angewendet werden, die einen teigigen Übergangszustand zwischen dem festen und flüssigen Zustand bilden. Gußeisen ist darum nicht preßschweißbar.

6. Elektrische Widerstandschweißung [27, 28])

Die elektrische Widerstandschweißung beruht darauf, daß die Berührungsfläche zweier Metallteile dem elektrischen Strom einen größeren Widerstand entgegensetzt und dadurch erwärmt wird. Die elektrische Energie wird durch den Übergangswiderstand der Werkstücke in Wärme umgewandelt. Die erzeugte Wärme ist abhängig von dem Widerstand, dem Quadrat der Stromstärke und der Zeit (*Joule*sches Gesetz). Es werden daher große Stromstärken bis zu etwa 100 000 A bei kleinen Spannungen von nur wenigen Volt im Schweißkreis angewendet. Durch einen Umspanner (Transformator) wird der Wechselstrom aus dem Speisenetz auf passende Stromstärke und Spannung für den Schweißkreis gebracht.

Bei Erreichen der Schweißhitze werden die Werkstücke, die in entsprechenden Maschinen eingespannt sind, zusammengepreßt und unter Druck miteinander verschweißt. Wesentliche Vorteile der Widerstandschweißung sind hohe mechanische Gütewerte, kurze Schweißzeiten und geringe Wärmeeinwirkung. Hohe Wirtschaftlichkeit wird besonders bei Massenfertigung erreicht. Die Bedienung der Maschinen erfolgt durch angelernte Leute.

Die elektrische Widerstandschweißung umfaßt folgende Verfahren, die in Bild 12 schematisch dargestellt sind:

a) Stumpfschweißung,
b) Punktschweißung,
c) Nahtschweißung.

a) Stumpfschweißung. Die Wulststumpfschweißung (Druckschweißung) wird angewendet für runde und sonstige einfach geformte, meist kleinere Querschnitte. Die Werkstücke werden in die wassergekühlten Spannbacken der Maschine so eingespannt, daß sich die sauber bearbeiteten Stoßflächen berühren. Die Maschinen gleichen im Aussehen den Abbrennschweißmaschinen, Bild 13. Nach Erreichen der

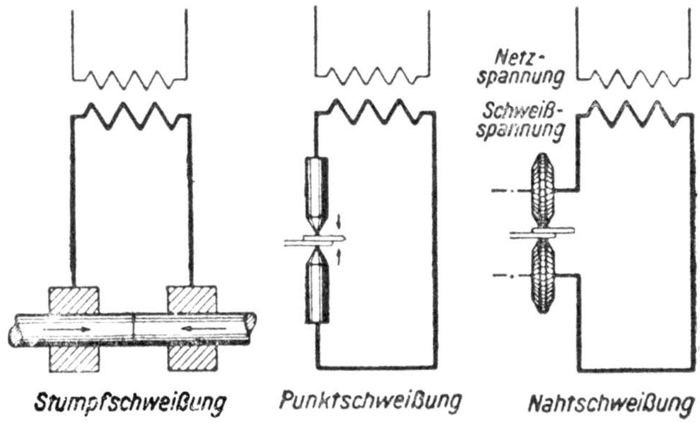

Bild 12. Verfahren der elektrischen Widerstandschweißung

richtigen Temperatur an der Schweißstelle wird der Strom ausgeschaltet, und die Werkstücke werden durch eine Stauchvorrichtung kräftig zusammengedrückt. An der Schweißstelle entsteht eine Stauchwulst, die nachträglich durch geeignete Bearbeitung entfernt werden kann.

Bild 13. Selbsttätige Abbrennschweißmaschine für große Abmessungen

Bei Stahl ist die Wulststumpfschweißung auf kohlenstoffarme Sorten beschränkt. Gut leitende Werkstoffe, wie Kupfer, Aluminium und ihre

Legierungen, sind für dieses Verfahren geeignet. Ein besonderes Anwendungsgebiet ist die Kettenschweißung bis 20 mm Kettenglieddurchmesser.

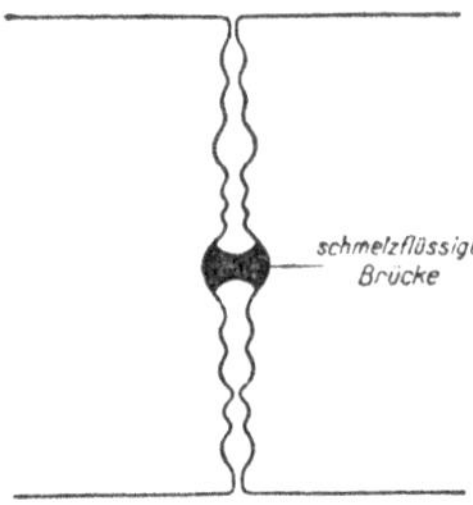

Bild 14. Abbrennschweißung. Erklärung des Vorganges

Die Abbrennstumpfschweißung (Abbrennschweißung, Abschmelzschweißung) [29]) unterscheidet sich hiervon grundsätzlich nur durch die Arbeitsweise. Die eingespannten Werkstücke werden nach Einschalten des Stromes in leichte Berührung gebracht und brennen an einzelnen vorspringenden Punkten der Berührungsstellen, Bild 14, unter lebhaftem Funkensprühen ab [30]). Es bilden sich an diesen Stellen schmelzflüssige Brücken, die durch Verdampfung des Werkstoffes explodieren, so daß hier zwei sich genau gegenüberstehende Krater zurückbleiben. Durch Nachschieben der Werkstücke wird dieser Abbrennvorgang an anderen Stellen — und zwar an den Rändern der von den vorhergegangenen Explosionen zurückgebliebenen Krater — fortgesetzt, bis die zu vereinigenden Querschnitte auf Schweißhitze gebracht sind. Dann werden die Stücke unter gleichzeitigem Ausschalten des Stromes schlagartig zusammengepreßt. Das flüssige Metall und die Schlacke werden dadurch aus der Schweißstelle herausgedrückt und bilden außen einen perligen Grat, der ziemlich leicht entfernt werden kann. Das Abbrennen setzt eine gewisse Unebenheit der Stoßflächen voraus.

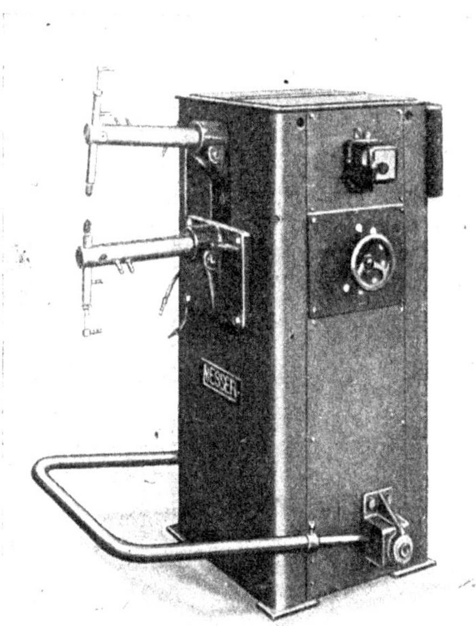

Bild 15. Punktschweißmaschine

Bei der Abbrennstumpfschweißung wird unterschieden zwischen dem Abbrennen aus dem kalten Zustand und dem Abbrennen mit Vorwärmung. Das Abbrennen aus dem kalten Zustand wird besonders angewendet bei kleineren Querschnitten und vor allem bei gezogenen dünnwandigen Blechteilen großer Oberfläche, vorzugsweise im Karosseriebau. Hierfür ist das Verfahren sehr wirtschaftlich.

Das Abbrennen mit Vorwärmung, bei dem durch wiederholte Berührung die Stoßflächen auf hohe Temperatur gebracht werden und sich geeignete Wärmezonen an den Stoßflächen bilden, kommt vorzugsweise für große Querschnitte sowie für verwickelte Werkstückformen in Betracht und stellt das am meisten angewandte Verfahren dar.

Die Abbrennschweißung hat — abgesehen von Sondergebieten — die Wulststumpfschweißung größtenteils verdrängt, da sie höchste Gütewerte ergibt, keine Vorbereitung der Stoßflächen erfordert und die Schweißung verwickelter Profile, hochwertiger Stähle und das Aufschweißen von teurem Schneidstahl auf billige Stahlsorten gestattet. Sie wird besonders bei größeren Querschnitten selbsttätig von entsprechenden Maschinen durchgeführt, Bild 13.

b) Punktschweißung [31]). Die Punktschweißung dient zur Verbindung von übereinander liegenden Blechen durch einzelne Schweißpunkte. Meist wassergekühlte, stiftförmige Schweißstempel (Elektroden) drücken die Bleche zusammen. Beim Einschalten des Stromes werden die Bleche an der Durchtrittstelle auf Schweißhitze erwärmt und punktförmig verschweißt. Die Punktschweißmaschinen, Bild 15, werden in der Regel durch einen Fußhebel bedient, wodurch die beiden Bleche zusammengedrückt werden und der Strom eingeschaltet wird. Die richtige Schweißdauer, die je nach Blechdicke zwischen Bruchteilen einer Sekunde und mehreren Sekunden schwankt, kann durch besondere elektrische Steuerungen gewährleistet werden (Schweißbegrenzer, Schweißtakter). Ebenso kann der Druckverlauf in bestimmter Weise eingestellt werden (Programmsteuerung). Der Schweißdruck kann bei größeren Maschinen auch durch Preßluft erzeugt werden. Für Sonderzwecke sind Doppelpunkt-, Mehrpunkt- und Schnellpunktmaschinen sowie Punktschweißzeuge [32]) entwickelt worden.

Das Hauptanwendungsgebiet der Punktschweißung ist die Blechverarbeitung (Stahl- und Leichtmetalle). Die Grenzen des Verfahrens liegen für Stahl bei etwa 8 mm Einzelblechdicke und für Leichtmetalle bei etwa 3 bis 5 mm Einzelblechdicke. Eine Abart ist die Dellen- oder Buckelschweißung, wobei kleine Ausbeulungen des einen Bleches (Dellen, Warzen) unter dem Druck großflächiger Elektroden mit dem anderen Blech verschweißt und zurückgedrückt werden. In manchen Fällen werden dem Anpreßdruck mechanische Schwingungen überlagert, die das Gefüge des Schweißpunktes verbessern sollen (Widerstand-Hammerschweißung).

c) Nahtschweißung (Rollennahtschweißung). Bei der Nahtschweißung sind die Stiftelektroden durch scheibenförmige Rollenelektroden ersetzt, die maschinell angetrieben werden, Bild 16.

Die Bleche laufen zwischen den unter Druck stehenden, stromführenden Rollen hindurch und werden in einer Naht verschweißt, oder eine Rolle läuft über die auf einer Unterlage aufgelagerten Bleche hinweg. Je nach der Steuerung des Rollenantriebs unterscheidet man verschiedene Verfahren, wie Durchlaufbetrieb, Rollenschritt- und Pilgerschrittverfahren. Die Steuerung des Schweißstromes kann durch Mo-

Bild 16. Nahtschweißmaschine

dulatoren, durch eine Kaskadensteuerung oder durch gittergesteuerte Stromrichter [33]) durchgeführt werden, deren Beschreibung hier zu weit führen würde. Auch die Nahtschweißung findet besonders in der Blechverarbeitung Anwendung und ersetzt zusammen mit der Punktschweißung das Nieten. Im einzelnen kann zwischen Überlapptnahtschweißen (die Überlappungsstufen bleiben nach dem Schweißen bestehen) und Quetschnahtschweißen (die Überlappungsstufen verschwinden bei dünnen Blechen und geringer Überlappung) unterschieden werden.

7. Sonderverfahren (Fesa-Weibel-Schweißverfahren)[34–36]

In den letzten Jahren wurde ein neuartiges Schweißverfahren entwickelt und unter der Bezeichnung „*Fesa-Weibel*-Schweißverfahren" mit gutem Erfolg bereits in der Fertigung eingesetzt. Besonders geeignet ist es für die Dünnblechschweißung (0,05 bis etwa 2 mm Blechdicke) von Nichteisenmetallen, vorzugsweise Leichtmetallen.

Die Bleche werden an der Schweißstelle umgebördelt (Bördelstoß). Kennzeichnend ist, daß die über den teigigen Zustand hinaus erhitzten Stoßflächen der Bleche durch einen Wechselstrom niedriger Spannung

Bild 17. Fesa-Weibel-Schweißverfahren

auf Schmelztemperatur gebracht und ohne Anwendung von Druck verschweißt werden. Der Strom wird durch zwei zweckmäßig mit Kupfermantel versehene Kohleelektroden zugeführt, die seitlich der Bördelung auf den Blechen anliegen und in einem Elektrodenhalter eingespannt sind, Bild 17.

Der Elektrodenhalter wird nach Kurzschluß der Elektroden langsam über die Schweißfuge herübergezogen. Der Stromkreis ist über die Elektroden und die dazwischen liegenden Blechteile geschlossen. Infolge des höheren Widerstandes werden die Spitzen der Kohleelektroden auf Rotglut erwärmt. Die Widerstands- und Strahlungswärme schmilzt den Blechbördel nieder. Eine Lichtbogenbildung tritt nicht auf. Das Verfahren kann als Widerstandschmelzschweißung bezeichnet werden. Da keine grellen Lichtstrahlen oder schädliche nichtsichtbare Strahlen entstehen, ist ein Blendschutz des Schweißers nicht erforderlich.

Die mechanischen Gütewerte der Schweißnaht entsprechen, wie eingehende Versuche erwiesen haben, den zu stellenden Anforderungen [37—39]). Das Verfahren zeichnet sich durch einfache, leichte Handhabung, schmale Erwärmungszonen und niedrige Betriebskosten aus. Die Ergebnisse der Schweißarbeit sind jedoch in hohem Maße von der sauberen Vorrichtung der Bleche und von der Sorgfalt des Schweißers abhängig. Auch die automatische Schweißung wurde mit dem *Fesa-Weibel*-Verfahren bereits erfolgreich durchgeführt [40]).

In Amerika wurde ein neues Gasstumpfschweißverfahren (autogene Preßschweißung) [41]) entwickelt, das sich besonders für die Verschweißung von Eisenbahnschienen bewährt haben soll [42]). Die Schienen werden an den zu verschweißenden Enden mit Gasbrennern erwärmt und mit den Stirnflächen zusammengepreßt.

Das *Ellira*-Verfahren, *Elin-Hafergut*-Verfahren und *Kaell*-Verfahren stellen Sonderverfahren der automatischen Lichtbogenschweißung dar und werden an entsprechender Stelle besprochen (S. 198/204).

IV. DER SCHWEISSLICHTBOGEN

1. Der Lichtbogen als Elektronen- und Ionenstrecke

Im Abschnitt „Grundbegriffe der Elektrotechnik" (S. 6) ist der elektrische Strom in metallischen Leitern als ein Elektronenstrom erklärt worden. Die Luft und andere Gase sind unter normalen Verhältnissen Nichtleiter (Isolatoren). Eine Luftstrecke wird jedoch leitend, wenn sie ionisiert wird. Dieser Fall liegt im Lichtbogen vor, der jetzt näher betrachtet werden soll.

Die Erwärmung durch den Kurzschluß beim Auftupfen der Elektrode auf das Werkstück führt zu einem Austritt von Elektronen, die sich nach dem Ziehen des Lichtbogens vom negativen zum positiven Pol (von der Kathode zur Anode) fortbewegen. Sie werden mit ungeheurer Geschwindigkeit auf den positiven Pol geschleudert, wobei sie unterwegs auf Gasatome treffen und dadurch weitere Elektronen aus ihrem Atomverband befreien, die nun ebenfalls vom positiven Pol angezogen werden [43]). Die entstehenden Restatome mit positiver Ladung, die Ionen, werden vom negativen Pol angezogen und prallen dort auf. Der Zerfall der Atome in Ionen und Elektronen wird als I o n i s a t i o n bezeichnet.

Der positive Pol wird durch den Aufprall der Elektronen hoch erhitzt, da ihre Wucht trotz verschwindend kleiner Masse wegen der ungeheuren Geschwindigkeit sehr groß ist. Die Masse der Ionen ist zwar größer als die der Elektronen, aber ihre Geschwindigkeit ist wesentlich kleiner. Die erzeugte Wärmemenge ist deshalb an der Kathode (am negativen Pol) etwas geringer (bei Stahl). Sie reicht trotzdem aus, um dauernd weitere Elektronen aus der Kathode austreten zu lassen. Dieser Vorgang wird als E l e k t r o n e n e m i s s i o n bezeichnet. Der einmal gezündete Lichtbogen brennt deshalb dauernd weiter.

Elektronen werden nur von erhitzten, glühenden Körpern in nennenswerter Menge ausgesandt. Man kann bei Raumtemperatur einen Leiter stark negativ elektrisch laden, d. h. die Elektronen darin in hohem Maße verdichten, ohne daß sie aus der Oberfläche heraustreten. Mit zunehmender Temperatur wird der Austritt erleichtert. Auch durch Oxydation der Kathode, d. h. durch Verbindung mit dem Luftsauerstoff, soll der Elektronenaustritt gefördert werden [44]). Voraussetzung für die Unterhaltung des Lichtbogens ist somit die hoch erhitzte Kathode und die durch die Elektronenemission ausgelöste Ionisierung der Lichtbogenstrecke. Beim Zünden wird die Wärme durch den Übergangswiderstand an der Kurzschlußstelle erzeugt, beim Brennen des Lichtbogens durch den Aufprall der Ionen. Der weißglühende Ansatzpunkt des Lichtbogens an der Kathode wird als K a t h o d e n f l e c k bezeichnet.

Den Lichtbogen kann man sich als einen Schlauch aus heißem, verdünntem Gas vorstellen, der von der Kathode zur Anode gespannt ist und in den beiden weißglühenden Endkratern von Anode und Kathode ausläuft. Der violett leuchtende Kern wird von einer hellgelb leuchtenden, wallenden Gasmasse, der Aureole, umgeben, in der die ausgestoßenen Teile an der Luft verbrennen. Die Bestimmung der im Lichtbogen herrschenden Temperaturen ist sehr schwierig. Experimentelle Untersuchungen ergaben an der Anode eines Gleichstrom-Lichtbogens zwischen Graphitelektroden rund 4000° [45]). Wahrscheinlich sind die Temperaturen beim Stahllichtbogen geringer. Für die Aureole wird von anderen Forschern eine Temperatur von über 6000° angegeben. Dieser Wert wird durch neuere Untersuchungen über die Temperatur der ionisierten Gassäule bestätigt [46, 47]).

Der Lichtbogen sendet neben den grellen sichtbaren Lichtstrahlen in reicher Menge nichtsichtbare Strahlen aus, ultraviolette und ultrarote Strahlen, die an Augen und Haut Entzündungen hervorrufen können, wenn die erforderlichen Schutzmaßnahmen außer acht gelassen werden. Durch magnetische Felder wird der Lichtbogen wie jeder andere biegsame, stromdurchflossene Leiter abgelenkt. Die hierbei herrschenden Gesetzmäßigkeiten werden im Abschnitt „Die Blaswirkung des Lichtbogens" (S. 147) im einzelnen besprochen.

Die Erfahrung lehrt, daß zur Erzielung guter Schweißergebnisse nackte, kohlenstoffarme Stahlelektroden am Minuspol (negativen Pol) verschweißt werden müssen. Diese Polung hat gleichzeitig den Vorteil, daß der Pol mit der größeren Wärmeentwicklung, die Anode, am Werkstück liegt, wo sich die Wärme schneller verteilen kann. Das Verschweißen dieser Elektroden mit dem Pluspol (positiven Pol) ist zwar in waagerechter Lage möglich, bei der Überkopfschweißung erfolgt jedoch kein Werkstoffübergang. Hoch kohlenstoffhaltige und legierte Elektroden werden zweckmäßig am Pluspol verschweißt. Bei vielen ummantelten Stahlelektroden hat die Polung praktisch keinen Einfluß, während Nichteisenmetall-Elektroden grundsätzlich am Pluspol verschweißt werden.

Eine wissenschaftliche Begründung für diese Erfahrungstatsachen kann nur mit Vorbehalt gegeben werden. Es wurde versucht, die Ausbildung der Lichtbogenansatzpunkte an der Kathode und Anode zur Erklärung heranzuziehen. Der Stahllichtbogen hat das Bestreben, eine breite Kathodenfläche zu bilden und sich kegelig zu einem engbegrenzten Anodenfleck zu verengen, während bei Kohle und Nichteisenmetallen ein schmaler Kathodenfleck und eine breite Anodenfläche auftreten [48]). Die in der Praxis bewährte Polung erwies sich als diejenige, bei der sich die breite Fläche an der Elektrode befindet [49]). Der Werkstoffübergang wird hierdurch begünstigt. Das bedeutet, daß Stahl zweckmäßig mit dem Minuspol und die Nichteisenmetalle mit dem Pluspol an der Elektrode verschweißt werden. Bei der Kohlelichtbogenschweißung ist zu beachten, daß ein Übergang von Kohlenstoff in die Schweißnaht, wie er bei Pluspolung eintreten würde, vermieden werden muß. Der Kohlelichtbogen wird deshalb grundsätzlich mit dem Minuspol am Kohlestab gezogen. — Neuere Versuche haben indessen ergeben, daß der Ansatzpunkt des Lichtbogens nicht stabil ist. Der Lichtbogen „springt", d. h. die Ausbildungsart an Anode und Kathode kann auch bei Gleichstrom abwechseln.

An den Vorgängen der Elektronenemission und Ionisierung nehmen nur wenige Atome teil im Vergleich zur Menge des übergehenden Werkstoffes. Trotzdem können sich die Ionen dieser Atome stofflich auswirken, besonders bei höherem Gehalt an Kohlenstoff oder Legierungselementen. Die Ionen enthalten die eigentliche Masse des Stoffes, während die Elektronen praktisch masselos sind. Da offenbar in erster Linie die Atome der Eisenbegleiter ionisiert werden und als Ionen zur Kathode wandern, so werden Elektroden mit höherem Gehalt an Kohlenstoff oder Legierungselementen zweckmäßig mit dem Pluspol verschweißt.

Der Spannungsabfall im Lichtbogen von der Anode zur Kathode, der bei nacktem Draht etwa 17 bis 22 V beträgt, ist nicht gleichmäßig verteilt, sondern hat Höchstwerte an der Anode und an der Kathode, die als Anoden- und Kathodenfall bezeichnet werden. Innerhalb der Lichtbogenstrecke findet nur ein geringer Spannungsabfall statt. Durch den Anoden- bzw. Kathodenfall werden die elektrischen Träger (Ionen und Elektronen) beschleunigt. Der Kathodenfall ist beim Stahllichtbogen größer als der Anodenfall.

Bisher war nur vom Gleichstrom-Lichtbogen die Rede. Beim Wechselstrom-Lichtbogen findet hundertmal in der Sekunde ein Wechsel zwischen Anode und Kathode und damit eine hundertmalige Umkehr des Elektronen- und Ionenstromes statt. In den Augenblicken des Stromwechsels wird der Lichtbogen unterbrochen und muß hundertmal in der Sekunde neu gezündet werden. Die Neuzündung vollzieht sich selbsttätig, wenn die Elektronenaussendung gewährleistet ist. Ist sie ungenügend, so erlischt der Lichtbogen und läßt sich mit Wechselstrom nicht halten. Dabei ist zu beachten, daß Metalle die Wärme schnell ableiten, daß daher die Lichtbogenansatzpunkte ohne weiteres ihre hohe Temperatur über die Augenblicke des Erlöschens nicht halten können. Nackter Draht vermag die Elektronenaussendung nicht in genügendem Maße aufrechtzuerhalten und kann deshalb mit Wechselstrom nicht verschweißt werden. Geeignete Stoffe müssen dem Draht als Seele oder als Umhüllung beigegeben werden, die den Elektronenaustritt fördern und den Lichtbogen beruhigen. Mit Wechselstrom können deshalb nur umhüllte oder Seelenelektroden verschweißt werden.

2. Werkstoffübergang im Lichtbogen

Über die Art des Werkstoffüberganges im Lichtbogen sind schon vor einer Reihe von Jahren an der Technischen Hochschule Berlin umfangreiche Untersuchungen angestellt worden. Festgestellt wurde, daß der Werkstoff in Form einzelner Tropfen übergeht. Die Dauer für einen Tropfenübergang schwankt zwischen 0,0008 und 0,06 sec, so daß der Vorgang mit bloßem Auge nicht zu sehen ist. In der Sekunde gehen etwa 6 bis 40 Tropfen über. In kurzen Zeitabständen bildet sich eine Brücke, über die der Elektrodenwerkstoff zum Werkstück abfließt. Im gleichen Augenblick erlischt der Lichtbogen durch Kurzschluß. Infolge der hohen Stromdichte brennt die Brücke sofort wieder durch, und der Lichtbogen wird neu gezündet. Durch Filmaufnahmen ist es gelungen, den Werkstoffübergang sichtbar zu machen[50, 51]. Bild 18 zeigt einen kurzen Ausschnitt des Films im Augenblick des Tropfenübergangs. (Der dunkle Einschnitt von oben ist die Elektrode; unten ist das Werkstück zu denken. In den mittleren Bildern findet der Kurzschluß und Tropfenübergang statt.) Die Untersuchungen ergaben, daß zwei verschiedenartige Formen von Tropfengebilden auftreten können, eine pilzförmige, bei der sich das Elektrodenende vor dem Abreißen verdickt, und eine fadenförmige, bei der lediglich eine Einschnürung und ein Abreißen kleiner Tropfen eintritt.

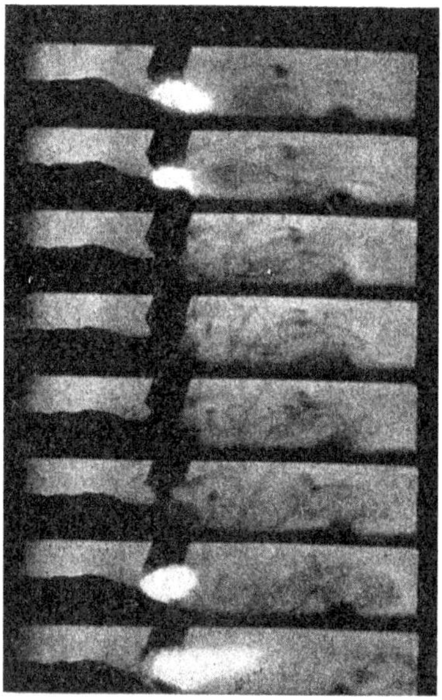

Bild 18. Filmaufnahmen des Lichtbogens während des Schweißens

Die Größe der Tropfen und die Anzahl der Übergänge in der Sekunde ist abhängig von der Art der Elektrode und ihrer Umhüllung. Die Auswirkung der einzelnen Faktoren ist noch nicht völlig geklärt. Die Tropfen überziehen sich mit einer Schlackenhaut unterschiedlicher Zusammensetzung, wodurch die Oberflächenspannung verschieden werden kann. Die Größe der Oberflächenspannung bedingt die Tropfengröße. Bei stark ummantelten Elektroden hat man im Film auch tropfenförmige Werkstoffübergänge beobachtet, ohne daß der Lichtbogen erlischt. Es ist anzunehmen, daß in diesem Falle die Verbindung aus reinen Schlacken besteht, die Werkstoffeinschlüsse enthalten können.

Im Augenblick eines Kurzschlusses erreicht die Stromstärke einen Höchstwert, und die Spannung fällt fast auf Null ab. Die Schwankungen können durch oszillographische Aufnahmen nachgewiesen werden. Ein Oszillograph ist ein praktisch trägheitslos arbeitender Strom- und Spannungsmesser, der den schnellsten Änderungen zu folgen vermag und den zeitlichen Verlauf als Schaubild (Diagramm) aufzeichnet. Das Oszillogramm, Bild 19, wird oft auch als dynamische Charakteristik oder Kennlinie bezeichnet, obgleich es keine eigentliche Kennlinie darstellt. Die Zeitpunkte des Kurzschlusses und Werkstoffübergangs sind durch plötzliches Absinken der Spannung und Ansteigen der Stromstärke gekennzeichnet. Oszillographische Aufnahmen der elektrischen Vorgänge und Filmaufnahmen der mechanischen und optischen Vorgänge ergänzen sich und haben zu einer weitgehenden Klärung der verwickelten Verhältnisse geführt.

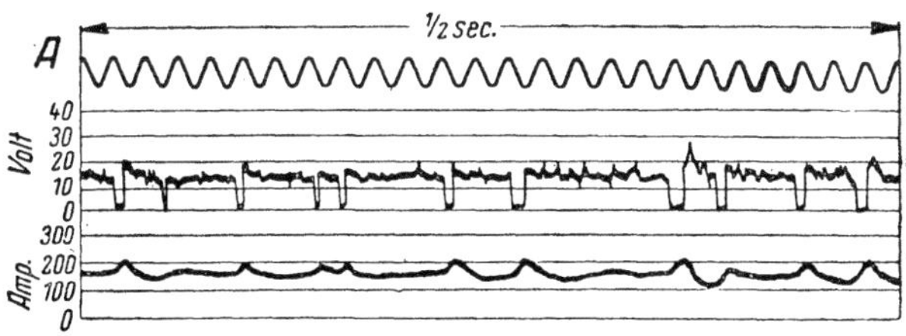

Bild 19. Oszillogramm des Schweißvorganges

Schwierigkeiten dagegen bereitet nach wie vor die Deutung der im Lichtbogen wirksamen Kräfte, die den Werkstoffübergang bewirken. Außer der Schwerkraft, die bei der Waagerechtschweißung ohne Zweifel eine Rolle spielt, sind andere Kräfte wirksam, die den Übergang bei der Senkrecht- und Überkopfschweißung ermöglichen. Neben den elektrischen und atomphysikalischen Kräften treten Kraftwirkungen des verdampfenden Werkstoffes auf, ferner die Oberflächenspannung des Schmelzbades und der sog. Pinch-Effekt. Hierbei handelt es sich um die wechselseitige Einwirkung der einzelnen Stromfäden in einem flüssigen Leiter, die sich gegenseitig anziehen und damit eine Einschnürung des Leiters und Ausbildung von Tropfen am Elektrodenende bewirken.

Unmittelbare Messungen der mechanischen, an der Elektrode wirksamen Kräfte ergaben bei kurzzeitigen Lichtbögen eine Druckkraft von etwa 1 g, die auf die Elektrodenspitze wirkt, also dem Werkstoffübergang entgegengesetzt gerichtet ist [52]). Hierauf aufbauend gibt *H. v. Conrady* [53]) eine Erklärung des Werkstoffüberganges bei der Überkopfschweißung, auf die hier nur verwiesen werden kann. Eine endgültige Klärung muß durch weitere eingehende Versuche erfolgen.

V. MASCHINEN UND GERÄTE FÜR DIE LICHTBOGENSCHWEISSUNG

1. Schweißstromquellen

Zum Zünden und Aufrechterhalten des Lichtbogens wird ein elektrischer Strom benötigt, der auf die physikalischen Bedingungen im Lichtbogen

Bild 20. Schweißumspanner

abgestimmt sein muß. Der Strom der elektrischen Licht- und Kraftnetze, die im allgemeinen mit 220 oder 380 V, in manchen Fällen auch noch mit 110 V betrieben werden, ist nicht ohne weiteres zum Schweißen geeignet, da die Spannung zu hoch ist. Sie könnte durch Vorschaltwiderstände auf die Schweißspannung herabgesetzt werden. Dabei wird jedoch die sich aus dem Spannungsabfall und der Stromstärke ergebende elektrische Energie nutzlos in Wärme umgesetzt, so daß der Wirkungsgrad der Anlage sehr schlecht ist. Er beträgt bei 110 V Netzspannung nur etwa 20 % und bei 220 V sogar nur etwa 10 %. Dazu kommt, daß bei offenem Stromkreis die volle Netzspannung, also eine lebensgefährliche Spannung, an der Schweißzange liegt. Der Entnahme so hoher Stromstärken, wie sie zum Schweißen gebraucht werden, sind die meisten Netze nicht gewachsen; zumindest können durch die stoßweisen Belastungen beim Zündkurzschluß andere Stromverbraucher am gleichen Netz empfindlich gestört werden. Nicht zuletzt muß auch der Umstand beachtet werden, daß die hohe Netzspannung einen für die Güte der Schweißnaht schädlichen langen Licht-

Bild 21. Schweißumformer

bogen zu ziehen gestattet. Alle diese Nachteile haben dazu geführt, daß das Schweißen vom Netz auch bei Gleichstrom kaum noch angewendet wird.

Wechselstrom läßt sich in einfacher Weise auf passende Spannung und Stromstärke umspannen (S. 7). Diese Möglichkeit führte zum Bau von Schweißumspannern (Transformatoren), Bild 20.

Da Gleichstrom nicht ohne weiteres umgespannt werden kann, wird er mit der zum Schweißen erforderlichen Spannung und Stromstärke in Schweißgeneratoren (Dynamomaschinen) erzeugt. Die Generatoren werden durch Elektromotoren angetrieben, sofern Stromanschluß zur Verfügung steht. Motor und Generator werden bei gewöhnlichen Abmessungen in einem Gehäuse zusammengebaut. Der Maschinensatz wird als Schweißumformer bezeichnet, Bild 21.

Der Antriebsmotor kann ein Drehstrom- oder Gleichstrommotor sein, je nach dem Kraftnetz. Der Generator erzeugt, von Ausnahmefällen abgesehen, stets Gleichstrom. Steht kein Stromanschluß zur Verfügung, wie auf manchen Baustellen, so wird der Schweißgenerator durch eine Verbrennungs-Kraftmaschine angetrieben, Bild 22.

Bild 22. Diesel-Schweißgenerator

Am meisten verwendet werden Einzelschweißumformer, die je einen Schweißplatz mit Strom beliefern. Die Schweißstellen sind dabei vollkommen unabhängig voneinander. Die Schweißmaschinen sind überwiegend ortsveränderlich und werden an die Werkstücke herangefahren. Daneben haben sich in zunehmendem Maße größere Umformer eingeführt, die mehrere Schweißstellen gleichzeitig mit Strom versorgen. Diese Einrichtungen werden als *Mehrstellen-Schweißanlagen* bezeichnet, Bild 23. Auch von der Möglichkeit, mehrere Schweißgeneratoren durch *einen* Elektromotor anzutreiben, wird Gebrauch gemacht.

Eine andere Möglichkeit, den Drehstrom des Kraftnetzes in Gleichstrom passender Stromstärke und Spannung zum Schweißen umzuwandeln, ist durch den **Schweißgleichrichter** gegeben. Er besteht aus einem Drehstrom-Transformator mit hintergeschaltetem Trocken- oder Röhrengleichrichter (S. 66).

Andere Schweißstromerzeuger, die grundsätzlich möglich sind, spielen eine untergeordnete Rolle. Periodenumformer, die Drehstrom in ein-

Bild 23. Mehrstellen-Schweißanlage

phasigen Wechselstrom von 150 oder mehr Perioden umwandeln, gestatten — wie gewöhnliche Umspanner — nur die Verschweißung umhüllter Elektroden. Die unmittelbare Verwendung von Drehstrom zum Schweißen wurde wiederholt versucht und bietet noch Entwicklungsmöglichkeiten, z. B. das Kaell-Verfahren (S. 200). Mechanisch arbeitende Schweißgleichrichter befinden sich ebenfalls in der Entwicklung.

Einzelschweißumformer, Mehrstellenschweißanlagen, Schweißumspanner und Schweißgleichrichter sind somit zur Zeit die wichtigsten Stromerzeuger.

2. Anforderungen an die Schweißstromerzeuger

Der Stromerzeuger muß nicht nur einen nach Spannung und Stromstärke dem Lichtbogen entsprechenden Strom liefern, sondern er hat sich auch in kürzesten Zeiträumen den wechselnden Verhältnissen des

Lichtbogens möglichst trägheitslos anzupassen. Das Verhalten einer Schweißmaschine kann im einzelnen ihren Kennlinien entnommen werden.

a) Kennlinien. In Bild 24 sind die Standkennlinien verschiedener Stromquellen dargestellt. Eine Standkennlinie (statische Kennlinie, statische Charakteristik) ist eine Kurve, die für den Beharrungszustand (Gleichgewichtszustand) die Abhängigkeit der Stromstärke und Spannung voneinander angibt. Auf der Senkrechten (Ordinate) wird die Spannung und auf der Waagerechten (Abszisse) die Stromstärke aufgetragen. Ein Generator, der ein Licht- oder Kraftnetz speist, muß eine Standkennlinie nach Bild 24a haben, d. h. die Spannung muß praktisch konstant und un-

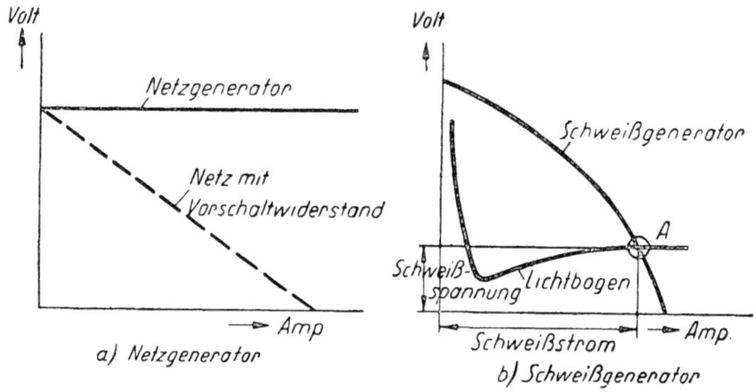

Bild 24. Standkennlinien verschiedener Generatoren

abhängig von der entnommenen Stromstärke sein. Die Kennlinie einer Schweißmaschine zeigt im Gegensatz dazu Bild 24b. Bei Leerlauf (Stromstärke = 0) ist die Spannung dieser Maschine am höchsten. Mit zunehmender Stromstärke fällt sie ab und wird schließlich Null. Dieser Punkt entspricht dem Kurzschluß der Stromquelle. Die Kurve wird nach ihrem Verlauf als fallende Kennlinie bezeichnet.

Die untere in Bild 24b eingezeichnete Kurve ist die Standkennlinie eines Metallichtbogens von bestimmter Länge. Sie ist im Bereich der zum Schweißen erforderlichen Stromstärken leicht ansteigend. Soll dieser Lichtbogen von der Schweißmaschine gespeist werden, so muß die Maschine die Lichtbogenspannung liefern. Der Schnittpunkt *A* stellt den Gleichgewichtszustand bei brennendem Lichtbogen dar. Spannung und Stromstärke sind damit gegeben. Beim Zünden des Lichtbogens und beim Tropfenübergang wird der Stromkreis kurzgeschlossen. Dafür ist wichtig, daß der Kurzschlußstrom nicht zu hoch ansteigt. Je niedriger er ist, um so geringer ist die Beanspruchung der Maschine.

Hieraus ist zu ersehen, daß eine fallende Standkennlinie Voraussetzung für eine Schweißmaschine ist. Ein Generator mit einer Kennlinie nach Bild 24a ist zum Schweißen ungeeignet. Wird ein Vorschaltwiderstand in seinen Stromkreis eingeschaltet, so wird das System in der Weise geändert, daß die Kennlinie gradlinig abfällt (gestrichelte Gerade in Bild 24a). Die Leerlaufspannung bleibt unverändert. Der Kurzschlußstrom wird durch die Größe des Widerstandes begrenzt. Je steiler die Kennlinie verläuft, um so geringer sind die Schwankungen der Stromstärke mit veränderlicher Spannung. Die Lichtbogenspannung ist von der Länge des Lichtbogens abhängig. Je länger der Lichtbogen gezogen werden kann, um so elastischer ist er. Für gute Schweißarbeit

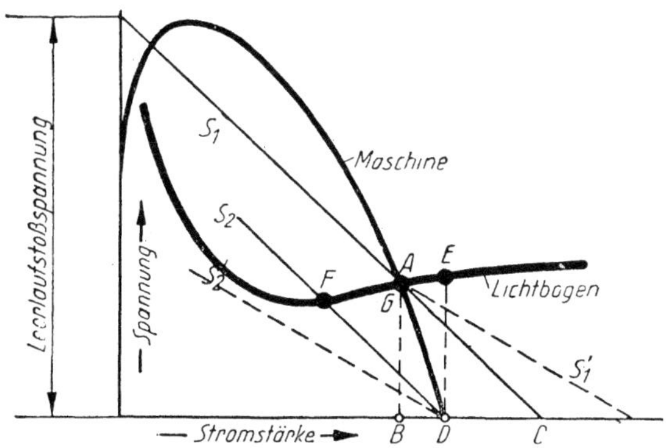

Bild 25. Strom-Spannungs-Schaubild für die Lichtbogenbelastung

ist jedoch, vor allem bei nackten Elektroden, ein möglichst kurzer Lichtbogen Voraussetzung.

Die Standkennlinie gibt für eine bestimmte Einstellung der Schweißmaschine die Abhängigkeit der beiden Größen Spannung und Stromstärke voneinander nur bei langsamer Änderung wieder. Beim praktischen Schweißen treten durch ungleichmäßiges Halten des Lichtbogens und durch den Werkstoffübergang äußerst kurzzeitige Änderungen auf, denen die Schweißmaschine infolge ihrer Trägheit nur mehr oder weniger unvollkommen zu folgen vermag. In Bild 19 (S. 43) wurde bereits ein Oszillogramm des Schweißvorganges wiedergegeben. Die Art, wie die Schweißmaschine auf diese kurzzeitigen Änderungen anspricht, wird als dynamische Eigenschaften bezeichnet.

Auf einen Kurzschluß antwortet der Stromerzeuger mit einem Stromstoß, der im allgemeinen größer ist, als sich aus der statischen Kennlinie ergeben würde. Man muß daher vom statischen den dynamischen Kurzschlußstrom unterscheiden. In Bild 25 ist der Schnittpunkt der

Maschinenkennlinie mit der Lichtbogenkennlinie, der dem Beharrungszustand entspricht, wie vorher mit A bezeichnet. Bei plötzlichem Kurzschluß fällt die Spannung ebenso plötzlich auf Null, Punkt B, während die Stromstärke mit einer gewissen Verzögerung folgt, dann aber als Stromstoß wesentlich höher ansteigt, Punkt C, und schließlich auf den bleibenden Kurzschlußwert, Punkt D, abfällt.

Beim Zünden des Lichtbogens vom Kurzschluß aus steigt die Spannung augenblicklich auf den Wert E, die Stromstärke fällt langsamer, aber zunächst auf einen geringeren Wert, Punkt F, und nimmt erst mit einer gewissen Verzögerung den Wert des Beharrungszustandes, Punkt G, wieder an. Der Punkt G fällt mit dem Punkt A zusammen.

Kennzeichnend für die Art des Stromerzeugers ist vor allem der Punkt der höchsten Stromstärke, Punkt C, dessen Wert dem Oszillogramm eines praktischen Schweißversuches entnommen werden kann, Bild 19 (S. 43). Je mehr die Maschine ihr ursprüngliches magnetisches Feld festhält, je größer also ihre magnetische Trägheit ist, desto weiter rechts wird dieser Punkt liegen, desto höher wird damit die vorübergehende Stromspitze. Wird dieser Punkt C mit dem Ausgangspunkt A verbunden, Linie S_1, so ergibt sich eine Kennlinie für das dynamische Verhalten der Maschine. Sie wird zweckmäßig als Stoßkennlinie zum Unterschied von der Standkennlinie bezeichnet [54]. Je steiler die Stoßkennlinie verläuft, um so mehr wird der dynamische Kurzschlußstrom begrenzt. Würde die vom Kurzschlußpunkt D ausgehende Stoßkennlinie S_2, die durch Verbinden dieses Punktes mit dem Punkt F des tiefsten augenblicklichen Absinkens der Stromstärke entstanden ist, weniger steil verlaufen (gestrichelte Linie S_2'), so würde sich kein Schnittpunkt mehr mit der Lichtbogenkennlinie ergeben. Der Lichtbogen würde abreißen. — Die Geschwindigkeit, mit der die Spannung nach dem Kurzschluß dem Beharrungszustand zustrebt, wird durch eine Zeitkonstante gekennzeichnet.

Die Stoßkennlinien können bis zur Spannungsachse des Schaubildes verlängert werden. Experimentell können sie in sehr einfacher Weise durch oszillographische Aufnahmen des Vorganges „Leerlauf—Kurzschluß—Leerlauf" bestimmt werden [55]. Praktisch ergeben sie sich als gerade Linien. An der Spannungsachse wird die „Leerlauf-Stoßspannung" abgelesen. Je höher sie ist, bzw. je größer die „Steilheit" der Stoßkennlinie ist, um so besser sind die Schweißeigenschaften [56]. Die Elektrode klebt nicht beim Zünden. Durch den geringen dynamischen Kurzschlußstrom ist der Schweißvorgang weich und der Lichtbogen elastisch.

In Bild 26 ist eine Schar von Standkennlinien für verschiedene Maschineneinstellungen (Kurven M) und die einer Lichtbogenspannung von 25 V entsprechenden Stoßkennlinien (Kurven S) dargestellt. Das

Schaubild gilt für die später zu besprechende Querfeldmaschine (S. 55). Durch Aufnahme einiger Oszillogramme und entsprechende Auswertung kann auf diese Weise eine zahlenmäßige Angabe über die Schweißeigenschaften eines Umformers erstattet werden, welche die gefühlsmäßige Beurteilung beim praktischen Schweißen ergänzt.

b) Sonstige Anforderungen. Außer der Forderung guter Schweißeigenschaften ist eine Reihe sonstiger Anforderungen an die Schweißmaschinen zu stellen.

Der Wirkungsgrad (S. 9) der Schweißstromerzeuger ist sehr unterschiedlich. Bei Umformern ist er verhältnismäßig gering, weil er

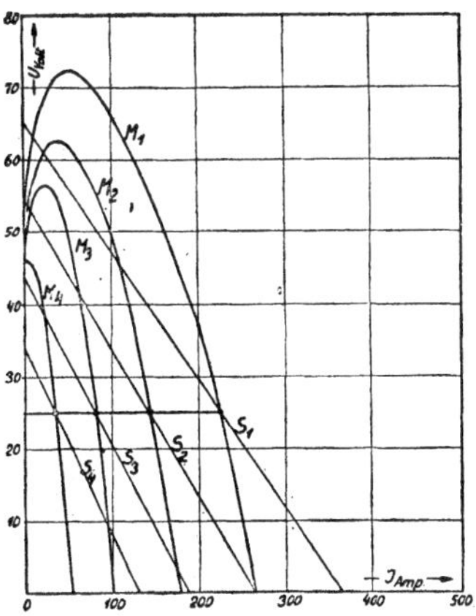

Bild 26.
Stand-Kennlinien und Stoß-Kennlinien einer Querfeldmaschine

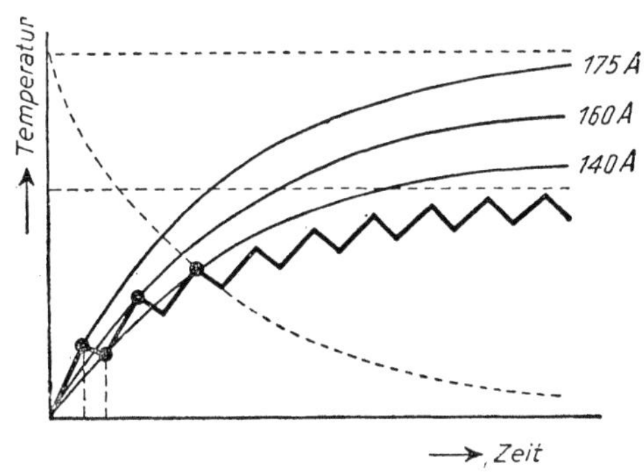

Bild 27. Erwärmungskurve einer Schweißmaschine

sich aus dem Wirkungsgrad des Motors und Generators zusammensetzt. Er liegt bei den üblichen Umformern zwischen 45 und 60 % und ändert sich bei der gleichen Maschine etwas mit der Stromstärke und Spannung. Der Höchstwert wird bei mittleren Stromstärken erreicht; im unteren und oberen Bereich sinkt der Wirkungsgrad ab. Bei Schweißgleichrichtern geht er nicht über 55 % hinaus, bei Umspannern dagegen liegt er wesentlich höher und kann 80 % überschreiten.

Einer Schweißmaschine kann mit Rücksicht auf die Erwärmung der Wicklung nur eine bestimmte Leistung entnommen werden. Diese Leistung wird durch die zeitliche Ausnutzung der Maschine bestimmt. In Bild 27 geben die ansteigenden Kurven die Temperaturerhöhung der Wicklung beim ununterbrochenen Schweißen mit verschiedenen Stromstärken an; die fallende Kurve zeigt die Abkühlung bei Leerlauf. Wird mit Unterbrechungen geschweißt, so setzen sich Erwärmungs- und Abkühlungskurve zu der zickzackförmigen Kurve zusammen.

Ununterbrochener Betrieb ist nur beim Automatenschweißen möglich. Beim Handschweißen treten stets Unterbrechungen durch den Elektrodenwechsel ein, ferner durch Nebenarbeiten, wie Reinigung der Schweißnähte usw. Das Verhältnis der eigentlichen Schweißzeit zur gesamten Arbeitszeit wird als relative Einschaltdauer (ED) bezeichnet. Je kleiner diese Einschaltdauer ist, um so höher kann die Maschine belastet werden, weil sie sich in den Schweißpausen immer wieder abkühlen kann.

Nach den „Regeln für Gleichstrom-Lichtbogen-Schweißgeneratoren und -umformer", VDE 0540, und den „Regeln für Lichtbogenschweißtransformatoren", VDE 0541[57]), ist der Begriff „Handschweißbetrieb" (HSB) eingeführt worden. Er sieht bei einer

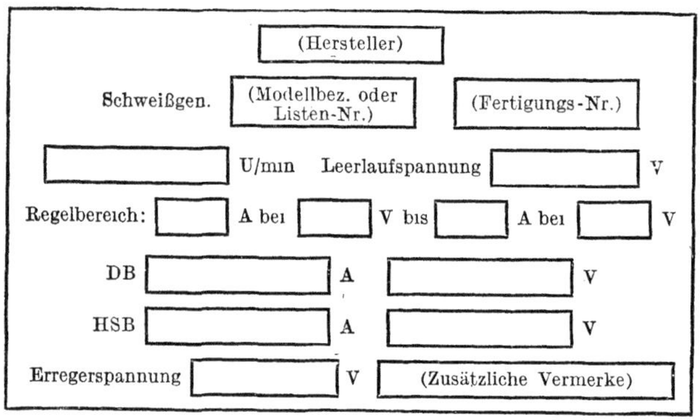

Bild 28. Leistungsschild eines Schweißgenerators nach VDE 0540

Gesamtspieldauer von 2 min eine Einschaltdauer von 55 % (= 66 sec) einschl. einer Kurzschlußdauer von 2 sec vor und entspricht damit praktisch dem Vorgang, wie er sich beim Abschmelzen einer Elektrode mittlerer Stromstärke abspielt. 45 % der Arbeitszeit werden für die angegebenen Unterbrechungen gerechnet. „Dauerbetrieb" (DB) liegt bei Schweißgeneratoren und -transformatoren für die selbsttätige Lichtbogenschweißung vor.

Die Schweißstromstärken und Spannungen müssen für diese beiden Einschaltdauern auf dem Leistungsschild verzeichnet und von der Schweißmaschine auch tatsächlich hergegeben werden. Die Bilder 28 und 29 zeigen Beispiele für die Leistungsschilder eines Schweißgenerators und eines Schweißtransformators. Als genormte Werte der Arbeitsspannung gelten nach den VDE-Regeln:

Für Schweißströme	bis	100 A	15 V
„ „	über	100 A bis 200 A . . .	20 V
„ „	„	200 A „ 250 A . . .	25 V
„ „	„	250 A „ 350 A . . .	30 V
„ „	„	350 A „ 500 A . . .	35 V
„ „	„	500 A	40 V

N e n n h a n d s c h w e i ß s t r o m ist derjenige Strom, für den ein im Handschweißbetrieb (HSB) arbeitender Schweißgenerator oder -trans-

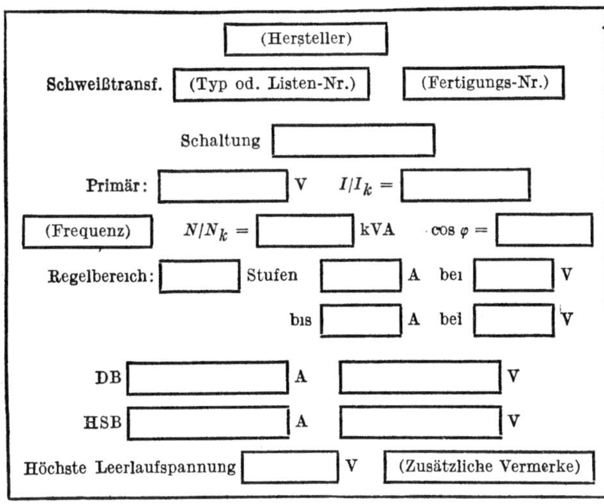

Bild 29. Leistungsschild eines Schweißtransformators nach VDE 0541

formator gebaut und benannt ist. Er soll dem Schweißstromerzeuger mit dem genormten Spiel zu entnehmen sein, ohne daß die nach den „Regeln für elektrische Maschinen" (VDE 0530) zulässige Grenzerwärmung überschritten wird. Der Nennhandschweißstrom wird bei der höchsten Reglerstellung und der genormten Arbeitsspannung abgegeben.

Die L e e r l a u f v e r l u s t e sind deshalb von Bedeutung, weil die Schweißmaschine schon beim gewöhnlichen Handschweißen fast während der halben Arbeitszeit leerläuft. Bei Heftarbeiten oder beim Schweißen kurzer oder unterbrochener Nähte kann die Einschaltdauer noch wesentlich kleiner werden und beispielsweise nur 25 % betragen. Die Leerlaufverluste der Umformer sind recht hoch und schwanken bei Maschinen mittlerer Größe zwischen 1 bis 2,5 kW. Bei Gleichrichtern sollen sie nicht mehr als 1,5 kW und bei Umspannern höchstens 0,25 kW betragen.

Als Verlustquelle nicht unterschätzt werden darf der Spannungsabfall in den Schweißkabeln, der schon bei 20 m Länge mehrere Volt betragen kann. Die Kabel sollen darum möglichst kurz gehalten werden und genügenden Querschnitt haben.

Bei Wechselstrom- bzw. Drehstromnetzen ist auch der Leistungsfaktor cos φ (S. 9) zu beachten. Umspanner können ihn wegen ihrer hohen Streuinduktivität (Selbstinduktion) auf etwa 0,4 herabsetzen und damit zu Schwierigkeiten von seiten der Elektrizitätswerke führen. Bei Schweißumformern und Gleichrichtern liegt er, vor allem im Bereich höherer Schweißstromstärken, wesentlich höher, und zwar um 0,8 herum. Ein hoher Leistungsfaktor ist zu erstreben, damit die Leitungen zur Aufnahme des Blindstromes nicht zu stark bemessen zu werden brauchen.

Weitere Anforderungen an gute Schweißstromerzeuger sind: Ausreichender Regelbereich mit genügend feinstufiger Regelung der Schweißstromstärke, ungefährliche Handhabung der Maschine und zweckmäßige Bauweise (kräftige und gedrängte Bauausführung, gute Lüftung und Kühlung, Schutz gegen Staub und Regenwasser, nicht zu hohes Gewicht).

3. Bauarten der Stromerzeuger für die Lichtbogenschweißung

a) Der Einzelschweißumformer. α) Schaltung des Schweißgenerators. Durch ein magnetisches Feld wird in der Wicklung des rotierenden Ankers ein elektrischer Strom erzeugt (induziert), der durch Kohlebürsten vom Kollektor der Maschine abgenommen wird. Das magnetische Feld kann auf verschiedene Weise erzeugt werden, und zwar durch:

1. Selbsterregung, d. h. Erregung durch einen von der Maschine selbst erzeugten Strom;
2. Eigenerregung, d. h. Erregung durch eine mit dem Generator unmittelbar gekuppelte Erregermaschine, die nur diesem Zwecke dient;
3. Fremderregung, d. h. Erregung durch eine fremde Stromquelle. Der Strom wird aus den Gleichstromnetzen unmittelbar entnommen, aus Drehstromnetzen über einen Gleichrichter.

Der Abfall der Standkennlinien wird bei fast allen Schweißstromerzeugern dadurch bewirkt, daß das magnetische Feld in der Maschine durch zunehmende Stromstärke geschwächt wird. Das kann durch eine Gegenverbundwicklung erreicht werden, die vom Schweißstrom durchflossen wird und, da sie der Hauptwicklung entgegenwirkt, bei wachsendem Schweißstrom das Feld schwächt und damit die induzierte Spannung erniedrigt, Bild 30. Weitere Mittel sind regelbare Vorschaltwiderstände im Erregerkreis oder die durch Bürstenverschiebung verstärkte Ankerrückwirkung, d. h. Ausnutzung des durch den

Ankerstrom erregten magnetischen Feldes. Vielfach werden mehrere Möglichkeiten kombiniert.

Der Schweißgenerator kann als Hauptstrommaschine geschaltet sein, wenn der gesamte Strom durch die Erregerwicklung fließt, oder als Nebenschlußmaschine, wenn die Erregerwicklung in einem abgezweigten Nebenstromkreis liegt, oder als Verbundmaschine, wenn beide Wicklungen vorhanden sind. Es ergeben sich insgesamt sehr viele Schaltungsmöglichkeiten. So kann neben Maschinen mit Fremderregung und Ankerrückwirkung der Schweißgenerator lediglich mit Selbsterregung im Nebenschlußkreis ausgestattet sein. In diesem Fall wird der Kurzschlußstrom sehr klein, Bild 32, weil im Kurzschluß auch die Erregung verschwindet. Die Selbsterregung kann durch eine Eigenerregung er-

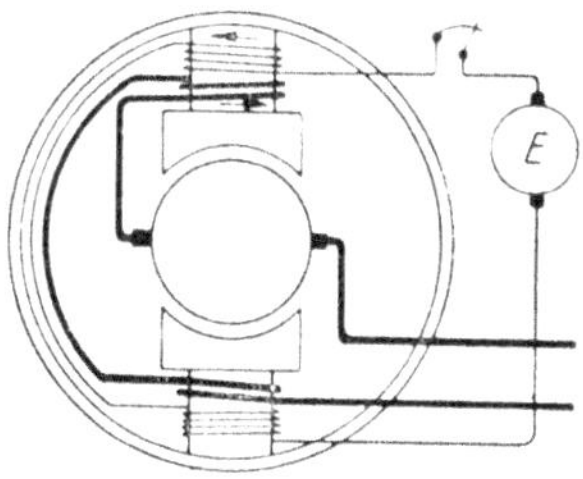

Bild 30. Schweißgenerator mit Gegenverbund-Wicklung

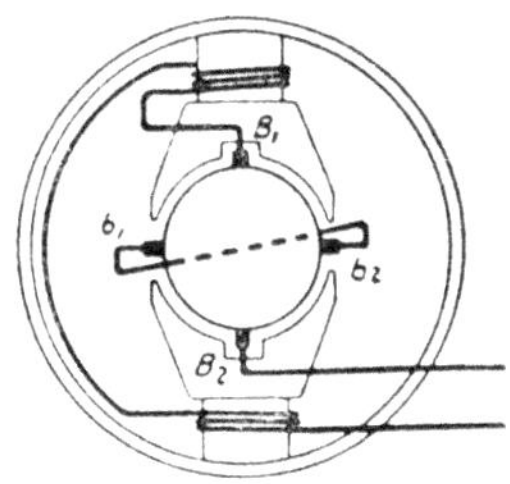

Bild 31. Querfeldgenerator

gänzt werden (Krämerschaltung). Bei dieser Schaltung wird der Kurzschlußstrom durch eine Gegenverbundwicklung begrenzt.

Eine von den gewöhnlichen Bauarten abweichende Ausführung ist die Querfeldmaschine. Kennzeichnend dafür ist ein kurzgeschlossener Ankerstromkreis. Er erzeugt das Querfeld (Ankerfeld), das zu dem durch die Feldwicklung erzeugten Feld um 90^0 verschoben ist und seinerseits den Nutzstrom erzeugt. Die Schaltung der Querfeldmaschine geht aus Bild 31 hervor. Die Hilfsbürsten b_1 und b_2 sind unmittelbar miteinander verbunden, so daß damit der Hauptankerstromkreis kurzgeschlossen ist. Die durch das Querfeld induzierte Spannung wird durch die Bürsten B_1 und B_2 abgenommen und liefert den Schweißstrom. Dieser Strom bildet seinerseits wieder ein Querfeld, das dem durch die Feldwicklung erzeugten Feld gerade entgegengesetzt gerichtet ist. Übersteigt die Schweißstromstärke ein bestimmtes Maß, so wird dieses Feld — bedingt durch Streuung und Sättigung — mehr geschwächt, als es durch die Wicklung verstärkt wird, so daß die Spannung absinkt. Auf diese Weise wird die fallende Standkennlinie bei der Querfeldmaschine erzeugt, die in Bild 26 (S. 51) für vier verschiedene Einstellungen der Stromstärke dargestellt wurde. Diese

Maschinen zeichnen sich durch geringe statische Leerlaufspannung bei gleichzeitig hoher Leerlaufstoßspannung aus.

Die Einstellung verschiedener Stromstärken geschieht bei der Querfeldmaschine entweder mechanisch durch radiale Bewegung der Polkerne (Tauchpole) oder elektrisch durch Änderung der Windungszahl.

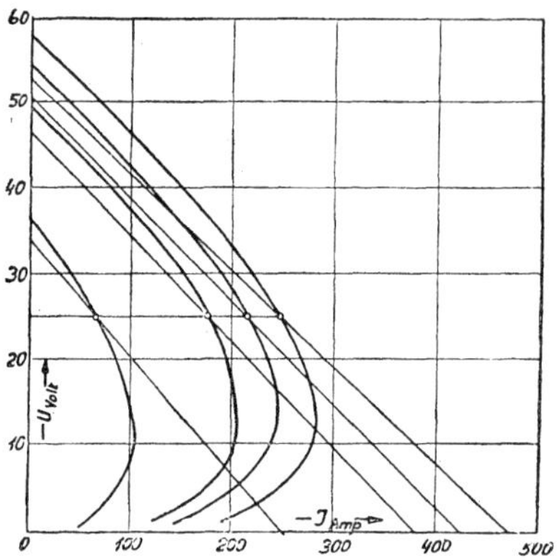

Bild 32. Stand-Kennlinien und Stoß-Kennlinien einer selbsterregten Nebenschluß-Maschine mit Streupfad

Bei den anderen Schweißgeneratoren wird die Stromstärke ebenfalls durch Änderung der Windungszahl in der Feldwicklung, durch Bürstenverschiebung oder durch einen Widerstand im Erregerstromkreis geregelt.

Bei neueren Maschinen wird auch die Streuung, d. h. das Heraustreten der magnetischen Kraftlinien aus den Eisenkernen, in verstärktem Maße ausgenutzt, um günstige Schweißeigenschaften zu erzielen [58]). Die Streufeldmaschine enthält „Streupole", die eine vom Arbeitsstrom durchflossene Wicklung tragen. Diese Wicklung saugt den magnetischen Fluß der Hauptpole bei einem Kurzschluß in die Streupole. Bei plötzlicher Entlastung (Abreißen des Lichtbogens) kann der Fluß in den Anker zurückfluten und sofort eine hohe Zündspannung erzeugen. Bild 32 zeigt die Kennlinien dieser selbsterregten Maschine.

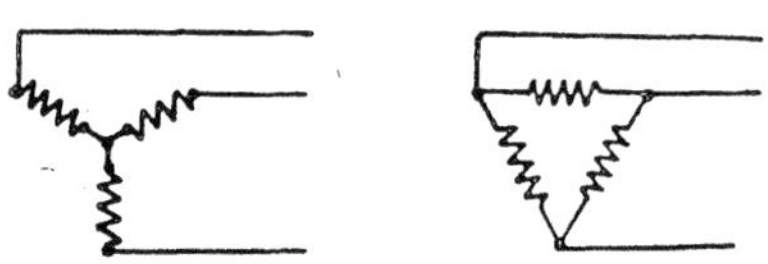

Bild 33. Sternschaltung und Dreieckschaltung

Die Standkennlinien sind im unteren Bereich stark rückläufig. Die statische Kurzschluß-Stromstärke ist sehr klein.

β) **Bauliche Gestaltung und Ausrüstung des Schweißumformers.** Gegenüber den Gleichstromnetzen setzen sich die Drehstromnetze wegen ihrer Vorteile immer mehr durch. Als Antriebsmotor des Schweißgenerators wird daher meistens ein Drehstrommotor in Frage kommen. Beim Einschalten eines solchen Motors tritt ein starker Stromstoß auf. Um diesen Stoß abzuschwächen, wird bei mittleren und größeren Schweißmaschinen ein Stern-Dreieck-Anlaßschalter vorgesehen.

Bei normalen Drehstromnetzen herrscht zwischen den Phasen eine Spannung von 380 V gegeneinander. Die Spannung zwischen je einer Phase und der Erde (Null-Punkt) beträgt 220 V. Durch den Stern-Dreieck-Schalter werden die Wicklungen des Motors zunächst in Stern geschaltet, Bild 33. Sobald der Motor auf volle Drehzahl angelaufen ist, werden die Wicklungen durch Weiterdrehen des Schalters in Dreieck geschaltet und erhalten jetzt die volle Spannung von 380 V.

Bei Gleichstrommotoren besteht der Anlasser aus einem Regelwiderstand, der zunächst ganz im Stromkreis liegt und langsam ausgeschaltet wird, bis der Umformer mit voller Drehzahl läuft.

Die Drehzahl der Schweißumformer beträgt in der Regel ungefähr 1450 oder 2900 Umdrehungen je Minute. Die Maschinen mit der höheren Drehzahl können bei gleicher Leistung kleiner und leichter gebaut werden. Der Wellenstumpf kann zum Antrieb einer Schleifmaschine mit einer biegsamen Welle benutzt werden, und zwar unmittelbar oder über ein Übersetzungsgetriebe. Das Abschleifen der Schweißraupen wird so ohne Anwendung eines besonderen Schleifmotors ermöglicht.

Durchgesetzt haben sich heute Eingehäuseumformer, bei denen Motor und Generator unmittelbar in einem Gehäuse zusammengebaut sind. In elektrischer Beziehung sind sie vollkommen unabhängig voneinander. Zur Kühlung der Wicklungen befindet sich auf der gemeinsamen Welle ein Lüfter, der einen Luftstrom durch den Umformer treibt. An die mechanische Ausführung der Maschinen werden hohe Anforderungen gestellt, damit sie dem rauhen Werkstattbetrieb gewachsen sind. Da sie vielfach auch bei schlechter Witterung im Freien arbeiten, ist regensichere Ausführung unerläßlich. Die Einzelteile, vor allem der Kollektor, müssen trotzdem gut zugänglich sein [59]). Die Maschinen werden fast immer mit einem Fahrgestell versehen, um an die Werkstücke herangefahren werden zu können. Wichtig ist gute Federung des Fahrgestells. Tragösen sind vorzusehen, um die Maschinen an den Kran hängen zu können.

Steht kein Stromanschluß zur Verfügung, so muß der Schweißgenerator durch eine Verbrennungskraftmaschine angetrieben werden, z. B. durch einen Benzin- oder Dieselmotor. Diese Aggregate sind verhältnismäßig teuer in der Anschaffung, aber billig im Betrieb. Besonders der Dieselantrieb hat wirtschaftliche Vorteile [60]). Die Geräte werden vielfach auf Kraftfahrzeug-Anhängern aufgebaut oder auch mit diesel-elektrischem Fahrantrieb versehen, durch den die auf einem Elektrokarren befindliche Schweißmaschine aus eigener Kraft verfahren werden kann. Der Schweißgenerator speist den Fahrmotor des Karrens. Bemerkenswert ist auch die Möglichkeit, die Stromregelung des Generators zum Schweißen durch Verstellen der Drehzahl des Dieselmotors vorzunehmen. Hierdurch ergibt sich ein sparsamer Brennstoffverbrauch bei nicht voller Maschinenbelastung [61]).

Die Zubehörteile der Schweißumformer, wie Schalter, Regelorgane, Strom- und Spannungszeiger, sind meistens in einem besonderen Kasten an der Maschine untergebracht. Polumschalter gestatten, die

Polung der Elektrode mit einem Handgriff zu ändern [62]. Das lästige und zeitraubende Umklemmen der Schweißkabel wird dadurch vermieden.

Bei Schweißarbeiten auf Gerüsten, in Kesseln usw. empfiehlt sich ein Fernregler, durch den die Einstellung der Schweißstromstärke vom Arbeitsplatz aus möglich ist. Die Fernregelung kann durch einen Regelwiderstand erfolgen, der in den Erregerstromkreis eingeschaltet wird. Nicht ohne weiteres fernregelbar sind Querfeldmaschinen mit Tauchpolen.

Zur Erhöhung der Stromstärke können auch zwei Maschinen gleicher oder ähnlicher Bauart parallel geschaltet werden, wobei die beiden Plus- und Minuspole je miteinander verbunden werden. Bei manchen Bauarten ist noch eine besondere Ausgleichsleitung erforderlich. Die beiden Maschinen sollen auf möglichst gleiche Stromstärke eingestellt werden. — Die Schweißeigenschaften können sich gegenüber den Einzelmaschinen verschlechtern. Diesen Mangel vermeidet ein Schweißumformer, der einen Motor und zwei Sonderschweißgeneratoren auf einer gemeinsamen Welle enthält [63]. Die beiden Generatoren können sowohl zusammen (parallel geschaltet) als auch einzeln (unabhängig voneinander) arbeiten.

Zur Versorgung mehrerer zusammenliegender Schweißstellen kann ein Motor mit mehreren Schweißgeneratoren auf einer Welle zusammengebaut werden. Die Wirtschaftlichkeit und Zweckmäßigkeit einer solchen Anlage hängt von den vorliegenden Betriebsverhältnissen ab.

γ) Bedienung und Pflege des Schweißumformers. Vor dem Anschluß des Umformers an das Netz ist zu prüfen, ob Stromart und Spannung von Motor und Netz übereinstimmen. Die Angaben für den Motor befinden sich auf dem Leistungsschild an der Motorseite des Aggregates. Etwaige Umschaltungen sind nach Anweisung der Lieferfirma vorzunehmen. Die Schaltbilder befinden sich meistens auf der Innenseite des Schutzdeckels über den Anschlußklemmen.

Drehstrommotoren werden mit drei Leitungen angeschlossen. Nach dem Anschluß ist die Drehrichtung zu prüfen, die meistens am Gehäuse mit einem Pfeil bezeichnet ist. Läuft die Maschine im entgegengesetzten Sinne, so sind zwei Leitungen miteinander zu vertauschen. — Jede Berührung unter Netzspannung stehender Teile darf erst nach Ausschalten des Hauptschalters oder Herausziehen des Anschlußsteckers erfolgen.

Das Gehäuse des Schweißumformers soll stets geerdet sein, damit es bei schadhaften Leitungen nicht unter Netzspannung kommen kann.

Stern-Dreieck-Schalter werden beim Anlassen zunächst auf Stern geschaltet, bis der Umformer volle Drehzahl erreicht hat, und dann schnell auf Dreieck weitergeschaltet. Kleine Motoren können unmittelbar eingeschaltet werden. Ein Motor, der für 220 V Drehstrom gebaut ist, kann behelfsweise an ein Netz mit 380 V gelegt werden, indem man ihn in Sternschaltung beläßt. Um den hohen Anlaßstrom aufzunehmen, müssen träge Sicherungen eingesetzt werden, die unter Überlast nicht sofort durchbrennen. — Bei Motoren mit Schleifringläufer (nur für große Aggregate) wird der Bürstenhalter zunächst in die Anlaßstellung gebracht, so daß die Bürsten anliegen. Nach Erreichen der vollen Drehzahl werden der Anker kurzgeschlossen und die Bürsten abgehoben. — Schleifringläufer und Gleichstrommotoren werden durch langsames Weiterdrehen des Anlassers eingeschaltet.

Die Aggregate sind gewöhnlich mit Kugel- oder Rollenlagern versehen. Nur ältere Maschinen haben noch Gleitlager. Kugel- und Rollenlager werden mit Fett geschmiert. Eine Füllung reicht etwa für ein Jahr. Verschmutzte und beschädigte Lager machen sich durch lauten Gang bemerkbar. Die Reinigung ist mit Benzin vorzunehmen; darauf werden die Lager neu eingefettet.

Die Säuberung der ganzen Maschine geschieht zweckmäßig durch Ausblasen mit Preßluft. Sie muß öfter vorgenommen werden, wenn die Maschinen starken Verschmutzungen ausgesetzt sind. Die Preßluft muß wasser- und ölfrei sein. In größeren Zeitabständen empfiehlt sich eine Überholung der ganzen Maschine. Dabei müssen alle Kontaktflächen und Anschlußklemmen sowie besonders der Kollektor nachgesehen werden. Verbrauchte Kohlebürsten sind durch neue zu ersetzen, wobei der Härtegrad beachtet werden muß. Nur die vom Hersteller für die betreffende Maschine angegebene Qualität darf verwendet werden. Verschmutzungen und leichte Schmorstellen des Kollektors (Stromwender) werden durch Abschleifen mit Schmirgelpapier beseitigt. Das Papier wird mit einem Holzklötzchen während des Laufes gegen den Kollektor gedrückt. Ist der Kollektor unrund oder stärker verschmort, so ist er abzudrehen. Dazu muß der Anker (Läufer) ausgebaut werden. Der Kollektor ist nach stärkerem Verschleiß bzw. nach dem Abdrehen auszukratzen.

Derartige Wiederherstellungsarbeiten dürfen nur von Elektrotechnikern vorgenommen werden, die mit den Maschinen vertraut sind; aber auch der Schweißer soll seine Maschine soweit kennen, daß er sie dauernd überwachen kann, wobei besonders der Kollektor beobachtet werden muß. Sehr schädlich ist hier starke Funkenbildung beim Schweißen (Feuern). Die Ursache liegt oft in verbrauchten Kohlebürsten. Das Feuern kann auch durch falsche Stellung der Bürsten bedingt sein und läßt sich dann durch Verschieben der Bürstenhalter beheben.

Ist eine Phase des Drehstromnetzes unterbrochen, so läuft die Maschine weiter, gibt aber nicht mehr die gleiche Leistung. Ein Anlassen ist jedoch nicht möglich, die Maschine „brummt". — Zeigt der Spannungsmesser des Umformers keinen Ausschlag, so läuft die Maschine entweder in verkehrter Richtung oder die Erregermaschine ist nicht in Ordnung (sofern eine vorhanden ist).

Bei Querfeldmaschinen ohne Umpolschutz kann Umpolung eintreten, wenn mehrere Maschinen am gleichen Werkstück arbeiten. Abhilfe geschieht entweder durch Vertauschen von Hand- und Werkstückanschlußkabel oder durch künstliches Umpolen. Durch die stehende Maschine wird von einer laufenden Maschine ein kurzer Stromstoß im richtigen Sinne geschickt, indem beide Maschinen hintereinandergeschaltet werden, Bild 34. Neuere Maschinen werden meistens durch Einbau eines Gleichrichters gegen Umpolen gesichert.

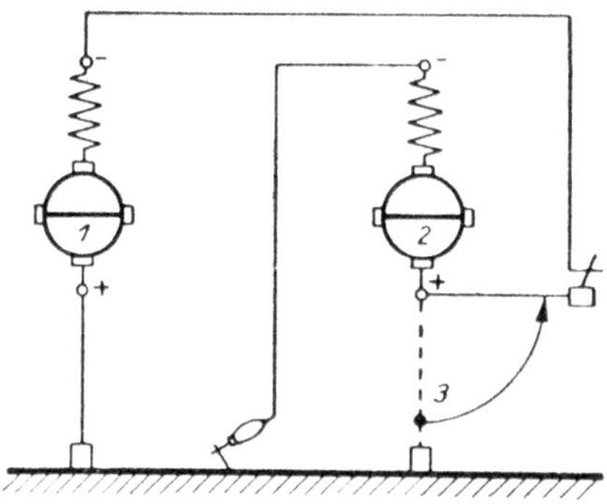

Bild 34. Schaltung für Umpolung
1 Generator, der als Stromquelle zum Umpolen benutzt wird; laufend
2 Umzupolender Generator; stehend
3 Umzulegende Verbindung

b) Die Mehrstellen-Schweißanlage. In großen Werken, besonders auf Schiffswerften, werden vielfach Schweißstromnetze mit einer Spannung von 40 bis 65 V betrieben. Der Mehrstellen-Schweißumformer, der ein solches Netz speist und heute schon bis zu Leistungen von 4000 A gebaut wird, ist eine Konstantspannungsmaschine. Die Regelung der einzelnen Schweißströme geschieht durch besondere Regler an jedem Arbeitsplatz. Damit wird auch die erforderliche fallende Kennlinie erzeugt.

Maßgebend für die Wahl einer Mehrstellen-Schweißanlage gegenüber einer entsprechenden Anzahl von Einzelschweißumformern sind in erster Linie wirtschaftliche Gesichtspunkte. Bei einer größeren Zahl von Schweißplätzen, die nicht mit Automaten arbeiten, wird stets eine Überschneidung der Einzelleistungen auftreten. Die Einschaltdauer einer Einzelschweißmaschine beträgt erfahrungsgemäß selten mehr als 50 % und liegt in den meisten Fällen darunter. Der Einzelumformer wird daher nur während etwa der Hälfte der Arbeitszeit ausgenutzt, während der übrigen Zeit läuft er leer. Würden sämtliche Schweißmaschinen einer größeren Werkstatt zusammengeschlossen und auf ein Netz arbeiten, aus dem die einzelnen Schweißer den Strom entnehmen, so würde für die gleiche Gesamtleistung der Schweißer bei guter Verschachtelung nur die halbe Anzahl von Maschinen benötigt. Dazu kommt, daß der Wirkungsgrad einer größeren Maschine mit höherer

Spannung besser ist als der von kleineren Einzelmaschinen. Weitere Ersparnisse ergeben sich aus den wesentlich geringeren Anschaffungskosten einer großen Maschine gegenüber einer Reihe von kleineren mit gleicher Gesamtleistung, Bild 35. Leerlaufverluste kommen praktisch nicht in Betracht. Auch die Wartungs- und Instandhaltungskosten sind geringer. Durch eine Störung werden jedoch unter Umständen sämtliche Schweißplätze betroffen. Bei richtiger Wartung tritt aber dieser

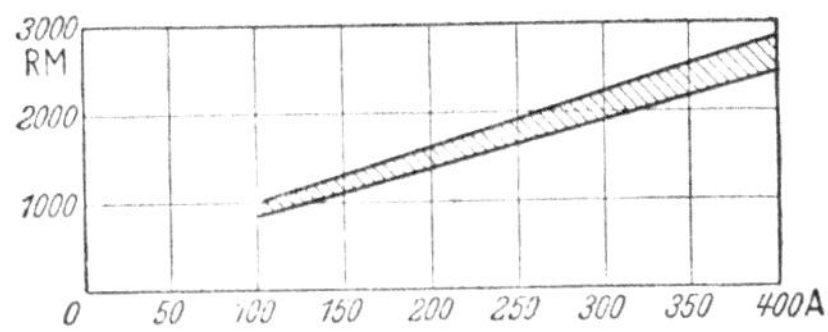

a. Einstellen-Schweißumformer

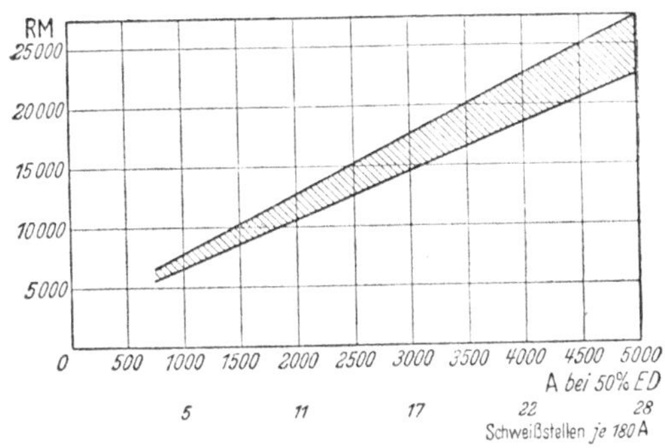

b. Mehrstellen-Schweißanlagen

Bild 35. Preise von Einstellen- und Mehrstellen-Schweißumformern

Fall äußerst selten ein. Zu berücksichtigen ist, daß bei einer Mehrstellen-Schweißanlage ein Teil der elektrischen Energie durch den Spannungsabfall in den Regelwiderständen für das Schweißen verlorengeht. Der Gesamtwirkungsgrad der Anlage wird damit erheblich herabgesetzt. Bei v o l l e r Ausnutzung sämtlicher Schweißstellen würde er kleiner sein als bei einem System von Einzelschweißumformern.

Von Einfluß sind somit die Anzahl der Schweißstellen, die Einschaltdauer und der Strompreis. Die Mehrstellen-Schweißanlage ist um so wirtschaftlicher, je größer die Anzahl der Schweißstellen und je kleiner ihre mittlere Einschaltdauer ist. Die Grenzen gehen aus Bild 36 hervor, das einer Untersuchung von *E. Holtey* [64]) entnommen ist. Die Gerade *a* gibt die Summe der Kosten für Energie und für die Tilgung einer 15-Stellen-Anlage an in Abhängigkeit von der Einschaltdauer, und zwar für einen Mehrstellen-Schweißumformer, die Gerade *b* das gleiche für 15 Einzel-Schweißumformer. Werden in gleicher Weise die Kosten für andere Schweißplatzzahlen aufgestellt, so liegen die Schnittpunkte der Kostenkurven auf einer Grenzkurve, die das Gebiet *A* der Mehrstellenanlage von dem Gebiet *B* des Einzelumformers trennt. Bei höherer Schweißspannung verschiebt sich die Grenzkurve nach links, weil dadurch beim Einzelumformer der Anteil der Schweißenergie am Gesamtenergieverbrauch einen größeren Einfluß gewinnt, während die Leerlaufverluste praktisch die gleichen bleiben. Bei einer Einschaltdauer von weniger als 50 % liegt der Vorteil von etwa 10 Schweißstellen ab klar

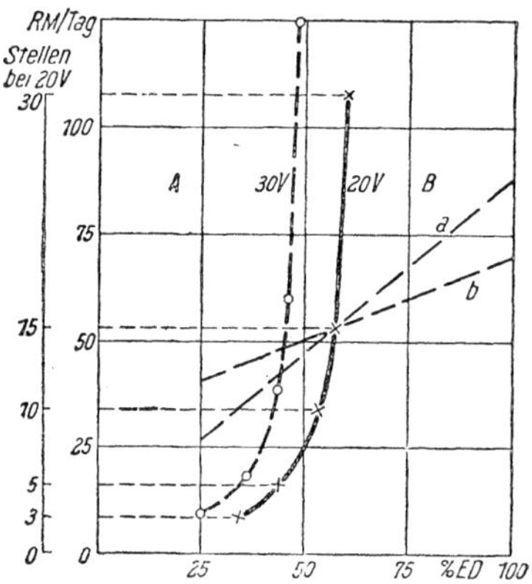

Bild 36. Wirtschaftlichkeit bei Einstellen- und Mehrstellen-Schweißumformern

A = Gebiet der Mehrstellenanlage, B = Gebiet der Einstellenanlage a = Mehrstellenumformer. b = Einstellenumformer

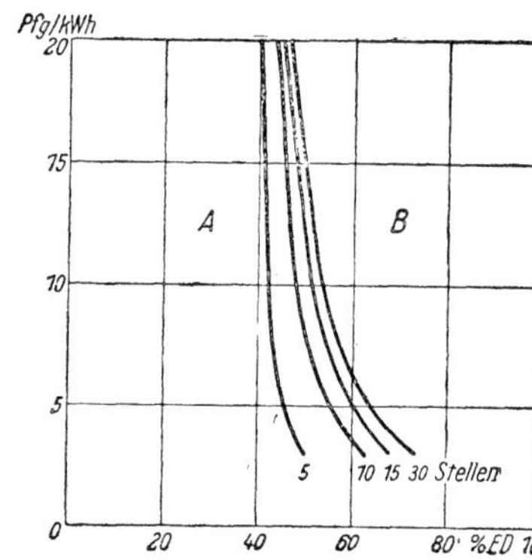

Bild 37. Abgrenzung der Wirtschaftlichkeit von Einstellen- und Mehrstellen-Schweißumformern

A = Gebiet der Mehrstellenanlage, B = Gebiet der Einstellenanlage

auf seiten der Mehrstellenanlage. Der Untersuchung wurde eine Abschreibung von 20 % und ein Strompreis von 6 Rpf/kWh zugrunde gelegt. Die Abhängigkeit der Grenzkurven vom Strompreis ist in Bild 37 dargestellt.

Außer der Wirtschaftlichkeit sind für die Wahl zwischen Mehrstellen-Schweißanlage und Einzelumformern auch die örtlichen Verhältnisse maßgebend. Die Errichtung einer Mehrstellenanlage setzt voraus, daß eine größere Anzahl von Schweißern möglichst nahe beieinander beschäftigt sind, um größere Leitungsverluste zu vermeiden — der Spannungsabfall soll möglichst nicht mehr als 5 V betragen —, und daß die Art der Fertigung eine örtlich festgelegte Anlage gestattet, Bild 38. Von Vorteil ist die übersichtlichere Anordnung der gesamten Anlage.

Die Mehrstellen-Schweißanlage kann auch von zwei oder mehreren Schweißgeneratoren gespeist werden, die parallel geschaltet sind und bei geringerem Stromverbrauch (z. B. während der Nachtschicht) zum Teil abgeschaltet werden. Als Stromrückleitung kann die Erde bzw. die Eisenkonstruktion der Fabrikgebäude benutzt werden.

In den weitaus meisten Fällen ist neben der Mehrstellenanlage eine Anzahl Einzelschweißumformer wegen ihrer Ortsveränderlichkeit erforderlich. In vielen Großbetrieben hat sich die Mehrstellenanlage zur Deckung der Grundlast als zweckmäßig erwiesen, während die Spitzenlast von Einzelumformern aufgenommen wird. Auch ortsbewegliche kleinere Eingehäuse-Mehrstellenschweißumformer bis zu 1000 A sind entwickelt worden [65]).

Die Schweißstromregler werden als reine Widerstandregler ausgeführt oder auch mit zusätzlichem Induktionswiderstand und in-

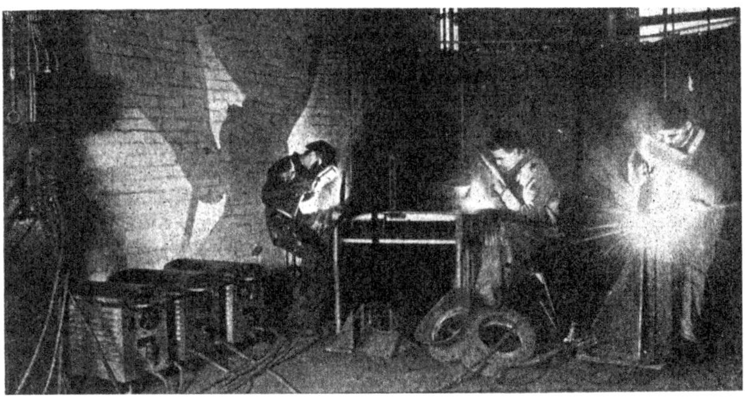

Bild 38. Schweißen von einer Mehrstellenanlage mit Reglern

duktiver Spannungserzeugung versehen. Hierdurch werden die beim Schweißen auftretenden Stromspitzen vermindert und die Energieverluste herabgesetzt. Ferner tritt im Augenblick des Zündens eine plötzliche Spannungserhöhung auf, die das Zünden erleichtert [66]). Der Schweißstromregler wird auch mit einem regelbaren Spannungsausgleicher versehen, um den Regelbereich bei verschieden großer Netzspannung und bei verschieden hohem Spannungsabfall in langen Schweißleitungen unverändert halten zu können. Eine gegenseitige Störung der Schweißer ist heute durch diese Maßnahmen und die Entwicklung von Sondergeneratoren vollkommen beseitigt. Rein schweißtechnisch bestehen kaum Unterschiede zwischen dem Einzelumformer und der Mehrstellenanlage. Bei dreipoliger Verlegung der Leitungen und Kabel ist es möglich, an einer Schweißstelle wahlweise mit dem Minus- oder Pluspol zu schweißen. Der Schweißstromregler läßt sich in Leichtbauweise (< 10 kg) und in so kleinen Abmessungen herstellen, daß er vom Schweißer an jeden Arbeitsplatz mitgenommen werden kann [67]).

c) Der Schweißumspanner. Der Schweißumspanner ist ein Sondertransformator mit einer bis auf die Spannung Null (Kurzschluß) abfallenden Stromspannungs-Kennlinie, bei dem der Kurzschlußstrom betriebsmäßig kurzzeitig ausgehalten werden muß (VDE 0541/XII/40). Er besteht im wesentlichen aus einem Eisenkern, Bild 39, der mit zwei Wicklungen, der Oberspannungs- (Primärwicklung *P*) und der Unterspannungswicklung (Sekundärwicklung *S*) versehen ist. Beide Wicklungen können auch in eine Reihe von Einzelspulen unterteilt sein. Die Spannungen verhalten sich wie die Windungszahlen beider Wicklungen. Der Schweißumspanner weicht von den gewöhnlichen Umspannern durch ein absichtlich erzeugtes magnetisches Streufeld ab. Ein Teil der magnetischen Kraftlinien tritt aus dem Eisen-

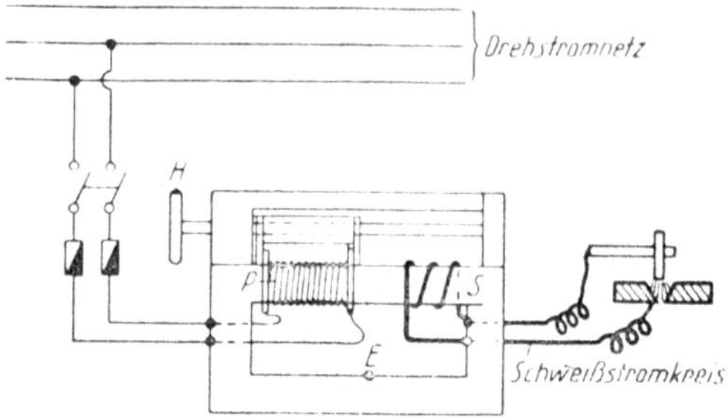

Bild 39. Schaltschema eines Schweißumspanners

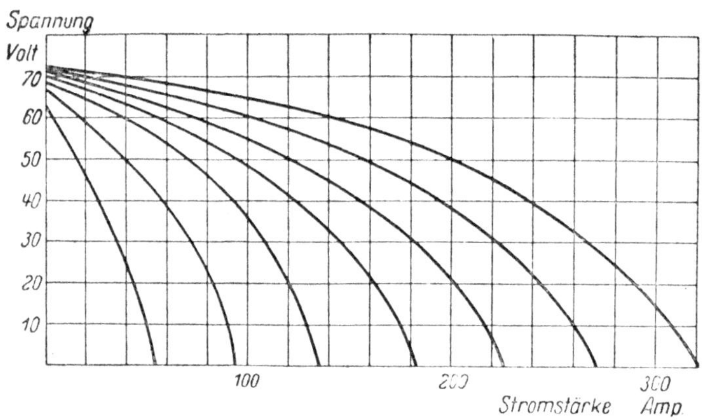

Bild 40. Stand-Kennlinien eines Schweißumspanners

kern heraus und schneidet die Unterspannungswicklung nicht. Je größer er ist, um so größer ist der Spannungsabfall des Umspanners mit zunehmender Stromstärke. Auf diese Weise werden die fallenden Standkennlinien erreicht, Bild 40. Ähnlich wirkt auch eine in den Sekundärstromkreis eingeschaltete Drosselspule, die einem Vorschaltwiderstand bei Gleichstrom entsprechen würde mit dem Unterschied, daß die Drosselspule praktisch keine Energie verbraucht.

Der Schweißumspanner wird in weitaus den meisten Fällen einphasig betrieben. Beim Anschluß an ein Drehstromnetz wird die Oberspannungswicklung an eine Phase, d. h. an zwei Klemmen angelegt, Bild 39. Die verschiedenen Arten unterscheiden sich hauptsächlich durch die Regelungsart der Schweißstromstärke voneinander. Folgende Möglichkeiten bestehen:

1. Zu- und Abschalten von Windungen auf der Primär- oder Sekundärseite (Anzapfregelung). Geräte dieser Art sind wenig in Gebrauch, da hierdurch auch die Leerlaufspannung geändert wird.
2. Regelung durch Drosselspulen (auch als Fernregelung möglich).
3. Veränderung der Streuung. Möglich sind: Änderung eines Luftspaltes im magnetischen Kreis, einstellbare magnetische Parallelleitung oder Verschiebung der Wicklungen gegeneinander, Bild 39. Durch Handrad *H* und Spindel wird die Primärwicklung *P* verschoben und in ihrer Lage zur Sekundärwicklung *S* geändert. Je größer der Abstand beider Spulen ist, um so größer ist die Streuung und um so kleiner die Schweißstromstärke. Diese Art der stufenlosen Regelung wird heute bevorzugt.

Wechselstrom ist gefährlicher als Gleichstrom. Die Leerlaufspannung des Schweißumspanners soll deshalb so niedrig wie möglich gehalten werden, soweit es sich mit den schweißtechnischen Erfordernissen verträgt. Sie muß jedoch über den ganzen Regelbereich hoch genug sein, um das Verschweißen der für Wechselstrom üblichen Elektrodensorten mit stabilem Lichtbogen zu gewährleisten (VDE 0541/XII/40). Die Leerlaufspannung beträgt praktisch etwa 65 bis 75 V. — Die Umspanner werden meistens für verschiedene Primärspannungen umschaltbar gebaut, damit sie an allen Netzen angeschlossen werden können.

Bei der Beurteilung der dynamischen Eigenschaften ist zu beachten, daß Spannung und Strom hundertmal in der Sekunde ihre Richtung wechseln. Die Spannung steigt in 0,005 sec von Null bis zum Höchstwert, d. h. in etwa der halben Zeit, die von den besten Schweißgeneratoren zur Spannungswiederkehr nach einem Kurzschluß benötigt wird. Die oszillographische Aufnahme ist daher bei Umspannern von geringerer Bedeutung als bei Umformern. Zur Beurteilung der Schweißeigenschaften begnügt man sich meistens mit der praktischen Schweißprobe.

Der durch die starke Streuinduktivität (Selbstinduktion) bedingte schlechte Leistungsfaktor cos φ von etwa 0,4 kann durch Kompensierung des Umspanners wesentlich verbessert werden. Ein Starkstromkondensator, der im Umspannergehäuse eingebaut ist, setzt den Leistungsfaktor auf 0,7 bis 1,0 herauf. Diese kompensierten Umspanner erfreuen sich zunehmender Beliebtheit. Sie sind jedoch um 20 bis 30 % teurer und haben ein größeres Gewicht. Die Preise der Umspanner liegen wesentlich unter denen der Umformer, wie aus Bild 41 gegenüber Bild 35 (S. 61) hervorgeht.

Die Schweißumspanner werden ungefähr in den gleichen Größenklassen wie die Einzelumformer gebaut. Auch Mehrstellen-Schweißumspanner sind in Gebrauch. Ein wesentlicher Vorteil des Umspanners gegenüber dem umlaufenden Umformer ist die hohe Betriebssicherheit. Eine Gegenüberstellung aller Vor- und Nachteile beider Schweißgeräte befindet sich im Abschnitt „Wahl der Schweißmaschine" (S. 67).

Schweißumspanner gleicher Bauart können parallel geschaltet werden. Sie müssen auf gleiche Stromstärke eingestellt werden. Bei richtiger Verbindung der Klemmen zeigt ein eingeschalteter Strommesser keinen nennenswerten Ausgleichstrom.

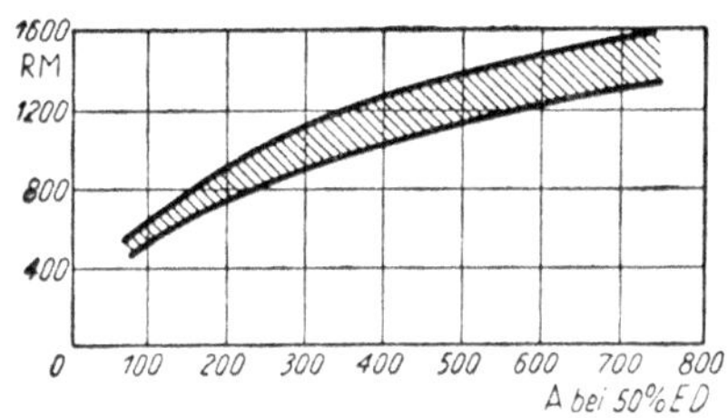

Bild 41. Preise für Schweißumspanner

Werden Schweißumspanner für den Anschluß an drei Phasen gebaut, so werden die Phasen meistens im Verhältnis 1 : 2 : 1 belastet. Das Netz wird auch hier wie bei Einphasen-Umspannern ungleichmäßig belastet. Dieser Nachteil und der schlechte Leistungsfaktor sind die Gründe dafür, daß die Elektrizitätswerke den Anschluß von Schweißumspannern zum Teil ungern sehen und gegebenenfalls Schwierigkeiten bereiten, z. B. einen erhöhten Strompreis fordern. Der Leistungsfaktor muß dann unbedingt durch Einschalten der erwähnten Kompensierung verbessert werden.

Die Überlagerung des Schweißstromes mit einem Hochfrequenzstrom hoher Spannung, der das Ziehen und Halten des Lichtbogens erleichtern soll, hat sich nicht einzuführen vermocht.

d) Der Schweißgleichrichter. Der Schweißgleichrichter besteht aus zwei getrennten, aber in einem gemeinsamen Gehäuse untergebrachten Teilen: aus einem dreiphasigen Umspanner, der die Netzspannung auf die für die Lichtbogenschweißung geeigneten Verhältnisse umspannt, und aus dem eigentlichen Gleichrichter, Bild 42 [68]).

Der Umspanner ist ähnlich wie ein normaler Schweißumspanner für eine abfallende Standkennlinie gebaut. Die Regelung der Stromstärke geschieht auch hier stufenlos durch Änderung der Streuinduktivität. Der vom Umspanner ausgehende Drehstrom niedriger Spannung wird durch den eigentlichen Gleichrichter in Gleichstrom verwandelt. Hierfür wurden in den letzten Jahren vorzugsweise Trockengleichrichter verwendet. Sie bestehen im wesentlichen aus einzelnen Metallscheiben, auf die eine Sperrschicht aufgebracht ist [69]. Der Stromdurchgang erfolgt nur in einer Richtung. Durch zweckmäßige Schaltung, Bild 42, werden die negativen Halbwellen der drei Wechselströme in umgekehrter Richtung in den Schweißstromkreis geschickt und damit ebenfalls ausgenutzt. Durch die Überlagerung sämtlicher sechs Halbwellen des Drehstromes entsteht ein Gleichstrom mit einer geringen Welligkeit, der sich praktisch nicht von dem Gleichstrom eines Generators unterscheidet.

Nach längerer Betriebsdauer tritt eine geringe Erhöhung des inneren Widerstandes der Gleichrichterplatten ein, die sich in einer entsprechenden Verringerung der erzeugten Gleichspannung auswirkt.

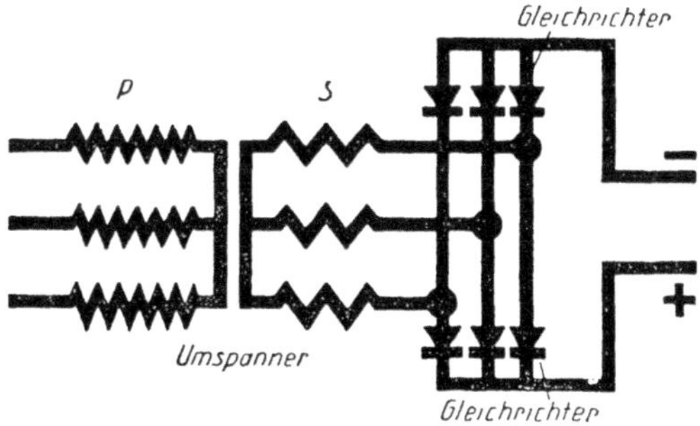

Bild 42. Schaltschema des Schweißgleichrichters

Dieser Alterungsvorgang ist jedoch nur einmalig und kann durch entsprechende Erhöhung der Spannung auf der Niederspannungsseite des Transformators nach etwa 10 000 Betriebsstunden ausgeglichen werden. — Die Gleichrichterplatten werden während des Betriebes durch einen Lüfter gekühlt.

Auch Glühkathodenröhren- und Quecksilberdampf-Gleichrichter werden verwendet. Sie haben den Nachteil, daß sie aus Glas bestehen und daher bei unsachgemäßer Behandlung leicht beschädigt werden können.

Ein wesentlicher Vorteil des Gleichrichters ist, daß er wie alle Umspanner praktisch trägheitslos arbeitet. Soweit keine zusätzlichen Induktivitäten im Schweißstromkreis vorhanden sind, fallen Stand- und Stoßkennlinie zusammen [70]. Die Schweißeigenschaften sind durch die Höhe der Leerlaufspannung bestimmt. Sie sind im unteren Regelbereich gut und müssen bei höheren Stromstärken zwangläufig abnehmen, weil die Steilheit der statischen Kennlinie geringer wird.

4. Wahl der Schweißmaschine

Bei der Wahl der Schweißmaschine ist zunächst die Frage zu entscheiden, ob Gleich- oder Wechselstrom vorzuziehen ist. Gleichstrom hat wesentliche technische, Wechselstrom in vielen Fällen wirtschaftliche Vorteile. Die N a c h t e i l e d e s W e c h s e l s t r o m e s in technischer Hinsicht sind zusammengefaßt [71, 72]):

1. Wechselstrom setzt die Verwendung umhüllter Elektroden voraus. Die Verwendung von Seelenelektroden ist nur in Sonderfällen möglich. Mit Gleichstrom können sämtliche Elektroden ohne Einschränkung verarbeitet werden (S. 79).
2. Wechselstrom ist ungeeignet zum Schweißen mit dem Kohlelichtbogen (S. 178). Die Bördelschweißung dünner Bleche sowie die Gußeisenschweißung mit dem Kohlelichtbogen fallen somit aus.
3. Wechselstrom ist nach dem heutigen Stande der Entwicklung weniger geeignet zum Schweißen bestimmter Nichteisenmetalle, wie z. B. von Kupfer und Leichtmetallen. Auch für hoch legierte Stähle wird meistens Gleichstrom bevorzugt, besonders bei der Auftragschweißung.
4. Wechselstrom ist gefährlicher als Gleichstrom. Für Arbeiten in Dampfkesseln und auf Gerüsten soll nur Gleichstrom verwendet werden, wobei Maschinen mit geringer Leerlaufspannung zu bevorzugen sind [73]). Hinzuweisen ist auch darauf, daß umhüllte Elektroden gegenüber den nackten im allgemeinen wesentlich mehr Gase und Dämpfe entwickeln, die den Schweißer belästigen und sogar gefährden können. Diese Frage ist jedoch eine Elektrodenfrage und kann nicht verallgemeinert werden.

Diesen Nachteilen des Wechselstromes steht als einziger t e c h n i s c h e r Vorteil gegenüber, daß die Blaswirkung des Lichtbogens wesentlich geringer ist als bei Gleichstrom (S. 147). Im übrigen sind für die Stahlschweißung bei Verwendung der gleichen umhüllten Elektrode die mechanisch-technologischen Gütewerte der Schweißverbindung und ihr Gefüge vollkommen gleichwertig [74]). W i r t s c h a f t l i c h e Vorteile des Wechselstromes sind in vielen Fällen durch die Möglichkeit gegeben, Schweißumspanner statt Umformer oder Gleichrichter zu verwenden.

Die Vor- und Nachteile dieser drei Maschinenarten, die sich besonders in wirtschaftlicher Hinsicht auswirken, sind zusammengefaßt folgende:

1. Der U m s p a n n e r zeichnet sich aus durch geringeren Anschaffungspreis (Bild 41, S. 66), geringeres Gewicht und kleineren Platzbedarf. Die Lebensdauer ist größer, die Wartungskosten sind geringer als beim Umformer. Der Wirkungsgrad ist gut (80 %), die Leerlaufverluste sind gering ($<$ 0,25 kW). Dem stehen die beiden Nachteile des schlechten Leistungsfaktors bei unkompensierter Ausführung und der ungleichmäßigen Netzbelastung gegenüber, die zu Schwierigkeiten von seiten der Elektrizitätswerke führen können.

2. Der Vorteil, mit Gleichstrom schweißen zu können, wird beim Umformer mit höheren Anschaffungskosten (Bild 35, S. 61), größeren Wartungskosten und kürzerer Lebensdauer erkauft. Der Wirkungsgrad der Umformer ist verhältnismäßig schlecht (45 bis 60 %); die Leerlaufverluste sind ziemlich hoch (1 bis 2,5 kW). Der Leistungsfaktor bei Drehstromantrieb ist besser als der der Umspanner. Das Netz wird gleichmäßig belastet.
3. Die Vorzüge des Schweißgleichrichters sind gegenüber dem Umspanner eine gleichmäßige Belastung der drei Phasen und die Lieferung von Gleichstrom, gegenüber dem Umformer einfacher Aufbau und geringere Leerlaufverluste (0,5 bis 1 kW). Der Wirkungsgrad ist ungefähr gleich dem eines guten Umformers. Nachteilig wirkt sich beim Gleichrichter die kleine thermische Zeitkonstante aus, die leicht zu Überlastungen (bei längerem Kurzschluß) Veranlassung gibt.

Hinsichtlich der Abgrenzung zwischen Einzelumformer und Mehrstellen-Schweißanlage wurde bereits auf S. 60/63 das Erforderliche gesagt.

Wichtig für den Anschluß des Schweißgerätes an das Kraftnetz sind nicht nur Phasenverschiebung und Lastverteilung auf die drei Phasen, sondern auch die Spannungsschwankungen, die den Lichtbetrieb beeinflussen können [75, 76]. Die von der Wirtschaftsgruppe „Elektrizitätsversorgung" herausgegebenen „Technischen Anschlußbedingungen für Starkstromanlagen unter 1000 V im Versorgungsgebiet des Elektrizitätsversorgungsunternehmens" regeln im Abschnitt XIV den Anschluß von Schweißgeräten [77, 78]. Schweißumspanner werden hiernach bis zu einer Kurzschlußleistung von 10 kVA zum Anschluß zwischen zwei Außenleitern zugelassen, sofern die örtlichen Anschluß- und Netzverhältnisse dies gestatten.

Von nicht zu unterschätzender Bedeutung ist die Wahl der richtigen Maschinengröße. Grundsätzlich soll das Schweißgerät nicht zu klein gewählt werden. Entscheidend ist der größte Elektrodendurchmesser, der verarbeitet werden soll. Nur für Dünnblecharbeiten in Dauerfertigung empfiehlt sich die Verwendung von Kleinumformern oder Kleinumspannern. Beachtenswert ist der Vorschlag, die Größen der gebräuchlichen Schweißmaschinen in einer „Leistungsreihe" normenmäßig festzulegen [79]. Dadurch wird eine größere Übersichtlichkeit und Beschränkung auf die wichtigen Leistungsbereiche erzielt.

Vom Ausschuß für wirtschaftliche Fertigung sind Entwürfe von AWF-Maschinenkarten für Schweißmaschinen herausgebracht worden. Für Lichtbogenschweißmaschinen ist die AWF-Karte 3077 erschienen [80].

Für die Fertigung von Kleinteilen und zur Herstellung von Drahtverbindungen in der Schwachstromtechnik sind Kleinschweißgeräte nach dem Lichtbogenverfahren entwickelt worden [81, 82]). Durch Schwingelektroden oder Schweißgriffel wird ein kurzzeitiger Lichtbogen ($< 1/2$ sec) an der Arbeitsstelle gezogen, der die Schweißung bewirkt.

5. Selbsttätige Lichtbogenschweißung

Der Arbeitsvorgang der Lichtbogenschweißung kann in vielen Fällen sehr gut durch Maschinen anstatt von Hand ausgeführt werden. Geeignet sind in erster Linie Rundnähte an zylindrischen Werkstücken

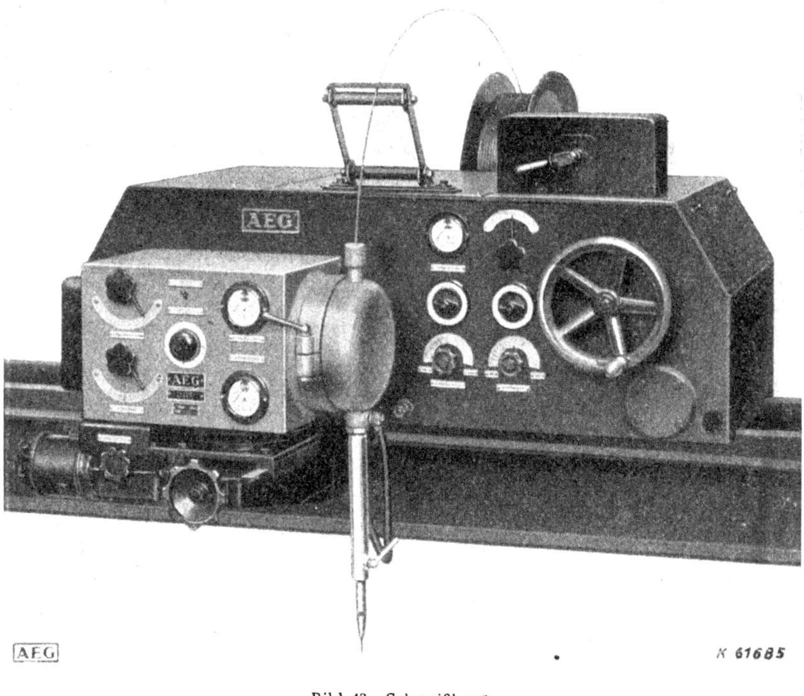

Bild 43. Schweißkopf

und längere gerade Schweißnähte. Die selbsttätige Lichtbogenschweißung wird besonders in der Massenfertigung eingesetzt. Bei stets wechselnden Werkstücken mit kurzen Schweißnähten ist sie unwirtschaftlich, bei geeigneten Werkstücken dagegen kann eine Leistungssteigerung von 50 bis 100 %, in Sonderfällen noch weit darüber, erzielt werden, und zwar durch Erhöhung der Einschaltdauer (Wegfall des Elektrodenwechsels) und durch Verwendung größerer Stromstärken, da der Strom dem Schweißdraht erst in unmittelbarer Nähe des Lichtbogens zugeführt wird. Die Gleichmäßigkeit des Schweißvorganges, vor allem die gleichbleibende Lichtbogenlänge, wirkt sich auch auf die Gütewerte günstig aus.

Eine Zwischenstufe zwischen Hand- und Automatenschweißung stellen behelfsmäßige Vorrichtungen zur mechanischen Führung des Schweißdrahtes dar[83]). Sie werden von Hand betätigt und setzen nur geringe Handfertigkeit voraus.

Als Schweißstromerzeuger für Automaten ist jede zur Handschweißung geeignete Maschine brauchbar, wenn sie die erforderliche Leistung im Dauerbetrieb abgibt[84]). Die Schweißzange des Handschweißers ist beim Automaten als S c h w e i ß k o p f ausgebildet, Bild 43. Der Draht wird maschinell mit gleicher Geschwindigkeit vorgeschoben, wie er im Lichtbogen abbrennt. Die Lichtbogenlänge wird konstant gehalten, indem die Lichtbogenspannung den Drahtvorschub steuert. Je nach Art der Werkstücke sind zwei grundsätzlich verschiedene Anordnungen möglich. Bei Rundnähten dreht sich das Werkstück unter dem stillstehenden Schweißkopf; bei Längsnähten läuft der Schweißkopf auf einer Führung in Längsrichtung des stillstehenden Werkstückes.

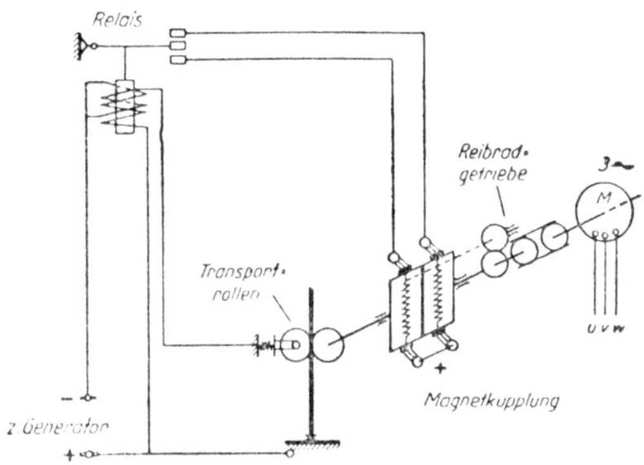

Bild 44. Steuerung des Drahtvorschubes bei der automatischen Lichtbogenschweißung

Die Steuerung des Drahtvorschubes kann in verschiedener Weise ausgebildet sein. Die Transportrollen, Bild 44, müssen bei zu langem Lichtbogen beschleunigt und bei zu kurzem verzögert werden. Da die Lichtbogenspannung von der Lichtbogenlänge abhängig ist, kann die Steuerung über ein Relais erfolgen, das eine Magnetkupplung betätigt. Bei zu hoher Spannung wird der Drahtvorschub beschleunigt, bei zu geringer verzögert. Eine Regelung, die ohne Relais arbeitet, besteht darin, daß zwei Motoren über ein Differentialgetriebe auf ein Triebrad einwirken, Bild 45, das den Schweißdraht vorschiebt. Der Vorschub-

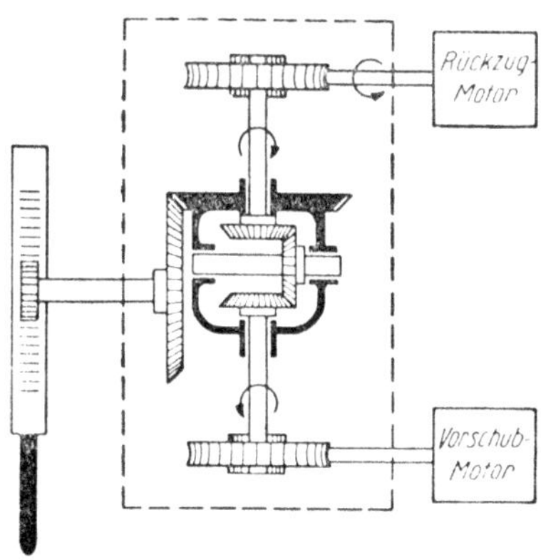

Bild 45. Schema für ein Differentialgetriebe

motor liegt an einer konstanten Gleichstromspannung und läuft daher mit der eingestellten unveränderlichen Drehzahl; der Rückzugmotor

Bild 46. Kohlelichtbogen-Schweißautomat mit Einschienenlaufkatze beim Schweißen von Längsholmen für Kraftwagen

liegt an der Lichtbogenspannung. Der Drahtvorschub entspricht der Differenz der Umlaufzahl der beiden Motoren.

Eine andere Bauart verwendet eine Steuerdynamomaschine für den Vorschubmotor, deren Erregermaschine durch die Lichtbogenspannung beeinflußt wird. Die erwähnte Relaissteuerung wird auch mit einer Drehzahlsteuerung des Antriebsmotors für den Drahtvorschub in der Weise vereinigt, daß das Relais und die Magnetkupplung nur als eigentliche Zündeinrichtung dienen, während die Steuerung der Schweißdrahtzufuhr durch eine selbsttätige Drehzahlregelung des Antriebsmotors bewirkt wird. Der Motor besitzt außer seiner Wicklung für die Netzanschlußspannung noch eine zweite Feldwicklung, die an die Spannung des Schweißumformers angelegt wird [84])

Neben der Metallichtbogenschweißung wird auch die Kohlelichtbogenschweißung in starkem Maße für Automaten herangezogen. Der nichtstromführende Zusatzdraht wird seitlich zugeführt, sofern nicht ohne Zusatzstoff geschweißt wird. Da der Kohlelichtbogen Blaswirkungen gegenüber sehr empfindlich ist, wird die Kohleelektrode mit einer Blasspule umgeben, die den Lichtbogen senkrecht auf das Werkstück richtet. Zur Verbesserung der Schweißnaht wird der Lichtbogen auch mit einem Gasmantel umgeben, der durch Verbrennung einer Papierkordel oder durch Zuführung besonderer Schlackenstoffe erzeugt wird.

Bild 46 zeigt einen Kohlelichtbogen-Schweißautomaten. Durch Verwendung von pastenförmigen Flußmitteln sollen sich mit dem billigeren Kohlelichtbogen-Schweißverfahren Nähte erzeugen lassen, die sonst nur mit hochwertigen umhüllten Elektroden erzielt werden können [85]). Bei Verwendung von nacktem oder Seelendraht wird der Draht von einer Haspel fortlaufend abgenommen und ohne Unterbrechung verschweißt.

Erhebliche Schwierigkeiten bereitete zunächst das Bestreben, auch umhüllte Elektroden maschinell zu verschweißen. Hierfür sind verschiedene Lösungen entwickelt worden. Eine Bauart zeigt Bild 47 [86]). Zwei umhüllte Elektroden, die unter spitzem Winkel zueinander fast senkrecht auf die Schweißnaht gerichtet sind, werden nacheinander abgeschweißt. Während die erste abbrennt, wird die zweite eingelegt. In dem Augenblick, in dem die erste Elektrode fast restlos abgeschmolzen ist, springt die zweite vor und übernimmt den Lichtbogen. Inzwischen wandert das Reststück der ersten nach oben und wird durch eine neue Elektrode ersetzt. Auch seitliche Pendelbewegungen können von der abbrennenden Elektrode zur Erzielung breiter Schweißraupen ausgeführt werden. Der Automat ist ferner für die Leichtmetallschweißung unter Anwendung von Leichtmetallelektroden entsprechender Legierung verwendbar [87]).

Bei einer anderen Bauart wird der Schweißautomat für nackten Draht mit einer Zusatzeinrichtung versehen, bei der einzelne Elektroden hintereinander eingereiht und zusammengeschweißt laufend abgeschmolzen werden können.

In den letzten Jahren ist es gelungen, umhüllten Schweißdraht ebenso wie nackten von der Rolle zu verschweißen. Er wird mit etwa 750 mm ϕ ohne Beschädigung der Umhüllung auf Trommeln aufgewickelt. Vorschub und Schweißstromzufuhr erfolgen durch einige an einer umlaufenden Transportkette befestigte Zangen. Dort, wo eine Zange eingreift, wird die Umhüllung automatisch auf eine bestimmte

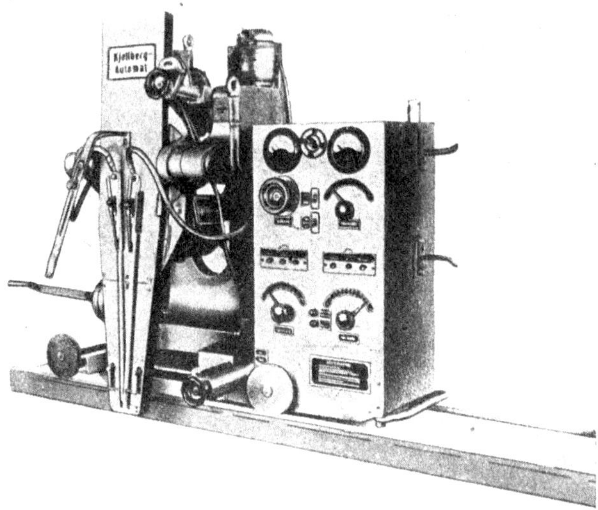

Bild 47. Schweißautomat zum Verschweißen umhüllter Elektroden

Länge einseitig abgeschliffen. Die übrige Umhüllung bleibt erhalten, so daß der Schlackenfluß nicht beeinträchtigt wird.
Die Ellira-Schweißung stellt ein automatisches Sonderschweißverfahren dar und wird auf S. 200 besprochen.

6. Einrichtung für die Arcatomschweißung [88])

Die Einrichtung für die Arcatomschweißung (S. 29) besteht aus einem luftgekühlten Sonderumspanner, dem Elektrodenhalter, einer Wasserstoff-Flasche mit Druckminderer und den Kabeln, die gleichzeitig als Gasleitungen für den Wasserstoff ausgebildet sind. Der Umspanner ergibt Stromstärken zwischen 15 und 95 A (zwei Größenausführungen) bei Spannungen zwischen 60 und 80 V. Eine Drosselspule mit Anzapfungen gestattet, die Stromstärke durch einen Stufenschalter einzustellen.
Die Zündspannung beträgt 300 V. Mit Rücksicht auf die Gefährlichkeit ist der Umspanner mit einer Schutzschaltung versehen, die den Haupt-

stromkreis erst im Augenblick der Zündung einschaltet und bei Unterbrechung des Stromes augenblicklich ausschaltet. Der Schweißer kann daher nicht mit der hohen Spannung in Berührung kommen. Das Gerät führt bei nichtbrennendem Lichtbogen eine ungefährliche Leerlaufspannung von 42 V. — Der Wirkungsgrad des Umspanners beträgt etwa 70 %, der Leistungsfaktor etwa 0,35. Der Leerlaufverbrauch ist mit höchstens 0,15 kW recht gering.

Die beiden Wolframelektroden von 1,5, 2 oder 3 mm ⌀ sind so im Elektrodenhalter befestigt, daß sie einen spitzen Winkel miteinander bilden und durch Betätigung eines Einstellrades einander bis zur Berührung genähert werden können. Durch anschließendes Entfernen wird der Lichtbogen gezündet. Der Wasserstoff entströmt zwei Ringdüsen, von denen die Wolframelektroden umschlossen werden. Die Elektroden brennen wegen des hohen Schmelzpunktes von Wolfram (3370°) und wegen der starken Wärmeabfuhr durch die Zerlegung der Wasserstoffmoleküle sehr langsam ab (etwa ein Paar Elektroden in einer Arbeitsschicht). Die richtige Wasserstoffmenge ergibt sich durch eine Druckeinstellung von etwa 0,2 bis 0,3 atü am Druckminderventil der Wasserstoffflasche.

Bild 48. Arcatomschweißkopf

Auch das Arcatomverfahren ist für maschinelle Anwendung ausgebildet worden[89]. Bild 48 zeigt den Arcatomschweißkopf. Hiermit wird das Schweißen vorerst noch ohne Zusatzwerkstoff ausgeführt (Niederschmelzen von umgebördelten Blechkanten).

7. Hilfseinrichtungen, Werkzeuge und Schutzvorrichtungen

Zur Ausrüstung des Schweißers gehören außer der Schweißmaschine verschiedene Hilfseinrichtungen, Werkzeuge und Schutzvorrichtungen.

Der Schutzschild (Gesichtsschutz, Schweißschirm) dient zum Schutz der Augen, des Gesichtes und des Halses. In den Schirm sind dunkle Gläser von meist grünlicher oder bläulicher Färbung eingesetzt, um die schädlichen ultravioletten, ultraroten und blendenden sichtbaren Lichtstrahlen zurückzuhalten. Die Schutzwirkung gegen die verschiedenen Strahlenarten wird durch Ziffern angegeben. Nach DIN 4647 sind für die einzelnen Schweißverfahren Mindestwerte hierfür vorgeschrieben, um genügende Schutzwirkung zu gewährleisten. Als Abmessungen sind für Elektroschweißer runde Gläser von 120 mm ⌀ und viereckige von 90 × 120 mm² festgelegt. Weitere Vorschriften über Schutzschilde und Schutzmasken enthält DIN 4655, über Schutzbrillengläser DIN 4642 und über Schutzbrillen DIN 4644 und DIN 4645. Unterlagen über den Strahlenschutz gibt DIN 4646. Die Auswahl der Gläser in bezug auf Durchlässigkeit ist von dem Schweißverfahren, von der Art und Dicke der Elektrode und von den Beleuchtungsverhältnissen abhängig. Für die Lichtbogenschweißung sind Gläser mit den Kennziffern 788 bis 998 vorgesehen [90]). Gegen Spritzer werden die bunten Gläser durch ein vorgeschaltetes Fensterglas (Spritzglas) geschützt. — Braucht der Schweißer beide Hände zur Arbeit, wie beim Schweißen mit dem Kohlelichtbogen und Zusatzdraht oder bei der Arcatomschweißung, so muß er eine Schutzmaske (Schweißerhelm, Kopfmaske) tragen.

Dichte Handschuhe, am besten aus Leder oder Asbest, schützen die Hände gegen die Strahlung und gegen Spritzer. Zum Schutz der Bekleidung sind Leder- oder Asbestschürzen zu tragen.

Beim Entfernen der Schlacke werden zweckmäßig Schutzbrillen mit Fensterglas aufgesetzt.

Zum Halten der Elektroden dienen Elektrodenhalter (Schweißzangen, Schweißkolben). Sie sollen möglichst einfach, betriebssicher und nicht zu schwer sein. Zweckmäßig sind solche Ausführungen, bei denen die Elektrode unter verschiedenen Winkeln eingesetzt werden kann und in jeder Lage durch eine Feder festgehalten wird. Zum Schutz des Schweißers ist auf gute Isolierung des Handgriffes und Spannhebels zu achten.

Schweißkabel verbinden die Klemmen der Schweißmaschine mit der Schweißzange einerseits (Handkabel) und mit dem Werkstück andererseits (Werkstückanschlußkabel, Bodenkabel). Das Werkstückanschlußkabel wird durch eine Schraubzwinge (Polzwinge) am Werkstück oder Schweißtisch befestigt. Der Querschnitt der Kabel richtet sich nach der Schweißstromstärke. Sie sollen nicht länger als nötig sein. Gute Beweglichkeit ist zur leichten Führung der Schweißzange unerläßlich. Die Isolierung der Kabel muß dem rauhen Werkstattbetrieb angepaßt sein.

Weitere Ausrüstungsgegenstände des Schweißers sind Spitzhämmer (Pickhämmer) zur Entfernung der Schlacke und Spritzer (auch Hammer und Meißel), Stahlbürsten zum Reinigen der Schweißnähte und -fugen,

Zangen zum Halten und Wenden der heißen Werkstücke und eine einstellbare Schweißnahtlehre zum Ausmessen der Schweißnähte, besonders der Kehlnähte. Als Behelf kann ein Satz Blechlehren dienen, die von Millimeter zu Millimeter abgestuft sind. Durch Anlegen an die beiden aufeinander senkrecht stehenden Bleche des Werkstückes wird geprüft, ob das vorgeschriebene Maß für die Kehlnahtdicke erreicht worden ist. Als zweckmäßig hat sich auch eine nach einer Spirallinie ausgeschnittene Blechlehre erwiesen, die bis zur Berührung der Kehlnahtoberfläche gedreht wird.

Die Werkstücke können vor dem Heften durch Spannvorrichtungen in der richtigen Lage gehalten werden. Größere Teile werden zweckmäßig auf Spannplatten zusammengebaut und geheftet. Zum Drehen der Werkstücke in geeignete Schweißlage dienen Drehvorrichtungen (S. 130).

Zum Schutz der Umgebung werden die Schweißarbeiten an kleineren Stücken in Schweißkabinen ausgeführt, die allseitig geschlossen sind. Beim Schweißen an größeren Werkstücken müssen bewegliche Schutzwände aufgestellt werden.

Die Arbeitsräume sollen möglichst groß und hoch sein. Beim Schweißen in Kabinen sowie in engen Behältern und Kesseln muß für Entlüftung durch Absaugevorrichtungen und, wenn nötig, für Belüftung mit Frischluft gesorgt werden.

VI. ZUSATZSTOFFE FÜR DIE LICHTBOGENSCHWEISSUNG (ELEKTRODEN)

Für die Güte einer Schweißverbindung ist — einwandfreie Schweißarbeit vorausgesetzt — die Auswahl des Zusatzstoffes von ausschlaggebender Bedeutung. Sie wird dadurch erschwert, daß sich eine große Zahl von Erzeugnissen auf dem Markt befindet. Um die Anforderungen an die verschiedenen Schweißdrahtsorten für Stahl richtlinienmäßig zu erfassen, sind in DIN Vornorm 1913 „Technische Lieferbedingungen für Schweißdrähte zur Lichtbogen- und Gasschmelzschweißung von Stahl" aufgestellt worden (Schweißdrahtlieferbedingungen). Auf S. 94 sind sie im vollen Wortlaut wiedergegeben. Die entsprechenden Vorschriften der Deutschen Reichsbahn (Nr. 91 927 VII 38 „Vorläufige technische Lieferbedingungen für Schweißdraht für Verbindungs- und Auftragsschweißung an genormten Stahlsorten nach dem Gas- und Lichtbogenschmelzschweißverfahren mit Anhang für Brückenschweißdrähte") weichen in einigen Punkten hiervon ab. Sie enthalten Sondergüten von Schweißdrähten für Sonderstähle und schreiben Dauerfestigkeitswerte für Brückenschweißdrähte vor. Für Zusatzstäbe zur Lichtbogenschweißung von Gußeisen sind ebenfalls von der Reichsbahn Vorschriften herausgegeben worden. Auch ein Normblattentwurf DIN E 2301 liegt vor. (Siehe Abschnitt „Schweißen von Gußeisen", S. 224). Richtlinien für Zusatzstoffe zum Lichtbogenschweißen von Leichtmetallen befinden sich in Vorbereitung.

Als Bezeichnung der Zusatzstoffe für die Metallichtbogenschweißung hat sich allgemein der Ausdruck „Elektrode" eingeführt. Die gleiche Bezeichnung wird auch für den n i c h t als Zusatzstoff dienenden Stromleiter bei der Kohlelichtbogenschweißung und beim Arcatomverfahren angewandt (Kohle-Elektrode, Wolfram-Elektrode). Der Ausdruck „Schweißdraht" bezieht sich auf den Zusatzstoff für die Gasschmelzschweißung (jedoch „Schweißstab" für Gußstäbe) und wird als Oberbegriff für die Kennzeichnung des Zusatzstoffes bei der Gasschmelzschweißung u n d der Lichtbogenschweißung angewandt. Um Unklarheiten zu vermeiden, wurde vom VDI-Fachausschuß für Schweißtechnik vorgeschlagen, die Werkzeuge zum Zusammenpressen und zur Stromzuführung beim Punkt- und Nahtschweißen n i c h t mit dem Ausdruck „Elektrode" zu bezeichnen, sondern als „Schweißstempel" bzw. „Schweißrolle" [91]).

1. Übersicht über die Elektrodenarten

Nach ihrem V e r w e n d u n g s z w e c k werden die Elektroden in zwei Gruppen eingeteilt: in Drähte für Verbindungsschweißungen und in Drähte für Auftragschweißungen. Die Verbindungsdrähte werden entsprechend der Festigkeit der damit erzielbaren Schweißverbindung, die Auftragdrähte nach der Härte der Auftragschicht weiter unterteilt.

In Abhängigkeit vom *Herstellungsverfahren* werden folgende Arten von Zusatzstäben unterschieden [92, 93].

I. Nackter Draht,
   1. blank gezogen, hart,
   2. geglüht, weich.

II. Seelenelektroden, gezogen, mit nichtmetallischem Kern.

III. Umhüllte Elektroden,
   1. dünn oder leicht umhüllt,
      a) durch Tauchen (dünn oder leicht *getauchte* Elektroden),
      b) durch Umwickeln (z. B. mit Papier), (Sonderausführung),
   2. mitteldick und dick umhüllt (*Mantelelektroden*),
      a) durch Tauchen (Tauchmantelelektroden), } Normalausführung
      b) durch Umpressen (Preßmantelelektroden), } Normalausführung
      c) durch Pressen und Tauchen (z. B. Schlauchelektroden), } Sonderausführung
      d) durch Umwickeln (z. B. mit Asbest und Papier), } Sonderausführung
      e) durch Umwickeln und Tauchen, } Sonderausführung
   3. Sonderelektroden (Gußstäbe, Mehrfachelektroden, Röhrenelektroden).

Durch den Ziehvorgang des Drahtes tritt infolge der Kaltreckung eine Härtesteigerung ein. Die Festigkeit nimmt zu; der Draht wird äußerlich blank. Durch Weichglühen werden Härte, Festigkeitszunahme und Sprödigkeit wieder beseitigt. Da sich der Draht dabei mit einer blauschwarzen Glühzunderschicht überzieht, wird er in einem Säurebad gebeizt und anschließend in einem alkalischen Bad neutralisiert. *Geglühte* Drähte werden den blank gezogenen zum Schweißen vielfach vorgezogen, weil durch zurückbleibende feine Reste aus den Bädern die Lichtbogenstrecke ionisiert und dadurch das Halten des Lichtbogens erleichtert wird. Die Oberfläche kann auch verkupfert sein. Nackter Draht wird in Stäben von 350 oder 450 mm Länge geliefert. Für die Automatenschweißung wird er in Ringen aufgerollt.

Bei den *Seelenelektroden* [94] werden nichtmetallische Flußmittel im Innern des Drahtes eingebettet. In den Schweißeigenschaften ähnelt der Seelendraht der dünn getauchten Elektrode. Die Füllmasse wird entweder beim Gießen des Gußblocks (durch Einsetzen eines damit gefüllten Rohres) oder in den vorgewalzten Block eingebracht und beim weiteren Walzen und Ziehen des Drahtes gleichzeitig ausgezogen.

Wesentliche Unterschiede bestehen zwischen den einzelnen Arten der umhüllten Elektroden. Dünn umhüllte Elektroden haben eine Umhüllungsdicke von 4 bis 15 % des Kerndurchmessers, mitteldick umhüllte von 15 bis 40 %. Der Mantel der dick umhüllten Elektroden beträgt über 40 % des Kerndurchmessers. Getauchte Elektroden werden in angerührte flüssige oder halbflüssige Massen einmal oder mehrmals unter zwischengeschaltetem Trocknen eingetaucht, je nach der beabsichtigten Umhüllungsdicke. Das Umpressen der Preßmantelelektroden wird maschinell durchgeführt und hat heute einen hohen technischen Stand erreicht [95]. Seltener werden die Drähte mit Asbest oder sonstigen getränkten Faserstoffen umwickelt, wobei sie nachträglich getaucht werden können. Die Länge der umhüllten Elektroden beträgt bei Durchmessern bis zu 2,5 mm 300 bis 350 mm, ab 3,25 mm im allgemeinen 450 mm, obwohl in vielen Fällen zum ruhigeren Halten auch 350 mm Länge verwandt wird (z. B. für Senkrechtschweißung, im Schiffbau). Der Elektrodenkopf wird zur Einspannung in der Zange auf einige Zentimeter Länge frei von Umhüllung gehalten.

Eine neue Art sind die Mehrfachelektroden. Zwei oder mehrere Drähte werden in einer Umhüllungsmasse parallel zueinander so eingebettet, daß sie sich nicht berühren. Die Elektroden eignen sich besonders zum Verschweißen mit Mehrphasenstrom, z. B. beim Kaell-Verfahren (S. 200).

Gegossene Stäbe dienen für die Gußeisenwarmschweißung (S. 229). Sie werden ferner als Aufschweißlegierungen für verschleißfeste Auftragschweißungen verwendet. Hierfür werden sie meistens mit einer geeigneten Umhüllung versehen.

Röhrenelektroden bestehen aus Blechröhrchen mit eingesintertem Wolframkarbid und dienen ebenfalls für verschleißfeste Auftragschweißungen.

Die Schlauchelektrode wird im Abschnitt „Schweißen von Kupfer" (S. 231) besprochen, weil sie bisher in erster Linie zur Kupferschweißung angewandt wird.

2. Schweißeigenschaften der Elektroden

Hinsichtlich der Schweißeigenschaften bestehen wesentliche Unterschiede zwischen den verschiedenen Elektrodenarten, besonders zwischen umhüllten und nackten Elektroden. Die Auswahl der richtigen Elektrode für den jeweiligen Verwendungszweck erfordert Kenntnisse über das schweißtechnische Verhalten der einzelnen Gattungen und die damit erzielbaren Gütewerte [96].

Das Zünden und Halten des Lichtbogens ist mit umhüllten Elektroden ungleich leichter als mit nacktem Draht, dem die Stoffe zu einer stärkeren Ionisation der Lichtbogenstrecke fehlen. Der Lichtbogen kann ohne Gefahr etwas länger gehalten werden; die Lichtbogenspannung liegt daher bei umhüllten Elektroden im allgemeinen etwas höher, Bild 53 (S. 85). Ein Nachteil der Mantelelektroden ist, daß bei Unterbrechung des Schweißens sich die Elektrodenspitze häufig mit einem isolierenden Tropfen aus Schlacke überzieht, der vor erneutem Zünden abgeschlagen werden muß.

Nackter Draht brennt mit knatterndem Geräusch ab, das von dem Tropfenübergang und den damit verbundenen Kurzschlüssen und Rückzündungen herrührt, während umhüllte Elektroden infolge besserer Leitfähigkeit des Lichtbogens ein Rauschen verursachen. Minderwertiger nackter Draht ergibt einen unruhigen und flackernden Lichtbogen. Diese Erscheinung tritt auch bei höherem Kohlenstoffgehalt des Drahtes auf. Eine Besserung wird in diesem Falle durch Schweißen am Pluspol erzielt.

Bei Wechselstrom ist die Verwendung umhüllter Elektroden Voraussetzung. Seelenelektroden sind bei einfachen Schweißarbeiten zwar auch mit Wechselstrom verschweißbar, im allgemeinen wird jedoch Gleichstrom verwandt. Die U m h ü l l u n g e n haben außer der Elektronenemission und Ionisation der Lichtbogenstrecke den Zweck, durch die sich bildenden Gase den Sauerstoff und Stickstoff der Luft vom übergehenden Zusatzstoff abzuhalten. Das Bad soll ferner metallurgisch günstig beeinflußt und während des Erkaltens durch eine Schlackenschicht geschützt werden. Vielfach werden der Umhüllung Legierungsbestandteile beigegeben, die den Abbrand aufwiegen und darüber hinaus die Naht auflegieren können.

Nackte Elektroden hinterlassen nur eine dünne Oxydhaut auf der Schweißnaht, die von dem im Lichtbogen verbrannten Werkstoff herrührt. Seelenelektroden und dünn umhüllte Elektroden geben eine etwas stärkere Schlackenhaut. Oft kann diese Haut mit einer Drahtbürste entfernt werden. Vielfach haften aber gerade die leichten Schlackenteile recht fest und müssen mit dem Pickhammer abgeschlagen werden.

Mantelelektroden sind mehr oder weniger stark schlackenbildend. Die dicke Schlackenschicht muß vor jeder neuen Schweißlage sorgfältig entfernt werden. Eine gute Elektrode soll deshalb eine leicht zu entfernende Schlacke ergeben. In dieser Beziehung verhalten sich die auf dem Markt befindlichen Erzeugnisse sehr verschieden. Bei manchen Elektrodensorten muß die Schlacke mit dem Pickhammer oder mit Hammer und Meißel mühsam abgeklopft werden. Nach vollständigem Erkalten des Werkstückes löst sich die Schlacke meistens leichter ab als unmittelbar nach dem Schweißen. Bei guten Elektroden kann die Schlacke mit einem Meißel oder ähnlichem Werkzeug leicht entfernt werden. Auch die Gefahr der S c h l a c k e n e i n s c h l ü s s e ist bei neuzeitlichen Mantelelektroden durch langjährige Entwicklungsarbeit auf einen Kleinstwert herabgesetzt worden. Die Schlacke ist dabei in bezug auf Schmelzpunkt, Oberflächenspannung und Viskosität so ausgebildet, daß sie sich als zusammenhängende Schicht auf der Oberfläche der Schweißnaht absetzt und sich nach Erkalten der Naht von selbst abhebt, Bild 49, oder durch leichtes Abklopfen mit dem Pickhammer in großen Stücken entfernt werden kann.

Die Schweißeigenschaften der Elektroden werden in hohem Maße von der Größe der Oberflächenspannung des geschmolzenen Metalles beeinflußt. Große Oberflächenspannung verursacht, daß der Werkstoff in größeren Tropfen übergeht, und führt zu stärkeren Spritzverlusten.

Hinsichtlich der Dünnflüssigkeit besteht ein starker Unterschied zwischen nackten, dünn getauchten und Seelenelektroden einerseits und Mantelelektroden andererseits. Bei der ersten Gruppe erstarrt die Naht verhältnismäßig schnell. Die Raupe kann ziemlich schmal

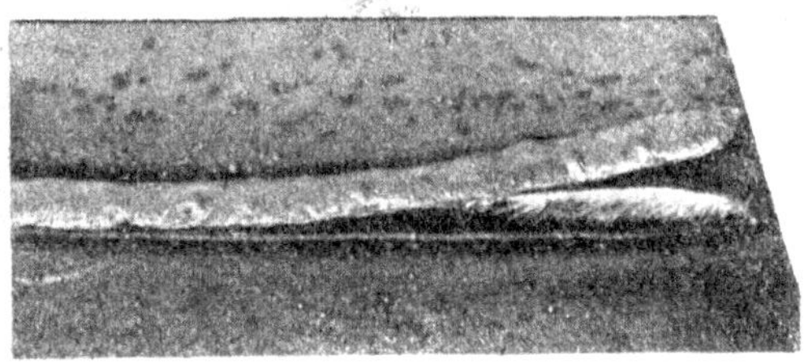

Bild 49. Selbsttätiges Abheben der Schlacke bei einer guten Mantelelektrode

und hoch aufgebaut werden. Die Schuppenbildung ist wegen der Strengflüssigkeit grob. Mantelelektroden, die im allgemeinen mit wesentlich höheren Stromstärken abgeschmolzen werden, ergeben ein dünnflüssiges Schweißgut, das durch die darüberliegende Schlackenschicht vor zu schneller Abkühlung geschützt wird. Daher und infolge der geringeren Oberflächenspannung fließt die Naht mehr in die Breite aus. Die Schuppenbildung ist nur schwach angedeutet. Diese Elektroden ergeben je nach ihren besonderen Eigenschaften bei Kehlnähten Nahtquerschnitte mit leicht konkaver Oberfläche (bis zur ausgesprochenen Hohlkehlnaht) und allgemein glatte Schweißnähte, die zur Aufnahme dynamischer Beanspruchungen gut geeignet sind.

Nicht erwünscht ist zu weitgehende Dünnflüssigkeit zur Senkrecht- und Überkopfschweißung. Auch die Schlacke soll nicht zu dünnflüssig sein und abtropfen, ausgenommen für die Senkrechtschweißung von oben nach unten. Gute Kletterfähigkeit haben im allgemeinen nackte und Seelenelektroden. In neuerer Zeit werden auch Mantelelektroden auf den Markt gebracht, die sich ausgezeichnet für Senkrecht- und Überkopfschweißungen [97]) eignen, sowie für das Schweißen der untersten Lage in breiteren Schweißfugen ohne Unterlage. An senkrechter Wand wird gern von oben nach unten geschweißt, wobei keine Behinderung durch die Schlacke eintritt. Je nach Art der Mantelelektrode ist jedoch auch ein einwandfreies Schweißen von unten nach oben möglich. Allgemein ist die Kletterfähigkeit langsam schweißender Elektroden besser als die schnell schweißender. Dickere Mantelelektroden als 4 mm ⌀ werden im allgemeinen nur in waagerechter Schweißlage verarbeitet.

Um zwischen dem Schweißgut und dem Grundwerkstoff einwandfreie Bindung zu erzielen, müssen die Schweißnahtkanten anschmelzen. Die

a b c

Bild 50. Kehlnahtschweißungen mit dick umhüllten Elektroden

a b c

Bild 51. Schliffbilder der Kehlnähte von Bild 50

Tiefe der Anschmelzzone wird als Einbrand bezeichnet. Gut einbrennende Elektroden haben den Vorteil, daß mit ihnen Grundnähte in engen Schweißfugen und alle Schweißnähte an schlecht zugänglichen Stellen besser gelingen. Das Durchschweißen wird erleichtert, die Gefahr von Bindefehlern wird verringert. Der Einbrand ist ferner von der Vorschubgeschwindigkeit und der Stromstärke abhängig, und zwar wird mit zunehmender Stromstärke die Einbrandtiefe größer, ebenso in bestimmten Grenzen mit zunehmender Lichtbogenlänge und Spannung. Schweißen mit dem Minuspol ergibt in der Regel tieferen Einbrand als mit dem Pluspol.

Manche dick umhüllten Elektroden neigen zur Bildung von Einbrandkerben, Bild 50 und 51 (c), besonders an den senkrechten Blechen von Kehlnahtschweißungen. Diese Stellen sind wegen der Kerbwirkung gefährdet, vor allem bei schwingender Beanspruchung. Die Entfernung der Schlacke aus den Einbrandkerben bietet Schwierigkeiten. Die Erscheinung tritt auch bei den unteren Lagen von V-Nähten auf, wo in diesem Falle zeitraubende Arbeit zur Schlackenentfernung zu leisten ist. Bei guten neuzeitlichen Elektroden ist es gelungen, die gefürchteten Einbrandkerben zu vermeiden und einen sanften Übergang von der Schweiße zum Grundwerkstoff zu erzielen, Bild 50 und 51 (a).

Zur Herstellung einwandfreier Schweißnähte ist Voraussetzung, daß die Elektrodenumhüllung den Draht konzentrisch umschließt. Bei einseitiger Umhüllung brennt der Lichtbogen seitlich heraus. Der Schweißer kann die Schlacke nicht beherrschen und läuft Gefahr, Schlackeneinschlüsse in der Schweißnaht zu erhalten. Die Außermittigkeit umhüllter Elektroden wird durch entsprechende Vorrichtungen ermittelt [98]). Hat die Umhüllung bei längerem Lagern Feuchtigkeit aufgenommen, so tritt durch die Dampfentwicklung starkes Spritzen der Elektroden im Lichtbogen ein. Einwandfreie Lagerung ist unerläßlich.

3. Schweißbedingungen der Elektroden

Die Schweißstromstärke wird nach oben und unten durch die Schweißeigenschaften der Elektrode und durch abfallende Gütewerte

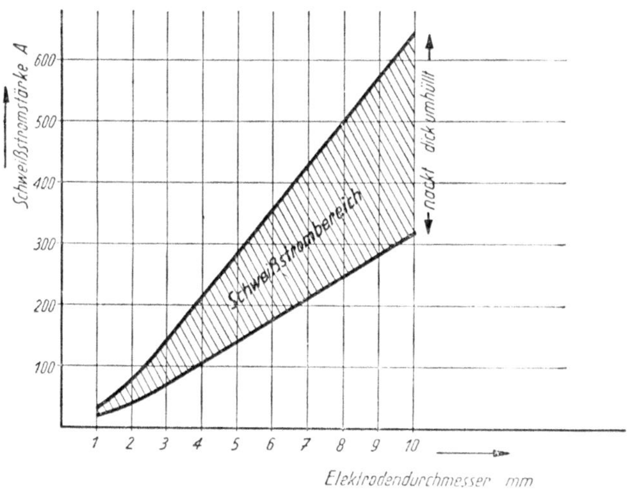

Bild 52. Schweißstrombereich in Abhängigkeit vom Elektrodendurchmesser für die Stahl-Lichtbogenschweißung

der Schweißnaht begrenzt. Bei zu hoher Stromstärke wird die Elektrode glühend und weich. Die Abschmelzgeschwindigkeit steigt stark an, der Einbrand wird schlechter, und der Werkstoff geht in großen, sichtbaren Tropfen über. Die Höchststromstärke ist nur bei entsprechend dicken Blechen von Bedeutung, die so hohe Strombelastung aufzunehmen vermögen. Wird die Stromstärke zu klein gewählt, so kann keine einwandfreie Naht erzielt werden. Die Raupe legt sich ohne Einbrand und richtige Bindung auf den Untergrund. In Bild 52 ist der gesamte Schweißstrombereich für Stahl nach den Angaben der Elektrodenhersteller zusammengestellt. Die Werte gelten für die gewöhnliche Lichtbogenschweißung von Hand. Noch größere oder kleinere Werte sind nur in Sonderfällen möglich.

Die Schweißstromstärke kann je nach Elektrodensorte und den sonstigen Bedingungen (Blechdicke, Schweißgeschwindigkeit usw.) stark schwanken. Dick umhüllte Elektroden können im allgemeinen höhere Stromstärken vertragen als dünn umhüllte oder nackte. Die günstigsten Werte werden vom Hersteller für jede Marke angegeben. In Abhängig-

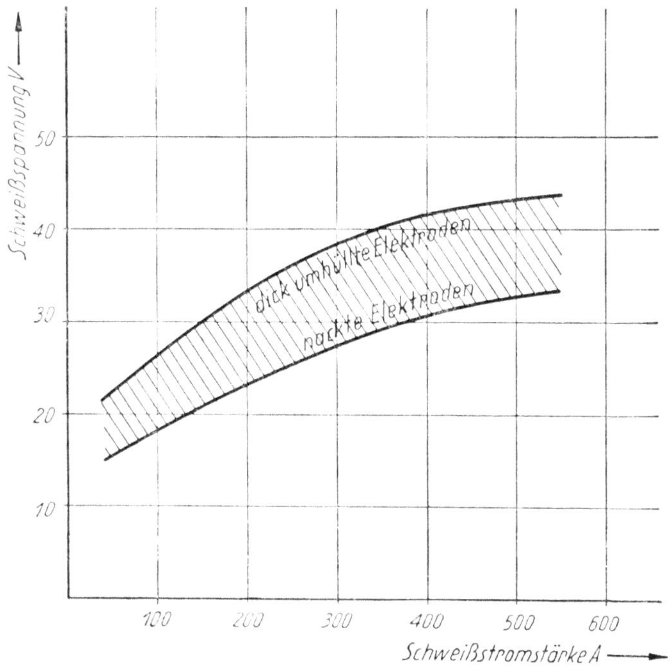

Bild 53. Die Schweißspannung in Abhängigkeit von der Schweißstromstärke für die Stahl-Lichtbogenschweißung

keit vom Elektrodendurchmesser ist — von kleinen Durchmessern abgesehen — ein linearer Anstieg die Regel. Die zum Schmelzen erforderliche Wärmemenge ist dem Gewicht und damit dem Quadrat des Elektrodendurchmessers proportional. Da nach dem *Joule*schen Gesetz die erzeugte Wärme dem Quadrat der Stromstärke proportional ist, muß die Stromstärke mit dem Elektrodendurchmesser linear zunehmen [99]).

Bei nacktem Draht kann man mit der Stromstärke etwas höher als normal hinaufgehen, wenn man die Elektroden in der Mitte einspannt und beide Hälften nacheinander abschmilzt. Bei der Automatenschweißung kann die Stromstärke noch höher gewählt werden, da die Stromzuführung meistens kurz über der Schweißstelle stattfindet.

Der Spannungsabfall ist von der Lichtbogenlänge und den an den physikalischen Vorgängen teilnehmenden Stoffen abhängig. Beteiligt sind: Werkstoff der Elektrode und Umhüllung, Grundwerkstoff und die Atmosphäre. Die Lichtbogenspannung und der Spannungsabfall in den Kabeln und Anschlußklemmen setzen sich zur Schweißspannung

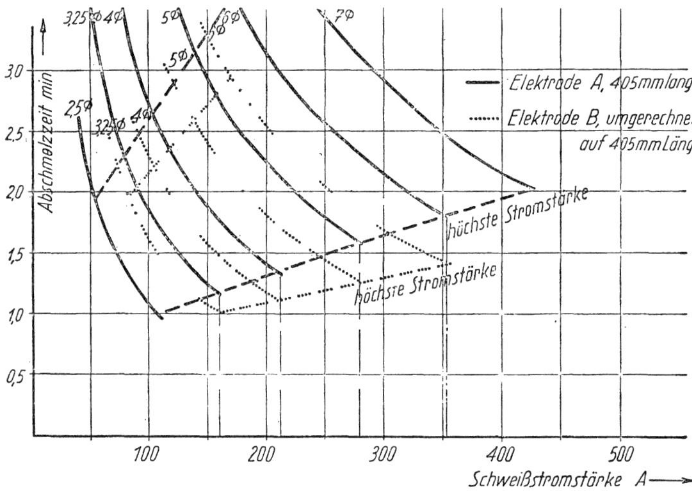

Bild 54. Die Abschmelzzeit in Abhängigkeit von der Schweißstromstärke für zwei verschiedene Elektrodensorten **A** und **B**

zusammen, die vom Spannungsmesser an der Schweißmaschine angezeigt wird.

Bild 53 zeigt die Schweißspannung in Abhängigkeit von der Stromstärke für die gewöhnliche Handlichtbogenschweißung von Stahl. Bei dick umhüllten Elektroden liegt die Spannung höher als bei nackten. Für gleiche Stromstärken muß daher die Schweißmaschine eine höhere Leistung hergeben. Sonderelektroden, wie z. B. die Schlauchelektrode, erfordern wegen des längeren Lichtbogens eine höhere Schweißspannung (bis 75 V). Hierfür werden in der Regel zwei Maschinen hintereinandergeschaltet. — Bei der Automatenschweißung mit nacktem Draht kann die Spannung wegen des kurzen Lichtbogens bis auf 15 V heruntergehen.

Die erforderliche Zeit zum Abschmelzen einer Elektrode richtet sich in erster Linie nach der Schweißstromstärke. Aber auch bei gleicher Stromstärke ergeben die verschiedenen Elektrodensorten unterschiedliche Abschmelzzeiten. Zu ihrer Ermittlung dient der Abschmelzversuch. Elektroden gleicher Länge werden abgeschmolzen; die dazu erforderlichen Zeiten werden festgestellt.

Trägt man die ermittelte Abschmelzzeit in Abhängigkeit von der Schweißstromstärke in einem Schaubild auf, so entspricht jedem Elektrodendurchmesser eine hyperbelähnliche Kurve. In Bild 54 sind die Werte für zwei verschiedene Elektrodensorten A und B dargestellt. Für jede Einzelkurve sind eine Reihe von Messungen bei verschiedenen

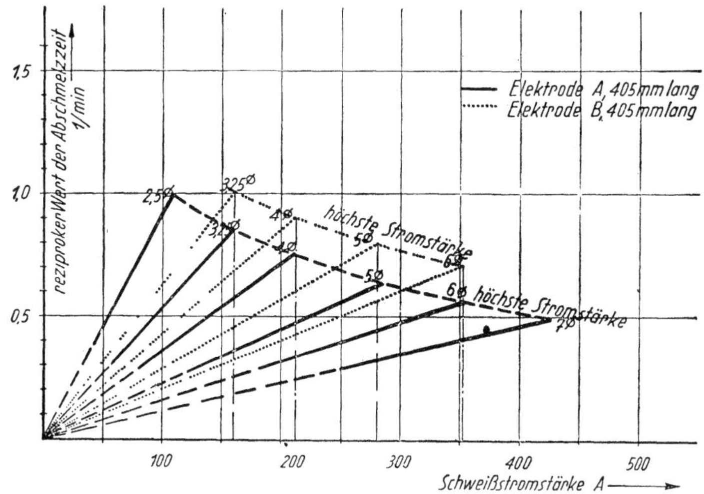

Bild 55. Reziproke Werte der Abschmelzzeit in Abhängigkeit von der Schweißstromstärke

Stromstärken erforderlich. Die Kurven werden unten durch die Höchststromstärken für die verschiedenen Elektrodendurchmesser begrenzt (gestrichelte Linien). Die Werte beziehen sich auf Elektroden von 450 mm Länge abzüglich 10 % für unverschweißte Drahtenden, d. h. 405 mm abgeschmolzene Länge.

Nach dem *Joule*schen Gesetz ist die Wärmemenge zur Verflüssigung des Elektrodenwerkstoffes proportional der Leistung und der Zeit:

$$Q = 0{,}24 \; U \cdot J \cdot t \text{ cal.}$$

Hierin bedeuten: Q die Wärmemenge in cal, U die Lichtbogenspannung in Volt, J die Schweißstromstärke in Amp. und t die Abschmelzzeit in Sekunden.

Da praktisch für die einzelnen Elektrodendurchmesser die Wärmemenge zur Verflüssigung und die Lichtbogenspannung als konstant angesehen werden können, so ergibt sich:

$$J \cdot t = \text{const.}$$

Das Produkt aus der Schweißstromstärke und der Abschmelzzeit ist für jeden Elektrodendurchmesser eine konstante Größe. Hierdurch sind die hyperbelähnlichen Kurven gegeben. Werden die reziproken Werte der Abschmelzzeiten aufgetragen, so ergeben sich gerade Linien, Bild 55, die sich im Nullpunkt schneiden. Bei dieser Art der Darstellung können Meßfehler leicht erkannt und berichtigt werden.

Zur Bestimmung der Abschmelzleistung einer Elektrode muß neben der Abschmelzzeit das Gewicht des eingeschmolzenen Schweißwerkstoffes bekannt sein. Es wird durch Auswiegen geschweißter Probeplatten vor und nach dem Schweißen bestimmt. Der Gewichtsunterschied gibt das

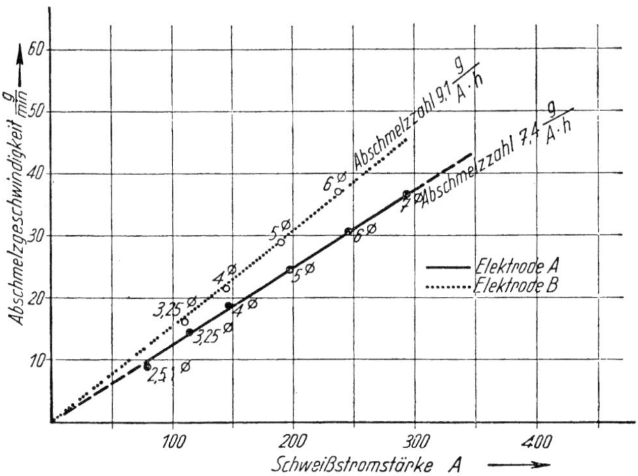

Bild 56. Abschmelzgeschwindigkeit in Abhängigkeit von der Schweißstromstärke

Gewicht des Schweißwerkstoffes an, das im Vergleich zu dem abgeschmolzenen Drahtgewicht die Spritz- und Abbrandverluste errechnen läßt. Da sie mit steigender Stromstärke zunehmen, muß für das eingeschmolzene Gewicht des Schweißwerkstoffes ein Mittelwert eingesetzt werden.

Aus der Abschmelzzeit und dem Schweißwerkstoffgewicht ergibt sich die **Abschmelzgeschwindigkeit** zu:

$$\text{Abschmelzgeschwindigkeit in g/min} = \frac{\text{mittleres Schweißwerkstoffgewicht}}{\text{Abschmelzzeit}}$$

Die Abschmelzgeschwindigkeit in Abhängigkeit von der Stromstärke für die verschiedenen Elektrodendurchmesser zeigt Bild 56, und zwar für die beiden Elektrodensorten A und B. Zugrunde gelegt wurden jeweils eine mittlere Stromstärke für den betreffenden Elektrodendurchmesser und 10 % für Spritz- und Abbrandverluste. Neuzeitliche Mantelelektroden ergeben — besonders bei Anwendung höchster Stromstärken — zum Teil größere Abschmelzgeschwindigkeiten. Die Werte jeder Elektrode liegen auf einer vom Nullpunkt des Schaubildes ausgehenden Geraden. Hieraus ergibt sich, daß das eingeschmolzene Schweißwerkstoffgewicht mit höherer Stromstärke stetig steigt, und zwar ohne Rücksicht auf den Elektrodendurchmesser.

Die Abschmelzleistung einer Elektrode liegt praktisch in gleicher Höhe, unabhängig vom Elektrodendurchmesser. Sie wird ausgedrückt durch die A b s c h m e l z z a h l. Diese Kenngröße für die zeitliche Leistungsfähigkeit einer Elektrode gibt das Metallgewicht an, daß je Ampere Schweißstrom in der Zeiteinheit (zweckmäßig in der Stunde) eingeschmolzen wird. Hierbei ist es vorteilhaft, die Spritz- und Abbrandverluste der Elektrode mit zu berücksichtigen, indem an Stelle des abgeschmolzenen, wie es häufig geschieht, das e i n g e s c h m o l z e n e Elektrodengewicht zugrunde gelegt wird, da die Höhe dieser Verluste ebenfalls eine kennzeichnende Eigenschaft der Elektrode ist, die auf diese Weise mit erfaßt wird. Vorgeschlagen werden deshalb die Bezeichnungen „Einschmelzgeschwindigkeit" und „Einschmelzzahl" („Einschmelzleistung"). Dem bisherigen Sprachgebrauch folgend werden sie hier noch nicht angewendet.

$$\text{Abschmelzzahl in } \frac{\text{g}}{\text{Amp.} \cdot \text{h}} = \frac{\text{Abschmelzgeschwindigkeit} \cdot 60}{\text{Schweißstromstärke}}$$

Für die beiden in den vorhergehenden Schaubildern dargestellten Elektrodensorten ergeben sich hieraus als Abschmelzzahlen 7,4 bzw. 9,1 $\frac{\text{g}}{\text{Amp. h}}$. Die Werte der gebräuchlichen Stahlelektroden schwanken zwischen 6 und 15 $\frac{\text{g}}{\text{Amp.} \cdot \text{h}}$ und sind in erster Linie durch den Werkstoff bedingt. Bei gleicher Elektrode ergibt sich durch Abschmelzen am Pluspol ein etwas größerer Wert als am Minuspol. Eine Erhöhung der Spannung durch Vergrößern der Lichtbogenlänge wirkt auf die Abschmelzzahl praktisch nicht ein. Mit wachsendem Elektrodendurchmesser und bei außergewöhnlich geringen und hohen Stromstärken kann sie etwas zunehmen. Elektroden mit guter Kletterfähigkeit haben meistens eine kleine Abschmelzzahl.

Beim Verschweißen einer Elektrode geht nicht das gesamte Metallgewicht in die Schweißnaht über, sondern es treten V e r l u s t e auf, die je nach der Elektrodenart und den Schweißbedingungen verschieden sein können. Die Verluste setzen sich zusammen aus den in der Schweißzange verbleibenden, nicht verschweißten Drahtenden, aus den

Abbrandverlusten, die durch Verbrennen eines Teiles des Zusatzstoffes im Lichtbogen entstehen, und aus den Spritzverlusten. Die Länge der nicht verschweißten Drahtenden beträgt, wenn die Elektroden gut ausgenutzt werden, 35 bis 50 mm, d. h. 8 bis 11 % bei 450 mm Elektrodenlänge. Bei kürzeren Elektroden wird der prozentuale Verlust größer. Wird an schlecht zugänglichen Stellen geschweißt, so werden die unverschweißten Drahtenden wesentlich länger und die Verluste damit größer.

Die Abbrand- und Spritzverluste können bei den verschiedenen Elektroden innerhalb weiter Grenzen schwanken. Im günstigsten Falle betragen sie etwa 6 % von dem abgeschmolzenen Elektrodengewicht, sie können jedoch bis zu 20 % ansteigen. Auch diese Verluste sind abhängig von der Art der Schweißverbindung und der Nahtvorbereitung sowie der Stromstärke. Höhere Stromstärken ergeben größere Verluste. Die Stromart ist ebenfalls von Einfluß. Für die meisten Elektrodensorten sind die Verluste bei Gleichstrom etwas geringer als bei Wechselstrom, es kann aber auch der umgekehrte Fall eintreten. Wesentlich größer sind die Abbrand- und Spritzverluste bei der Senkrecht- und Überkopfschweißung gegenüber der Waagerechtschweißung. Für die Senkrechtschweißung kann der doppelte Wert, für die Überkopfschweißung der dreifache Wert in Rechnung gesetzt werden. Eine große Rolle spielt dabei die Geschicklichkeit des Schweißers und die Güte der Schweißmaschine.

Faßt man die Spritz- und Abbrandverluste mit den Verlusten der nicht verschweißten Drahtenden zusammen und bezieht alles auf das Metallgewicht der Elektroden, so kann man mit Gesamtverlusten von 14 bis 30 % rechnen. Verluste über 30 % müssen als ungewöhnlich hoch angesehen werden.

4. Elektrodenpreise

Die Preise der auf dem Markt befindlichen Elektroden schwanken innerhalb weiter Grenzen je nach Art und Güte. Darüber hinaus sind sie zeitgebunden und können sich mit der jeweiligen Wirtschaftslage ändern. In Abhängigkeit von der Menge werden zum Teil erhebliche Preisnachlässe gewährt. Für nackte und Seelenelektroden werden die Preise im allgemeinen auf 100 kg bezogen, für umhüllte auf 1000 Stück.

Als Stückpreis einer Stahlelektrode von 4 mm ⌀ ohne Berücksichtigung des Preisnachlasses kann eingesetzt werden: Nackter Draht je nach Qualität 0,8 bis 1,4 Rpf.; nackter Draht für hochwertige Auftragschweißungen bis 3,9 Rpf.; Seelendraht 3,1 bis 4,0 Rpf., leicht umhüllter Schweißdraht 2,5 bis 4,2 Rpf.; dick umhüllter Schweißdraht 3,0 bis 8,5 Rpf. Dick umhüllte Elektroden für besondere Anforderungen können im Preis noch erheblich höher liegen.

Die Änderung der Preise mit dem Elektrodendurchmesser geht aus folgenden Beispielen hervor [100]):

N a c k t e r D r a h t f ü r V e r b i n d u n g s s c h w e i ß u n g e n :

Durchmesser in mm	2	3	4	5	6
Stückpreis in Rpf.	0,34	0,73	1,2	1,9	2,7

H o c h w e r t i g e r d i c k u m h ü l l t e r S c h w e i ß d r a h t :

Durchmesser in mm	2	3,25	4	5	6	8
Stückpreis in Rpf.	4,7	6,8	8,5	11,9	16,1	27,2

Entscheidend für die Wirtschaftlichkeit ist n i c h t der Einkaufspreis der Elektroden, sondern in höherem Maße der Preis für 1 m Schweißnaht einer bestimmten Blechdicke oder Kehlnahthöhe. Zweckmäßig bezieht man die Kosten auf 1 kg n i e d e r g e s c h m o l z e n e n W e r k s t o f f , wobei die Lohnkosten mit einbezogen werden können. Hierbei wirken sich Abschmelzzahl, zulässige Schweißstromstärke, Spritz- und Abbrandverluste oft in d e r Weise aus, daß sich eine Elektrode mit höherem Einkaufspreis wegen besserer Schweißeigenschaften wesentlich billiger stellt als eine andere mit geringerem Einkaufspreis. Bei guten Schweißeigenschaften ermüdet der Schweißer weniger, besonders an Senkrecht- und Überkopfschweißungen. Bei hochwertigen umhüllten Elektroden ergibt sich oft eine beträchtliche Ersparnis dadurch, daß man an Stumpfschweißungen praktisch ohne Überhöhung auskommt.

Ausschlaggebend für die Wahl einer Elektrode ist nicht nur die Wirtschaftlichkeit, sondern vor allem die Güte der damit erzielten Schweißnähte. In vielen Fällen werden an die Schweißnähte erhöhte Anforderungen in bezug auf Festigkeit, Verformungsvermögen, Kerbschlagzähigkeit, Dauerfestigkeit usw. gestellt. Wirtschaftlichkeitsberechnungen sind daher stets auf der Grundlage entsprechender G ü t e w e r t e der Schweißverbindung anzustellen. Unter der Voraussetzung, daß die Anforderungen von den Elektroden erfüllt werden, ist die Elektrode mit der besten Wirtschaftlichkeit auszuwählen. Es ist andererseits unzweckmäßig, der Schweißnaht durch Verarbeitung teurer Elektroden hohe Gütewerte auch in d e n Fällen zu verleihen, wo sie keine derartigen Beanspruchungen im Betriebe aufzunehmen hat. Dieses Vorgehen führt zur Vergeudung hochwertiger Werkstoffe, z. B. von Legierungselementen, was auch vom volkswirtschaftlichen Standpunkt verurteilt werden muß.

5. Prüfung der Elektroden

a) Prüfung der Schweißeigenschaften. Die Schweißeigenschaften sind durch praktische Schweißversuche zu ermitteln. Die zu prüfenden

Elektroden werden mit derselben Maschine unter gleichen Schweißbedingungen verarbeitet. Untersucht werden: Zünden des Lichtbogens, Stabilität des Lichtbogens beim Schweißen, Fluß des Schweißbades, Verhalten der Umhüllung und Schlacke, Einbrand, Kletterfähigkeit, Bildung von Gasen und Rauch und sonstiges Verhalten. Sehr wichtig ist die „Rißfestigkeit" (S. 168). Exzentrische Umhüllung der Elektrode macht sich dadurch bemerkbar, daß der Lichtbogen schräg herausbrennt. — Der praktische Schweißversuch ist eine subjektive Prüfung. Für den Schweißer ist die Gewohnheit häufig ausschlaggebend. Zur Beurteilung einer für ihn neuen Elektrode muß er darum Gelegenheit und Zeit haben, sich damit einzuarbeiten.

Der E i n b r a n d wird am besten an einer Kehlnahtschweißung geprüft. Die Bleche werden senkrecht zur Schweißnaht durchgeschnitten, die Schnittfläche wird geschliffen und geätzt. Die Einbrandtiefe kann unmittelbar gemessen werden. Bei vergleichenden Untersuchungen müssen die Schweißarbeiten unter genau gleichen Bedingungen ausgeführt werden.

Zur Prüfung der K l e t t e r f ä h i g k e i t werden nackte, Seelen- und getauchte Drähte in der Weise an senkrechter Wand verschweißt, daß ein Kreis von etwa 70 mm ⌀ Durchmesser aufgetragen wird („Schweißdrahtlieferbedingungen" II C 1, S. 98). Mit dick ummantelten Elektroden werden Kehlnähte in senkrechter und Überkopflage geschweißt.

Vorteilhaft ist die Aufstellung von E l e k t r o d e n - K e n n b l ä t t e r n, in die sämtliche für die Schweißwerkstätte wichtigen Angaben eingetragen werden. Neben den Schweißeigenschaften sind Preis, Anwendungsgebiet, zulässige Stromstärke und mit der Elektrode erzielbare mechanische Gütewerte der Schweißverbindung zu berücksichtigen. Für jede in der Werkstatt verwandte Elektrode wird ein besonderes Blatt auf Grund eigener Schweißversuche und praktischer Erfahrungen aufgestellt.

b) Prüfung der Wirtschaftlichkeit. Bei der A b s c h m e l z p r o b e geht man in folgender Weise vor:

Durchmesser und Länge der Elektroden werden genau ausgemessen. Das Metallgewicht wird berechnet oder bei nacktem Draht durch Auswiegen festgestellt.

Die Elektroden werden zu Kehl- oder Stumpfnähten verschweißt. Schmilzt man sie nur als Raupen auf einem Blech ab, so können die Ergebnisse voneinander abweichen, da andere Schweißbedingungen vorliegen. Diese Versuchsausführung kommt für Auftragdrähte in Betracht. Zu beachten ist, daß die Temperatur des Werkstückes nicht zu hoch ansteigt, weil auch dadurch das Ergebnis beeinflußt wird. Stromstärke, Spannung und Abschmelzzeit werden festgestellt. Nach dem Schweißen werden die Elektrodenreste ausgemessen oder gewogen. Auch das Werkstück wird vor und nach dem Schweißen gewogen (Spritzer und Schlacken entfernen!).

Die Werte werden in einem Versuchsbericht zusammengestellt, Tafel 3. Die Gewichte des abgeschmolzenen Elektrodenwerkstoffes und der fertigen Schweißnaht werden ausgerechnet. Der Unterschied ergibt die Spritz- und Abbrandverluste. Die Abschmelzzahl wird berechnet, indem das Gewicht des eingeschweißten Elektrodenwerkstoffes durch die Stromstärke und die reine Abschmelzzeit geteilt wird.

Tafel 3. **Versuchsbericht einer Abschmelzprüfung**

Abschmelzprobe Nr. Datum:

Schweißer	X
Maschinenart und Einstellung	ABC 350; 17
Stromart und Polung	= +
Elektrodenart und Abmessungen	Z, 5 Ø; 450 mm lang
Metallgewicht der Elektroden in g	692
Elektrodenreste in g	62
Abgeschmolzenes Elektrodengewicht in g	630
Werkstückgewicht nach dem Schweißen in g	4760
Werkstückgewicht vor dem Schweißen in g	4200
Gewicht der Schweißnaht in g	560
Spritz- und Abbrandverluste in g	70
Spritz- und Abbrandverluste in % des Elektrodengewichts	10
Mittlere Stromstärke in Amp.	200
Mittlere Spannung in Volt	24
Reine Abschmelzzeit in min	20,7
Abschmelzzahl in $\frac{g}{\text{Amp.} \cdot h}$	$\frac{560 \cdot 60}{200 \cdot 20{,}7} = \mathbf{8{,}1}$

Die Zeiten für Elektrodenwechsel und Schlackenentfernung werden zweckmäßig an Werkstattschweißungen aufgenommen. Das gleiche gilt für die Feststellung der Verluste durch unverschweißte Elektrodenenden. Auch die Abschmelzzahl kann an Werkstatt-Schweißarbeiten ermittelt werden, indem Abschmelzzeit und Stromstärke beobachtet und das Gewicht des eingeschweißten Elektrodenwerkstoffes festgestellt wird.

Die für eine Elektrode zulässige Höchst-Stromstärke wird durch Abschmelzen auf einem dicken Blech mit langsam steigenden Werten ermittelt. Zweckmäßig werden auch hierbei Kehl- oder Stumpfnähte geschweißt, um betriebsmäßige Verhältnisse zu schaffen. Sobald die

Elektrode anfängt, in großen Tropfen abzuschmelzen und am Ende glühend zu werden, ist die Grenze erreicht, wenn nicht schon vorher zu starkes Spritzen oder das Aussehen der Schweiße Einhalt gebieten.

6. Schweißdrahtlieferbedingungen (DIN Vornorm 1913) *)

Schweißdraht für Lichtbogen- und Gasschweißung von Stahl

Technische Lieferbedingungen

Das Normblatt erscheint als Vornorm, weil die technische Entwicklung auf dem Gebiete der Schweißdrähte für die Lichtbogen- und Gasschweißung von Stahl ständig fortschreitet und bis zur Herausgabe einer Vollnorm noch Erfahrungen mit den Angaben der Vornorm gesammelt werden sollen.
Es wird gebeten, nach dieser Vornorm zu arbeiten und die dabei gemachten Erfahrungen der Geschäftsstelle des Deutschen Normenausschusses, Berlin NW 7, Dorotheenstr. 40, mitzuteilen**).

Inhalt

Begriffe

Der Schweißdraht wird nach der Verwendung unterteilt in Verbindungsdraht und Auftragsdraht.

Man unterscheidet weiter nach der Beschaffenheit

1. Nackten Draht,
2. Seelendraht,
3. Umhüllten Draht,
   a) dünn umhüllten Draht; Hüllendicke bis 15 % des Drahtdurchmessers,
   b) dick umhüllten Draht (Manteldraht); Hüllendicke über 15 % des Drahtdurchmessers.

---

*) Nachdruck mit Genehmigung des Deutschen Normen-Ausschusses. Verbindlich ist jeweils die neueste Fassung des Normblattes.

**) Die Anschrift lautet jetzt: Berlin W 15, Uhlandstr. 175, Außerdem besteht eine Geschäftsstelle in Krefeld-Uerdingen, Parkstr. 29.

I. Beschaffenheit

A. Oberfläche und besondere Eigenarten

1. Nackter Draht

Die Oberfläche des Drahtes soll frei sein von Rost, Fett, Öl, Farbe u. dgl. Leichter Glühzunder ist zulässig, sofern er für die Verschweißbarkeit auf Automaten nicht hinderlich ist.
Der Draht darf mit rosthindernden Überzügen versehen sein, sofern diese die schweißtechnischen Eigenschaften nicht beeinträchtigen.

2. Seelendraht

Bei Seelendraht soll die Seele mittig liegen. Die Seele darf nicht unterbrochen sein.

3. Umhüllter Draht

Die Umhüllung soll den Draht gleichmäßig dick und mittig umschließen und fest auf ihm haften. Sie muß lagerbeständig sein (trockene Lagerung vorausgesetzt) und darf beim Versand und bei sachgemäßem Gebrauch nicht abspringen. Die Drahtspitze und die Einspannstelle sollen frei von Umhüllungsmasse sein.

B. Abmessungen

Der Drahtquerschnitt muß über die ganze Drahtlänge gleichmäßig sein.
Durchmesser, zulässige Abweichungen:

bis 4 mm Nenndurchmesser ± 0,1 mm,
über 4 mm Nenndurchmesser ± 0,2 mm,
Draht mit Hülle ± 5 %.

Für andere Querschnitte gelten sinngemäß die gleichen zulässigen Abweichungen.
Längen, zulässige Abweichungen ± 5 mm.
Bei umhülltem Draht muß die Dicke der Umhüllung dem Muster des Angebotes entsprechen (siehe III).

C. Verhalten beim Schweißen

Der Schweißdraht muß leicht und gleichmäßig fließen und soll nur wenig spritzen. Für die Gasschweißung darf der Draht nur wenig schäumen und nur leichtflüssige Schlacke bilden.
Nach dem Abkühlen der fertigen Schweiße dürfen keine Risse im Schweißgut vorhanden sein.
Schweißdraht für Überkopf- und Senkrechtschweißung muß genügende Kletterfähigkeit haben und sich in diesen Lagen gut verschweißen lassen.
Seelendraht darf beim Verschweißen nicht aufplatzen.
Bei umhülltem Draht darf sich die Umhüllung beim Schweißen nicht vom Draht lösen. Die Schlacke soll eine dem Stahl entsprechende Schmelzbarkeit haben; sie darf am Auslauf der Nahtschenkel keine schädlichen Einbrandkerben am Werkstück hinterlassen und muß sich nach dem Erkalten leicht entfernen lassen.

D. Chemische Zusammensetzung

Die chemische Zusammensetzung des Drahtes ist dem Hersteller freigestellt und auf Wunsch von ihm anzugeben. Es bestehen nur Vorschriften über den Reinheitsgrad an Phosphor und Schwefel (siehe Tafel über Schweißdraht für Lichtbogenschweißung und über Schweißdraht für Gasschweißung).
Die Zusammensetzung der Umhüllung und die Beschaffenheit der Seeleneinschlüsse müssen dem Muster des Angebotes entsprechen.

Schweißdraht für Lichtbogenschweißung

Schweißdraht					Geschweißte Probe				
Sorte			Zulässige Beimengungen % höchstens		Zugfestigkeit σ_B kg/mm² mindestens	Biegewinkel nur für Blech bis 10 mm Dicke mindestens	Kerbschlagzähigkeit mkg/cm² mindestens	Schmiedbarkeit	Brinellhärte HB kg/mm²
Art	Marke	Kennfarbe	P	S					
Verbindungsdraht	E 34 z	gelb	zusammen 0,07		34	180°	8	ja	
	E 37/42	rot	0,04	0,03	37 od. 42 [1]	50 bzw. 40° [2]	—	ja	
	E 37/42 z	rot	0,03	0,03	37 od. 42 [1]	90°	5	ja	
	E 52	grün	0,04	0,03	52	50°	—	ja	
	E 52 z	grün	0,03	0,03	52	90°	5	ja	
Auftragsdraht	Ea 150	weiß		0,03					125 bis 175
	Ea 200	orange		0,03					175 bis 225
	Ea 250	braun		0,03					225 bis 275
	Ea 350	violett		0,03					350 bis 450
	Ea 500	grau		0,03					500 und mehr

[1]) Die Mindestzugfestigkeit der Schweißverbindung muß der Nennfestigkeit des Werkstoffes entsprechen
[2]) Wird St 42 geschweißt, so beträgt der Biegewinkel mindestens 40°

Der Draht mit dem Zusatz z in der Markenbezeichnung ist außer durch die Grundfarbe noch durch Sonderbezeichnung, wie Schachtelpackung, Schilder usw., zu kennzeichnen.

Schweißdraht für Gasschweißung

Schweißdraht					Geschweißte Probe				
Sorte			Zulässige Beimengungen % höchstens		Zugfestigkeit σ_B kg/mm² mindestens	Biegewinkel nur für Blech bis 10 mm Dicke mindestens	Kerbschlagzähigkeit mkg/cm² mindestens	Schmiedbarkeit	Brinellhärte HB kg/mm²
Art	Marke	Kennfarbe	P	S					
Verbindungsdraht	G 34	gelb	0,04	0,03	34	180°	7 [3])	ja	
	G 37	rot	0,04	0,03	37 od. 42 [1])	150°	5	ja	
Auftragsdraht	Ga 150	weiß		0,03					125 bis 175
	Ga 200	orange		0,03					175 bis 225
	Ga 250	braun		0,03					225 bis 275
	Ga 350	violett		0,03					350 bis 450
	Ga 500	grau		0,03					500 und mehr

[1]) Die Mindestzugfestigkeit der Schweißverbindung muß der Nennfestigkeit des Werkstoffes entsprechen.
[3]) Dieser Wert bezieht sich auf geschweißte Proben, die in der Schweißwärme gehämmert wurden.

II. Güteprüfung

A. Prüfung der äußeren Beschaffenheit

Aus der Lieferung sind Stichproben zu entnehmen und nach IA auf ihre Oberflächenbeschaffenheit zu prüfen.

B. Prüfung der Abmessungen

Die Maßhaltigkeit ist an Stichproben festzustellen. Zahl der Proben siehe II F, zulässige Abweichungen I B.

C. Schweißversuche

1. Prüfung auf Verhalten beim Schweißen in waagerechter Lage (Vorprüfung)

Schmelzschweißbarkeit des für die Prüfung des Drahtes verwendeten Blechwerkstoffes muß gewährleistet sein.

Schweißfluß und Abbrand werden auf einem Blech von 200 mm × 100 mm aus dem Werkstoff geprüft, für den der Draht verwendet werden soll. Die Blechdicke ist entsprechend dem zu prüfenden Drahtdurchmesser zu wählen.

Als Anhalt können folgende Werte dienen:

Für Lichtbogenschweißung

Drahtdurchmesser mm	Blechdicke mm
2	2 bis 3
3 (3,25)	über 3 bis 6
4	über 6 bis 10
5	10 und mehr
6 und darüber	12 und mehr

Für Gasschweißung

Drahtdurchmesser mm	Blechdicke mm
1	bis 1
2 und 3	2 bis 4
4 und 5	über 4 bis 8
6 und 7	über 8 bis 12
8 und darüber	16 bis 20

Das Blech soll bei Beginn jedes Versuches Raumtemperatur haben. Werden mehrere Drähte geprüft, so muß bei Beginn des neuen Versuches das Blech auf Raumtemperatur erkaltet sein oder ein anderes Blech genommen werden.

Bei Draht für Lichtbogenschweißung ist auf dem Blech eine Schweißraupe zu ziehen. Stromart (Gleich- oder Wechselstrom) und Polung richten sich nach den Angaben des Lieferers. Die Stromstärke ist dem Drahtdurchmesser und den Vorschriften der Drahthersteller entsprechend zu wählen.

Der Draht für Gasschweißung ist mit dem Schweißbrenner auf dem Blech abzuschmelzen. Die Brennergröße ist entsprechend dem Drahtdurchmesser zu wählen.

Als Anhalt können folgende Werte dienen:

Drahtdurchmesser mm	Stromstärke A
2	50 bis 60
3	90 bis 120
4	135 bis 160
5	160 bis 220

Zur Prüfung auf Schweißnahtrissigkeit wird aus der Stahlart *), für die der Schweißdraht bestimmt ist, ein T-Stück aus Flachstahl 50 mm × 12 mm und 80 mm × 12 mm auf 120 mm Länge durch 2 Kehlnähte in Wannenlage unter 45° so verschweißt, daß die Nahtschenkel nach beiden Seiten gleichmäßig auslaufen. Die Dicke der Schweißnaht wird vorläufig nicht festgesetzt, jedoch ist darauf zu achten, daß die zweite Naht in gleicher Richtung und in unmittelbarem Anschluß an die erste Naht geschweißt wird, d. h. solange diese noch heiß ist. Diese zweite Naht soll etwas dünner sein als die erste. Sattes Aufsitzen der zu schweißenden Teile ist Voraussetzung zur vollständigen Aufnahme der Schrumpfung der Schweißnähte. Nach dem Erkalten werden die Stücke mit einer Lupe auf Risse untersucht. Risse dürfen in der Naht nicht auftreten, möglichst auch nicht in Endkratern.

Zur Prüfung der Kletterfähigkeit wird nackter, dünn umhüllter und Seelendraht an einem senkrecht stehenden Blech von der Stahlart, für die der

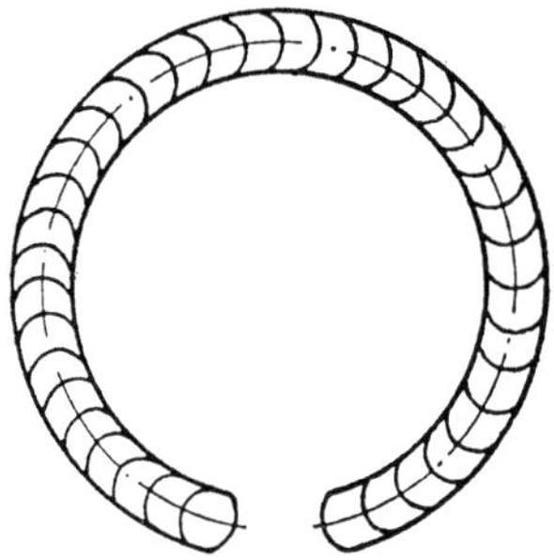

Bild 1

Schweißdraht bestimmt ist, verschweißt, und zwar wird ein Kreis von etwa 70 mm Durchmesser nach Bild 1, von unten beginnend, aufgetragen. Anforderung siehe unter I C.

Zur Prüfung der Kletterfähigkeit von umhülltem Draht sind Kehlnähte von a = 6 bis 8 mm (siehe DIN 1912) an zwei zu einem Winkel von 90° zusammengehefteten Blechen aus der Stahlart und den Abmessungen, für die der Schweißdraht bestimmt ist, in senkrechter und Überkopflage herzustellen. Die Naht muß rißfrei sein und darf keine Einbrandkerben zeigen. Ihr Bruch muß schlackenfrei sein und gute Bindung aufweisen.

2. Mechanisch-technologische Prüfung der geschweißten Proben

Die Schmelzschweißbarkeit des für die Prüfung des Drahtes verwendeten Blechwerkstoffes muß gewährleistet sein.

a) Verbindungsschweißungen

Sind die Bedingungen nach II C 1 erfüllt, so sind für den Zug-, Falt- und Schmiedeversuch zwei Bleche von 250 mm quer × 125 mm längs der Walzrichtung aus dem Werkstoff, für den der Schweißdraht verwendet werden soll, längsseitig zusammenzuschweißen. Die Blechdicke ist dem zu prüfenden Drahtdurchmesser entsprechend zu wählen (siehe II C 1). Hierbei ist zu beobachten, ob die Anforderungen zu I C erfüllt werden.

Bei Lichtbogenschweißung sind Stromart, Polung und Stromstärke nach den Vorschriften des Lieferers zu wählen.

---

*) Der Draht E 34 z kann auch an Stahl St 37 geprüft werden.

Für die Gasschweißung ist die Brennergröße entsprechend der Blechdicke zu wählen.

Für den Kerbschlagversuch werden in gleicher Weise zwei Bleche von 100 mm × 50 mm × 12 mm an der Längsseite zusammengeschweißt.

Vorbereitung der Schweißkanten:

bei Blechdicken bis 3 mm I-Naht,
über 3 bis 12 mm V-Naht,
über 12 mm werkstattüblich.

Kantenwinkel und Wurzelabstand sind werkstattüblich zu wählen.

Kupferblechunterlagen unter oder Drahtunterlage beiderseits der Schweißnaht und wurzelseitiges Nachschweißen nach dem Ausschleifen oder Auskreuzen sind zulässig.

Aus dem mittleren Teil des Probestückes werden die Probestäbe für den Zug-, Falt-, Schmiede- und Kerbschlagversuch entnommen. Die fertiggeschweißten Probebleche können durch Brennschnitt zerteilt werden. Die weitere Formgebung ist durch spanabhebende Werkzeuge vorzunehmen. Die Probestücke für den Kerbschlagversuch sind stets durch spanabhebende Werkzeuge zu zerteilen.

Bei **nicht** schmiedbaren Schweißen sind zu prüfen:

2 Probestäbe durch den Zugversuch,
2 Probestäbe durch den Faltversuch.

Bei **schmiedbaren** Schweißen sind zu prüfen:

2 Probestäbe durch den Zugversuch,
2 Probestäbe durch den Faltversuch.
1 Probestab durch den Schmiedeversuch.

Bei Schweißen, bei denen Kerbschlagzähigkeit verlangt wird (Marken mit Kennzeichnung z), sind zu prüfen:

2 Probestäbe durch den Zugversuch,
2 Probestäbe durch den Faltversuch,
4 Probestäbe durch den Kerbschlagversuch,
1 Probestab durch den Schmiedeversuch.

Der Kerbschlagversuch wird nur bei Draht mit mehr als 3,25 mm Durchmesser durchgeführt. Das Probestück oder die einzelnen Proben dürfen nach dem Schweißen keiner Wärmebehandlung (z. B. Normalglühen, Vergüten) unterzogen und nicht verformt werden, sofern hierüber bei der Bestellung nicht ausdrücklich etwas anderes vereinbart worden ist. Werden die Proben in warmbehandeltem Zustand geprüft, so ist dies im Prüfbericht besonders anzugeben. Die Schweißraupe ist bei den Proben für den Zug-, Falt- und Kerbschlagversuch abzuarbeiten, bei den Proben für den Schmiedeversuch zu belassen.

Zugversuch siehe DIN Vornorm DVM-Prüfverfahren A 120, mechanische Prüfung von Schweißverbindungen, Zugversuch (Bild 2).

Faltversuch siehe DIN Vornorm 50 121, Prüfung von Schweißverbindungen, Faltversuch (Biegeversuch), jedoch wird für alle Blechdicken und Stahlsorten mit 100 mm Rollendurchmesser gearbeitet. Der Schweißwulst ist abzuarbeiten.

Kerbschlagversuch siehe DIN Vornorm DVM-Prüfverfahren A 122, mechanische Prüfung von Schweißverbindungen, Kerbschlagversuch.

Anforderungen siehe Tafeln unter I E.

Schmiedbarkeit: Der Probestab von 250 mm Länge und 35 mm Breite ist bei Schmiedetemperatur (hellrot) in einer Hitze auf eine Länge von 10 × Probendicke von der Mitte aus auf die Hälfte der Probendicke und der Probenbreite auszuschmieden. Der ausgeschmiedete Teil der Probe muß sich nach dem

Nachwärmen auf Schmiedetemperatur um 360° verwinden lassen, ohne Anrisse zu zeigen.

b) Auftragschweißung

Auf ein etwa 200 mm × 100 mm × 25 mm großes Probestück aus St 50.11 werden 4 Schweißraupen nebeneinander und drei weitere darüber von je 150 mm Länge nach Bild 2 aufgetragen. Das Gesamtgewicht des zu verschweißenden Drahtes soll 0,3 kg betragen. Das Probestück wird wärmeisoliert aufgelegt und soll Raumtemperatur haben.

Bei der Gasschweißung soll die Brennerflamme neutral oder mit geringem Azetylenüberschuß eingestellt sein.

Werden die aufgetragenen Raupen durch einen scharfen Handmeißel abgelöst, dessen Schneide auf etwa 2 mm Tiefe unter der Oberfläche des Probestückes anzusetzen ist, so darf der entstehende Span sich nicht zwischen Grundwerkstoff und Schweiße oder zwischen den einzelnen Schweißlagen teilen. In Zweifelsfällen ist die Grobgefügeuntersuchung oder die magnetische Rißprüfung zur Beurteilung heranzuziehen.

Die Härte der Auftragschweißung ist nach DIN 50134 „Härteprüfung nach Brinell" mit einer Prüfkugel von 10 mm Durchmesser, 3000 kg Belastung und 10 s Belastungszeit zu ermitteln. Der Härtewert ist zur Kennzeichnung der Versuchsbedingungen zu kennzeichnen: HB 30. Die Kugeleindrücke sind auf

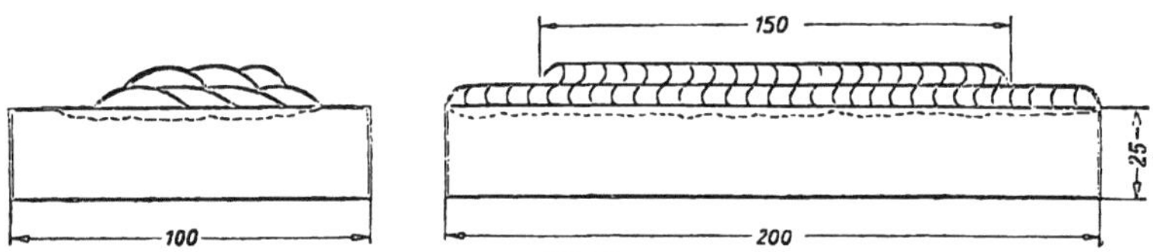

Bild 2

der mittleren Deckraupe in etwa gleichmäßigen Abständen voneinander so anzubringen, daß der erste bzw. der letzte Kugeleindruck je 30 mm vom Anfang bzw. Ende der Raupe entfernt liegt. Die gemessenen Einzelwerte müssen innerhalb der in den Tafeln unter I E genannten Härtegrenzen liegen.

Vor der Herstellung der Kugeleindrücke ist die Oberfläche der Deckraupen zur Entfernung des Zunders leicht anzuschleifen. Bei Härten über 400 kg/mm² müssen Hartmetallkugeln verwendet werden.

Da die Härte der Auftragschweißung von vielen Bedingungen abhängig ist, gelten die in den Zahlentafeln I E angegebenen Härtewerte nur bei der Abnahmeprüfung.

D. Prüfung der chemischen Zusammensetzung

Im allgemeinen genügt eine Werksbescheinigung. In Zweifelsfällen ist eine Schiedsanalyse durchzuführen. Hierzu sind 100 g Drahtgewicht von verschiedenen Drähten von jeder Probe nach II F 2 für die chemische Untersuchung abzutrennen. Die zusammengehörenden Proben sind gleichmäßig zu kennzeichnen und der vereinbarten Prüfstelle zu übersenden.

Anforderungen siehe I D und I E.

E. Abnahme

Die Abnahme geschieht auf dem liefernden Werk, sofern nicht etwas anderes vereinbart ist. Zu vereinbaren ist auch, wer die Abnahme auszuführen und wer die sächlichen Abnahmekosten zu tragen hat.

F. Probenahme

1. Zahl der Proben bei Prüfung der äußeren Beschaffenheit und Abmessungen

Je Drahtsorte und Durchmesser sind zu prüfen

bei Lieferung in Stäben:

2 Stäbe bei Mengen bis zu	25 kg
4 Stäbe bei Mengen bis zu	100 kg
6 Stäbe bei Mengen bis zu	500 kg
10 Stäbe bei Mengen bis zu	2500 kg
20 Stäbe bei Mengen bis zu . . .	10000 kg

bei Lieferung in Ringen:

2 Windungen für je 1000 kg.

2. Menge der Proben für die Prüfung auf Verhalten beim Schweißen und bei der mechanisch-technologischen Prüfung

Für die unter II C und D vorgeschriebenen Prüfungen muß bei Lieferungen von Mengen bis 5 t für jede Drahtsorte und jeden Drahtdurchmesser eine Abnahmeprüfung durchgeführt werden. Größere Liefermengen sind zu unterteilen. Die erforderliche Schweißdrahtmenge ist mit der Prüfstelle zu vereinbaren. Die Proben sind aus verschiedenen Drahtbündeln oder Ringen zusammenzustellen. Wird in einer Prüfgruppe der vorgeschriebene Mindestwert nicht erreicht, dann darf die Prüfgruppe (Zugversuch, Faltversuch oder Kerbschlagversuch) einmal wiederholt werden. Die Gesamtbeurteilung ist auf Grund der Bewertung aller Prüfungen vorzunehmen, und zwar Oberflächenbeschaffenheit, Abmessungen, Schweißeigenschaften, mechanische Kennwerte und chemische Zusammensetzung. Beim Zugversuch müssen von beiden Proben die Mindestwerte erreicht werden. Geringe Abweichungen von den vorgeschriebenen Werten bei einer anderen Prüfung brauchen nicht zur Verwerfung zu führen, wenn die übrigen Prüfungen genügen.

III. Muster

Für Lieferung von Seelendraht und von umhülltem Draht ist dem Angebot je ein Muster beizufügen.

IV. Lieferart

Für Lichtbogenschweißung wird der nackte Draht und Seelendraht je nach Vereinbarung in Stäben oder Ringen, der umhüllte Draht in Stäben geliefert. Die Stablänge ist für den nackten Draht und Seelendraht je nach Vereinbarung 350 oder 450 mm. Bei Lieferung in Ringen soll der innere Ringdurchmesser bei Draht für die Handschweißung 450 bis 600 mm betragen. Für Automatenschweißung sind besondere Vereinbarungen zu treffen.

Für Gasschweißung ist der Schweißdraht in Stäben von 1000 bis 1050 mm Länge zu liefern.

Die Stablängen für umhüllten Draht für Handschweißung sind je nach Durchmesser

250, 350, 450 (500) und 550 mm.

Für Automatenschweißung sind besondere Vereinbarungen zu treffen.

Die Stäbe sind an einem Ende an der Stirnseite und auf höchstens 5 mm Länge mit Farbüberzug (Ölfarbe oder Lack) zu versehen. Kennfarben siehe Tafeln unter I E.

Stabbunde und Ringe sind durch Bezettelung (Blechschilder) mit dem Namen des Lieferwerkes zu kennzeichnen.

Die Verpackung muß während der Beförderung gegen Rost schützen.

Richtlinien für Schweißdraht für Sonderbeanspruchung befinden sich in Vorbereitung.

VII. DIE SCHWEISSNAHT

Das Ergebnis der Schweißarbeit ist bei der Auftragschweißung das aufgetragene Schweißgut, bei der Verbindungsschweißung die Schweißnaht. Die verschiedenen Schweißnahtformen sind hinsichtlich ihrer Unterteilung im DIN Entwurf E 1911 und hinsichtlich ihrer Bezeichnung durch Sinnbilder im DIN Entwurf E 1912 genormt. Im folgenden werden beide Normblattentwürfe in der neuesten Fassung [101]) wiedergegeben.

1. Einteilung und Bezeichnung der Schweißnähte

Schweißen, Nahtformen (DIN Entwurf E 1911) *)

I. Einteilung nach dem Querschnitt

A. Beim Schmelzschweißen:

1. Stoßnaht ist die Verbindung von Stücken, deren Endflächen aneinanderstoßen und zwischen sich das Schweißgut aufnehmen. In der Regel werden diese Endflächen eigens vorbereitet.
Siehe DIN E 1912, Beispiel 1 bis 6.

2. Kehlnaht ist die Verbindung von Stücken, deren Flächen im allgemeinen rechtwinklig aufeinanderstehen und zwischen ihren Schenkeln das Schweißgut aufnehmen. Diese Flächen werden nicht eigens vorbereitet.
Siehe DIN E 1912, Beispiel 7 bis 10, 15 bis 17

Bild 1

3. Eck- und Dreiblechnähte sind die Verbindungen von Stücken, deren Endflächen im allgemeinen rechtwinklig zueinanderstehen und zwischen ihren Enden das Schweißgut aufnehmen. Diese Endflächen werden nicht eigens vorbereitet.
Siehe DIN E 1912, Beispiel 11 und 12.

4. ½-V- und K-Nähte sind die Verbindungen von Stücken, deren Flächen im allgemeinen rechtwinklig aufeinanderstehen und zwischen der eigens vorbereiteten Endfläche des einen Bleches und der Oberfläche des anderen Bleches das Schweißgut aufnehmen.
Siehe DIN E 1912, Beispiel 13 und 14.

5. Loch- und Schlitznähte sind die Verbindungen zweier aufeinanderliegender Stücke durch vollständiges Zuschweißen von Löchern oder Schlitzen des einen Stückes, wobei durch den Einbrand die Verbindung zwischen beiden Stücken erzielt wird.
Siehe DIN E 1912, Beispiel 18 und 19.

B. Beim Preßschweißen:

1. Stumpfnaht ist die Verbindung zweier stumpf oder in irgendeinem Winkel aneinanderliegender Stücke.
Siehe DIN E 1912, Beispiel 20 und 21.

---

*) Nachdruck mit Genehmigung des Deutschen Normen-Ausschusses. Verbindlich ist jeweils die neueste Fassung des Normblattes.

2. Überlapptnaht ist die Verbindung mehrerer ganz oder mit den Enden übereinanderliegender Stücke.
Siehe DIN E 1912, Beispiel 22 bis 26.

3. Quetschnaht ist die Verbindung von zwei dünnen Blechen, deren Enden so wenig übereinanderliegen, daß sie durch den Druck geebnet werden. Siehe DIN E 1912, Beispiel 27.

II. Einteilung nach der Form der Oberfläche

1. Flache Naht, wenn die Oberfläche der Schweißnaht flach verläuft.
2. Hohlnaht, wenn die Oberfläche der Schweißnaht nach innen gewölbt ist.
3. Überwölbte Naht, wenn die Oberfläche der Naht nach außen gewölbt ist.
4. Wurzelseitig nachgeschweißte Naht, wenn die Wurzel der Naht flach oder überwölbt nachgeschweißt ist.

Stoßnähte sind in der Regel überwölbt. Sollen die Oberflächen der Stoßnaht bündig sein, so ist die Flachnaht anzuwenden. Soweit die Bündigkeit nicht durch das Schweißen selbst erreicht wird, ist ein Abarbeiten vorzunehmen. Wird eine besondere Oberflächenbeschaffenheit verlangt, so ist hierfür das entsprechende Bearbeitungszeichen anzugeben. Kehlnähte sind in der Regel flach.

Beispiel eines Bearbeitungszeichens in Verbindung mit Schweißzeichen siehe DIN E 1912, Beispiel 6 a.

Bild 2

III. Einteilung nach Zusammenhang und Lage

1. Durchlaufende Schweißnähte sind Nähte ohne Unterbrechung auf ihrer ganzen Länge.
Siehe DIN E 1912, Beispiel 28.

2. Unterbrochene Schweißnähte sind Nähte mit über die ganze Länge meist gleichmäßig verteilten Unterbrechungen.
Siehe DIN E 1912, Beispiel 29 bis 36.

Beim Schmelzschweißen werden unterschieden:

a) Ketten-Schweißnähte, wenn bei nahe aneinanderliegenden, parallel verlaufenden, unterbrochenen Nähten die Schweißstellen einander gegenüberliegen.
Siehe DIN E 1912, Beispiel 31 bis 33.

b) Zickzack-Schweißnähte, wenn die Schweißstellen der einen Naht gegenüber den Zwischenräumen der anderen Naht liegen.
Siehe DIN E 1912, Beispiel 34 bis 36.

Beim Punktschweißen spricht man von:

a) Reihenpunktschweißen, wenn die Schweißpunkte in einer Reihe liegen.
Siehe DIN E 1912, Beispiel 22.

b) Kettenpunktschweißen, wenn die Schweißpunkte zweier oder mehrerer Reihen gegeneinander nicht versetzt liegen.
Siehe DIN E 1912, Beispiel 23.

c) Zickzackpunktschweißen, wenn die Schweißpunkte der Reihen gegeneinander versetzt sind.
Siehe DIN E 1912, Beispiel 24.

Schweißen, Sinnbilder für Zeichnungen (DIN Entwurf E 1912) *)

1. Allgemeines

Die Darstellung der Schweißnähte auf Zeichnungen erfolgt mittels Sinnbilder, Zahlenangaben und besonderer Zeichen. Sinnbilder sind immer liegend und parallel zur Naht bzw. längs dem Bezugsstrich anzugeben. Als oberster Grundsatz gilt für alle Schweißzeichen und Abkürzungen die eindeutige Lesbarkeit. Wo nachstehend angeführte Bezeichnungen zur eindeutigen Festlegung der geforderten Schweißnähte nicht hinreichen, sind Einzelheiten besonders darzustellen und gegebenenfalls die Schweißnähte durch Schraffur hervorzuheben. Wenn die durchlaufende Naht sinnbildlich dargestellt werden soll, dann soll das Zeichen  verwendet werden.

2. Schweißzeichen

Benennung	Grundzeichen	Sinnbilder: überwölbt	Sinnbilder: flach	Sinnbilder: hohl	Sinnbilder: wurzelseitig nachgeschweißt 1)
Bördelnaht	≍	≍)	≍|		
I-Naht	=	=)	=|		
V-Naht	<	<)	<|		|<)
U-Naht	-C	-C)	-C|		|-C)
X-Naht	X	(X)	|X|		
Doppel U-Naht	⊃C	(⊃C)	|⊃C|		
Kehlnaht	L	D	⊳	⊵	
Ecknaht					
Dreiblechnaht	⊔	⊔ (überwölbt)	⊔ (flach)		
½ V-Naht	⊲	⊲)	⊲|	⊲ (hohl)	|⊲|
K-Naht	⋊	(⋊)	|⋊|	)⋊(2)	
Loch- u. Schlitznaht	±		±		
Wulststumpfnaht	I		I		
Abbrennstumpfnaht	‡		‡		
Punktnaht	O		O		
Buckelnaht	O		⊙		
Rollennaht	O		⊖		
Quetschnaht	O		⊖		

1) das Nachschweißen kann „flach" oder „überwölbt" erfolgen, man verwendet die entsprechenden Zeichen.

2) bei der K-Naht können verschiedene Schweißformen in Anwendung gebracht werden, die dann im Sinnbild entsprechend darzustellen sind z.B. ⋊.

Bild 3

3. Maßbuchstaben für Zahlenwerte

Bei Stoß-, Kehl-, Eck- und Dreiblechnähten bedeuten:

a Nahtdicke,
s Blechdicke,

---

*) Nachdruck mit Genehmigung des Deutschen Normen-Ausschusses. Verbindlich ist jeweils die neueste Fassung des Normblattes.

b Abstand zwischen Kante und Anfang der Schweißstelle,
l Nahtlänge ohne Kraterenden,
L Nahtlänge mit Kraterenden,
e Mittenentfernung der Schweißstellen unterbrochener Nähte,
n Anzahl der Schweißstellen,
t Schenkellänge der eingeschriebenen Dreiecke,
h Schenkellänge der Hohlnaht.

Bei Stoßnähten gilt als Nahtdicke die Blechdicke *s*, bei ungleichen Blechdicken die dünnere.

Bild 4
Die Kehlnahtdicke ist gleich der vom Scheitelpunkt aus gemessenen Höhe des größten im Querschnitt eingeschriebenen gleichschenkligen Dreiecks. Bei Hohlnähten kann die Begrenzung des Schweißgutes durch die Länge *h* angegeben werden.

Bei unterbrochenen Nähten bedeutet *l* oder *L* die Länge einer Schweißstelle.

Bild 5
Als Nahtlänge *l* gilt der Teil der Naht, der den vollen verlangten Querschnitt aufweist.

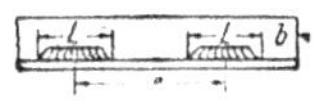

Bild 6
Als Nahtlänge *L* gilt die Länge des vollen Querschnittes vermehrt um die Länge der beiden Kraterenden.

Bei besonders langen, unterbrochenen Nähten (z. B. bei Trägern, Säulen) kann die Anzahl der Schweißstellen *n* weggelassen werden.

Bei Lochnähten bedeuten:

d Durchmesser des Loches,
e Abstand der Löcher,
n Anzahl der Schweißstellen.

Die Zahlenwerte für *d* und *e* sind immer anzugeben.

Bei Schlitznähten bedeuten:

b Schlitzbreite,
l Schlitzlänge,
e Mittenabstand der Schlitze,
n Anzahl der Schweißstellen.

Die Zahlenwerte für *b*, *l* und *e* sind immer anzugeben.

Bei Punktnähten bedeuten:

d Durchmesser des Schweißpunktes,
e Abstand der Schweißmittelpunkte,
e_1 Abstand der Punktreihen.

Die Zahlenwerte für *d*, *e* und e_1 sind immer anzugeben.

4. Kurzzeichen

Als Kurzzeichen für Schweißverfahren werden festgelegt:

G für Gasschweißen,
E für Lichtbogenschweißen,
R für Widerstandsschweißen.

Andere Schweißverfahren sind zweckmäßig durch Wortangaben oder in anderer Weise eindeutig zu kennzeichnen.

5. Montagezeichen

Sollen Schweißnähte auf der Baustelle beim Zusammenbau von Bauteilen hergestellt werden, so sind sie durch eine Fahne zu kennzeichnen.

Bild 7

6. Reihenfolge der Angaben

Die Reihenfolge der Angaben soll immer sein:

a) Sinnbild,

b) Zahlenwert für a (bzw. s) oder $b - n, l, e$; für $d - n, e, e_1$.

c) Kurzzeichen für das Schweißverfahren. Diese Angabe kann wegbleiben, wenn das Verfahren in anderer Weise aus der Zeichnung eindeutig ersichtlich ist.

d) Etwaige weitere Angaben, z. B. über Elektroden u. a. Kurzzeichen für Elektroden vergleiche DIN Vornorm 1913.

Die Angaben werden mittels Bezugpfeiles außerhalb der Nahtlinie eingetragen. Es bedeuten:

Angaben über dem Bezugsstrich vordere Naht.
Siehe DIN E 1912, Beispiel 1 bis 6, 7 bis 9, 11, 12, 14, 15, 17, 19, 29 bis 36.

Angaben unter dem Bezugsstrich hintere Naht.
Siehe DIN E 1912, Beispiel 9, 10, 13, 16 bis 18, 28, 31 bis 36.

Für Seitenansichten sind die Angaben unter dem Bezugsstrich nicht nötig, sofern dieselben links oder rechts mit Hinweispfeilen angegeben werden können.
Siehe DIN E 1912, Beispiel 9, 10, 13, 16, 17, 18.

Unterbrochene Nähte werden durch Bruchstrich zwischen den Zahlenwerten l und e, siehe DIN E 1912, Beispiel 29 bis 33, versetzte unterbrochene Nähte (Zickzackschweißnähte) durch ein Z zwischen den Zahlenwerten l und e gekennzeichnet, siehe DIN E 1912, Beispiel 34 bis 36.

7. Schreibweise

Beim Schmelzschweißen: Bei durchlaufenden Nähten ist zwischen a bzw s und l ein Bindestrich, bei unterbrochenen Nähten zwischen a bzw. s und n ein Bindestrich (—), zwischen n und l ein Malzeichen (×), zwischen l und e ein Bruchstrich (/) bzw. ein Z-Zeichen (Z) zu setzen.

Bei Lochnähten ist zwischen d und n ein Bindestrich (—), zwischen n und e ein Malzeichen (×) zu setzen.

Bei Schlitznähten ist zwischen b und l ein Malzeichen (×), zwischen l und n ein Bindestrich (—), zwischen n und e ein Malzeichen (×) zu setzen.

Beim Preßschweißen Zwischen d und e ist ein Bindestrich (—), zwischen e und e_1 ein Bruchstrich (/) bzw. Z-Zeichen (Z) zu setzen.

Beispiele zu DIN E 1912:

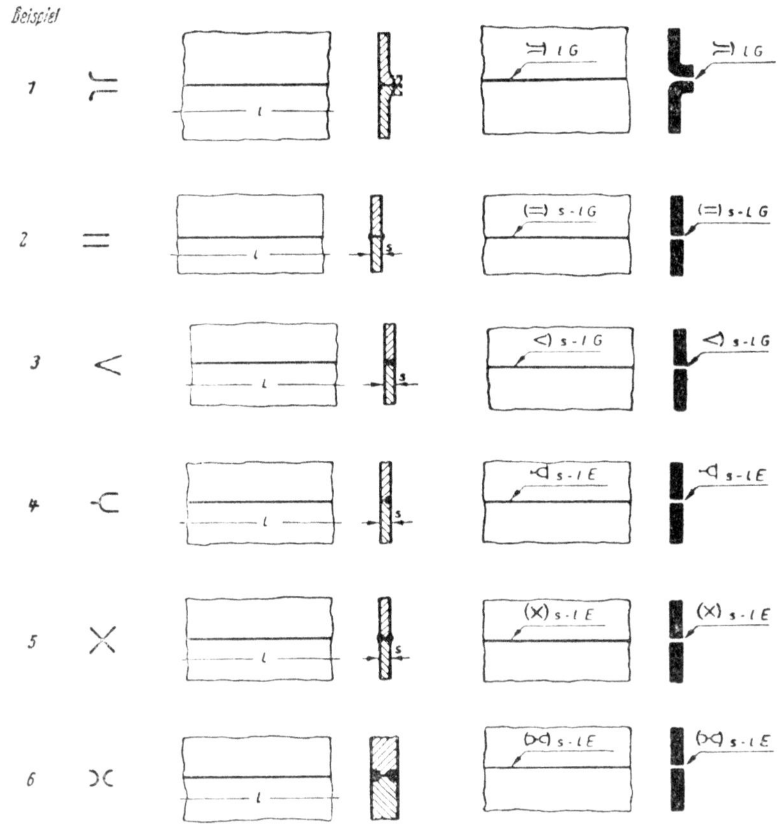

Anwendung eines Bearbeitungszeichens in Verbindung mit Schweißzeichen

6a

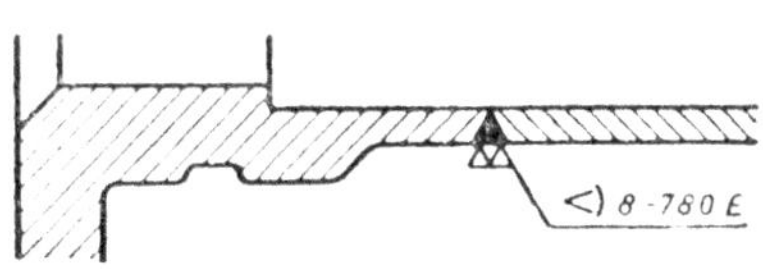

Bild 8

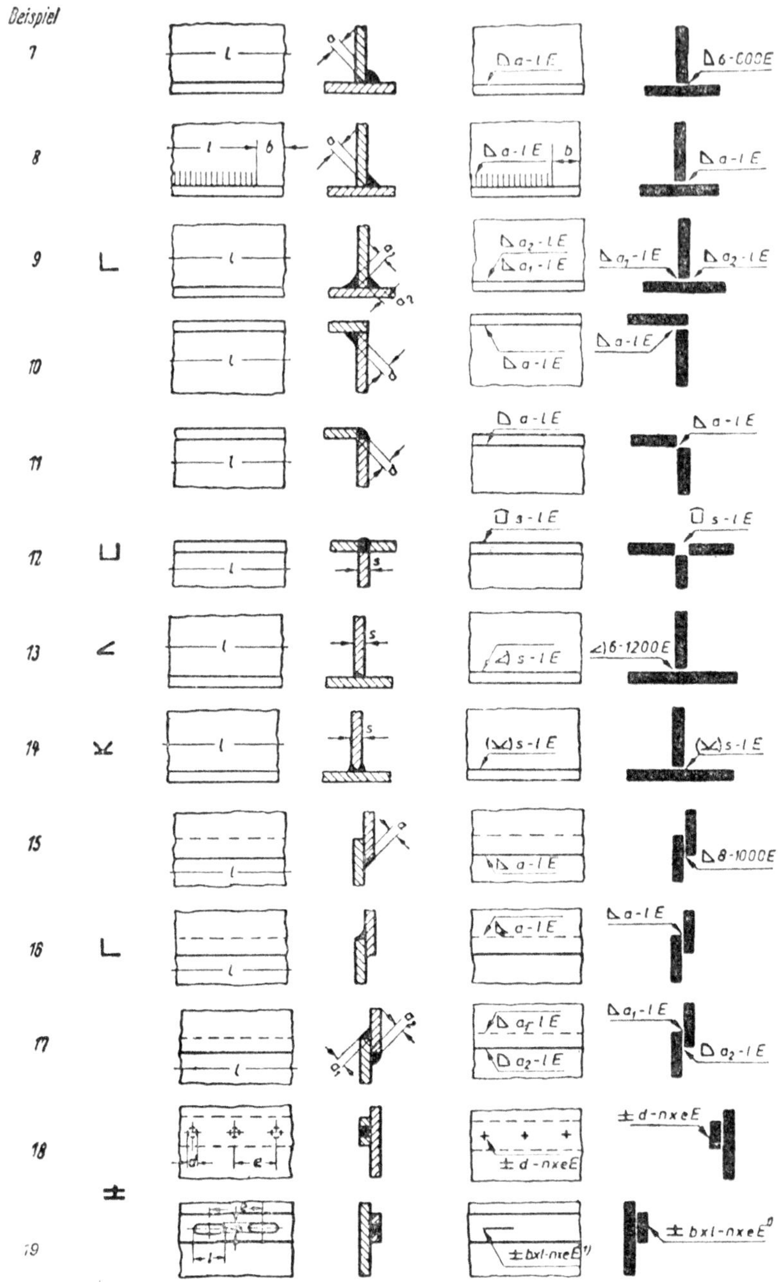
Beispiel
7
8
9
10
11
12
13
14
15
16
17
18
19
Δ 6-600E
Δ a-l E
Δ a2-l E
Δ a1-l E
Ü s-l E
∠)6-1200E
∠) s-l E
Δ 8-1000E
± d-nxeE

Bild 9

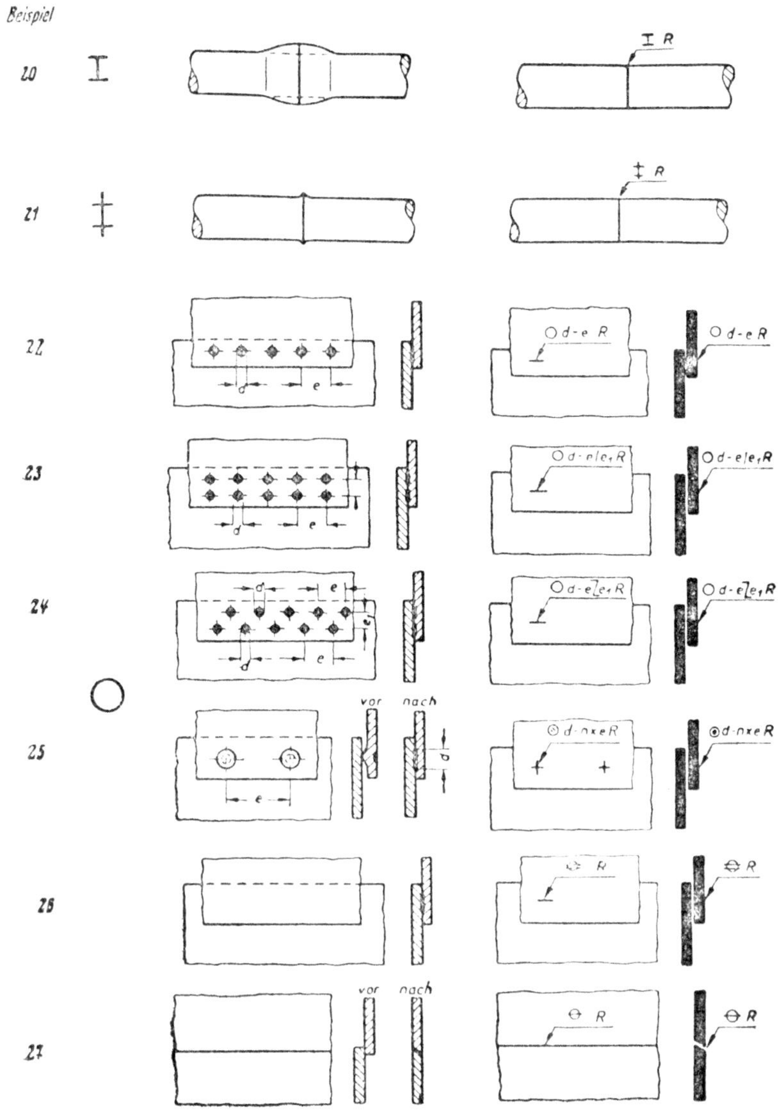
Beispiel
20
21
22
23
24
25
26
27
I R
R
d
e
O d-e R
O d-e|e1 R
O d-e∠e1 R
vor
nach
d-n×e R
R

Bild 10

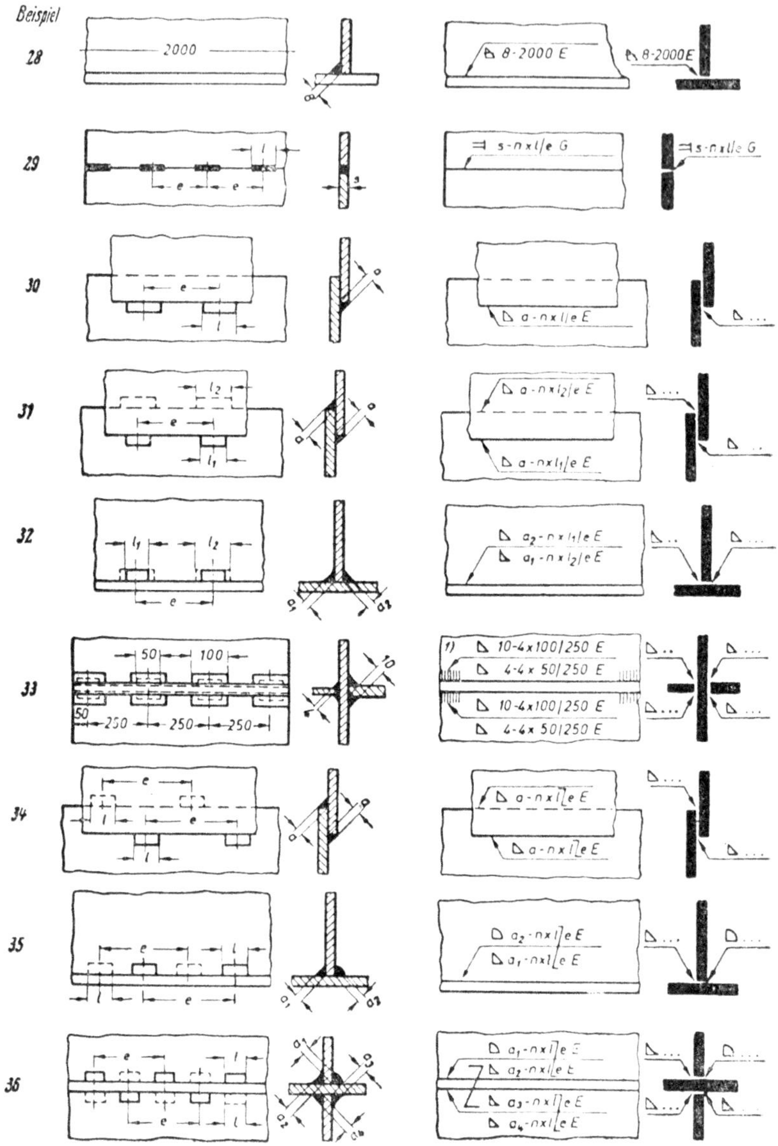
Beispiel
28
2000
8-2000 E
29
s-n x l/e G
30
a-n x l/e E
31
a-n x l2/e E
a-n x l1/e E
32
a2-n x l1/e E
a1-n x l2/e E
33
50
100
250
10-4x100/250 E
4-4x 50/250 E
34
35
36

Bild 11

2. Die Beanspruchbarkeit der Schweißnähte

Die Beanspruchbarkeit der Schweißnaht ist abhängig von der Art der Beanspruchung (Zug, Druck, Biegung, Abscheren, schlagartige oder schwingende Beanspruchung, Verschleiß, Korrosion usw.), von der Form der Schweißnaht (Stoßnaht, Kehlnaht usw.) und von den Werkstoffeigenschaften, d. h. der Güte der Schweißnaht und des angrenzenden Baustoffes. Die verschiedenen Prüfverfahren und die an Schweißverbindungen erzielbaren Gütewerte werden auf S. 240 ausführlich besprochen. An dieser Stelle sollen nur die wichtigsten Schweißnahtformen einer kurzen vergleichenden Betrachtung unterzogen werden. Dabei treten die Fragen der Gestaltfestigkeit immer stärker in den Vordergrund [102]).

Am günstigsten gegenüber Belastungen verhält sich die Stoßnaht (Stumpfnaht). Sie soll überall dort gewählt werden — soweit es konstruktiv möglich ist —, wo größere Kräfte zu übertragen sind oder die Schweißverbindung Dauerbeanspruchung aufzunehmen hat. Bei einwandfreier Ausführung ergibt die Stoßnaht die gleiche statische Festigkeit wie der Grundwerkstoff. Mit Rücksicht auf schlechtere Schweißarbeit und falsche Elektrodenwahl wird nach den verschiedenen Vorschriften eine geringere Spannung in den Schweißnähten gegenüber dem Baustoff zugelassen. Das Verhältnis der zulässigen Spannungen in Schweißnaht und Baustoff wird als Schweißfaktor (Berechnungsfaktor) bezeichnet.

Im Dampfkesselbau beträgt der Berechnungsfaktor nach den „Werkstoff- und Bauvorschriften für Landdampfkessel" [103]) bis zu 0,7, in Sonderfällen 0,9 *), wenn durch besondere Verfahrens- und Arbeitsprüfungen die Zulässigkeit hierfür nachgewiesen wird [104]). In Anlehnung hieran sind vom Germanischen Lloyd „Vorschriften für Schmelzschweißungen an Schiffsdampfkesseln und Druckluftbehältern" aufgestellt worden, die seit dem 1. März 1942 gelten [105]).

Im Hochbau können nach DIN 4100 („Vorschriften für geschweißte Stahlhochbauten", Ausgabe August 1934 mit Zusätzen aus den Jahren 1939 und 1940) für Stumpfnähte (Stoßnähte) folgende Faktoren eingesetzt werden:

Beanspruchung auf Zug 0,75; auf Druck 0,85; auf Biegung 0,80; auf Abscheren 0,65. Die gleichen Faktoren, jedoch mit dem Wert 1,00 für Druck, sind im Fahrzeugbau zugelassen („Vorläufige Vorschriften für geschweißte Fahrzeuge" (Vogefa) der Deutschen Reichsbahn, gültig ab 1. April 1937).

Für den Maschinenbau bestehen keine Vorschriften über zulässige Spannungen. Für die Berechnung der Schweißverbindungen sind Anleitungsblätter erschienen [106, 107]).

*) Durch Erlaß IG 4/2615/44 vom 1. 8. 1944 des Reichswirtschaftsministeriums können die bisher erteilten Genehmigungen bis zu einem Berechnungsfaktor von 1,0 erweitert werden [Autog. Metallbearb. 38 (1945), H. 1/2, S. 11].

Sehr gering ist die nach DIN 2470 („Richtlinien für Gasrohrleitungen mit geschweißten Verbindungen von mehr als 200 mm ⌀ und mehr als 1 kg/cm^2 Betriebsüberdruck", Ausgabe September 1935) im Gasrohrleitungsbau zulässige Spannung. Sie beträgt bei Verwendung von St 37.11 nur 5 kg/mm^2. Wird für Rohr- und Zusatzstoff höherwertiger Werkstoff verwendet, so ist eine höhere Beanspruchung zulässig, sofern hierfür ein entsprechender Nachweis erbracht werden kann.

In bezug auf Dauerfestigkeit ist die Schweißverbindung dem ungeschweißten Baustoff meistens unterlegen[108]). Besonders schädlich wirken sich Einbrandkerben, fehlende Bindung und schlechtes Durchschweißen aus. Wenn irgend möglich, soll deshalb die Wurzel stets von der Rückseite nachgeschweißt werden. Die zulässigen Spannungen im Brückenbau sind mit Rücksicht auf Dauerbeanspruchungen für die verschiedenen Nahtformen und Ausführungen nach DIN 4101 festgelegt („Vorschriften für geschweißte, vollwandige stählerne Straßenbrücken", Ausgabe Juli 1937, mit Zusätzen aus den Jahren 1939 und

Bild 57. Stirnkehlnähte und Flankenkehlnähte

1940). Diese Vorschriften lehnen sich in vielen Punkten an die „Vorläufigen Vorschriften für geschweißte vollwandige Eisenbahnbrücken der Deutschen Reichsbahn" an (gültig ab 20. November 1935, mit Nachträgen vom Herbst 1938). Beide Vorschriften geben genaue Anweisungen für die Berechnung aller vorkommenden Schweißverbindungen und Belastungsfälle. Sie geben ferner Anweisungen für die bauliche Durchbildung, Ausführung und Bauüberwachung der Bauwerke sowie für die Prüfung der Schweißer.

Kehlnähte werden im Hinblick auf die Beanspruchung in Stirnkehlnähte und Flankenkehlnähte eingeteilt, Bild 57.

Sämtliche Kehlnähte dürfen nach DIN 4100 und 4101 nur mit 0,65 als Faktor in Rechnung gesetzt werden. Bei Dauerbeanspruchung verhalten sie sich wesentlich ungünstiger als Stoßnähte. Von großem Einfluß auf die Dauerhaltbarkeit von Kehlnahtverbindungen ist die bauliche Gestaltung, die Anordnung der Schweißnähte und ihre Beschaffenheit hinsichtlich Nahtform, Nahtansätze und Nahtenden.

Flankenkehlnähte werden auf Abscheren beansprucht. Die Beanspruchung ist nicht gleichmäßig auf die Länge verteilt. Sie ist an den Enden größer als in der Mitte. Auch in der Tiefenrichtung ändert sie sich und ist am größten in der Wurzel. Die Tragfähigkeit der Flankenkehlnaht steigt nicht im Verhältnis der Kehlnahtdicke. In

Bild 58 sind Bruchspannungen für eine Stirnkehlnaht und eine Flankenkehlnaht, abhängig von der Kehlnahtdicke, zum Vergleich gegenüber gestellt. Die Kehlnahtdicke wird nicht größer als 0,7 s (s = Blechdicke) ausgeführt. Der Berechnungsfaktor 0,65 nach DIN 4100 und 4101 für Kehlnähte gilt bei sämtlichen Beanspruchungsarten.

Dreiblechnähte, Loch- und Schlitznähte sind zur Übertragung größerer Kräfte ungeeignet. Ihre Anwendung beschränkt sich auf untergeordnete Fälle.

Hinsichtlich Berechnung und Gestaltung geschweißter Konstruktionen einschließlich Beispielen ausgeführter Schweißarbeiten wird auf den

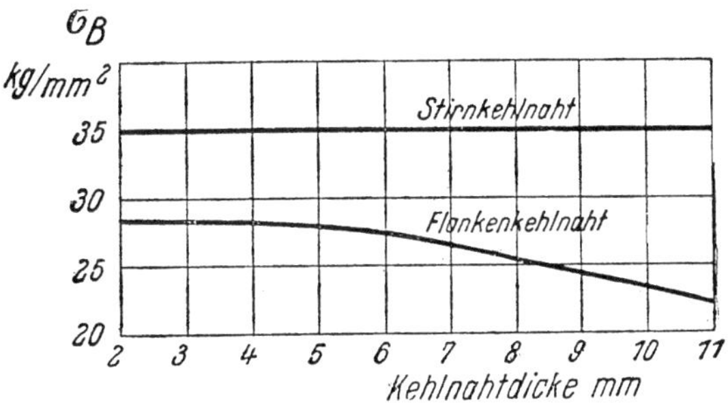

Bild 58. Bruchspannungen von Kehlnähten abhängig von der Kehlnahtdicke. (Gegenüberstellung einer Stirn- und Flankenkehlnaht)

geplanten zweiten Band des vorliegenden Buches und auf das einschlägige Schrifttum verwiesen [109—119]).

3. Metallurgie der Stahlschweißung

Die folgenden Ausführungen beziehen sich auf das Schweißen von Stahl, der den weitaus wichtigsten Werkstoff für die Lichtbogenschweißung darstellt.

Das Schweißgut der Verbindungsschweißung soll — von Sonderfällen abgesehen — dem Grundwerkstoff in jeder Beziehung möglichst ähnlich sein. Der vom Schweißdraht abschmelzende Werkstoff erleidet während des Überganges zum Werkstück starke Veränderungen. Der Abbrand bestimmter Stahlbegleiter und die Aufnahme anderer Stoffe, in erster Linie von Stickstoff und Sauerstoff aus der Luft, müssen berücksichtigt werden. Die Zusammensetzung der Elektroden ist nach DIN Vornorm 1913 freigestellt. Einschränkungen bestehen nur für den Phosphor- und Schwefelgehalt, da beide Elemente die Güte der Schweißnaht stark beeinträchtigen. Unabhängig von der chemischen Zusammensetzung des Drahtes weist der metallurgische Prozeß des Schweißens kennzeichnende Unterschiede auf, je nachdem, ob nackte oder umhüllte Elektroden verwendet werden.

a) **Nackte Elektroden.** Bei der Nacktdrahtschweißung kommt das abschmelzende Schweißgut in unmittelbare Berührung mit der Luft. Die metallurgischen Vorgänge im Lichtbogen können deshalb mit dem Frischprozeß bei der Stahlerzeugung verglichen werden. Dabei finden mit einem Teil des abschmelzenden Werkstoffes folgende Umsetzungen statt:

$Fe + O = FeO$	Ein geringer Teil des FeO	wird von der Schweiße aufgenommen oder bildet Schlacke,
	$FeO + C = Fe + CO$,	CO entweicht als Gas,
	$FeO + Mn = Fe + MnO$,	MnO bildet Schlacke,
	$2\,FeO + Si = 2\,Fe + SiO_2$,	SiO_2 bildet Schlacke.

Unter Berücksichtigung der hohen Lichtbogentemperaturen dürften die wirklichen Vorgänge durch diese einfachen Formeln nur angenähert wiedergegeben sein.

Die chemischen Veränderungen, die der Zusatzwerkstoff durch den Schweißvorgang erleidet, sind für verschiedene Elektrodensorten in Tafel 4 zusammengestellt. Bezüglich des nackten Drahtes ergibt sich folgendes Bild: Die Eisenbegleiter, besonders Kohlenstoff und Mangan, sind in starkem Maße herausgebrannt, an Sauerstoff und Stickstoff hat sich das Schweißgut angereichert (Nr. 1 bis 5 in Tafel 4). Kohlenstoff verbrennt zu Kohlenoxyd CO und Kohlendioxyd CO_2. Beide entweichen als Gas. Mangan wird zu MnO und MnO_2 verschlackt. Mangan dient in erster Linie zur Desoxydation, d. h. zur Bindung des schädlichen Sauerstoffes. Silizium wird bei nackten Elektroden fast vollständig verschlackt. Die sich auf der Schweißnaht absetzende dünne Schlackenschicht besteht vorwiegend aus den Oxyden der drei Elemente Eisen, Mangan und Silizium. Phosphor und Schwefel oxydieren beim Schweißen sehr wenig; sie finden sich im Schweißgut meistens in fast gleicher Höhe wieder.

Sehr schädlich ist *Schwefel* in der Form von FeS, da es neben FeO Rotbrüchigkeit erzeugt. Als Gegenmittel dient Mangan, das Sauerstoff und Schwefel bindet. Je mehr Mn vorhanden ist, um so stärker ist die Desoxydation (O_2-Bindung) und Entschwefelung (Bildung von Mangansulfid MnS). Je weniger Mangan vorhanden ist, um so weniger kann oxydiert werden und um so geringer ist die Bindung des Schwefels zu MnS. Es entsteht dann bei gegebenem Schwefelgehalt um so mehr FeS, das sich an den Korngrenzen ablagert und wegen seines niedrigen Schmelzpunktes zur Rotbrüchigkeit führt. — Im Gegensatz zu Schwefel wird durch Phosphor die Kaltbiegsamkeit beeinträchtigt. Die Schweiße wird spröde.

Stickstoff wird ebenfals aus der Luft in die Schweiße aufgenommen. Zum Teil verbindet er sich mit dem Eisen zu Nitriden, zum Teil wird er im Eisen gelöst [120, 121]). Die Nitride zeigen sich unter dem Metallmikroskop als kleine nadelförmige Gebilde. Stickstoff ist auf jeden Fall in der Schweißnaht unerwünscht. Zwar werden dadurch Härte und Festigkeit erhöht und die Wirkung des herausgebrannten Kohlenstoffes in dieser Hinsicht ersetzt, aber Verformungsvermögen und Kerbschlagzähigkeit werden stark herabgesetzt. Die Schweiße wird hart und spröde.

Die Sauerstoff- und Stickstoffaufnahme ist von den Schweißbedingungen abhängig. Den größten Einfluß übt hierauf die Länge des Lichtbogens aus. Je länger der Lichtbogen bei nackten Elektroden gehalten wird, um so größer ist die Gefahr der Einwirkung der Atmosphäre. Durch zu hohe Stromstärke wird die Gasaufnahme begünstigt. Die Sauerstoff- und Stickstoffaufnahme ist geringer, wenn der freie Zutritt der Luft beschränkt wird, z. B. bei den unteren Lagen einer V-Naht. Der Einfluß geht aus einem Vergleich von Nr. 4 und 5 in Tafel 4 hervor. Beim Schweißen im Freien, wo der Wind ungehindert Zutritt hat, kann die Gasaufnahme noch erheblich größer werden. Luftströmungen sind darum stets vom Lichtbogen fernzuhalten.

Sauerstoffaufnahme führt zur Verbrennung des Schweißwerkstoffes. Bei verbranntem Werkstoff sind je nach dem Verbrennungsgrade eine kleinere oder größere Anzahl der Kristallkörner von Oxydhäutchen umgeben, die als Fremdkörper den Gefügeverband auflockern. Die Folge ist erhöhte Brüchigkeit. — Im Gegensatz zur Verbrennung wird unter Überhitzung eine Grobkornbildung verstanden, die durch Erhitzen oberhalb des Linienzuges *GOSE* im Eisen—Kohlenstoff-Schaubild (S. 18) entsteht. Die Überhitzung ist um so stärker, je höher und je länger die Temperatur einwirkt, und tritt bei Schweißungen besonders in den Übergangszonen auf. Überhitzter, grobkörniger Werkstoff kann durch Normalglühen wieder feinkörnig werden, während verbrannter Werkstoff durch keine Wärmebehandlung gerettet werden kann.

Porige Schweißnähte haben ihre Ursache in starker Gasaufnahme, vor allem, wenn das Schweißbad zu heiß wird. Das kann bei kleineren Werkstücken eintreten, wenn die Stromstärke im Verhältnis dazu zu hoch ist. Bei der Abkühlung des Schweißgutes entweichen die Gase infolge abnehmender Lösungsfähigkeit z. T. wieder. Geht die Erstarrung zu schnell vor sich, wie häufig bei Wurzelnähten an größeren Werkstücken mit schneller Wärmeableitung, so gelingt es den ausgeschiedenen Gasen nicht mehr zu entweichen. Auf diese Weise entstehen ebenfalls leicht porige Schweißnähte. Mittel dagegen sind langsames Führen der Elektrode oder Verwendung eines größeren Drahtdurchmessers.

Bei nackten Elektroden mit höheren Gehalten an Kohlenstoff und Legierungselementen, wie sie für Auftragschweißungen verwendet werden, geht ein größerer Anteil davon in die Schweiße über. Beispiele dafür

Tafel 4 Änderung der chemischen Zusammensetzung des Zusatzwerkstoffes beim Übergang von der Elektrode in die Schweiße

(Die Angaben sind nach mehreren Quellen zusammengestellt und sollen nur ein ungefähres Bild von dem Verhalten der verschiedenen Elektroden geben)

	Elektrodensorte	Lfd Nr	C %	Mn %	Sonstige Legierungs-elemente in %	O_2 %	N_2 %	Kerbschlag-zähigkeit mkg/cm²
für Verbindungsschweißung	Nackte Elektroden	1				(0,01....0,08)→(0,18....0,23)	(0,001....0,06)→(0,13....0,16)	0,5....1
		2	0,15 →0,01	0,50 →0,01			0,005→0,13	
		3	0,07 →0,04	0,39 →0,08				
	Wurzellage	4	0,15 { →0,08	0,50 { →0,42			(0,001 0,06) { →0,038	
	Decklage	5	→0,03	→0,03			→0,126	
	Dünn umhüllte Elektroden	6				(0,01....0,08)→(0,17....0,20)	(0,001... 0,06)→(0,10....0,14)	1....3
		7	0,15→0,01	0,50→0,01			0,005→0,08	
		8	0,10→0,06	0,40→0,16				
	Dick umhüllte Elektroden	9				(0,01....0,08)→(0,02....0,12) *)	(0,001....0,06)→(0,012....0,08)	4....21 / 5
	Mit oxydierender Umhüllung	10	0,10→0,06	0,40→0,03				
		11	0,10→0,04	0,35→0,09				
		12	0,10→0,06	0,41→0,15				
		13	0,11→0,06	0,42→0,40				
	Mit neutraler Umhüllung	14	0,10→0,09	0,40→0,39				11
	Mit auflegierender Umhüllung	15	0,15→0,11	0,50→0,40	Cr 0,0→0,1 Ni 0,0→0,7		0,005→0,027	
		16	0,15→0,11	0,50→0,60	Cr 0,0→0,2 Ni 0,0→1,5		0,005→0,021	
für Auftragschweiß.	Nackte Elektroden	17	0,60→0,20	0,59→ 0,28				
		18	1,10→0,40	0,21→ 0,10				
		19	1,01→0,73	14,0 →12,1				
		20	1,01→0,52	1,32→ 0,16	Cr 0,8→0,6 Ni 1,6→1,5			
	Dick umhüllte Elektrode mit auflegierender Umhüllung	21	0,15→0,45	0,50→1,5			0,005→0,016	

*) Die höheren Werte ergeben sich bei oxydierender Umhüllung, die geringeren bei neutraler Umhüllung.

sind Nr. 17 bis 20 in Tafel 4. Um ungefähr gleiche chemische Zusammensetzung von Schweiße und Grundwerkstoff zu erreichen, muß der Abbrand der Elektroden berücksichtigt werden.

b) Ummantelte Elektroden. Versuche, den Abbrand bei nackten Elektroden durch entsprechend stärkeres Legieren des Schweißdrahtes vollständig auszugleichen, führten nicht zum Ziel. Drähte mit den erforderlichen hohen Gehalten an Kohlenstoff, Mangan und Silizium sind schlecht schweißbar. Sie kochen und spritzen beim Abschmelzen so stark, daß keine brauchbaren Schweißnähte erzielt werden können.

Um den Abbrand und gleichzeitig die Stickstoffaufnahme zu verhindern, muß der atmosphärischen Luft der Zutritt zum Lichtbogen verwehrt werden. Dies ist eine der Aufgaben der Elektroden-Ummantelung (S. 81). Der Lichtbogen wird von einem Schutzgasmantel umgeben, der sich aus verdampfenden und verbrennenden Umhüllungsbestandteilen bildet. Die übergehenden Werkstofftropfen werden mit einer Schlackenhaut überzogen. Der geringe Stickstoffgehalt besonders der mit dick umhüllten Elektroden hergestellten Schweißnähte geht aus Tafel 4 hervor (Nr. 9 bis 16). Ein Stickstoffgehalt von nur 0,03 %, der mit guten Elektroden erreicht wird, beeinflußt im allgemeinen die mechanischen Gütewerte einer Schweißung nicht mehr ungünstig, jedoch sind in Sonderfällen auch niedrigere Stickstoffgehalte im Schweißgut ($<$ 0,02 %) erforderlich.

Die Zusammensetzung der Umhüllung ist je nach Elektrodenart und Hersteller außerordentlich verschieden. Viel verwendete Bestandteile sind: Asbest, Quarz, Kalk, Magnesia, Magnesit, Dolomit, Tonerde, Eisen- und Manganerze, Ferromangan, Ferrosilizium, sonstige Eisenverbindungen, Eisen-, Silizium- und Mangankarbonate, Titanverbindungen, gasbildende organische Stoffe (Zucker, Holzmehl, Papier) und als Bindemitel häufig Wasserglas. Den Umhüllungsmassen werden teilweise auch Stickstoff und Sauerstoff verzehrende Bestandteile (z. B. Aluminium, Silizium) zugesetzt, wodurch die Stickstoff- und Sauerstoffreste, die der Gasmantel nicht fernhalten konnte, noch nachträglich in der Schweiße selbst unschädlich gemacht werden.

In Brüchen von Schweißnähten, die mit hochwertigen unlegierten oder schwachlegierten Mantelelektroden geschweißt sind, treten mitunter eigenartige Brucherscheinungen, sog. Flecken, auf, die bei stärkerer Häufung zu spröden Brüchen und einer Verminderung der mechanischen Gütewerte führen. Als Ursache wurde der Wasserstoffgehalt der Schweißnähte festgestellt, der der Schweißdrahtumhüllung entstammt und beim Schweißen an die Lichtbogenatmosphäre abgegeben wird [122]. Der Wasserstoff kann durch Glühen bei geeigneten Temperaturen unwirksam gemacht werden.

Aus der Umhüllung können Legierungsbestandteile in das Schweißbad übergehen und die Schweiße auflegieren. Dadurch wird eine Verbesserung der mechanischen Gütewerte von Schweißnähten auch bei unlegiertem Baustoff ermöglicht. Beispiele hierfür sind Nr. 15, 16 und 21 in Tafel 4. Die Menge der Legierungselemente, die durch die Umhüllung eingebracht werden kann, ist begrenzt. Zum Schweißen legierter Stähle gibt es auch Elektroden mit legiertem Draht. Bei niedrigen Gehalten sollen die Legierungselemente durch Zusatz zum Kerndraht gleichmäßiger in der Schweißnaht verteilt werden, als wenn sie durch die Umhüllung eingebracht werden.

Auch Sauerstoff kann aus der Umhüllung je nach ihrer Zusammensetzung an die Schweiße abgegeben werden. Zu unterscheiden ist zwischen neutralen und oxydierenden Umhüllungen.

Elektroden mit neutraler Umhüllung ergeben kleineren Sauerstoffgehalt in der Schweiße und weisen nur geringen Abbrand der Legierungselemente auf (Nr. 14 in Tafel 4). Sie vertragen höhere Stromstärken, ohne daß das Schweißgut davon in nennenswertem Maße beeinflußt wird. Auch gegen Temperaturerhöhung des Werkstückes sind die Elektroden ziemlich unempfindlich, so daß ohne weiteres auf warmen Arbeitsstücken geschweißt werden kann. Elektroden mit neutraler Umhüllung sind für sämtliche Kohlenstoffstähle geeignet.

Bei Elektroden mit oxydierender Umhüllung können die Legierungselemente ähnlich wie bei nackten Elektroden verschlackt werden, aber nicht in gleichem Maße (Nr. 10 bis 12 in Tafel 4). Die Schweiße enthält durchweg etwas mehr Sauerstoff als bei neutraler Umhüllung. Meistens besitzen die Umhüllungen weitere Bestandteile, wodurch die Eisenoxyde unter Bildung anderer Oxyde wieder reduziert werden. Die Gütewerte der mit diesen Elektroden geschweißten Nähte, vor allem die Kerbschlagzähigkeit, liegen vielfach höher als in Tafel 4 angegeben.

Die zulässige Strombelastung der Elektroden mit oxydierender Umhüllung ist geringer. Sie sind auch empfindlicher gegen Temperaturerhöhung des Werkstückes, weil dadurch die oxydierende Wirkung gesteigert wird. Zu starke Sauerstoffaufnahme ruft Poren, Sprödigkeit und Bruchneigung hervor.

Elektroden mit oxydierender Umhüllung sind für alle unlegierten Stähle mit geringem Kohlenstoffgehalt, wie St 34 und St 37, geeignet. Sie sind ferner für viele legierte Stähle mit geringem Kohlenstoffgehalt zu verwenden und endlich für solche Stähle, die im Verhältnis zum Kohlenstoffgehalt viel Mangan enthalten. Ungeeignet sind sie für unlegierte Maschinenbaustähle mit höherem Kohlenstoffgehalt, wie St 50, St 60 und St 70.

Dünnumhüllte (getauchte) Elektroden nehmen eine Mittelstellung zwischen nackten und ummantelten ein, nähern sich in den Eigenschaften des Schweißgutes aber den nackten. Die Sauerstoff- und Stickstoffaufnahme ist etwas geringer als bei nackten Elektroden, Tafel 4, wodurch die mechanischen Gütewerte in entsprechendem Grade verbessert werden. Für hochwertige Stähle kommen dünn umhüllte Elektroden jedoch meistens deshalb nicht in Frage, weil sie nicht die verlangten Festigkeitswerte und sonstigen Gütewerte ergeben.

Zusammenfassend kann gesagt werden, daß die weichen Kohlenstoffstähle vom Typ St 34 und St 37 wenig empfindlich für die Art der Elektroden sind, daß aber bei Stählen höherer Festigkeit, vor allem bei legierten Stählen, die Zusammensetzung ausschlaggebend ist. Da Stähle gleicher Festigkeitsgruppe verschiedene Zusammensetzung haben können, müssen die Elektroden jeweils darauf abgestimmt sein. Universal-Elektroden für sämtliche Stähle oder auch Universal-Umhüllungen, die für verschieden legierte Kerndrähte brauchbar sind, gibt es grundsätzlich nicht. Weil die Stähle nach Festigkeit verkauft werden und die chemische Zusammensetzung nicht immer bekannt ist, werden in Sonderfällen zweckmäßig vor der Wahl der Elektrode Probeschweißungen vorgenommen.

c) Die Schweißbarkeit des Grundwerkstoffes. Die Eigenschaften der Schweißnaht können bei gleichem Zusatzstoff verschieden sein, je nach dem Grundwerkstoff, der verschweißt wird. Seine Einwirkung ist um so stärker, je mehr er aufgeschmolzen wird, d. h. je tiefer der Einbrand ist. Voraussetzung einwandfreier Schweißbarkeit ist, daß die Elektrode metallurgisch auf den Grundwerkstoff abgestimmt ist. Wird diese Forderung nicht beachtet, so kann eine hochwertige Elektrode an hochwertigen Werkstoffen unbrauchbare Schweißnähte ergeben.

Die Schweißbarkeit eines Stahles wird mit zunehmendem Kohlenstoffgehalt schlechter. Als Grenze der Schmelzschweißbarkeit bei mittleren Blechdicken wird ein Gehalt von 0,35 % C angesehen, jedoch können auch bei Gehalten von 0,25 bis 0,35 % C — besonders bei Anwesenheit weiterer Legierungselemente[123]) — schon Schwierigkeiten auftreten.

In diesem Zusammenhang muß darauf hingewiesen werden, daß eine scharfe Begrenzung des Begriffes „Schweißbarkeit" sehr schwierig ist und nur in ähnlichem Sinne erfolgen könnte, wie die Festlegung der Begriffe „Schmiedbarkeit" oder „Bearbeitbarkeit"[124]). Ein Werkstoff ist als schweißbar zu bezeichnen, wenn eine Vereinigung der Werkstückteile durch das betreffende Schweißverfahren möglich ist und er sich im geschweißten Zustande unter den billigerweise an ihn zu stellenden Anforderungen und Beanspruchungen bewährt[125]). Die Schweißverbindung hat — einwandfreie Schweißarbeit vorausgesetzt — die Gütewerte aufzuweisen, die für den betreffenden Fall verlangt werden müssen. Das schließt im allgemeinen die Forderung ein, daß in den mechanischen, physikalischen und chemischen Eigenschaften der an die Schweißstelle angrenzenden Zonen des Grundwerkstoffes keine unerwünschten Änderungen erfolgen [126]). Zur Prüfung der Schweißbarkeit sind zahlreiche Prüfverfahren vorgeschlagen worden (S. 169/172 und 257) [127]).

Bei den Baustählen ist die Art des Herstellungsverfahrens von großem Einfluß auf die Schmelzschweißbarkeit. Thomas-Stahl (S. 13) ist auf Grund seiner chemischen Zusammensetzung empfindlich gegen Kaltverformung, besonders in dickeren Querschnitten. Bei Werkstoffdicken über 25 mm soll St 37 in Thomasgüte für Schweißungen nicht verwendet werden. Hierfür sind Siemens-Martin-Stähle und PN-Stähle zu wählen. — Zu den einzelnen Festigkeitsgruppen des Kohlenstoffstahles ist zusammenfassend folgendes zu sagen:

Bei St 00 wird nach DIN 1611/12 und 1621/22 keine Gewähr für Schweißbarkeit übernommen. Höchstgehalte für P und S sind nicht festgelegt. Der Stahl ist zwar meistens gut schweißbar, trotzdem soll er für wichtige Schweißarbeiten grundsätzlich nicht verwendet werden. Die Stähle St 34, St 37 und St 42 sind im allgemeinen als gut schmelzschweißbar anzusehen unter Berücksichtigung der Einschränkungen für Thomas-Stahl. Bei Siemens-Martin-Güte ist Schmelzschweißbarkeit bis 50 mm Blechdicke gewährleistet. Hinsichtlich Begrenzung der Blechdicke und konstruktiver Einzelheiten sind die Vorschriften der Deutschen Reichsbahn und des Germanischen Lloyd [128, 129]) zu beachten. — Auch St 42 ist mit normalen Schweißzusatzwerkstoffen gut schweißbar. Bei allen diesen Stählen wird die Schweißbarkeit verschlechtert, wenn sie nichtmetallische Einschlüsse in gröberer, langgestreckter und unregelmäßig verteilter Form enthalten.

In den Festigkeitslagen zwischen 50 und 70 kg/mm² treten häufig Schwierigkeiten durch die Schweißnahtrissigkeit (S. 168) auf. Als Zusatzstoffe reichen die handelsüblichen oft nicht aus, sondern es müssen besonders „rißfeste", meist legierte Seelenelektroden oder umhüllte Elektroden verwendet werden. Hiermit ist St 50 noch gut schweißbar. Oberhalb 0,35 % C sind unlegierte Stähle nur mit besonderen Maßnahmen schmelzschweißbar. St 60 kann mit Vorwärmung und nachfolgender Wärmebehandlung geschweißt werden, vor allem in dickeren Querschnitten. In der Regel wird auf das Schweißen verzichtet. Noch schlechter ist die Schweißbarkeit von St 70, der nach DIN 1611 etwa 0,6 % C enthält. Das gleiche gilt für die Einsatz- und Vergütungsstähle nach DIN 1661 mit entsprechenden Kohlenstoffgehalten (St C 45 · 61 und St C 60 · 61). Manchmal ist es möglich, derartige Stähle mit austenitischen Chrom-Nickel-Stahl-Elektroden zu schweißen. Hierauf wird später eingegangen (S. 192).

Höhere Festigkeit eines Stahles kann auch bei geringem Kohlenstoffgehalt durch Heraufsetzung des Mn-Gehaltes erreicht werden. Derartige Stähle sind gut schweißbar, sofern der C-Gehalt 0,35 % nicht überschreitet. Schon vor Jahren wurden von der Firma Fried. Krupp die Stähle „Izett 50" (früher „Aero 50") und „Izett 70" (früher „Aero 70") herausgebracht. Stbl 70 enthält 1,6 bis 2,0 % Mn. Der Kohlenstoffgehalt soll 0,3 % betragen, geht aber häufig auf 0,55 % hinauf. Dadurch können unvorhergesehene Schwierigkeiten auftreten. Deshalb wird für Schweißarbeiten zweckmäßig MnStbl 70 verwendet mit einem Höchstkohlenstoffgehalt von 0,35 % und 1,0 bis 1,5 % Mn. Dieser Stahl ist nach vorliegenden Erfahrungen gut schweißbar.

St 52 ist wegen seines höheren Si- und Mn-Gehaltes bereits als legierter Stahl anzusehen. Die damit in Zusammenhang stehenden Fragen der Schweißempfindlichkeit und Rißgefahr werden auf S. 168 besprochen. Das Schweißen legierter Stähle wird auf S. 185/193 behandelt. Auf unlegierte Kesselbaustähle sind die Ausführungen über die Festigkeitsstufen sinngemäß zu übertragen.

4. Gefügeaufbau der Schweißnaht [130, 131])

Eine Schmelzschweißverbindung besteht aus dem flüssig eingebrachten Schweißgut und dem sich an beiden Seiten anschließenden Grund-

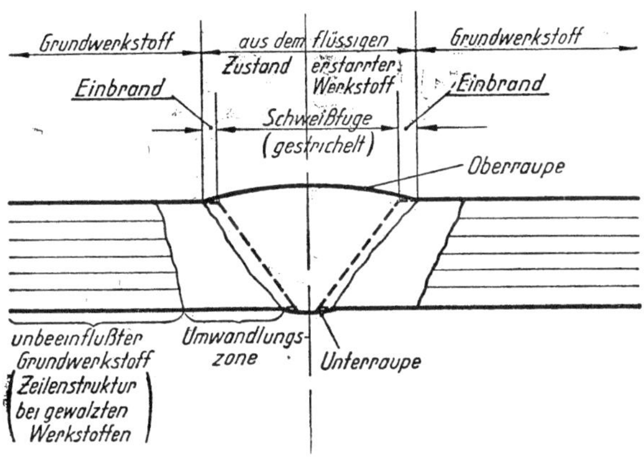

Bild 59. Schematische Darstellung des Gefügeaufbaues einer Schweißverbindung

werkstoff. Zwischen diesen Zonen liegen Verschmelzungszonen, die auch als „Einbrand" bezeichnet werden. Hier vermischen sich Grund- und Zusatzwerkstoff. Der sich daran anschließende Grundwerkstoff ist bis zu einer bestimmten Ausdehnung durch die Schweißwärme beeinflußt und umgewandelt worden (Umwandlungszone). Bild 59 zeigt

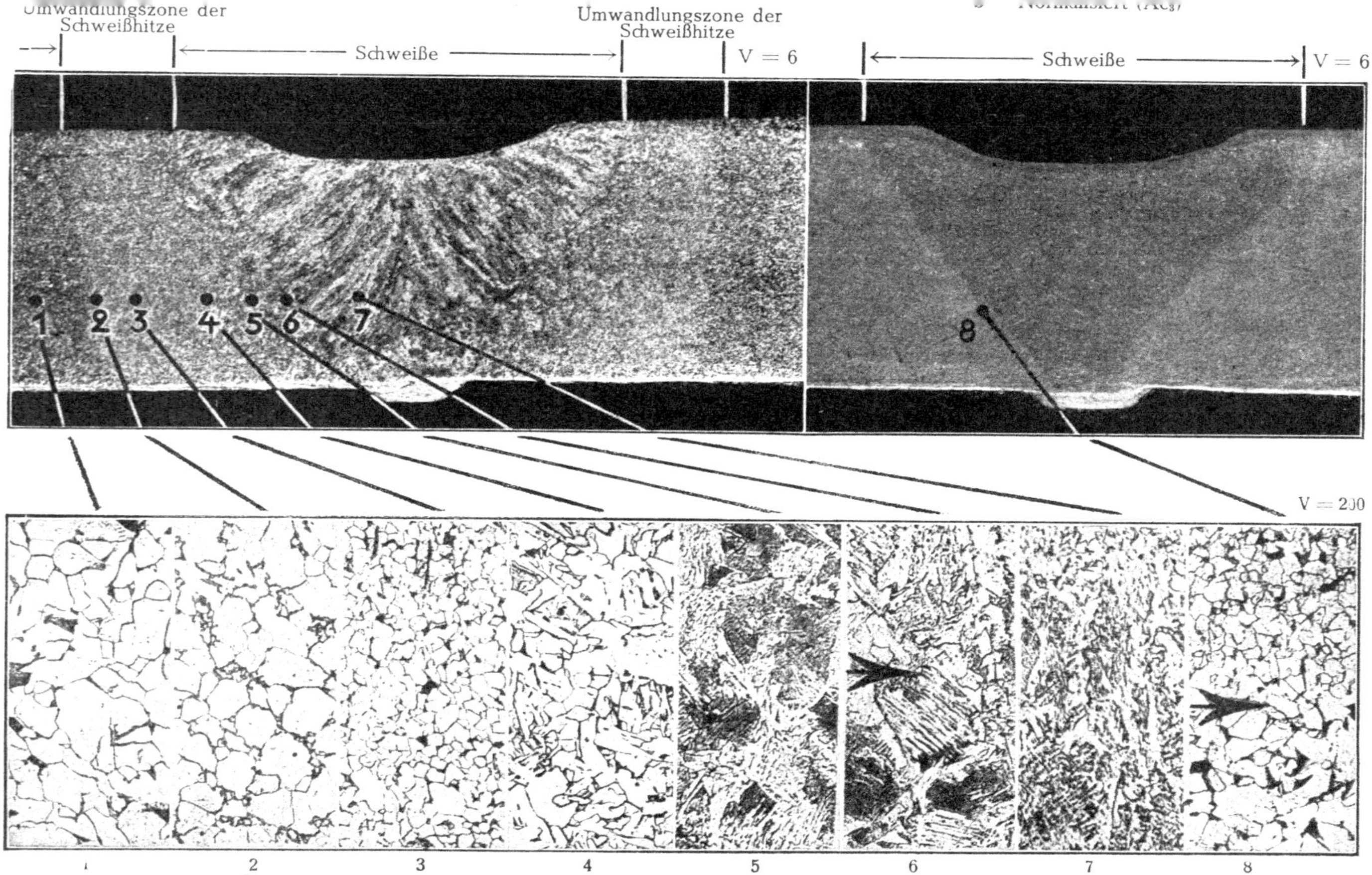

Bild 60. Gefügeaufbau einer Lichtbogenschweißung mit Mantelelektroden (Einlagenschweißung (nach *K. Tewes* [130])

1 = Gefüge des Bleches (St 37), von Schweißhitze unbeeinflußt; Ferrit-Perlit.
2 = Beginnende Auflösung des Perlits durch Schweißhitze (Temperatur u n t e r h a l b Ac_3).
3 = Umgekörntes, verfeinertes Gefüge (Ac_3).
4 = Beginnende Kornvergröberung (Temperatur o b e r h a l b Ac_3).
5 = Überhitztes, grobes Korn (Nähe Übergang-Schweiße).
6 = Übergang vom Blech (unten) zur Schweiße (oben); Überhitzung.
7 = Schweiße; strahliges Gefüge.
8 = Übergang vom Blech (unten) zur Schweiße (oben); normalisiert vgl. mit 6.

schematisch die Zonen einer Schweißverbindung, dargestellt an einer V-Naht. Als Umwandlungszone ist der Bereich anzusehen, der über den Umwandlungspunkt A_{c1} (Linie PSK im Eisen-Kohlenstoff-Schaubild) erwärmt wurde. Die hierdurch hervorgerufenen Umwandlungen sind metallographisch nachweisbar. Die Wärmeeinflußzone reicht tiefer in den Werkstoff hinein und ist die Ursache für das Entstehen von Schrumpfungen und Schrumpfspannungen.

In Bild 60 ist oben links in sechsfacher Vergrößerung das Grobgefüge einer nicht nachbehandelten Einlagenschweißung an St 37 mit einer umhüllten Elektrode dargestellt, wie es sich durch die metallographische Untersuchung ergibt. Weiteren Aufschluß ergeben die Feingefügeaufnahmen, die den im Grobgefügebild bezeichneten Stellen entnommen sind.

Nach den für die Abkühlung geschmolzenen Metalles geltenden Erstarrungsgesetzen bilden sich im niedergeschmolzenen Schweißgut mehr oder weniger ausgeprägte, stengelige Gußkristalle, die sich bevorzugt in Richtung des Wärmeabflusses einstellen. Teilbild 7 von Bild 60 zeigt dieses strahlige Gefüge bei 200facher Vergrößerung.

Sehr wichtig ist einwandfreie Verschmelzung mit dem anschließenden Grundwerkstoff. Die Übergangsbildung ist für den Wert einer Schweißverbindung als kräfteübertragendes Element ausschlaggebend. Teilbild 6 ist der Übergangszone entnommen. Die Schweiße zeigt strahliges Gußgefüge, das angrenzende Blech grobes Korn mit Überhitzungserscheinungen. Der Grundwerkstoff wird unmittelbar neben der Schweiße auf Temperaturen bis dicht unter dem Schmelzpunkt erhitzt. Dadurch tritt starkes Kornwachstum ein, Teilbild 5. Mit zunehmender Entfernung von der Schweiße, d. h. mit absinkender Temperatur, wird das Korn immer feiner, Teilbild 4, und geht in bestimmter Entfernung in ein gegenüber dem Ausgangswerkstoff sogar verfeinertes Gefüge über, Teilbild 3. Hier wurde durch den Schweißvorgang gerade die Temperatur des Normalglühens kurz oberhalb der Linie GOS im Eisen-Kohlenstoff-Schaubild hervorgerufen. In noch weiterer Entfernung von der Schweiße hat die Temperatur zur vollständigen Umkörnung nicht mehr ausgereicht, Teilbild 2. Hier ist lediglich eine Auflockerung des Ursprungsgefüges eingetreten. Teilbild 1 zeigt das unbeeinflußte Gefüge des Grundwerkstoffes St 37, das aus Ferrit und Perlit besteht. Bezeichnend hierfür ist die vom Walzprozeß herrührende Zeilenstruktur, Bild 59.

Bild 61 zeigt eine Hohlkehlschweißung an 10 mm dickem Blech aus St 70. Die Beeinflussung des Grundwerkstoffes, der hier wegen des höheren Kohlenstoffgehaltes einen wesentlich stärkeren Perlitanteil aufweist als in Bild 60, durch die Lichtbogenwärme und die dadurch bedingten Gefügeänderungen sind deutlich erkennbar, Teilbilder 1 bis 5. Nach der Schweißung trat ein Anriß auf (Pfeil im Grobgefügebild), der durch starke Schlackeneinschlüsse im Zusammenwirken mit

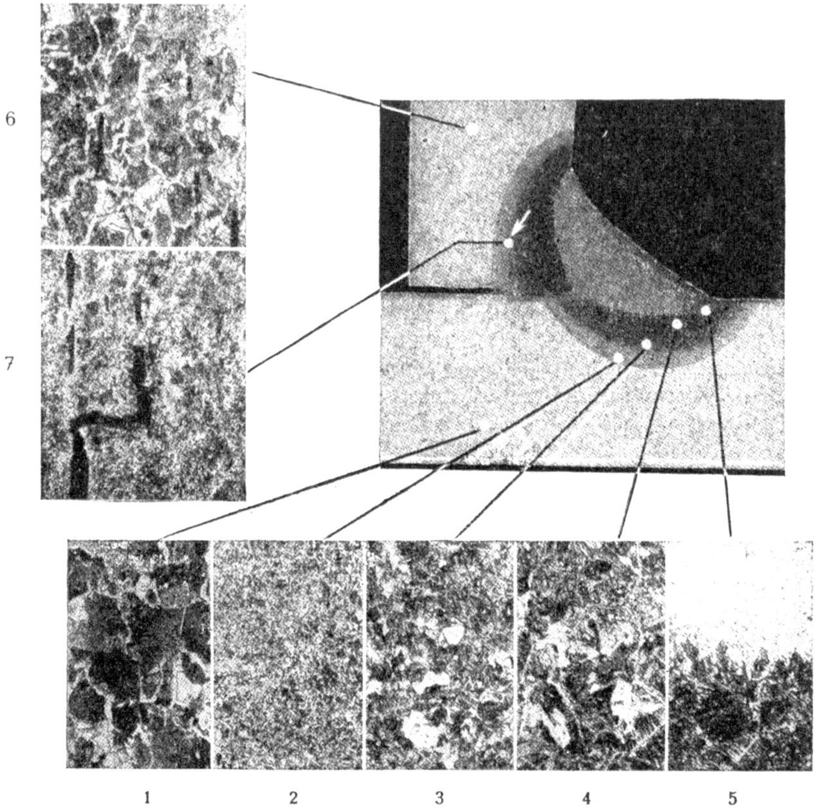

Bild 61. Hohlkehlschweißung an St 70 (nach *K. Tewes* [136])

der Umkörnung verursacht wurde. Die Schlackenzeilen sind in den Teilbildern 6 und 7 zu sehen.

Die verschiedenen Gefügezonen treten grundsätzlich bei jeder Schmelzschweißung auf. Ihre Ausbildung im einzelnen hängt außer vom Werkstoff in erster Linie von der zugeführten Wärmemenge und der dadurch bedingten Wärmeausbreitung und Abkühlungsgeschwindigkeit ab. Die Lichtbogenschweißung zeichnet sich gegenüber der Gasschmelzschweißung durch geringeren Wärmestau und größere Abkühlungsgeschwindigkeit aus, und zwar die Nacktdrahtschweißung in höherem

Maße als die Schweißung mit Mantelelektroden. Feineres Gefüge und geringe Tiefe der Umwandlungszone (des „Hofes", Bild 61) sind die Folge. Das Gefüge einer Nacktdraht- oder Seelendrahtschweiße ist meistens etwas feiner als das einer Schweiße aus dick umhüllten Elektroden. Durch Normalglühen des Werkstückes nach dem Schweißen wird ein einheitliches verfeinertes Gefüge hervorgerufen, Bild 60 (oberes rechtes Grobgefügebild und Teilbild 8).

Bei Mehrlagenschweißungen werden die unteren Lagen durch das Schweißen der jeweils darüber liegenden Lage ausgeglüht.

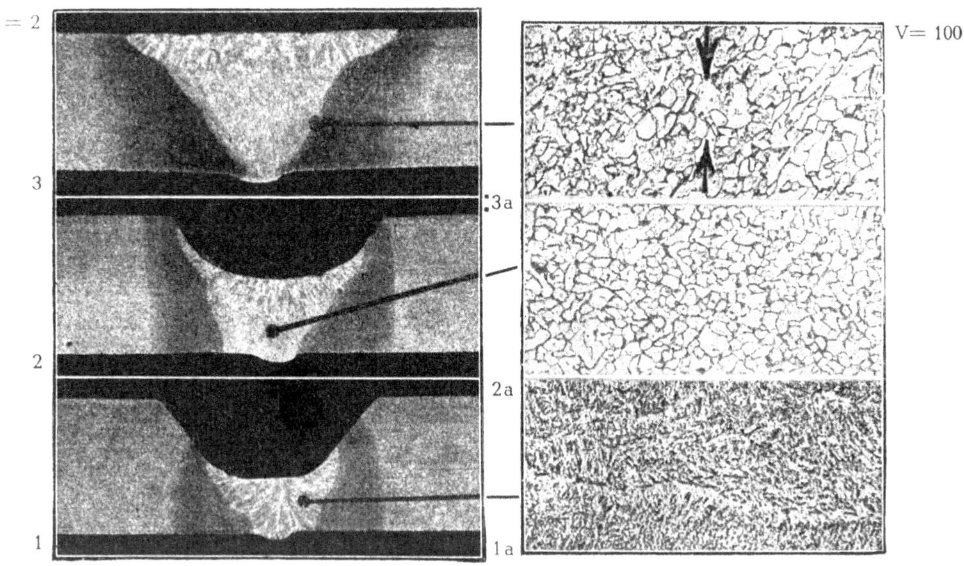

Bild 62. Gefügeverbesserung durch Mehrlagenschweißung (nach *K. Tewes* [130])

Auch dieser Vorgang kann im wesentlichen als ein Normalglühen angesehen werden, Bild 62, so daß die Eigenschaften des Schweißgutes in den unteren Lagen verbessert werden. Die Abbildung zeigt den Werdegang einer Dreilagenlichtbogenschweißung, hergestellt mit einer hochwertigen Mantelelektrode. An dem Makrobild der ersten Lage sind die stengelige Ausbildung des Gefüges und die Wärmeumwandlungszone in den Werkstückrändern (dunkle Zonen) deutlich zu erkennen. Das Mikrobild 1 a bestätigt das Strahlengefüge. Die Teilbilder 2 und 2 a zeigen, daß die erste Lage durch die darüber gelegte gut durchgeglüht worden ist, wie im Makrobild schon mit bloßem Auge an dem Verschwinden des Strahlengefüges zu erkennen ist. Derselbe Vorgang tritt beim Auftragen der letzten Lage auf. Die Glühwirkung kann unter Umständen so weit gehen, daß auch der überhitzte Grundwerkstoff am Übergang noch feinkörnig wird, wie Teilbild 3 a erkennen läßt. Lediglich die letzte, obere Lage bleibt grobkörnig. Eine Mehrlagenschweißung hat daher im allgemeinen ein feineres Gefüge und besseres Formänderungsvermögen als eine Schweißung mit einer dicken Elektrode in einer Lage.

Mit zunehmendem Kohlenstoffgehalt wird die Gefahr zu starker Abschreckwirkung und damit Härtung und Versprödung immer stärker. Das führt zu besonderen Maßnahmen beim Schweißen von St 52 und

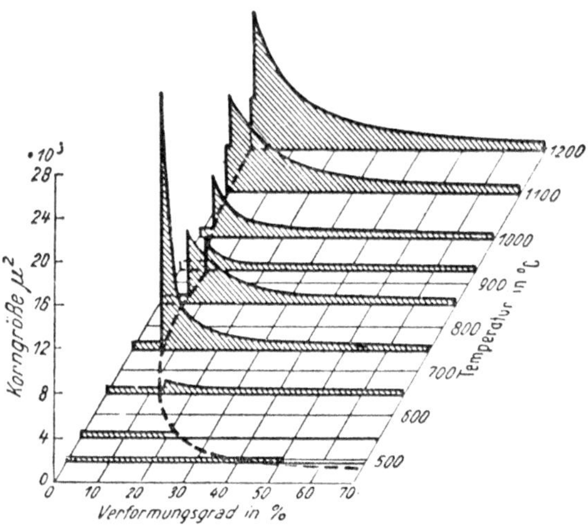

Bild 63. Rekristallisationsschaubild von Weicheisen (0,05 % C) (nach *Hanemann*)

höher kohlenstoffhaltigen Stählen (S. 168). Bei allen härtbaren Stählen entstehen in der Nähe der Schweiße H ä r t u n g s z o n e n. In diesem Bereich besteht die Gefahr von Härterissen, die durch hohe Sprödigkeit begünstigt werden. Das sicherste Mittel zur Beseitigung der Härtungszonen besteht im Ausglühen des ganzen Werkstückes.

Bei g e h ä r t e t e n und v e r g ü t e t e n S t ä h l e n geht die Wirkung der Wärmebehandlung in der Nähe der Schweißnaht verloren. Die Schweiße selbst wird durch schnelle Wärmeableitung meistens hart, unter Umständen härter als der Werkstoff, wenn es sich um angelassenen Stahl handelt. Die benachbarten Zonen werden ausgeglüht und weicher als der Grundwerkstoff. Daran schließen sich angelassene Zonen mit steigender Härte an, die in den unbeeinflußten Grundwerkstoff übergehen. Die Erweichungszone kann vermieden oder sehr schmal gehalten werden, wenn das Werkstück mit Ausnahme der zu schweißenden Stelle während des Schweißvorganges in Wasser liegt; jedoch hängt die Anwendbarkeit dieses Verfahrens weitgehend von der Zusammensetzung des Stahles ab (S. 197).

In kaltverformten Werkstoffen treten beim Erwärmen Gefügeänderungen auf, die von der Temperatur und dem Verformungsgrad abhängig sind. An den Gleitflächen und Korngrenzen der verformten Kristallite entstehen neue Körner. Dieser Vorgang wird als Rekristallisation bezeichnet. Meistens ist damit eine Kornvergröberung verbunden, wie aus dem Rekristallisationsschaubild von Weicheisen hervorgeht, Bild 63. Das Korn wird grob, wenn wenig Gleitlinien vorhanden sind, d. h. bei geringer Kaltverformung. Ein kritischer Bereich mit starker Kornvergröberung und Abfall der Kerbschlagzähigkeit liegt bei Verformungsgraden zwischen 5 und 20 % und Glühtemperaturen oberhalb 650° (sehr ausgeprägt bei 7 bis 8 % und 750°).

Neigung zur Kornvergröberung besteht beim Schweißen dann, wenn die Schweißfugen durch Aufmeißeln bearbeitet worden sind. Durch genügend tiefen Einbrand, wobei die kalt bearbeitete Schicht aufgeschmolzen wird, kann die Erscheinung verhindert werden. Auch das Runden von Kesselschüssen, Kaltrichten von Werkstücken und sonstige Kaltverformungen vor dem Schweißen können sich ungünstig auswirken.

Bei höheren Verformungsgraden über 20 % und Glühtemperaturen über 600° tritt Kornverfeinerung ein. Hiervon kann, vor allem bei der Gasschmelzschweißung, durch Hämmern und Walzen der Schweißnähte zur Verbesserung der Gütewerte Gebrauch gemacht werden [132].

VIII. PRAKTISCHE AUSFÜHRUNG DER SCHWEISSUNG VON STAHL

1. Vorbereitung und Hilfsmittel zum Schweißen

Sollen zwei Werkstücke stumpf (auf Stoß) zusammengeschweißt werden, so können sie bei geringer Blechdicke ohne Abschrägung der Kanten mit einer I - N a h t verbunden werden (DIN E 1912, S. 104). Um Durchbrennen zu vermeiden, werden, wenn angängig, Unterlagen aus Kupfer oder Kohle verwendet.

Bei Blechdicken über 4 mm müssen die Kanten von Stahlwerkstücken zu einer geeigneten Fugenform bearbeitet werden. Die weitaus häufigste Form ist die V - N a h t , Bild 64. Der Fugenwinkel schwankt zwi-

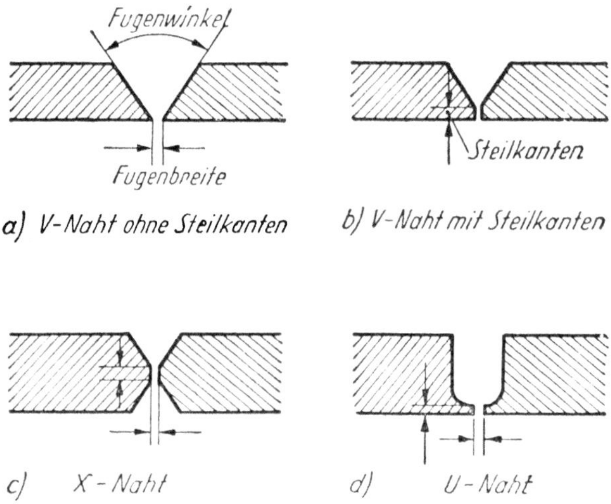

Bild 64 Stoßnahtformen

schen 60^0 und 90^0; üblich sind 60^0 bis 70^0. Die Fugenbreite (Abstand der Unterkanten der beiden Bleche) beträgt bis 3 mm und richtet sich nach der Unterlage sowie nach Art und Durchmesser der Elektrode. Die Abschrägung der Bleche wird entweder bis zur Unterkante durchgeführt, Bild 64 a, oder man beläßt unten Steilkanten von wenigen mm Höhe, Bild 64 b. Diese Ausführung wird bei dickeren Blechen angewandt und verhindert zu starkes Durchhängen der ersten Lage, kann aber bei unsachgemäßer Ausführung auch zu ungenügendem Durchschweißen Veranlassung geben. Fugenwinkel und Fugenbreite werden durch die Elektrode und die Ausführung der Schweißarbeit bestimmt. Der Einbrand und die Fähigkeit, gut in die Wurzel einzudringen, ist bei den einzelnen Elektrodensorten verschieden. Wenn keine Möglichkeit besteht, von der Wurzelseite nachzuschweißen, muß auf gutes Durchschweißen besonders geachtet werden.

Bei Blechdicken über etwa 14 mm wird die X-Naht gewählt, Bild 64 c, sofern der Schweißer von beiden Seiten an das Werkstück herankommen kann. Bei dieser Nahtform ist vor allem darauf zu achten, daß in der Mitte keine Schlackeneinschlüsse verbleiben. Vor dem Schweißen der Gegenseite ist sorgfältige Reinigung und Entfernung etwa durchgelaufener Werkstoff- und Schlackentropfen unerläßlich. Die X-Naht zeichnet sich gegenüber der V-Naht wegen des kleineren Nahtquerschnittes durch geringeren Elektrodenverbrauch, kürzere Arbeitszeiten und weniger starke Verwerfungen der Werkstücke aus.

Ist das Werkstück nur von einer Seite zugänglich, so wird bei größeren Blechdicken statt der V-Naht die U-Naht (Kelch- oder Tulpennaht) gewählt, Bild 64 d. Hierdurch wird vermieden, daß die Menge des einzuschweißenden Zusatzstoffes zu stark mit der Blechdicke anwächst. Die Ausarbeitung wird jedoch verteuert. Bei sehr dicken Blechen, die von beiden Seiten zugänglich sind, kann die U-Naht auch als doppelseitige U-Naht ausgeführt werden (DIN E 1912, S. 104). Auch die Steilkantennaht wird angewandt (S. 181).

Kehlnähte erfordern im allgemeinen keine besondere Vorbereitungsarbeit. Die übrigen der in DIN E 1912 dargestellten Nahtformen sind Sonderausführungen und werden verhältnismäßig selten angewandt. Die Vorbereitung der Schweißkanten und das Ausschneiden der Bleche geschieht bei Stahl in der Regel durch Brennschneiden (Anhang „Schneiden“, S. 267). Mechanische Nacharbeit sauber gebrannter Kanten ist nicht erforderlich. Auf die Gütewerte der Schweißverbindungen übt dieses Verfahren bei richtiger Arbeitsausführung keinen schädlichen Einfluß aus. Nur bei härtbaren Stählen über 80 kg/mm² Festigkeit kann durch die dünne Oxydhaut auf der Schnittkante unter Umständen die Schweißarbeit etwas beeinträchtigt werden [133]). Wertvolle Dienste in der Schweißwerkstatt leistet auch das Fugenhobeln, eine Abart des Brennschneidens (S. 268). Neben der Beseitigung von Fehlstellen wird es in erster Linie zum Freilegen der Nahtwurzel von V-Nähten und für das Lösen von Kehlnähten angewandt [134]).

Bei nicht brennschneidbaren Werkstoffen (Nichteisenmetalle, Gußeisen und bestimmte hochlegierte Stahlsorten) erfolgt die Vorbereitung der Nahtkanten durch spanabhebende Bearbeitung. U-Nähte müssen auch bei Stahl in dieser Weise vorbereitet werden. Verfahren, die ein Brennschneiden hierbei ermöglichen, befinden sich in der Entwicklung. Dünne Bleche unter 3 mm Dicke werden mit der Blechschere geschnitten. Je nach Art der Werkstücke sind zur vorhergehenden Formgebung weitere Maschinen, wie Abkantmaschinen, Biegewalzen, Loch- und Stanzmaschinen und gegebenenfalls Vorrichtungen zur Warmformgebung erforderlich.

Nicht gebrannte Teile sollen vor dem Schweißen g e r e i n i g t werden, besonders von Rost, Öl und Farbe. Diese Bestandteile erschweren das Zünden des Lichtbogens; sie verschlacken und können als Einschlüsse vom Schweißbad aufgenommen werden. Zum Teil verdampfen sie und

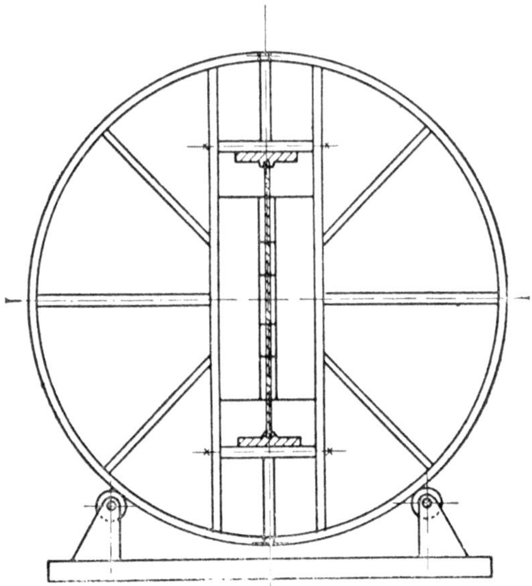

Bild 65. Spann- und Drehvorrichtung für Brückenträger

belästigen und gefährden den Schweißer. Vor allem sind Bleifarbenanstriche (Mennige) sehr gefährlich. Lassen sich schädliche Dämpfe nicht vermeiden, so müssen die Schweißer Atmungsschützer (Respiratoren) tragen. — Neuere Schweißtische mit gelochten oder rostartigen Tischplatten ermöglichen das Absaugen der Schweißgase nach unten.

Die Teile werden durch besondere Heftanordnungen (Schraubzwingen) in der richtigen Lage zum Schweißen festgehalten oder besser durch H e f t s c h w e i ß u n g e n aneinander befestigt. Sie können dann ohne Unterbrechung geschweißt werden. Auch A u f s p a n n t i s c h e haben sich bewährt, auf denen die Teile aufgerissen, zusammengebaut, geheftet und geschweißt werden können. Dünne Bleche werden durch Einspannvorrichtungen in der richtigen Schweißlage festgehalten[135]).

Bild 66. Geschweißte Stütze im Rhönrad

Um das Schweißen in senkrechter und Überkopflage möglichst zu vermeiden und waagerechte Kehlnähte in „Wannenlage" (beide Bleche sind unter 45^0 zur Waagerechten geneigt) schweißen zu können, werden heute selbst bei größten Werkstücken entsprechende Dreh- und Kippvorrichtungen angewandt. Bessere Schweißarbeit bei gleichzeitiger Arbeitszeitersparnis sind die Folge[136]). Nachrichtarbeiten können vermindert werden oder ganz entfallen. Für das Schweißen großer Brückenträger in der Werkstatt und auf der Baustelle sind Dreh- und Spannvorrichtungen in Form von großen Rädern üblich, Bild 65.

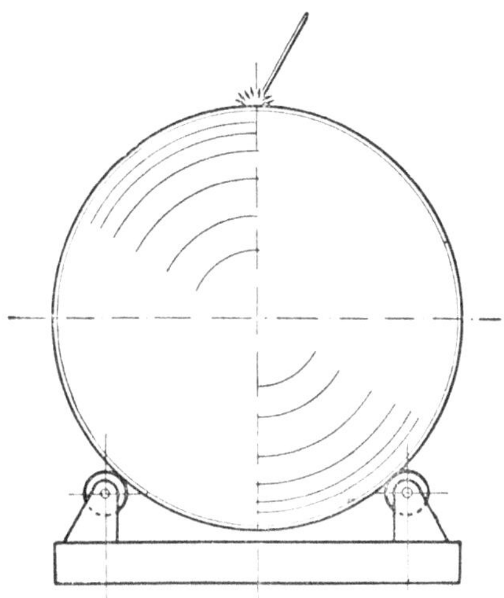

Bild 67. Rollenbock zum Schweißen von Dampfkesseln

Das Schweißen der Längsnähte wird dadurch wesentlich erleichtert[137]). Bild 66 zeigt eine geschweißte Stütze in einem derartigen Rhönrad. Im Kesselbau dienen Rollenböcke, Bild 67, zur Aufnahme des Werkstückes. Auf diesen Böcken kann der Kessel stets in die für die Schweißarbeit günstige Lage gedreht werden. Häufig sind die Rollen mit einem mechanischen Antrieb ausgerüstet, so daß die Rundnähte fortlaufend geschweißt werden können. Das führt in das Gebiet der automatischen Lichtbogenschweißung.

2. Festlegung der Schweißbedingungen

Für die Auswahl der Elektrodensorte sind maßgebend: Schweißeigenschaften der Elektrode, Gütewerte der damit geschweißten Nähte und Elektrodenpreis. Über die Schweißeigenschaften und Elektrodenpreise wurde bereits im Abschnitt VI das Erforderliche ausgeführt (S. 80 bzw. 90). Hinsichtlich der Gütewerte ist zu sagen, daß mit ummantelten Elektroden geschweißte Nähte sich durch wesentlich besseres Formänderungsvermögen (große Dehnung, Einschnürung und Biegewinkel) und durch höhere Kerbschlagzähigkeitswerte auszeichnen. Ummantelte Elektroden sind überall dort anzuwenden, wo diese Eigenschaften und hohe Dauerfestigkeit von den Schweißnähten verlangt werden, vorzugsweise im Brückenbau, Dampfkesselbau und in vielen Sonderfällen des Apparatebaues, Maschinenbaues usw. Die Gütewerte

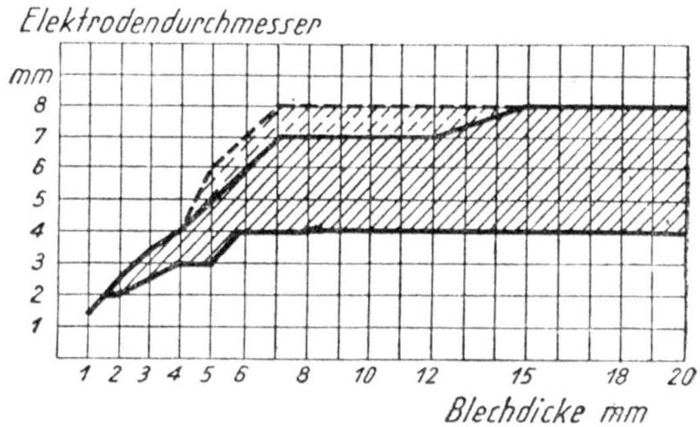

Bild 68. Übliche Elektrodendurchmesser in Abhängigkeit von der Blechdicke bei waagerechter Schweißlage

der mit nackten Elektroden geschweißten Nähte reichen fast immer aus, wenn es sich um die Aufnahme ruhender Belastungen bei gewöhnlicher Temperatur handelt und wenn keine Formänderungen oder schlagartige Beanspruchungen auftreten. Dünn umhüllte und Seelenelektroden nehmen eine Mittelstellung ein, nähern sich jedoch mehr den nackten als den dick umhüllten Elektroden.

Der Elektrodendurchmesser wird beim Schweißen in waagerechter Lage in erster Linie mit Rücksicht auf die Blechdicke gewählt. In Bild 68 zeigt das schraffierte Gebiet die üblichen Elektrodendurchmesser für verschiedene Blechdicken. Dickere Elektroden bis 10 mm ⌀ und darüber kommen zwar auch vor, werden aber selten gebraucht, da die Güte der Schweiße in Frage gestellt ist und die gewöhnlichen Schweißmaschinen die erforderliche Stromstärke nicht hergeben. Nackte Elektroden über 5 mm ⌀ sind bei Stahl ungebräuchlich. Für senkrechte und Überkopfnähte werden meistens 3 oder 4 mm ⌀ gewählt.

Die gebräuchlichsten Elektrodendurchmesser sind 3,25, 4 und 5 mm. Bei dünnen Blechen kommen auch 1, 1,5, 2, 2,5 und 3 mm ⌀ vor (S. 177). 7 und 8 mm ⌀ und darüber werden nur bei sehr dicken Blechen verwendet, und zwar aus wirtschaftlichen Gründen, wenn dem keine sonstigen Erwägungen entgegenstehen.

Wurzellagen werden gern mit Elektroden von 3 oder 4 mm ⌀ geschweißt, wenn man keine Unterlagen anbringen kann. Die Elektrode muß einerseits gut in die Wurzel eindringen, andererseits muß zu starkes Aufschmelzen und Durchlaufen vermieden werden. Auch für wurzelseitiges Nachschweißen sind häufig dünne Elektroden zu verwenden, weil meistens nur schmale Nähte nötig sind. In allen Fällen, wo Gefahr der Schweißempfindlichkeit oder Schweißnahtrissigkeit besteht, muß man mit der Verwendung dünner Elektroden an dickeren Blechen sehr vorsichtig sein, weil Abschreckung, Versprödung und Risse eintreten können.

Allgemein kann gesagt werden, daß man zweckmäßig so dicke Elektroden verwendet, wie es die Verhältnisse erlauben, um möglichst viel Zusatzstoff in der Zeiteinheit abzuschmelzen. Die obere Grenze ist durch metallurgische und Wärmeverhältnisse gegeben. Mehrlagenschweißungen sind metallurgisch zu bevorzugen wegen der Ausglühwirkung durch die jeweils obere Lage. In bezug auf die Ausbildung von Schrumpfungen und Schrumpfspannungen sowie zur Erzielung günstiger stofflicher Eigenschaften gibt es für jeden Fall einen günstigsten Elektrodendurchmesser, der meistens in den mittleren Bereichen liegt [138]).

Die S c h w e i ß s t r o m s t ä r k e ist in erster Linie von Elektrodensorte und -durchmesser abhängig, kann aber bei gleicher Elektrode in ziemlich weiten Grenzen schwanken, wie bereits früher ausgeführt wurde, Bild 52 (S. 84). Der Schweißvorgang erfordert eine bestimmte W ä r m e m e n g e. Sie wird vom Lichtbogen zugeführt und durch das Werkstück und die umgebende Luft abgeleitet. Wenn die Wärmeableitung stärker ist, z. B. bei großen Werkstücken, muß auch die Wärmezufuhr erhöht werden. Sie wird durch die Stromstärke geregelt, da die Spannung ziemlich konstant ist. Wird im Verhältnis zur Größe des Werkstückes zu niedrige Stromstärke eingestellt, so kann der Lichtbogen kein genügendes Schweißbad aufschmelzen. Es tritt Kaltfließen ein, d. h. die Schweißraupe legt sich ohne genügenden Einbrand auf oder an das Werkstück. Ist die Stromstärke zu hoch, so werden die Fugenkanten zu stark aufgeschmolzen, und bei dünneren Blechen werden Löcher gebrannt. Bei weiterer Erhöhung wird die Elektrode glühend und schmilzt so schnell ab, daß der Einbrand im Werkstück wieder schlechter wird und endlich kaum noch vorhanden ist.

Die **Wärmezufuhr** wird nicht nur durch die Stromstärke geregelt, sondern mittelbar auch durch Schweißgeschwindigkeit und Elektrodenführung. Bei höherer Schweißgeschwindigkeit muß die Stromstärke gesteigert werden, wenn gleiche Aufschmelzung des Werkstückes und damit gleicher Einbrand erzielt werden sollen.

Umgekehrt liegen die Verhältnisse beim Schweißen breiter Nähte mit Pendelbewegung und in noch höherem Maße beim Aufbau einer stehenden Naht durch dreieckige Elektrodenführung, Bild 91 b (S. 145). Die Wärmequelle wird in diesen Fällen nur langsam fortbewegt. Damit die Wärmezufuhr nicht zu stark wird, muß die Stromstärke erniedrigt werden.

Die Art der Schweißfuge ist von Einfluß, weil hierdurch die **Wärmeableitung** maßgeblich mitbestimmt wird. Am größten ist sie bei T-Verbindungen, da hier die Wärme in drei Richtungen fortgeleitet wird, Bild 69 a. Die Wärmeleitung durch das Werkstück überwiegt bei

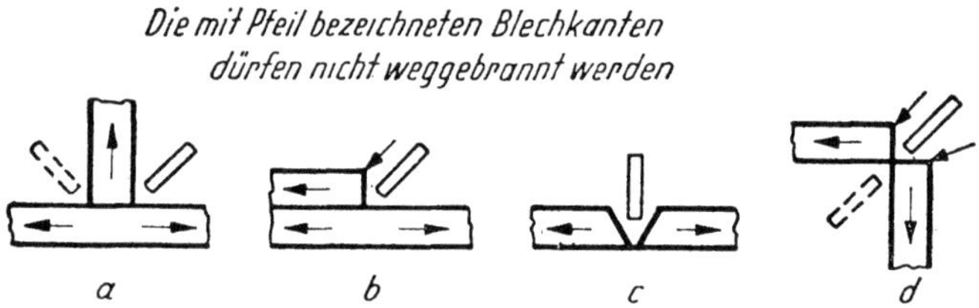

Bild 69. Die Wärmeableitung bei verschiedenen Schweißverbindungen

weitem die Wärmeabgabe an die Luft. Bei Kehlnähten an überlappten Blechen liegen die Verhältnisse ähnlich. Wird bei dünneren Blechen die Schweißnaht in einer Lage ausgeführt, so muß darauf geachtet werden, daß die freie Kante nicht weggebrannt wird, Bild 69 b. Die Stromstärke wird zweckmäßig herabgesetzt. Aus Stumpf- und Ecknähten wird die Wärme nur in zwei Richtungen fortgeleitet, Bild 69 c und d. Die Stromstärke muß dementsprechend geringer gewählt werden. Beim Schweißen der äußeren Ecknaht wird die Stromstärke mit Rücksicht auf die freien Kanten noch kleiner eingestellt als für die innere Naht, Bild 69 d.

Werden viele schmale oder flache Lagen mit dünnen Elektroden geschweißt, so tritt der Einfluß der Schweißfuge zurück. In diesen Fällen kann die Stromstärke allein entsprechend dem Elektrodendurchmesser gewählt werden. Ausgenommen sind Wurzellagen von V-Nähten, die ohne Unterlage geschweißt werden, und von X-Nähten. Die Stromstärke muß hier genau eingestellt werden, damit einerseits guter Einbrand erreicht wird, und andererseits der Zusatzstoff nicht zu weit durchläuft und Tropfen auf der Unterseite bildet.

Beim Schweißen in senkrechter Lage muß die Stromstärke niedriger eingestellt werden als in waagerechter Lage, damit das Schweißbad klein gehalten wird. Das gilt besonders für dick umhüllte Elektroden.

In Überkopflage wird die Stromstärke teilweise wieder höher eingestellt als für Senkrechtschweißung, dafür muß die Elektrode schneller geführt werden. Nackte und dünn umhüllte Elektroden sind hierbei weniger empfindlich gegen zu hohe Stromstärke, weil der Schmelzfluß träger ist und das Schweißbad schneller erstarrt.

3. Praktische Ausführung der Schweißarbeit

Je nach Lage der Schweißnaht im Raum wird unterschieden zwischen Waagerecht-, Senkrecht- und Überkopfschweißung. Die Schweißlagen

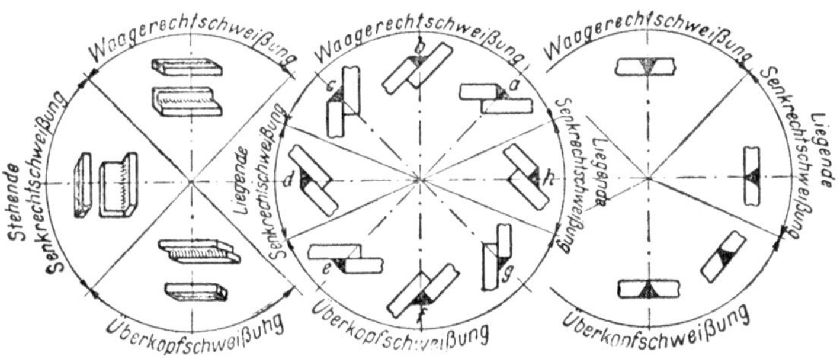

Bild 70. Die verschiedenen Schweißlagen

gehen aus Bild 70 hervor. Sie erfordern eine jeweils darauf abgestimmte Arbeitstechnik.

a) Schweißung in waagerechter Lage. *α*) Ummantelte Elektroden. Durch Auftupfen der Elektrodenspitze auf das Werkstück wird der Lichtbogen gezündet. Bei Neigung zum Kleben gibt man der Spitze im gleichen Augenblick eine leichte seitliche Bewegung. Wenn die Spitze mit Umhüllung oder Schlacke überzogen ist, wird sie zunächst kräftig auf einen harten Gegenstand aufgestoßen.

Die Länge des Lichtbogens ist bei den einzelnen Elektrodensorten verschieden. Manche schweißen am besten, wenn mit der etwas überstehenden Umhüllung die Fugenkanten berührt werden. Bei anderen Elektroden soll die Spitze frei geführt werden und darf nicht mit der Schlackenschicht auf dem Schmelzbad in Berührung kommen, weil dadurch Schlacke in die offene Schweißfuge vorlaufen kann.

Der Schlackenfluß bestimmt auch die Neigung der Elektrode. Der Lichtbogen treibt die Schlacke in Richtung der Elektrodenspitze weg. Je flacher die Elektrode zur Schweißfuge geneigt wird, um so mehr wird die Schlacke rückwärts auf die fertige Naht geblasen. Sie soll aber nicht vollständig vom Schmelzbad weggetrieben werden, sondern soll nur daran gehindert werden, in die offene Schweißfuge vorzulaufen und als Einschluß in die Schweiße zu gelangen. Die Schlacke muß während des Schweißens beobachtet und danach die Neigung der Elektrode eingestellt werden. Durch das Schutzglas sieht die Schlacke heller als das Eisen aus und kann meistens gut davon unterschieden werden. Schweißt man dicke oder breite Nähte, so muß die Elektrode ziemlich flach gehalten werden, um die Schlacke zurückzuhalten. Bei dünnen und schmalen Nähten kann die Elektrode steiler und oft sogar fast senkrecht gehalten werden. Schlackenfluß und Neigung der Elektrode werden auch durch die Blaswirkung des Lichtbogens (S. 147) maßgeblich beeinflußt.

Man kann schmale Nähte schweißen, indem man die Elektrode langsam nur in Schweißrichtung vorbewegt. Breite Nähte werden durch zusätzliche seitliche Pendelbewegungen erzielt. Die Wahl

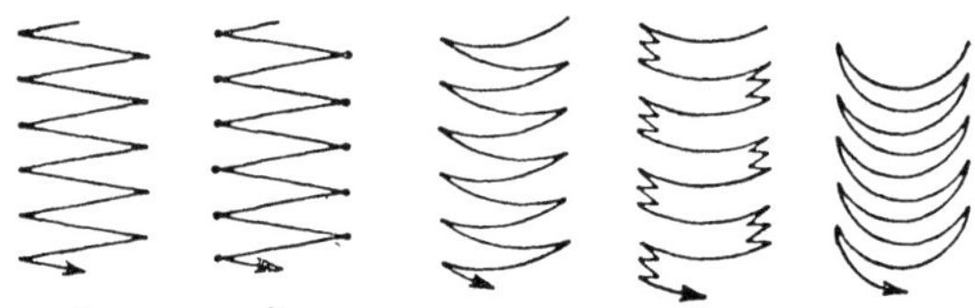

Bild 71. Pendelbewegungen für ummantelte Elektroden in waagerechter Schweißlage

hängt von den Abmessungen der Schweißfuge ab. Die Pendelbewegungen können auf verschiedene Weise ausgeführt werden, wie Bild 71 zeigt. Für manche Elektroden werden von den Herstellern darüber Anweisungen gegeben, die zu beachten sind. Bild 72 stellt einige fehlerhaft geschweißte Nähte einer einwandfreien gegenüber.

Am Ende der Schweißnaht bildet sich ein Endkrater aus, besonders bei Elektroden mit oxydierender Umhüllung. In sauerstofffreier Gasatmosphäre entsteht kein Krater. Als maßgebend für die Kraterbildung wird die Gasaufnahme im flüssigen Schweißbad unter dem Lichtbogen und die Stärke der Gasausscheidung bis zur Erstarrung betrachtet [139]. Stärkere Ausscheidung wirkt der Kraterbildung entgegen. Praktisch kann der Krater vermieden werden, indem die Elektrode kurz vor dem Abreißen des Lichtbogens einen Augenblick zur Seite (vor oder neben die Raupe) gehalten wird. Wenn die Naht mit einer neuen Elektrode weitergeführt wird, fängt man kurz vor dem Krater auf der fertigen Naht an zu schweißen und führt dazu nötigenfalls eine kurze rückläufige Bewegung aus. Auf diese Weise läßt sich erreichen, daß die durch den Elektrodenwechsel entstandene Unterbrechungsstelle kaum zu sehen ist, und daß Bindefehler vermieden werden. Kraterendrisse werden vor dem Ansetzen einer neuen Elektrode zweckmäßig ausgeschliffen.

Die Lagenzahl richtet sich nach der Blechdicke bzw. der verlangten Kehlnahtdicke und nach dem Elektrodendurchmesser. Die erste Lage einer V- oder Kehlnaht wird ohne Pendelbewegung geschweißt; die Elektrode wird dabei symmetrisch zu den Schweißkanten gehalten, Bild 73 a bis c. Beim Verschweißen ungleich dicker Bleche wird die Elektrode so geführt, daß der Lichtbogen stärker auf das dickere Blech gerichtet ist, Bild 74. V-Nähte sind am schwierigsten in

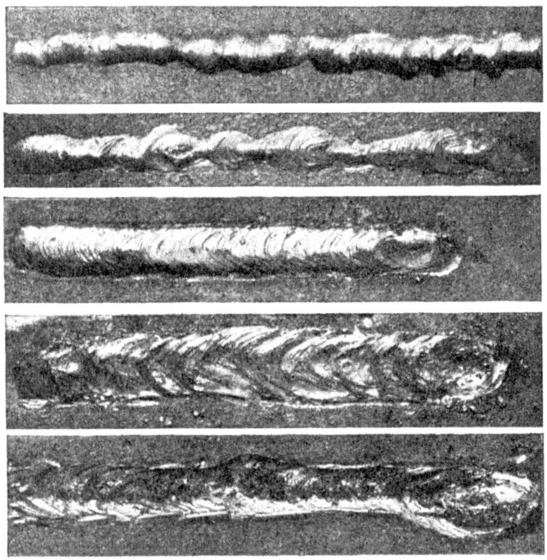

Zu geringe Stromstärke

Ungleichmäßige Elektrodenführung

Richtige Stromstärke

Zu langer Lichtbogen und reichlich hohe Stromstärke

Zu hohe Stromstärke (Elektrode mit oxydierender Umhüllung; die Schlacke ist auf der Schweißnaht festgebrannt)

Bild 72. Fehlerhaft und richtig geschweißte Nähte, mit ummantelten Elektroden ausgeführt

der Wurzel zu schweißen. Gutes *Durchschweißen* ist dabei wichtigste Forderung. Ist die Fugenöffnung zu klein, die Stromstärke zu niedrig, oder wird die Elektrode falsch geführt, so wird in der Wurzel nicht richtig eingebrannt oder unvollkommen durchgeschweißt, wie Bild 75 zeigt. Bruchgefahr durch Kerbwirkung und stark herabgesetzte Dauerfestigkeit sind die Folge. Wird dagegen die Stromstärke zu hoch und die Fuge zu breit gewählt, so werden Löcher gebrannt und das Schweißbad läuft durch, Bild 76 a und b.

Bei zu schnellem Ziehen einer umhüllten Elektrode kommt es vor, daß sich das Schweißgut als zwei dünne Nähte auf den Fugenkanten absetzt, die durch Schlacke voneinander getrennt sind, Bild 77. Auch zu geringe Stromstärke, zu großer Durchmesser und falsche Führung der

Elektrode können schuld daran sein, daß die Schlacke vorläuft und sich als S c h l a c k e n z e i l e oder als einzelne Einschlüsse in die Mitte der Schweißnaht legt. In solchen Fällen muß die Schweißfuge wieder aufgemeißelt werden.

Die Gefahr des Durchbrennens wird vermieden, wenn eine Unterlage aus Kupfer verwandt wird, Bild 78. Sie ist erforderlich, wenn der Ab-

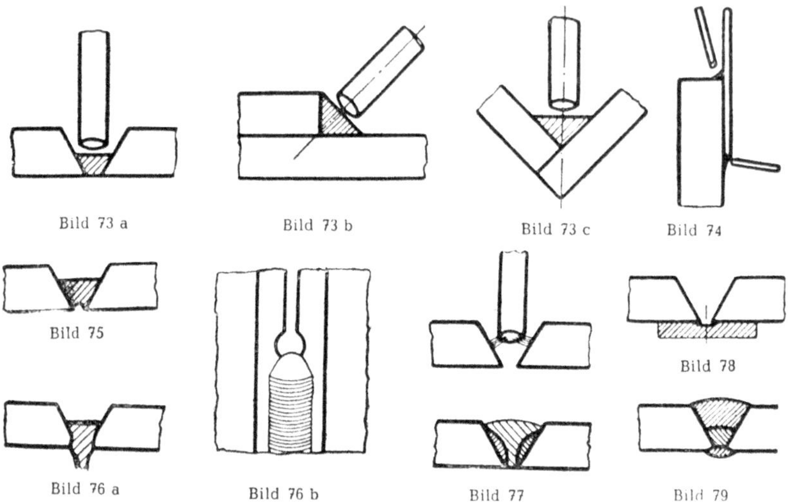

Bild 73 bis 79. Darstellung verschiedener Gesichtspunkte beim Schweißen

stand der zu schweißenden Bleche (Fugenbreite) zu groß ist. Wenn irgend möglich, soll auf der Wurzelseite nachgeschweißt werden, Bild 79. Die Güte der Schweißnaht wird dadurch wesentlich gesteigert.

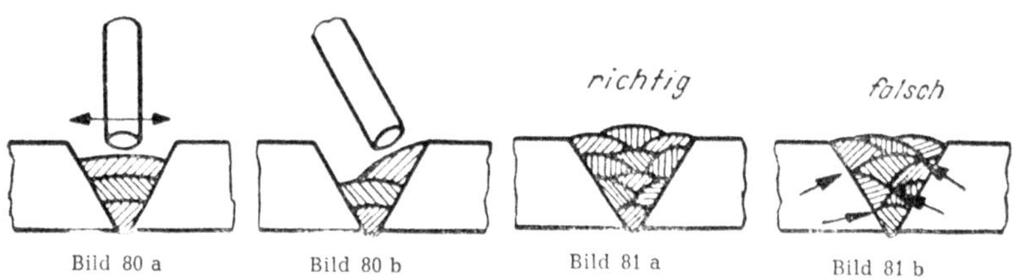

Bild 80 und 81. Mehrlagenschweißung von V-Nähten

Zweckmäßig wird die Wurzel von der Rückseite vorher aufgemeißelt oder mit dem Fugenhobler ausgebrannt.

M e h r l a g e n s c h w e i ß u n g e n werden nach Bild 80, 81 und 82 aufgebaut. Die Elektrode wird dabei seitlich geneigt, Bild 80 b, damit guter Einbrand in den Kanten erzielt wird. Eine allgemeine Anweisung, in welcher Weise die einzelnen Lagen gelegt werden, kann nicht gegeben werden, weil dies von der Blechdicke, dem Fugenwinkel und von Art und Durchmesser der Elektrode abhängt. Es ist jedoch darauf zu achten, daß die Lagen nicht in der Weise zusammenstoßen, wie es Bild 81 b darstellt, und daß nicht zu enge Winkel gebildet werden, in denen schlecht durchgeschweißt wird und der Schlackenfluß sich nicht beherrschen läßt.

Mehrere Lagen bei Kehlnähten werden zweckmäßig nach Bild 82 a geschweißt. Die Ausführung nach Bild 82 b wird seltener angewendet. Beim Schweißen nach Bild 82 c wird die erste Lage etwas breiter ausgeführt, die zweite schmal (oben) und die dritte wieder breit. Soll bei einer Kehlnaht von beträchtlicher Dicke die Oberfläche möglichst

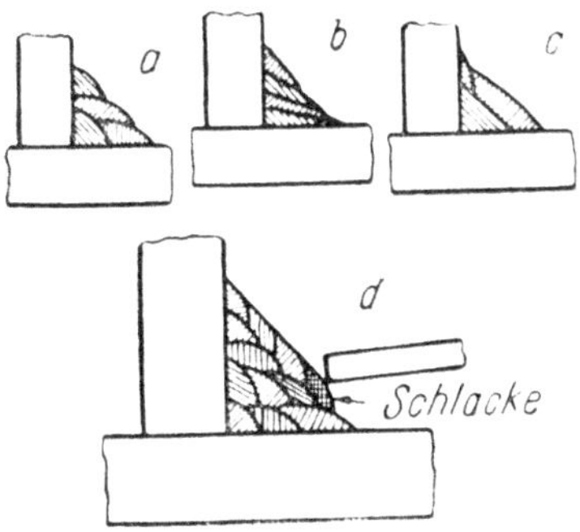

Bild 82

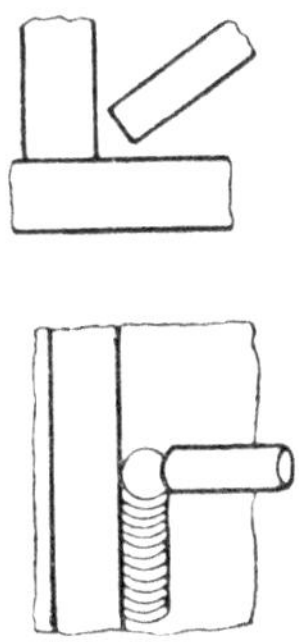

Bild 83

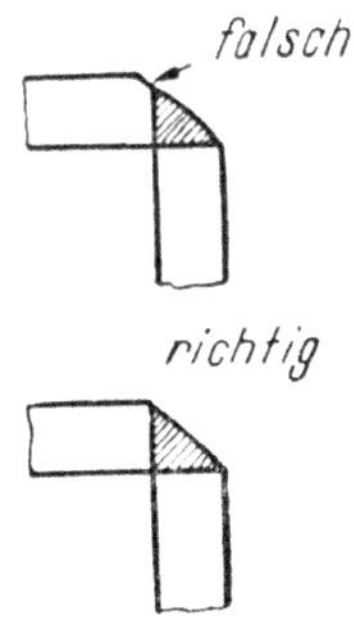

Bild 84

Bild 82, 83 und 84. Schweißen von Kehl- und Ecknähten

glatt sein, so kann man nach Bild 82 d verfahren. Die Elektrode wird fast waagerecht gehalten. Mit der obersten Lage fängt man an. Die Schlacke läuft nach unten ab und gibt der Naht ihre eigentümliche Form. Die Elektrode darf nicht zu langsam geführt werden.

Einbrandkerben bei Kehlnähten können dadurch vermieden oder verringert werden, daß die Elektrode in der Schweißrichtung nicht geneigt wird, und daß sie seitlich etwas mehr gegen das senkrechte Blech gehalten wird, Bild 83. Einbrandkerben im waagerechten Blech sind leichter zu vermeiden und — wenn sie entstanden sind — leichter wieder zuzuschweißen als im senkrechten Blech. Mit einer dünnen Naht können sie ausgefüllt werden, wobei auf glatten Übergang vom Baustoff zur Schweiße und auf Härtungsgefahr bei Stählen höherer Festigkeit zu achten ist. Ecknähte sind vorsichtig zu schweißen, Bild 84, damit die Blechkanten nicht zerstört werden (Pfeil). Zum guten Durchschweißen ist ein Spalt von 1 bis 2 mm erforderlich.

Die beiden Seiten einer X-Naht werden wie eine V-Naht geschweißt. Vor dem Schweißen der Gegenseite muß die Wurzel gut von Schlacken und Einschlüssen gereinigt werden. Bei hochwertigen Arbeiten wird rückwärtiges Auskreuzen verlangt. Um das Verwerfen der Bleche möglichst gering zu halten, empfiehlt es sich, nicht erst eine Seite fertig, sondern abwechselnd von beiden Seiten zu schweißen. Bei langen X-Nähten kann die Fugenbreite nicht immer gleichmäßig gehalten werden. Da Unterlagen kaum angewandt werden können, ist die erste Lage oft schwierig zu schweißen. Der Elektrodendurchmesser muß so gewählt werden, daß man an den engsten Stellen mit Sicherheit durchschweißt. An den Stellen, wo die Fuge breiter ist und Gefahr des Durchlaufens besteht, soll die Schweißgeschwindigkeit gesteigert werden. Die Naht wird dünn und hat unter Umständen Schlackenlöcher, die nach Ausklopfen der Schlacke zugeschweißt werden müssen. Diese minderwertige Naht kann als Unterlage für die nächste dienen. Vor dem Schweißen von der Rückseite wird sie herausgemeißelt oder -gebrannt.

Werden auch bei dickeren Blechen I-Nähte geschweißt, so müssen Unterlagen verwandt werden. Der Abstand der Bleche muß so groß sein, daß überall einwandfreier Einbrand erzielt wird.

β) Nackte, dünn umhüllte und Seelenelektroden. Nackte Elektroden neigen beim Zünden zum Festkleben. Das Zünden muß darum schnell und mit sicherer Hand ausgeführt werden, am besten durch eine leichte Schleifbewegung der Elektrodenspitze am Werkstück [140]). Ist die Elektrode festgebrannt, so kann sie ruckartig abgerissen werden. Sie wird nicht gezogen, sondern abgeknickt oder abgedreht. Der Schutzschirm darf dabei nicht vom Gesicht weggenommen werden! Wenn die Elektrodenspitze glühend geworden ist, klebt sie leichter am Werkstück fest. Man läßt sie vor neuem Zünden erst erkalten oder nimmt eine andere Elektrode.

Nackte und dünn umhüllte Elektroden sollen mit möglichst kurzem Lichtbogen gehalten werden, um stärkere Aufnahme von Sauerstoff und Stickstoff aus der Luft zu vermeiden. Die Länge des Lichtbogens darf höchstens gleich dem Drahtdurchmesser sein. Wird er zu kurz gehalten, so brennt er unregelmäßig. Bei richtiger Länge brennt der Lichtbogen mit leicht knatterndem Geräusch.

Gewöhnlich wird die Elektrode etwas in Schweißrichtung geneigt gehalten. Bei nackten Elektroden ist der Lichtbogen besonders stark der Blaswirkung unterworfen. Hierdurch wird die Neigung maßgeblich bestimmt. Die Elektrode muß oft sogar gegen die fertige Schweißnaht geneigt werden, so daß die Spitze vorgeschoben wird (S. 152). Bei Nacktdrahtschweißung soll der Lichtbogen im Gegensatz zur umhüllten Elektrode etwas vorblasen.

Zum Schweißen breiter Nähte werden nackte und leicht umhüllte sowie Seelenelektroden nach Bild 85 geführt. Die **P e n d e l b e w e g u n g e n** sollen nicht zu langsam ausgeführt werden. Die Raupe muß aussehen, als wäre sie mit einer dickeren Elektrode ohne Pendelbewegung geschweißt. Bei bogenförmigen Bewegungen, Bild 85b, sollen im Gegensatz zur dick umhüllten Elektrode, Bild 71 c bis e (S. 136), die Spitzen vorgezogen werden, damit die Blechkanten vorgewärmt werden, und guter Einbrand erzielt wird. Der Lichtbogen muß immer auf das Schmelzbad, nicht auf den kalten Werkstoff gerichtet sein. Er wird darum am vorderen Rande des Schmelzbades vorbewegt.

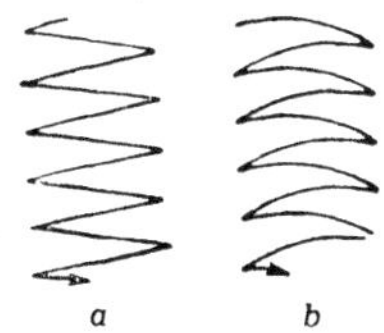

Bild 85. Pendelbewegungen für nackte Elektroden in waagerechter Schweißlage

In Bild 86 sind einige Nähte, die unter verschiedenen Bedingungen geschweißt wurden, wiedergegeben. Bei zu geringer Stromstärke oder

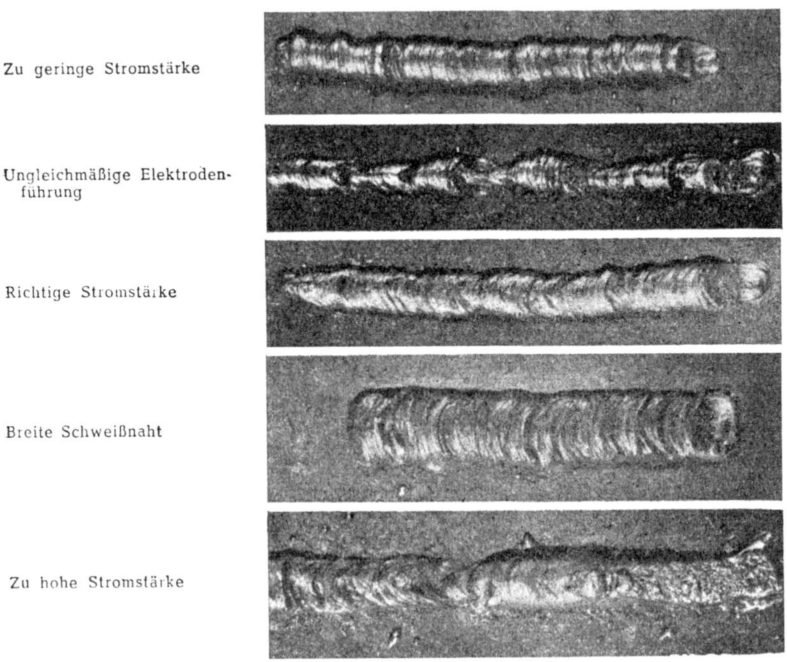

Bild 86. Fehlerhaft und richtig geschweißte Nähte, mit nackten Elektroden ausgeführt

falschem Vorschub der Elektrode wird kein genügender Einbrand erzielt [141]). Diese Gefahr ist bei nackten Elektroden wegen der geringeren Lichtbogenleistung wesentlich größer als bei ummantelten.

Das macht sich vor allem bei den Wurzellagen bemerkbar. Mit einer zu dünnen Elektrode gelingt es unter Umständen nicht, die Fugenkanten ausreichend anzuschmelzen. Die Naht „klebt" auf dem Grundwerkstoff. Die Fugenöffnung muß entsprechend groß ausgeführt werden. Elektroden von 3 mm ⌀ sind für dickere Bleche wegen der schnellen Wärmeableitung ungeeignet.

Die Schwierigkeiten einer zu großen Fugenbreite bestehen für nackte, dünn umhüllte und Seelenelektroden nicht in dem Maße wie für dick umhüllte. Zu breite Spalte lassen sich leichter überbrücken. Gegebenenfalls müssen zunächst auf den abgeschrägten Kanten Raupen aufgeschweißt werden. Mehrlagenschweißungen können in gleicher Weise, wie Bild 80, 81 und 82 a für dick umhüllte Elektroden zeigten, aufgebaut werden. Es gelingt auch, dickere Nähte mit geeigneter Elektrodenführung in einer Lage zu schweißen[142]).

Beim Schweißen der zweiten Lage von Kehlnähten können zwei verschiedene Arten der Elektrodenführung angewandt werden, die in Bild 87 dargestellt sind[143]). Die Führung ① ist eine einfache, in schräg nach hinten geneigter Richtung vorwärts schreitende Auf- und Abwärtsbewegung, die an der Oberkante der Lage etwa um die doppelte Elektrodendicke zurück und darauf die gleiche Strecke wieder vorwärts geht. Diese Bewegung hat den Zweck, an der Oberkante mehr Werkstoff niederzuschmelzen, da bei der Abwärtsbewegung der Elektrode ein Teil des Werkstoffes mit heruntergezogen wird. Durch die schräge Elektrodenführung wird erreicht, daß zuerst unten eingebrannt wird. Kaltschweißung durch herunterlaufenden Zusatzstoff wird vermieden.

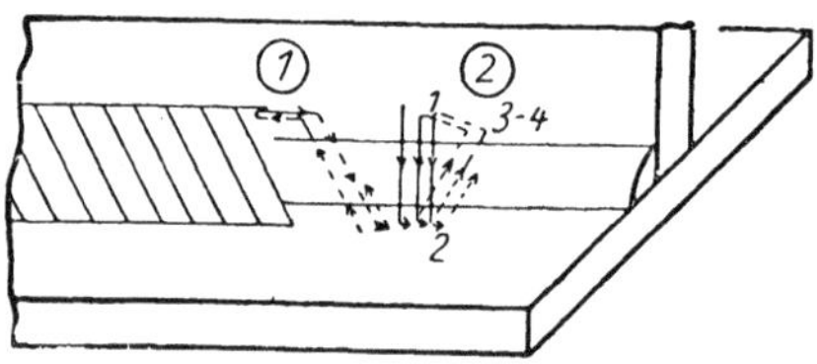

Bild 87. Elektrodenführung bei Kehlnähten (nach *J. Krakat*)

Die Führung ② ist eine Dreieckschweißung. Man zieht gerade abwärts im Takt 1 bis 2 und weiter von unten nach vorwärts oberhalb der Raupe im gleichen Takt 3. Am höchsten Punkt hält man die doppelte Zeit (indem man 3 bis 4 zählt), um dann im einfachen Takt wieder auf 1 zu gehen. Auf diese Weise wird erreicht, daß oberhalb der Raupe die doppelte Menge an Werkstoff niedergeschmolzen wird.

b) Schweißung in senkrechter Lage. *α*) Ummantelte Elektroden. Beim Schweißen in senkrechter Lage muß der Lichtbogen möglichst kurz gehalten werden, da das leichtflüssige Schmelzbad sonst herabläuft. Aus dem gleichen Grunde ist meistens ein Pendeln der Elektrode erforderlich, die nicht zu lange an einer Stelle gehalten werden darf. Senkrechte Schweißnähte werden dünner und breiter als waagerechte ausgeführt. Die Elektrode wird ungefähr im rechten Winkel oder mit leichter Neigung nach oben gegen die Schweißrichtung gehalten. Es sind zu unterscheiden: Stehende Nähte (Schweißrichtung von unten nach oben oder umgekehrt) und waagerechte oder schräge Nähte an senkrechter Wand.

Bei stehenden Nähten muß die Schlacke unterhalb der Elektrodenspitze gehalten werden. Sie ist leichtflüssiger als das Eisen. Beim Schweißen von unten nach oben soll sich die Schlacke wie bei

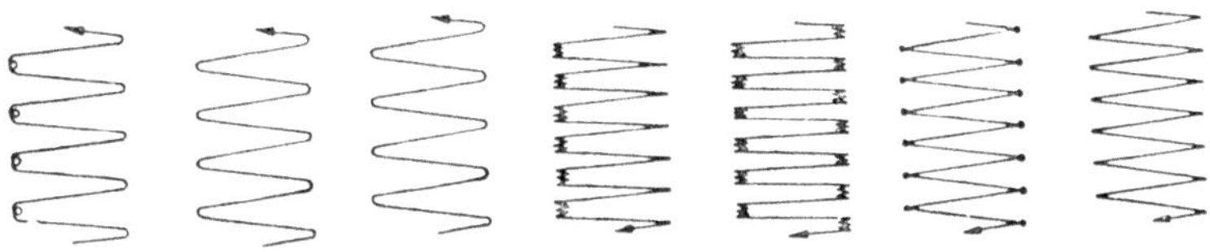

a c c d e f g

Bild 88. Pendelbewegungen für umhüllte Elektroden in senkrechter Schweißlage

der Waagerechtschweißung als Schutz über die Schweißnaht legen. Beim Schweißen von oben nach unten (abwärts) kann sich die Schlacke nicht absetzen, man läßt sie vielmehr heruntertropfen. Die Bewegungen müssen bei dieser Schweißrichtung schneller ausgeführt werden; die Nähte werden deshalb dünner als in umgekehrter Richtung. Wenn die Schlacke beim Abwärtsschweißen sich oberhalb der Elektrodenspitze

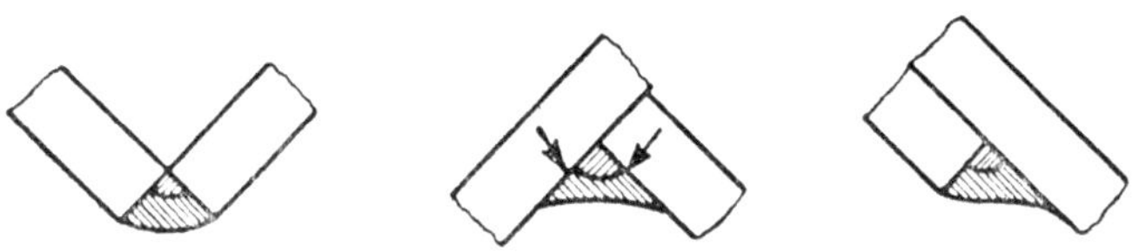

a b c

Bild 89. Verschiedene senkrecht geschweißte Kehlnähte

festsetzt, so treibt man sie mit einigen schnellen Bewegungen (Schlakkenziehen) herunter.

Wurzellagen sowohl von V-Nähten als auch von Kehlnähten werden zweckmäßig nach Bild 88 a oder e ausgeführt. Die oberen Lagen werden so gelegt, wie es der gewählten Elektrode und den sonstigen Schweißbedingungen am besten entspricht. Eine Führung nach Bild 88 c oder f erleichtert das Abschmelzen an den Seiten, läßt weniger leicht Einbrandkerben entstehen und wird darum vorteilhaft bei Kehlnähten nach Bild 89 b angewendet. Die Elektrode nach Bild 88 d oder g zu führen, empfiehlt sich bei Kehlnähten nach Bild 89 c.

Aufwärtsschweißung ergibt guten Einbrand und meistens ein Übermaß der Kehlnaht, deren Oberfläche nach außen vorgewölbt wird. Beim

Abwärtsschweißen ist der Einbrand im allgemeinen weniger tief, es ergibt sich aber eine verhältnismäßig glatte, nach innen gewölbte Oberfläche. Die W u r z e l l a g e von Kehlnähten wird oft zweckmäßig aufwärts geschweißt, um guten Wurzeleinbrand zu gewährleisten. Auch Ecknähte nach Bild 89 a können gut von unten nach oben geschweißt werden, da hierbei ein Übermaß vorteilhaft ist. Wird in mehreren Lagen geschweißt, so wird bei allen übrigen Nahtformen die o b e r s t e L a g e am besten abwärts geführt, um eine für den Spannungsverlauf günstige, nach innen gewölbte (konkave) Schweißnaht zu erzielen, Bild 89 b. Vermieden werden müssen hierbei Schlackeneinschlüsse zwischen den Lagen an den Fugenkanten. Die gefährdeten Stellen sind durch Pfeile gekennzeichnet.

Bei V - N ä h t e n kann ohne weiteres auch die Wurzellage abwärts geschweißt werden, da hier bei genügender Fugenöffnung einwandfreier Einbrand erzielt wird. Diese Schweißrichtung wird besonders dann mit Erfolg gewählt, wenn in umgekehrter Richtung die Gefahr besteht, die Spitzen der abgeschrägten Flächen (Schweißlippen) zu stark anzuschmelzen und durchzubrennen. Die Abwärtsschweißung erfordert eine größere Lagenzahl bei gleicher Blechdicke oder Kehlnahtdicke als die Aufwärtsschweißung.

Bild 90. Aufbau einer an senkrechter Wand liegenden V-Naht

W a a g e r e c h t e N ä h t e a n s e n k r e c h t e r W a n d werden in dünnen, nebeneinander liegenden Lagen geschweißt. Wie bei der Waagerechtschweißung wird mit der Wurzellage angefangen, die an beiden Kanten gut eingebrannt werden muß. Der weitere Aufbau geht aus Bild 90 hervor.

β) N a c k t e, d ü n n u m h ü l l t e u n d S e e l e n e l e k t r o d e n. Das Schweißbad ist bei nackten, dünn umhüllten und Seelenelektroden weniger dünnflüssig und erstarrt schneller als bei dick umhüllten. Das ist bei der Senkrechtschweißung von Vorteil. Die Nähte werden meistens von unten nach oben aufgebaut. Beim Zünden des Lichtbogens können Schwierigkeiten auftreten, besonders wenn eine dünne Elektrode für dicke, noch kalte Bleche verwendet wird. Grundsätzlich sollen nicht zu dünne Elektroden gewählt werden. Größere Stromstärke erleichtert das Zünden. Zum Schweißen wird die Stromstärke jedoch etwas geringer als in waagerechter Lage gewählt. Der Lichtbogen soll möglichst kurz gehalten werden, um guten Einbrand zu erzielen und Abtropfen des Zusatzstoffes zu verhindern. Die Elektrode wird möglichst unter rechtem Winkel gegen das Werkstück gehalten. Durch die Blaswirkung, die sich bei der Senkrechtschweißung mit nacktem Draht sehr unangenehm bemerkbar machen kann, wird oft eine andere Neigung bedingt, besonders am Anfang und Ende der Schweißnaht.

Die Wurzellage von Kehlnähten wird ohne Pendelbewegung aufwärts oder abwärts geschweißt. Bei V-Nähten müssen auch in der Wurzel Pendelbewegungen ausgeführt werden, wenn die Fuge sehr breit ist. Die übrigen Lagen werden breit darübergelegt. Gern wird die ganze Schweißnaht mit oder ohne vorgeschweißte Wurzellage auf einmal von unten nach oben aufgebaut. Die Führung der Elektrode geht aus Bild 91 a hervor. Bei dickeren Schweißnähten wird die Elektrode im Dreieck nach Bild 91 b geführt. Das Schweißbad soll dabei immer schräg nach unten und außen geneigt sein. Wichtig ist guter Einbrand in der Wurzel, der durch starke Blaswirkung nach unten sehr erschwert werden kann. Wenn durch flachere Elektrodenhaltung keine Abhilfe möglich ist, muß sprungweise geschweißt werden, wie Bild 110 auf S. 152 zeigt. Falsch ist eine Elektrodenführung nach Bild 91 c, wie sie Anfänger anzuwenden versuchen, um glatte Oberflächen zu erzielen. Das Schweißgut läuft vorn herunter, weil der Lichtbogen zu lange auf die Vorderkante gerichtet ist. Bei einiger Übung wird die Oberfläche auch mit Dreieckführung nach Bild 91 b ziemlich glatt. Nach Elektrodenwechsel fängt man außen (vorn) wieder an, um Bindefehler im Innern zu vermeiden.

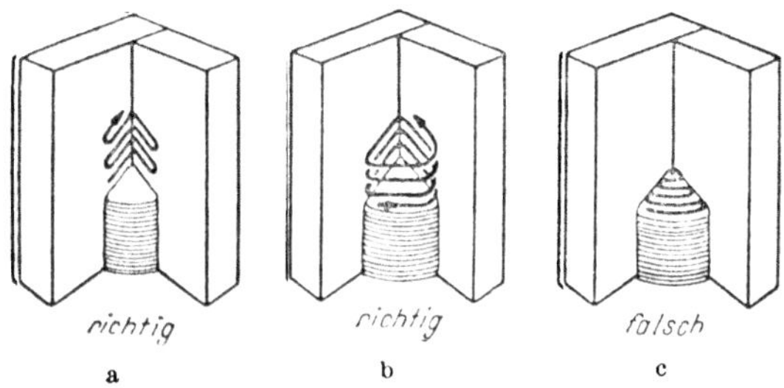

Bild 91. Stehende Kehlnähte bei Nacktdrahtschweißung

c) Schweißung in Überkopflage. *α*) Ummantelte Elektroden. Der Lichtbogen muß so kurz wie möglich gehalten werden. Die Elektrodenspitze soll dabei mit der Schlacke immer in Berührung sein. Manche Elektrodensorten können sogar mit der Umhüllung am Werkstück aufstoßen. Die Schweißnähte werden meistens aus schmalen, nebeneinander liegenden Lagen aufgebaut. Mit einigen Elektrodensorten können auch breite Überkopfnähte geschweißt werden, wobei eine Führung nach Bild 92 a oder b vorteilhaft angewandt wird. Die Bewegungen müssen schnell ausgeführt werden, um Abtropfen durch zu starke Werkstoffanhäufung an einer Stelle zu vermeiden. Die Stromstärke darf nicht zu hoch, keinesfalls aber zu niedrig sein. Wird das Schweißbad zu dünnflüssig, so muß man in kurzen Zwischenräumen schnelle hin- und hergehende Bewegungen mit der Elektrodenspitze ausführen. In der Regel wird die Elektrode etwas in der Schweißrichtung geneigt gehalten.

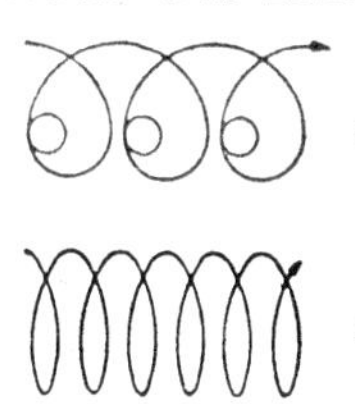

Bild 92. Pendelbewegungen für umhüllte Elektroden bei der Überkopfschweißung

Kehlnähte lassen sich über Kopf leichter schweißen als V-Nähte. Sie werden nach Bild 93 am besten so ausgeführt, daß man einzelne Raupen legt, und zwar die erste Raupe in die Ecke und nach Reinigen die zweite so darunter, daß sie die erste halb bedeckt. Anschließend wird die dritte Raupe oberhalb der ersten so gelegt, daß diese ganz bedeckt ist. Dann beginnt man von unten mit dem weiteren Aufbau.

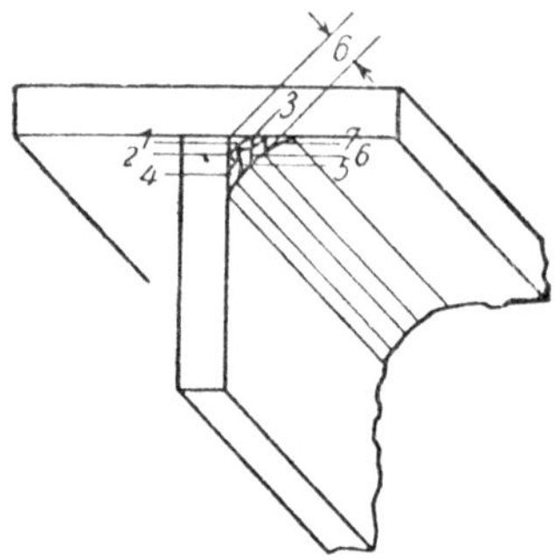

Bild 93. Kehlnaht über Kopf (nach *J. Krakat*)

Die vierte Raupe liegt unterhalb der zweiten, die fünfte usw. werden nach oben aufgebaut.

β) Nackte, dünn umhüllte und Seelenelektroden. Das Zünden muß so schnell ausgeführt werden, daß augenblicklich ein Schmelzbad am Werkstück gebildet wird. Andernfalls kann die Elektrode abbrennen, ohne daß Zusatzstoff zum Werkstück übergeht. Der

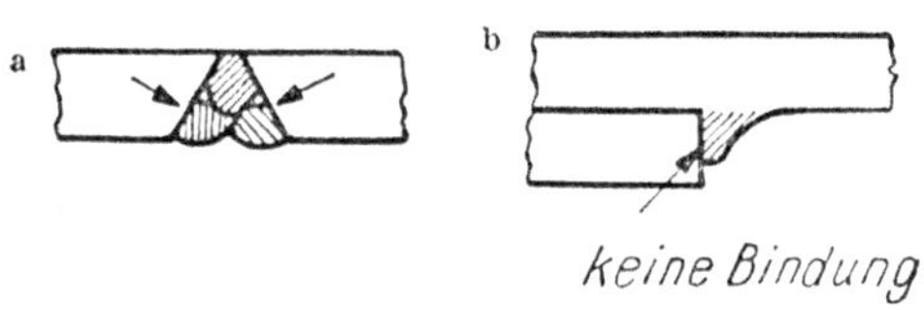

Bild 94. Fehler bei der Überkopfschweißung

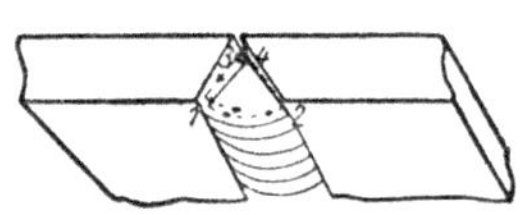

Bild 95. Dreieckschweißung über Kopf (nach *J. Krakat*)

Lichtbogen soll noch kürzer und fester als bei der Senkrechtschweißung gehalten werden. Die Elektrode wird möglichst senkrecht gegen das Werkstück gehalten, soweit die Blaswirkung nicht eine andere Neigung erfordert. Das gilt auch für Kehlnähte in Schweißlagen, wie sie in Bild 70 e und g (S. 135) dargestellt sind. Durch die Blaswirkung kann die Überkopfschweißung sehr erschwert und fast unmöglich gemacht werden.

Beim Schweißen etwas breiterer Nähte muß man darauf achten, daß sie nicht zu stark gewölbt werden. Es ist sonst schwierig, an den Ansatzstellen einwandfreie Bindung zu erzielen, Bild 94 a. Besonders bei Kehlnähten besteht die Gefahr, daß die Schweiße gegen die senkrechte Fläche kalt fließt, Bild 94 b.

Bei V-Nähten mit nackten Elektroden hat sich die Dreieckschweißung bewährt, Bild 95. Die ganze Naht wird in einem Zuge geschweißt. Indem man mit der Elektrode in die Wurzel tupft (und damit praktisch dauernd Kurzschluß erzeugt), werden die Kanten der Wurzel in teigigen Zustand versetzt. Der Zusatzstoff kann in die Wurzel hineingedrückt werden, ohne daß die Elektrode hängen bleibt. Die Form der Deckraupe ist abhängig von der Größe des Schmelzbades.

4. Die Blaswirkung des Lichtbogens [144–146]

Eine Erscheinung, die sich beim Schweißen von Stahl außerordentlich störend bemerkbar machen kann, ist die Blaswirkung. Der Lichtbogen geht nicht auf kürzestem Wege von der Elektrode zum Werkstück über, sondern wird durch magnetische Felder abgelenkt, die in den Stahlwerkstücken durch die hohe, zum Schweißen erforderliche Stromstärke entstehen.

a) Erklärung der Blaswirkung. Um jeden Leiter, der vom elektrischen Strom durchflossen wird, bildet sich ein magnetisches Feld aus. Ein gerader Leiter umgibt sich mit ringförmigen Kraftlinien, Bild 96. Die Elektronen strömen in dem schraffiert gezeichneten Draht senkrecht zur Bildebene, und zwar in Richtung vom Papier zum Leser. In der Nähe des Leiters sind die Kraftlinien am dichtesten. Mit wachsendem Abstand nimmt die Stärke des Feldes ab. Der Richtungssinn der Kraftlinien, d. h. die Richtung, in die der Nordpol der Kompaßnadel zeigt, ergibt sich aus der Schrauben- oder Korkzieherregel: Wenn man in den Leiter einen Korkzieher in Richtung gegen den Elektronenstrom einschraubt, so ist die Richtung des magnetischen Feldes gleich der Drehrichtung der Schraube.

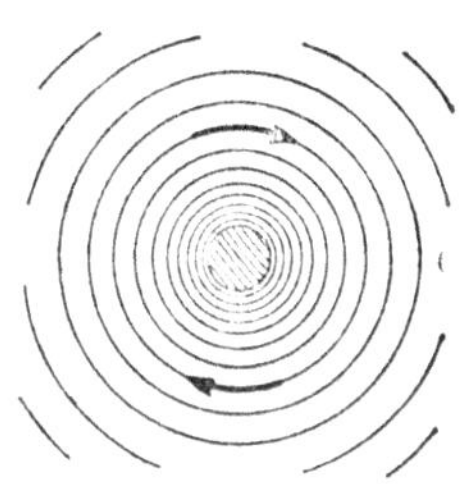

Bild 96. Das magnetische Feld um einen geraden Leiter

Die Felder von zwei Leitern, die in geringem Abstand parallel laufen, überlagern sich zu einem gemeinsamen Feld. Das Aussehen dieses Feldes erhält man, wenn man zuerst die beiden Einzelfelder aufzeichnet, Bild 97. Der Strom soll hierbei in beiden Leitern in gleicher Richtung fließen. Aus der Darstellung ist zu ersehen, wo sich die Felder verstärken und wo sie sich schwächen. Das gemeinsame Feld ist in Bild 98 dargestellt. Zwischen den beiden Leitern heben sich die beiden Einzelfelder mehr oder weniger auf, an den Außenseiten verstärken sie sich.

Es entstehen magnetische Kräfte, die den Leiter von den Stellen großer Feldstärke zu den Stellen geringerer Feldstärke zu bewegen versuchen. Man kann sich die Kraftlinien anschaulich als elastische Bänder vorstellen, die den Leiter von den Stellen stärkerer Anhäufung fortzudrücken versuchen. Die beiden Leiter in Bild 98

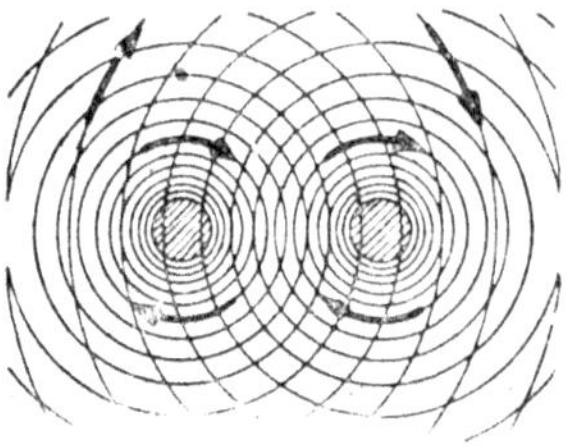

Bild 97. Das Feld um zwei Leiter mit dem Strom in gleicher Richtung, jedes für sich gezeichnet

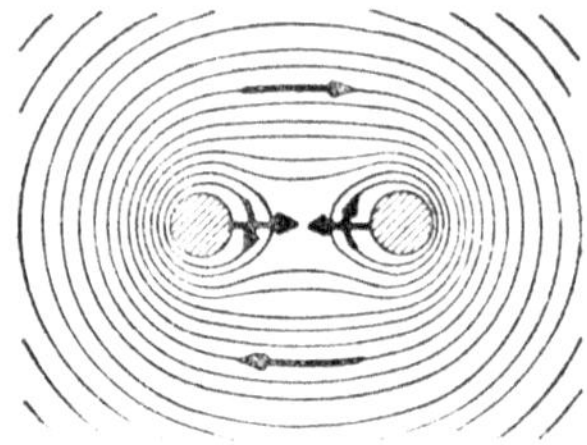

Bild 98. Das resultierende Feld um zwei Leiter mit dem Strom in gleicher Richtung

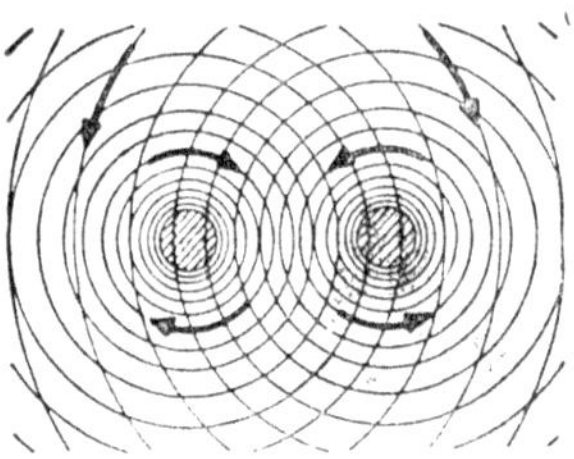

Bild 99. Das Feld um zwei Leiter mit dem Strom in verschiedenen Richtungen, jedes für sich gezeichnet

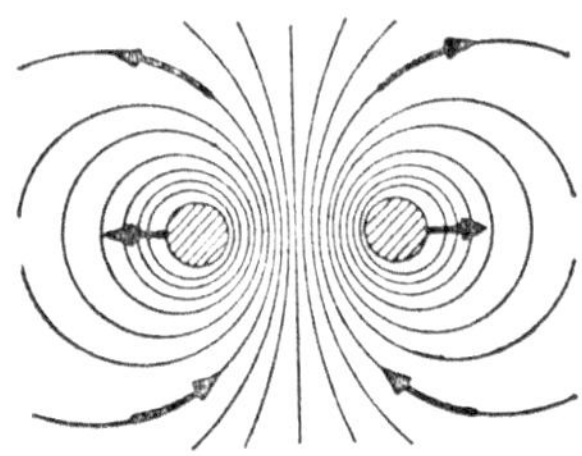

Bild 100. Das resultierende Feld um zwei Leiter mit dem Strom in verschiedenen Richtungen

ziehen sich an. Allgemein gilt das Gesetz: Gleichgerichtete bewegliche Leiter ziehen sich an.

Fließen die Ströme in einander entgegengesetzter Richtung, so bilden sich die Einzelfelder wie in Bild 99 aus, die sich zu einem gemeinsamen Feld nach Bild 100 zusammensetzen. Zwischen den Leitern verstärken sich die Felder, an den Außenseiten schwächen sie sich. Entgegengesetzt gerichtete Leiter stoßen sich ab.

Der Lichtbogen stellt einen beweglichen Leiter dar, der sich mit magnetischen Kraftlinien umgibt. Läßt man zwei Lichtbögen unmittelbar nebeneinander brennen, wobei die Stromrichtung bei beiden gleich ist, so ziehen sie sich gegenseitig an, werden also nach innen abgelenkt. Versuchsmäßig kann diese Tatsache durch Kohlelichtbögen nachgewiesen werden, Bild 101. Werden die Elektroden an verschiedenen Polen angeschlossen, so stoßen sich die Lichtbögen ab, Bild 102.

Die magnetischen Felder, die durch den Schweißstrom im Werkstück entstehen, lenken den Lichtbogen als beweglichen Leiter aus seiner eigentlichen Richtung ab. Die Wirkung ist die gleiche, als würde der Lichtbogen vom Winde weggeblasen. Die Erscheinung wird deshalb

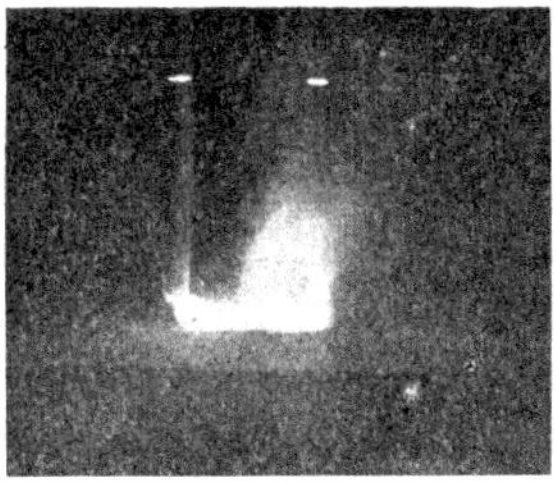

Bild 101. Zwei benachbarte Lichtbögen ziehen sich bei gleicher Stromrichtung an

Bild 102. Zwei benachbarte Lichtbögen stoßen sich bei entgegengesetzter Stromrichtung ab

treffend als B l a s w i r k u n g bezeichnet. Die Ausbildung der Felder und die Richtung der magnetischen Kräfte ist von der Form der Werkstücke, der Stromzuführung und der Ausbildung der Strombahn abhängig. Die Verhältnisse sollen an praktischen Beispielen erklärt

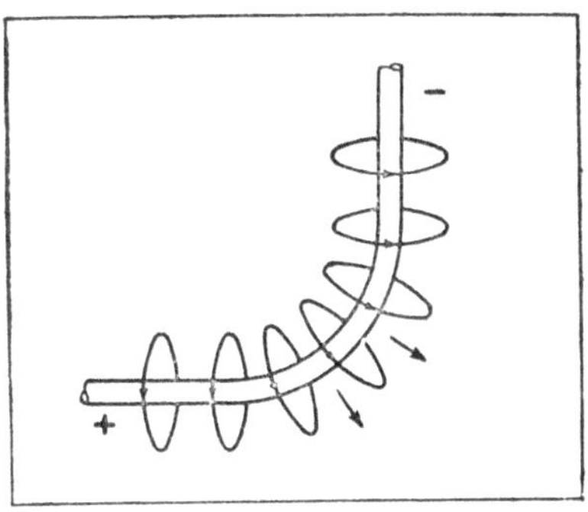

Bild 103. Schematische Darstellung der Kraftlinien um eine gebogene Strombahn

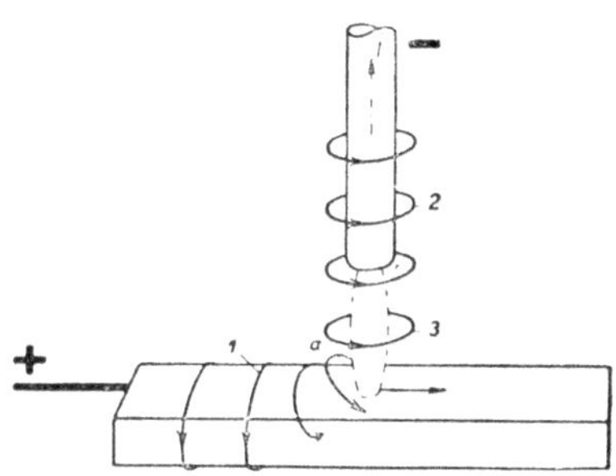

Bild 104. Kraftlinienverlauf bei einseitigem Stromanschluß (nach *K. Meller*)[145]

werden. Allgemein gültige Regeln lassen sich nur in beschränktem Umfange aufstellen.

Bild 103 gibt ein schematisches Bild von dem magnetischen Feld um einen Leiter, der um 90^0 gebogen ist. Auf der Innenseite der Krümmung wird das Feld verdichtet. Es entsteht dadurch eine ablenkende Kraft in Richtung der Pfeile. Beim Schweißen kommt dieser Fall vor, wenn schmale Teile geschweißt werden, und der Strom nur von einer

Seite zugeführt wird, wie z. B. in Bild 104. Der Lichtbogen wird in Richtung des Pfeiles abgelenkt, d. h. von der Anschlußstelle am Werkstück fort. In unmittelbarer Nähe der Anschlußstelle, wo die Strombahn sich eindeutig zur Schweißstelle ausbildet, wird stets eine ausgeprägte Ablenkung vom Anschluß weg beobachtet. In größerer Entfernung verliert sich die Blaswirkung des Anschlusses und kann durch andere Einflüsse überdeckt werden, weil hier der Strom durch das ganze Werkstück zugeführt wird und sich im Werkstück keine ausgeprägte Stromrichtung an der Schweißstelle ausbildet.

Ein anderes Beispiel von der Wirkung einer gebogenen Strombahn zeigt Bild 105. Hier wird ein Kohlelichtbogen an der Kante eines Kupferbleches gezogen. Der Bogen wird nach außen (rechts) abgelenkt. Die Ablenkung wird jedoch nur bei unmagnetischen Werk-

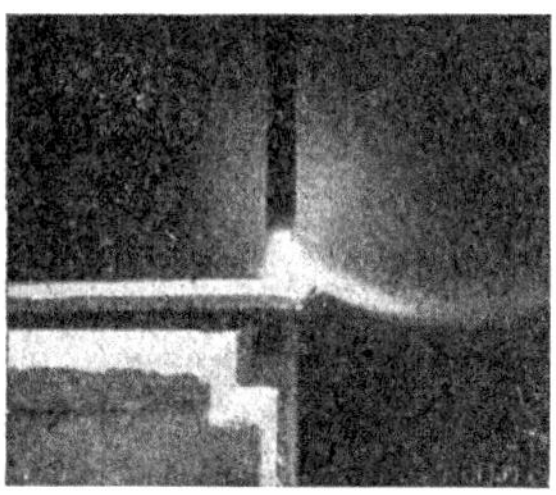

Bild 105. Ablenkung des Lichtbogens an der Kante eines Kupferbleches

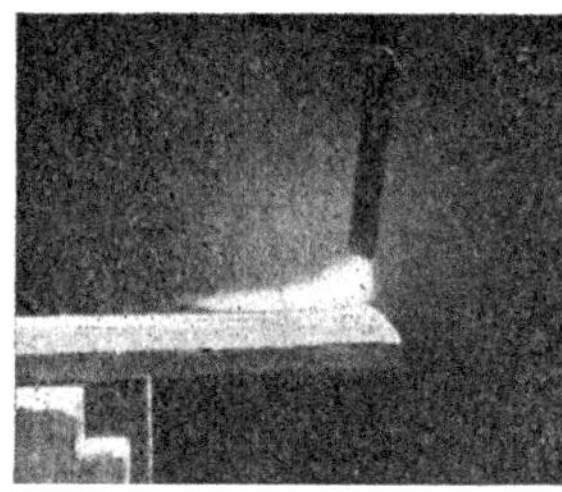

Bild 106. Ablenkung des Lichtbogens an der Kante eines Stahlbleches

stoffen (austenitischer Stahl und Nichteisenmetalle) in dieser Richtung beobachtet. Als störend beim praktischen Schweißen wird sie im allgemeinen nicht empfunden.

Im Gegensatz zur Blaswirkung an der Kante eines unmagnetischen Werkstoffes ist die Blaswirkung bei magnetischen Werkstoffen stets von der Kante zur Mitte des Werkstückes gerichtet, wie Bild 106 zeigt. Diese Wirkung überwiegt bei der Stahlschweißung alle sonstigen Einflüsse. Der Lichtbogen wird grundsätzlich nach der Mitte des Werkstückes abgelenkt. Die Erklärung ist folgende:

Die magnetischen Kraftlinien werden im Stahl gesammelt; sie werden gleichsam von magnetischen Werkstoffen aufgesaugt. Über dem Blech ist das magnetische Feld verhältnismäßig schwach. Am Blechrande nimmt es plötzlich an Stärke zu, da die Kraftlinien aus dem Stahl heraustreten.

Schematisch sind die Verhältnisse in Bild 107 dargestellt, und zwar für einen Leiter, der in unmittelbarer Nähe eines Stahlstückes vorbeiführt. Stahl ist für die Kraftlinien viel stärker durchlässig als Luft. Die

Kraftlinien werden in den Stahl hineingesaugt, und der bewegliche Leiter wird dadurch angezogen. Hieraus erklärt sich die Tatsache, daß ein in der Nähe einer größeren Stahlmasse brennender Lichtbogen hiervon angezogen wird. Am Anfang und Ende jeder Schweißnaht, die zwei Bleche miteinander verbindet, hat man deshalb stark mit dem Blasen des Lichtbogens zu kämpfen.

An sich ist die Wirkung der gekrümmten Strombahn nach Bild 103 und 105 auch beim Stahlblech vorhanden, jedoch überwiegt die in Bild 107 dargestellte Anziehung. Die Krümmung der Strombahn spielt im Vergleich zur Einwirkung des Stahles auf das magnetische Feld eine untergeordnete Rolle. Nur in dem Falle, daß man am Ende eines schmalen, flachen Stückes schweißt, durch das der Strom fließen muß, kann es vorkommen, daß die Wirkungen einander a u f h e b e n oder daß die Wirkung der gekrümmten Strombahn überwiegt, besonders, wenn sich der Werkstückanschluß in der Nähe nach der Mitte des Werkstückes hin befindet.

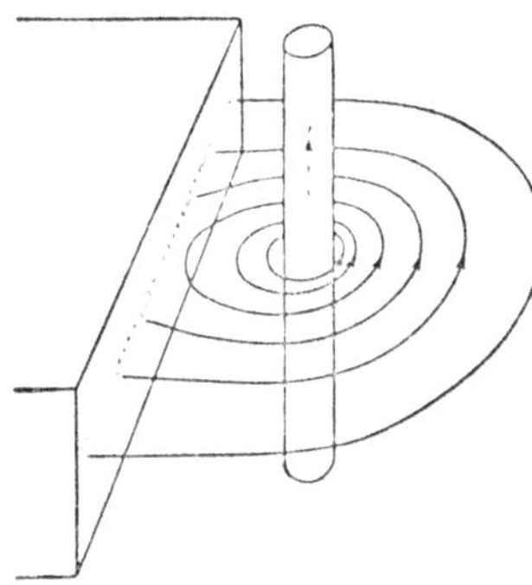

Bild 107. Veränderung des magnetischen Feldes um einen geraden Leiter durch einen Stahlkörper (nach *K. Meller*) [145]

Der V e r l a u f d e r B l a s w i r k u n g beim Zusammenschweißen zweier Stahlbleche durch eine V-Naht ist folgender [147]: Zu Beginn der Schweißung ist der Lichtbogen sehr unruhig. Er wird teils vom Feld außerhalb des Bleches, d. h. hinter der Schweißstelle, teils vom Feld in der Fugenöffnung vor der Schweißstelle beeinflußt. Die magnetischen Kraftlinien in den Blechen müssen durch die Fugenöffnung hindurchtreten. Im ersten Teil der Schweißung überwiegt die Wirkung des Feldes außerhalb des Bleches. Der Lichtbogen bläst stark nach vor, d. h. in Schweißrichtung, Bild 109. Je weiter die Schweißung fortschreitet, desto mehr verringert sich diese Wirkung, während das Feld in der Fugenöffnung ungefähr gleich bleibt. Die Blaswirkung nimmt daher ab und hört dann kurze Zeit ganz auf. Sie tritt beim Weiterschweißen erst schwach, dann immer stärker in entgegengesetzter Richtung auf. Gegen Ende der Schweißnaht gewinnt das Feld außerhalb des Bleches auf dieser Seite Einfluß und wirkt mit dem Feld in der Fugenöffnung zusammen. Die Blaswirkung ist deshalb, wenn die Wurzelnaht gelegt ist, am Ende einer Schweißnaht stets stärker als am Anfang.

b) Beherrschung der Blaswirkung. Zur Beherrschung der Blaswirkung stehen dem Schweißer mehrere Mittel zur Verfügung, die im folgenden zusammengestellt sind.

α) Wirkung der Elektrodenneigung. Das erste Mittel, zu dem der Schweißer greift, besteht darin, daß er die Elektrode schräg hält. Bild 108 zeigt das Aussehen eines Kohlelichtbogens bei geneigter Elektrode, wobei der Bogen in der Mitte des Bleches gehalten wird, um die Blaswirkung des Randes auszuschalten. Der Lichtbogen stellt sich bei Minuspolung in Richtung der Elektrode ein. Diese Wirkung ist bei dem Kohlelichtbogen besonders stark, ist aber auch bei Stahlelektroden vorhanden und hier für beide Richtungen des Gleichstromes. Bild 111 zeigt die Blaswirkung bei senkrecht gehaltener Elektrode ziemlich am Ende einer Schweißnaht. In Bild 112 wird die störende Blaswirkung durch Schräghalten der Elektrode überwunden. Die Neigung der Elektrode, besonders des nackten Drahtes, bei kurzen Schweißnähten, wo die Ablenkung sehr kräftig auftritt, geht aus Bild 109 hervor. Durch entsprechende Schrägstellung wird der jeweiligen Blaswirkung entgegengewirkt.

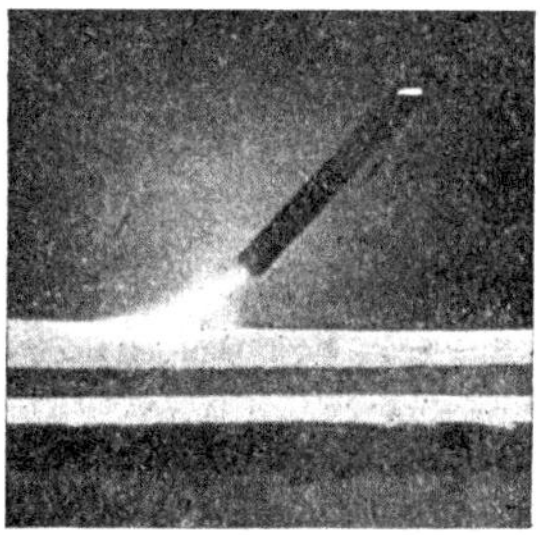

Bild 108. Kohlelichtbogen auf einem Stahlblech bei geneigter Elektrode

β) Schweißen in bestimmten Richtungen. Ein schwaches Blasen des Lichtbogens ist bei nackten Elektroden vorteilhaft. Schweißt man in Richtung der Ablenkung, so wärmt die Flamme des Lichtbogens die Fugenkanten vor, wodurch ein besserer Einbrand in der Wurzel erreicht wird. Grundsätzlich sollen nackte und Seelenelektoden in der Richtung geschweißt werden, daß der Lichtbogen etwas vorbläst. Bei dick umhüllten Elektroden ist die Schweißrichtung dagegen umgekehrt zu wählen. Hierbei soll der Lichtbogen die Schlacke auf die fertige Schweißnaht treiben, um Einschlüsse zu vermeiden. Die Schweißrichtung muß somit der Blaswirkung angepaßt werden. Vorteilhaft ist in manchen Fällen sprungweises Schweißen. Ein praktisches Beispiel dafür, und zwar an einer Senkrechtschweißung, zeigt Bild 110. Schweißt man in einem Zuge aufwärts, so bläst der Lichtbogen

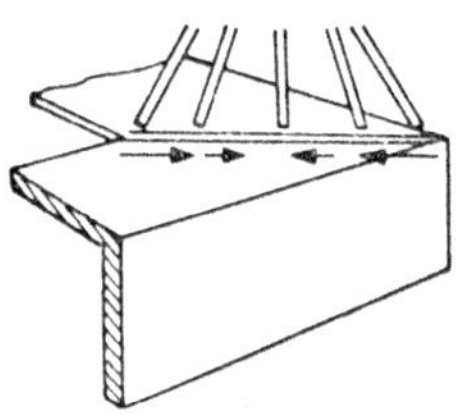

Bild 109. Zweckmäßige Neigung der Elektrode beim Schweißen einer kurzen Naht mit starker Blaswirkung

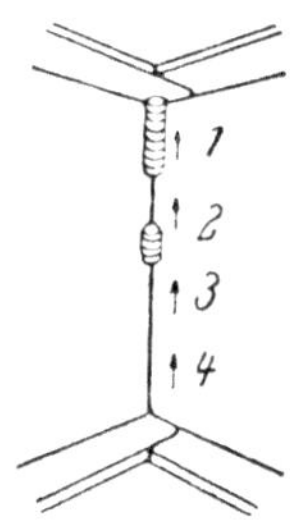

Bild 110. Pilgerschrittschweißung einer senkrechten Kehlnaht, um die störende Blaswirkung zu verringern

im oberen Drittel derart stark nach unten, daß es meistens unmöglich ist, einwandfreien Einbrand mit nacktem Draht in der Wurzel zu erzielen. Man schweißt deshalb zweckmäßig nach dem Pilgerschrittverfahren.

γ) V e r w e n d u n g u m h ü l l t e r E l e k t r o d e n. Die Blaswirkung macht sich bei nacktem Draht am stärksten bemerkbar. Schon eine dünne Umhüllung erleichtert das Halten des Lichtbogens. Bei dick umhüllten Elektroden stört die Blaswirkung selten. Es muß nur beachtet

Bild 111. Ablenkung des Lichtbogens gegen Ende einer Schweißnaht bei senkrecht gehaltener Elektrode

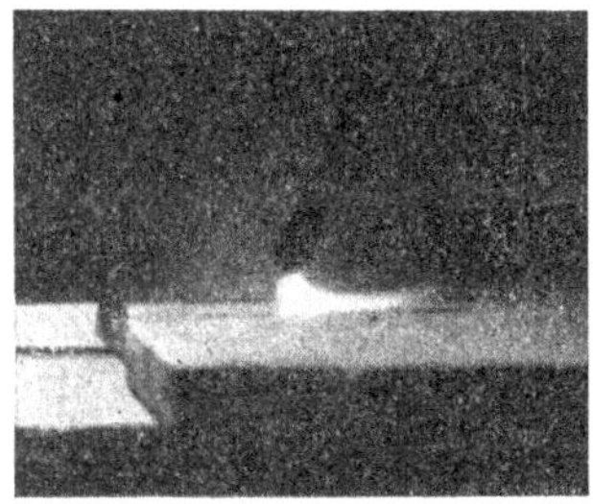

Bild 112. Gegenmittel: Schräghalten der Elektrode gegen Ende einer Schweißnaht

Bild 113. Die Ablenkung des Lichtbogens in Bild 111 wird durch den Anschluß aufgehoben

Bild 114. Durch den unmittelbar benachbarten Anschluß bläst der Lichtbogen zum Rande hin

werden, daß keine Schlacke vorgetrieben wird und als Einschluß in der fertigen Naht verbleibt. Bei sehr störender Blaswirkung wird deshalb nackter Draht zweckmäßig durch umhüllte Elektroden ersetzt.

δ) V e r w e n d u n g v o n W e c h s e l s t r o m. Die Praxis hat gezeigt, daß die Blaswirkung bei Wechselstrom wesentlich schwächer als bei Gleichstrom ist. Die Erklärung hierfür muß in der magnetischen H y s t e r e s i s w i r k u n g des Stahles gesucht werden, da das Feld die Richtung zugleich mit dem Strom wechselt. Das Feld kann nicht so schnell gebildet werden, wie der Strom wechselt. Diese abschwächende Wirkung macht sich in all den Fällen bemerkbar, in denen die

Blaswirkung durch den magnetischen Werkstoff im Felde verursacht wird. An Stellen mit sehr störender Blaswirkung wird deshalb zweckmäßig mit Wechselstrom und mit umhüllten Elektroden geschweißt.

ε) Herstellung eines magnetischen Kurzschlusses. Das in der offenen Schweißfuge entstehende starke Feld zwischen den beiden Blechen kann durch Heftstellen geschwächt werden. Der magnetische Kreis wird im Stahl geschlossen, die Kraftlinien gehen durch die Heftstellen, und die Streuung wird verringert. Dadurch wird die Wirkung der offenen Schweißfuge abgeschwächt.

Auch durch Anlegen stärkerer Stahlstücke an die Kopfseiten der zu schweißenden Werkstücke wird die Blaswirkung am Anfang und Ende

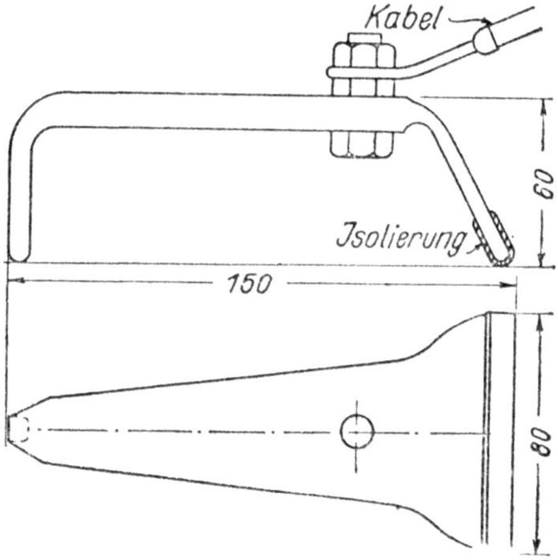

Bild 115. Bewegliche Anschlußvorrichtung

der Schweißnaht verringert. Die magnetischen Kraftlinien werden in die Stahlstücke hineingezogen; die Beeinflussung des Lichtbogens durch die Werkstückkanten wird aufgehoben.

ζ) Verlegen des Werkstückanschlusses. Ein stets wirksames Gegenmittel, mit dem absolut sicher jede Blaswirkung beherrscht werden kann, besteht im Verlegen des Werkstückanschlusses in die Nähe der Schweißstelle. Der Lichtbogen wird von der Anschlußleitung abgestoßen. Je näher Lichtbogen und Anschlußleitung einander sind, um so stärker ist die ablenkende Kraft. Die Blaswirkung in Bild 111 wird auf diese Weise aufgehoben, wie Bild 113 zeigt. Wird der Anschluß dem Lichtbogen noch mehr genähert, Bild 114, so überwiegt sogar seine Blaswirkung, und der Lichtbogen wird zum Rande hin abgelenkt. Die ursprüngliche Blaswirkung kann noch so stark sein, sie läßt sich durch den Anschluß stets aufheben oder sogar in entgegengesetzte Richtung umkehren. Wesentlich ist die richtige Entfernung der Anschlußstelle vom Lichtbogen.

Für Schweißarbeiten in waagerechter Lage hat sich eine Vorrichtung nach Bild 115 bewährt. Die Anschlußstelle kann damit mühelos verlegt werden. Beim Fortschreiten der Schweißstelle wird die Vorrichtung schrittweise nachgeschoben. Im allgemeinen befindet sie sich kurz hinter der Schweißstelle, um zu starke Blaswirkung nach hinten aufzuheben und gegebenenfalls den Lichtbogen etwas nach vorn zu richten.

Beim Schweißen mit dem Kohlelichtbogen werden Blasmagneten angewandt, um den Lichtbogen auf das Werkstück zu richten und ihn ruhig zu halten. Für die schnell abbrennende Metallelektrode sind sie ungeeignet.

5. Schrumpfungen, Schrumpfspannungen und Rißgefahr

Durch die Einwirkung der im Werkstück ungleichmäßig verteilten Wärme entstehen beim Schweißen Schrumpfungen und Schrumpfspan-

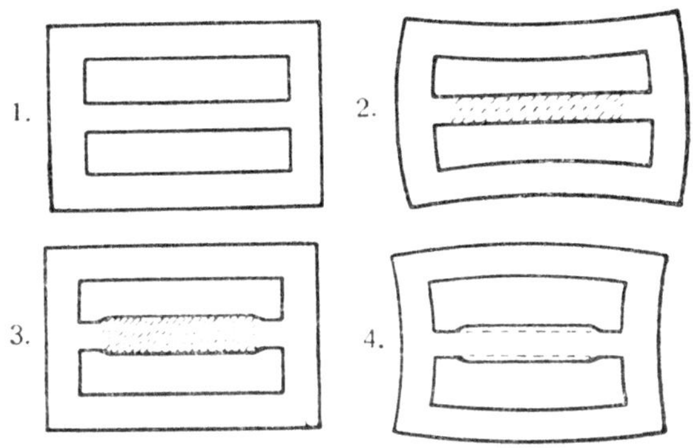

Bild 116. Erklärung des Schrumpfvorganges

nungen. Ein Mittel, sie vollkommen zu vermeiden, gibt es nicht. Sie können jedoch durch geeignete Maßnahmen so klein gehalten werden, daß sie unschädlich sind, oder sie lassen sich durch nachträgliche Behandlung aufheben.

Die Werkstücke werden an den Schweißkanten und deren Umgebung erwärmt. Nach dem Schweißen kühlen die heiße Schweißnaht und der angrenzende erwärmte Baustoff ab und ziehen sich zusammen. Dadurch werden im Werkstück Verwerfungen und innere Spannungen hervorgerufen.

Der Vorgang kann an Bild 116 grundsätzlich erläutert werden. Die mittlere Rippe des Rahmens soll mit einem Brenner erwärmt werden, Teilbild 1. Sie dehnt sich mit zunehmender Temperatur aus und verformt den ganzen Rahmen, Teilbild 2. Wird die Temperatur so weit erhöht, daß der Werkstoff in der mittleren Rippe anfängt plastisch zu werden, so wird sie durch die Federwirkung des Rahmens zusammengedrückt, d. h. sie wird gestaucht. Der Rahmen nimmt dabei mehr oder weniger seine ursprüngliche Form wieder an, Teilbild 3. Läßt man die mittlere Rippe nun abkühlen, so zieht sie sich aus dem gestauchten Zustande zusammen und verformt den Rahmen in umgekehrter Richtung, Teilbild 4. Nach dem Abkühlen ist somit eine Verkürzung der mittleren Rippe eingetreten.

Denkt man sich die mittlere Rippe durch eine Schweißnaht ersetzt, so ist die Schrumpfwirkung die gleiche, und zwar sowohl in Längsrichtung als auch in Querrichtung zur Schweißnaht. Die Schweißnaht und ihre Umgebung zieht sich beim Erkalten in Längsrichtung zusammen, dies ergibt die Längsschrumpfung. Ihre Querzusammenziehung ergibt die Querschrumpfung.

Wäre der Rahmen in Bild 116 vollkommen starr, so könnte die mittlere Rippe beim Erkalten nicht schrumpfen, sie würde bei gleicher Länge nur etwas dünner werden. Der Drang sich zusammenzuziehen bleibt aber und äußert sich als innere Spannung. Diese wird als Schrumpfspannung bezeichnet. — Wäre der Rahmen vollkommen nachgiebig (durch eingebaute Gelenke), so könnte sich die Schrumpfung der mittleren Rippe frei auswirken, und es würde keine Spannung auftreten.

Beim Schweißen tritt weder der eine noch der andere Fall uneingeschränkt auf. Da die Schweißnaht nicht im ganzen, sondern fortschreitend erkaltet, ist durch das schon erkaltete Nahtstück und die angrenzenden Baustoffkanten stets — auch bei äußerlich vollkommen frei beweglichen Werkstücken — eine gewisse Einspannung gegeben. Es treten daher in jedem Falle Schrumpfspannungen auf. Andererseits gibt es praktisch keine so starre Einspannung, daß jede Schrumpfung vollkommen verhindert wird. Allgemein gilt das Gesetz: Bei frei beweglichen Stücken erreichen die Schrumpfungen einen Größtwert und die Schrumpfspannungen einen Kleinstwert. Bei starr eingespannten Stücken erreichen die Spannungen einen Größtwert und die Schrumpfungen einen Kleinstwert.

a) Schrumpfungen. Praktisch wirkt sich die Schrumpfung stets so aus, daß die Schweißnaht und ihre nächste Umgebung sich in allen Richtungen zusammenziehen will. Jede erwärmte Stelle hat die Neigung, sich beim Abkühlen mehr zusammenzuziehen, als sie sich vorher ausgedehnt hat, da fast immer durch die kältere Umgebung eine Stauchwirkung eintritt. Weitgehend Gebrauch gemacht wird hiervon beim Richten (S. 162).

Die Bilder 117, 118 und 119 zeigen einige praktische Beispiele. Werden auf einem Blech nach Bild 117 Schweißraupen gezogen, so zieht sich die aufgetragene Fläche zusammen und verursacht eine Durchwölbung des Bleches. Die Wirkung der Querschrumpfung erweist Bild 118. Im

Bild 117. Durchwölbung eines Bleches infolge aufgetragener Raupen

Falle a war das obere Blech frei beweglich und hat sich abgehoben. Im Falle b waren die Bleche vorher geheftet. Die Schrumpfkräfte haben hier zu Verbiegungen der freien Enden geführt. Bild 119 zeigt die Querschrumpfung einer V-Naht. Die Bleche ziehen sich quer zur

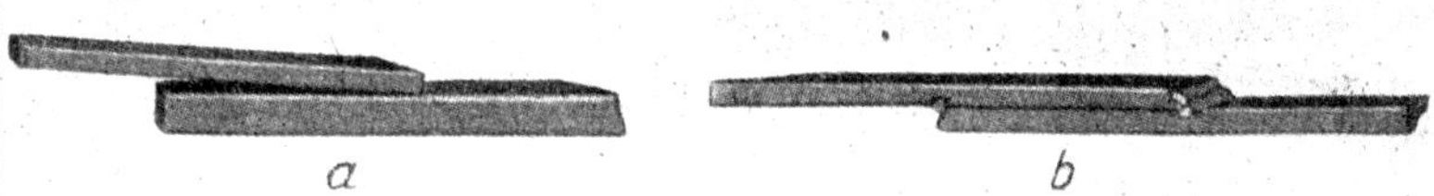

Bild 118. Die Wirkung der Querschrumpfung von Kehlnähten

Schweißnaht um einen bestimmten Betrag zusammen. Da die V-Naht von unten nach oben aufgebaut wird und oben mehr Schweißgut enthält als unten, hat sich das rechte Blech aus der Ebene des linken herausgehoben. Es ist eine starke Winkelschrumpfung ein-

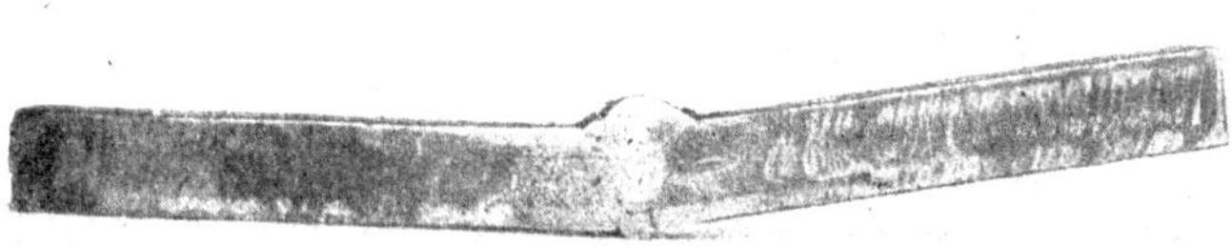

Bild 119. Starke Winkelschrumpfung einer V-Naht, durch viele dünne Lagen verursacht

getreten. Jede einzelne Lage ergibt einen bestimmten Betrag; die Schrumpfwirkungen sämtlicher Lagen summieren sich. Die Verwerfung wird um so größer, je mehr Einzellagen geschweißt werden. Um die Winkelschrumpfung klein zu halten, empfiehlt es sich, wenige starke Lagen mit dicken Elektroden und großer Stromstärke zu schweißen. Die Güte der Schweißnaht wird dadurch jedoch herabgesetzt (S. 125).

Ein kleinerer Fugenwinkel ergibt kleinere Schrumpfung als ein großer. Bei I-Nähten, die in einer Lage geschweißt werden, tritt fast keine

Winkelschrumpfung auf. Auch X-Nähte ergeben kleinere Werte als V-Nähte.

Auf die Größe der Schrumpfung ist auch die Schweißgeschwindigkeit von Einfluß. Bei kleiner Schweißgeschwindigkeit, wobei die Schweißnaht breiter und dicker wird (Schweißen mit Pendelbewegung), dringt mehr Wärme in den Grundwerkstoff ein, so daß auch dieser mehr zur Schrumpfung beiträgt. Bei großer Schweißgeschwindigkeit (z. B. bei Automaten) wird die Schrumpfung entsprechend geringer. Höhere Stromstärke bewirkt wegen größerer Wärmezufuhr an sich größere Schrumpfung. Wird aber die Schweißgeschwindigkeit entsprechend gesteigert, so kann die größere Wärmezufuhr dadurch unter Umständen mehr als ausgeglichen werden.

Beim Schweißen der ersten Lage einer Stumpfnaht tritt eine Verwerfung der Bleche ein, wie sie Bild 120 darstellt. Am Schweißbad dehnt sich das erhitzte Blech aus. Hinter der Schweißstelle kühlen

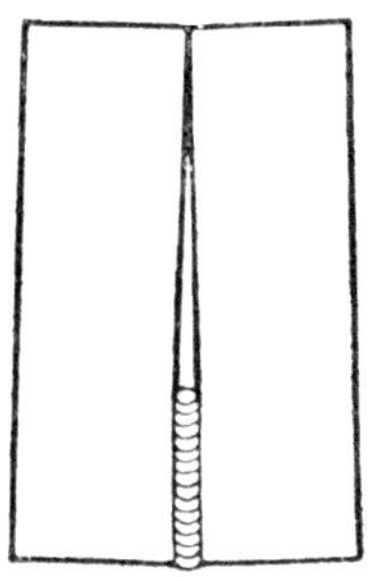

Bild 120. Verwerfung ungehefteter Bleche beim Schweißen einer V-Naht

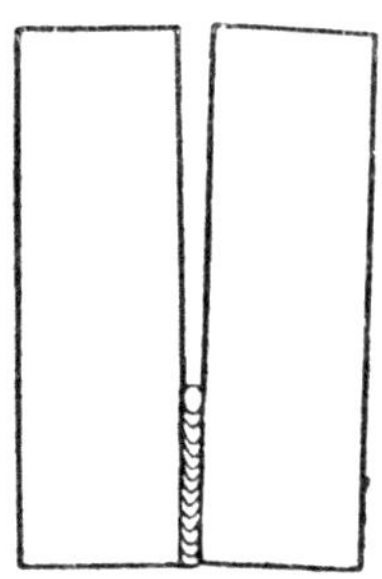

Bild 121. Keilförmige Schweißfuge. (Die Bleche werden auf „Zug" oder auf „Spalt" gelegt)

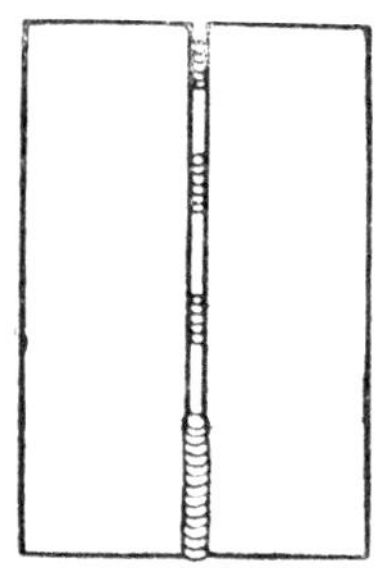

Bild 122. Heften verhindert zu starkes Verwerfen

Schweißnaht und angrenzender Baustoff ab. Dadurch werden die Bleche so zusammengezogen, daß die Schweißfuge immer enger wird. Je langsamer geschweißt wird, um so stärker wirkt sich die Schrumpfung aus. Durch Unterbrechung des Schweißvorganges kann die Zusammenziehung weiter verstärkt werden. Um die Schweißfuge nicht zu eng werden zu lassen, wobei sich die Bleche unter Umständen übereinanderschieben, können sie etwas keilförmig auseinandergelegt werden, Bild 121. Besser ist es jedoch, die Bleche zu heften, gegebenenfalls an mehreren Stellen, Bild 122. Die Bleche werden dadurch in ihrer Lage zueinander festgehalten. Trotzdem tritt im ganzen eine bestimmte Schrumpfung ein, die aber nicht so groß ist wie bei ungehefteten Blechen.

Oft empfohlen zur Kleinhaltung der Schrumpfung werden unterbrochenes und sprungweises Schweißen. Die unterbrochene Schweißung mit Rückwärtsführung wird auch als Pilgerschrittverfahren bezeichnet, Bild 123. Beim sprungweisen Schweißen, Bild 124, braucht nicht geheftet zu werden. Nur mit Einschränkung können diese Verfahren empfohlen werden. Bei durchgehender Schweißung unter entsprechendem Heften wird die Schrumpfung meistens kleiner. Das gleiche gilt für die inneren Spannungen. Eine allgemeine Regel kann nicht gegeben werden. Die Verhältnisse hängen vor allem von der Größe der Werkstücke und von den darin entstehenden Temperaturfeldern ab. Im ganzen ist man in den letzten Jahren wieder mehr zur durchgehenden Schweißung zurückgekehrt, schweißt aber zweckmäßig von der Mitte nach außen.

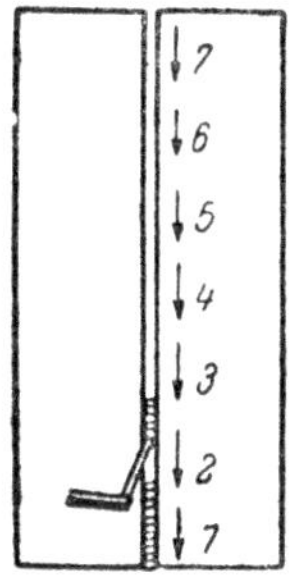

Bild 123. Unterbrochene Schweißung mit Rückwärtsführung. (Pilgerschrittverfahren)

Die Schrumpfungen sind unter den verschiedensten Schweißbedingungen gemessen worden [148—153]. Bei gewöhnlichen Schweißnähten größerer Länge an 3 bis 8 mm dicken Blechen kann man mit rund 0,3 mm auf 1 m Schweißnahtlänge als Längsschrumpfung rechnen. Als Querschrumpfung können rund 1 mm bei Kehlnähten und etwa 1,8 mm bei V-Nähten in Rechnung gestellt werden. Die Werte des Bildes 125 können einen ersten Anhalt geben. Sie ändern sich mit veränderlicher Stromstärke, Schweißgeschwindigkeit, Werkstoffzusammensetzung und für verschiedene Fugenwinkel.

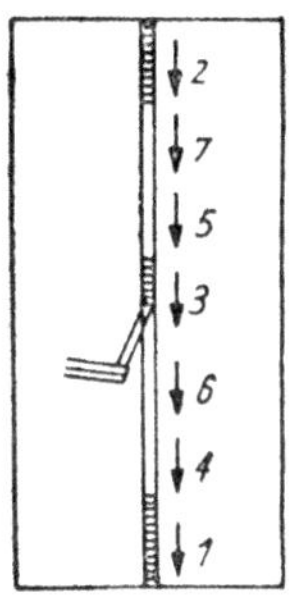

Bild 124. Sprungweises Schweißen

Die Fragen der Schrumpfung sind sehr schwierig und nur durch langjährige praktische Erfahrung zu beherrschen. Die Verhältnisse liegen in jedem Einzelfall anders [154]. Einige praktische Gesichtspunkte sollen an Beispielen gezeigt werden.

Die Schrumpfungen werden durch möglichst starre Einspannung der Werkstücke klein gehalten. Werden die Teile auf einer starren Unterlage festgespannt oder geheftet, so können stärkere Verwerfungen vermieden werden, Bild 126. Die Rißgefahr wird dadurch jedoch vergrößert. Beim Lösen der Einspannung treten nur unbedeutende elastische Verziehungen ein. Verbiegungen und Verwerfungen dünnerer Bleche werden auf diese Weise vermieden. Die Schrumpfung als Zugkraft ist aber meistens so stark, daß sie durch Einspannung nicht verhindert oder wesentlich herabgesetzt werden kann. Möglichst viele Heftstellen sind stets zu empfehlen, um zu große Beweglichkeit und Nachgiebigkeit zu beschränken.

Bei T-Verbindungen wird zu große Winkelschrumpfung vermieden, indem gleichzeitig auf beiden Seiten geschweißt wird, Bild 127. Das gleiche gilt für X-Nähte, Bild 128. Die Schrumpfung der einen Seite

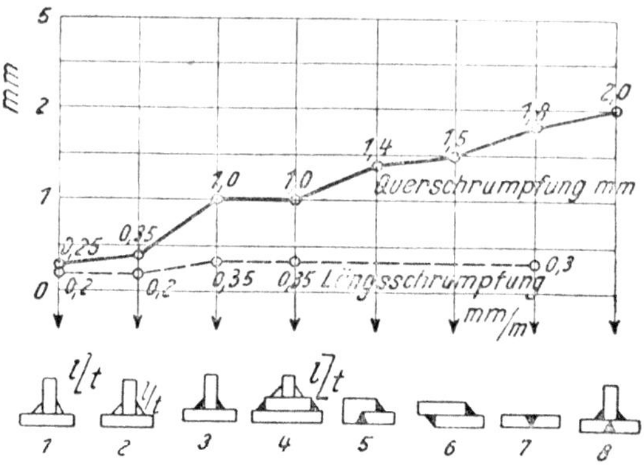

Bild 125. Schrumpfwerte verschiedener Schweißverbindungen für 3 bis 8 mm Blechdicke

hebt die der anderen z. T. wieder auf. Etwas überwiegt jedoch immer die Schrumpfung der zuerst geschweißten Lage, die sich ohne Widerstand auswirken kann. Andere Beispiele solcher Gegenwirkungen zwischen verschiedenen Nähten sind Schweißarbeiten an Grundplatten, Kastenkonstruktionen, Rahmen usw. Zwei Nähte, deren verschiedene Wirkungen sich mehr oder weniger aufheben, werden gleichzeitig geschweißt. In Bild 129 wird bei a und b gleichzeitig oder unmittelbar nacheinander geschweißt; auf keinen Fall dürfen a und c gleichzeitig oder unmittelbar nacheinander geschweißt werden, deren

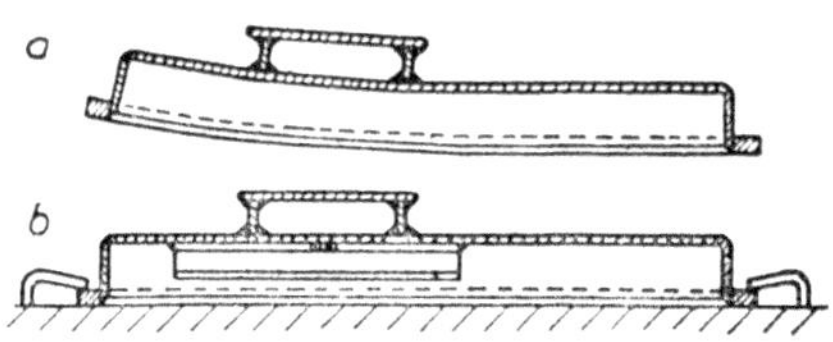

Bild 126. Verwerfung beim Schweißen ohne (a) und mit (b) Einspannung

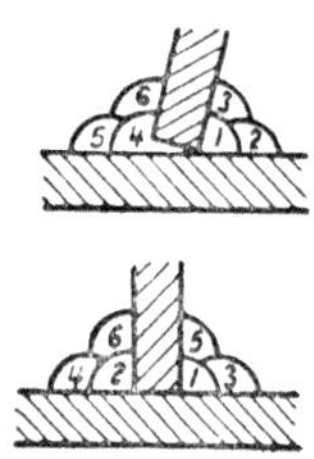

Bild 127. Zweckmäßige Schweißfolge bei einer T-Verbindung

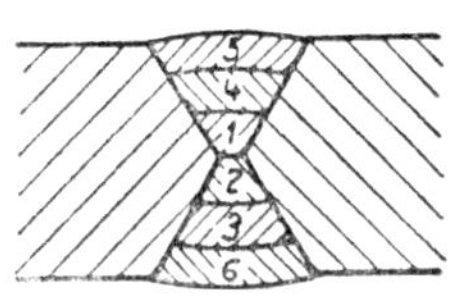

Bild 128. Zweckmäßige Schweißfolge bei einer X-Naht

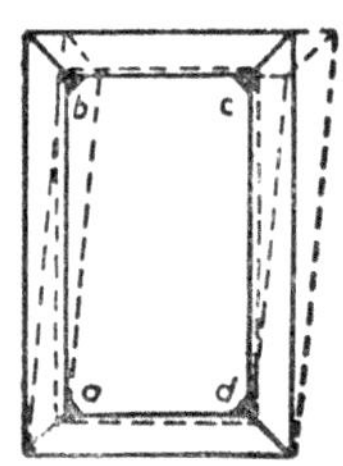

Bild 129. Zweckmäßige Schweißfolge bei einem Rahmen

Schrumpfwirkungen auf den Rahmen sich verstärken (gestrichelt eingezeichnet).

Das meist angewendete Gegenmittel, um die Nachteile der Schrumpfung zu bekämpfen, ist die V o r g a b e. Die Teile werden vorher so verformt oder in eine solche Lage gebracht, daß sie nach der Schrump-

Bild 130. Verwerfung durch eine aufgeschweißte Platte

fung in gewünschter Stellung sind. Eine Platte z. B., die als Verstärkung auf eine andere aufgeschweißt werden soll, Bild 130 und 131, wird so vorgewölbt, daß sie nach dem Schweißen genau aufliegt. In diesem Falle schweißt man zweckmäßig schrittweise von den Enden nach der

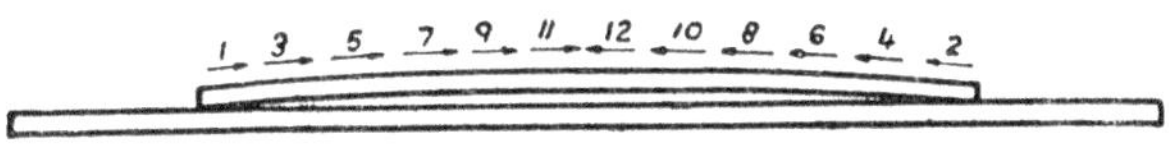

Bild 131. Zweckmäßiges Vorgehen zur Vermeidung der Verwerfung

Mitte. In ähnlicher Weise wird beim Einschweißen von Flicken in Kessel usw. vorgegangen. Das Ü b e r s t r e c k e n bei Kehl- und Stumpfnähten geht aus Bild 132 bis 135 hervor. Es kommt hierbei

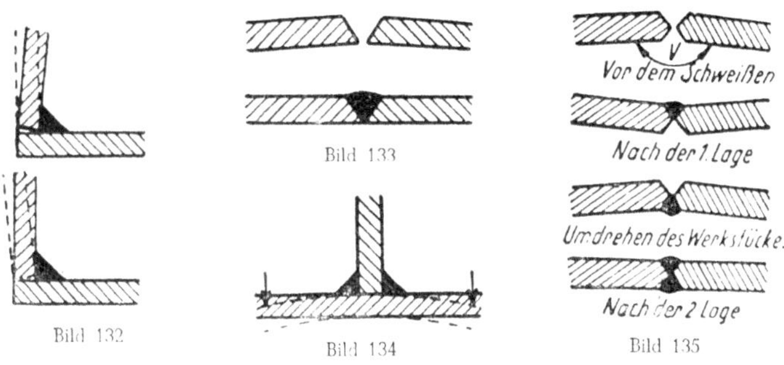

Bilder 132, 133, 134, 135. Überstrecken der Teile bei Kehl- und Stumpfnähten

darauf an, das richtige Vorgabemaß zu treffen. Auf durchgeführte Ermittlungen der Winkelschrumpfung kann zurückgegriffen werden [148]).

Bei u n t e r b r o c h e n e n S c h w e i ß n ä h t e n ist die Schrumpfung, besonders die Längsschrumpfung, kleiner. Wesentliche Nachteile haben jedoch bewirkt, daß die Unterbrechung der Schweißnähte immer mehr verschwindet zugunsten durchgehender, dafür entsprechend dünnerer Nähte. Neben wirtschaftlichen Erwägungen — dickere Nähte sind stets unwirtschaftlicher als dünne — ist vor allem die schlechte Dauerfestigkeit unterbrochener Schweißnähte ausschlaggebend. Am Anfang und Ende der Teilnähte bilden sich Spannungsspitzen aus. Das bedeutet, daß gerade die Stellen besonders beansprucht werden, die wegen schlechteren Einbrandes und wegen der Endkrater minderwertig sind. Entscheidend ist die Beanspruchung der Schweißnaht. Für untergeordnete Zwecke und nichttragende Nähte wird die unterbrochene Schweißung (Heftschweißung) mit Erfolg angewendet.

Beim Verschweißen ungleich dicker Teile können durch die ungleichmäßige Erwärmung der Fugenkanten Verwerfungen auftreten, Bild 136. Das dünnere Blech kann sich in der Schweißwärme mehr ausdehnen und wird in dieser Lage festgeschweißt. Die Folge ist stärkere Schrumpfung dieses Bleches und Verwerfen der ganzen

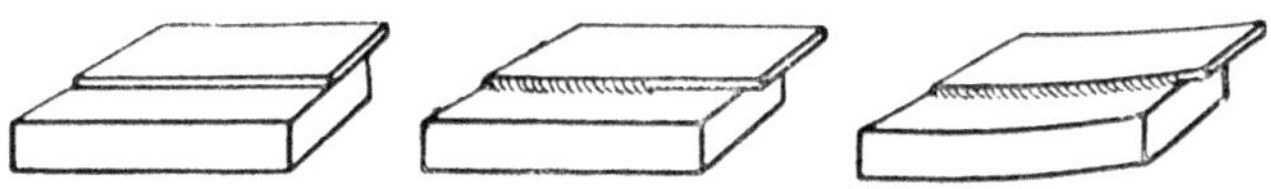

Bild 136. Verwerfung beim Schweißen ungleich dicker Teile

Schweißverbindung. Gegenmittel sind unterbrochenes Schweißen mit größeren Abkühlungspausen oder Erwärmung des dicken Bleches auch von der Rückseite her.

Jede geschweißte Konstruktion schrumpft im ganzen. Die gesamte Schrumpfung ist abhängig von der Anzahl, Stärke und Lage der einzelnen Schweißnähte im Verhältnis zur gesamten Konstruktion. Im Schiffbau und Brückenbau muß hierauf Rücksicht genommen und die Gesamtschrumpfung durch entsprechende Zugaben unschädlich gemacht werden. Im Fahrzeugbau wird rund 1 mm auf 1 m als Zugabe gerechnet. Örtliche Verziehungen lassen sich durch Nachrichten aufheben. Spanabhebende Bearbeitung soll — wenn irgend möglich — erst nach Beendigung der Schweißarbeit vorgenommen werden.

b) Nachrichten. Beim Nachrichten können zwei Arbeitsverfahren unterschieden werden, die auf verschiedenen Grundlagen beruhen. Durch Hämmern wird ein Werkstück, besonders von geringer Wanddicke, an der betreffenden Stelle gestreckt. Durch Erwärmung ohne Hämmern wird die erwärmte Stelle verkürzt.

Richten durch Hämmern wird an dünnen Blechen angewendet. In der Schweißtechnik spielt es eine untergeordnete Rolle. Man kann zwar auch die Schweißnaht hämmern und strecken und dadurch die Schrumpfung rückgängig machen. Durch die Kaltbearbeitung wird der Schweißwerkstoff jedoch härter und verliert an Verformungsvermögen. Das Verfahren wird an lichtbogengeschweißten Nähten weniger angewendet, wohl aber an punkt- und nahtgeschweißten dünnen Blechen. Zur Verringerung der Spannungen wird in Sonderfällen gehämmert (S. 174).

Durch Erwärmung mit dem Schweißbrenner lassen sich selbst größte Blechdicken nachrichten. Einige Beispiele, Bild 137 bis 139, sollen die Wirkungsweise veranschaulichen. Bild 137 stellt einen I-Träger dar, der auf der einen Seite durch eingeschweißte Versteifungsbleche verstärkt ist. Durch die einseitige Schrumpfung hat sich der Träger verbogen. Das Nachrichten erfolgt durch Anwärmen keilförmiger Stellen auf beiden unteren Flanschen. Diese Stellen wollen sich beim Anwärmen ausdehnen. Durch den umgebenden kalten Werkstoff werden sie daran gehindert und gestaucht. Bei der Abkühlung ziehen sie sich wieder zusammen, und zwar auf ein kleineres Maß als

Bild 137

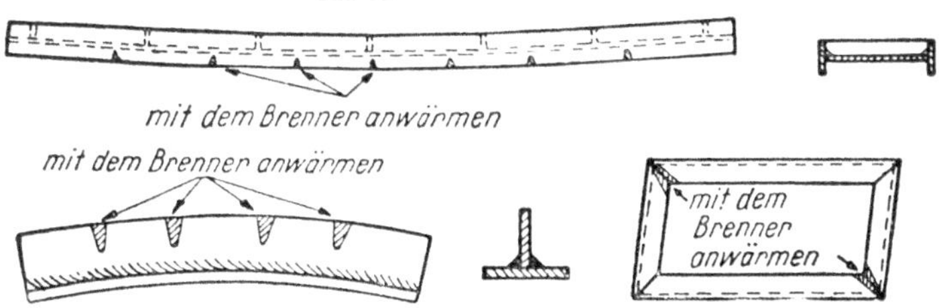

Bild 138

Bild 139

Bilder 137, 138, 139. Praktische Beispiele für das Richten mit der Schweißflamme

vorher, weil sie durch das Stauchen verkürzt worden sind. Der Träger wird dadurch zurückgebogen und gerade gerichtet. Er kann auch vor dem Schweißen im entgegengesetzten Sinne um so viel vorgerichtet werden, daß er durch das Schweißen gerade gezogen wird [155]).

Bei dem geschweißten und dadurch verzogenen T-Träger in Bild 138 wird die Richtwirkung noch unterstützt, wenn er an beiden Enden aufgelagert wird. Durch die eigene Schwere wird die Stauchwirkung der angewärmten Stellen verstärkt. Bild 139 zeigt das Richten einer Rahmenkonstruktion. Der Vorgang ist grundsätzlich der gleiche und beruht ebenfalls auf der Schrumpfwirkung der erwärmten und in der Wärme gestauchten Stellen. Dünne Bleche, die sich geworfen haben und „flattern", werden gerichtet, indem eine Anzahl punktförmiger Stellen mit dem Schweißbrenner oder elektrisch erhitzt werden. Das Stauchen kann dabei noch verstärkt werden durch Hämmern der unmittelbaren Umgebung der erhitzten Punkte. Von diesem Verfahren wird bei allen Arten von Bekleidungsblechen Gebrauch gemacht, die sauber gerichtet werden müssen, da das menschliche Auge Verwerfungen solcher Bleche leicht wahrnimmt.

c) Schrumpfspannungen. Schrumpfspannungen entstehen durch verhinderte Ausdehnungen und Schrumpfungen. Da sich die Ausdehnungen und Schrumpfungen niemals frei auswirken können, auch wenn die zu schweißenden Werkstücke vor Beginn der Schweißung vollkommen frei beweglich waren, entstehen s t e t s Schrumpfspannungen. Spannungen treten in den drei Richtungen des Raumes (längs, quer und senkrecht zur Schweißnaht) auf. Praktisch von Bedeutung sind die Quer- und Längsspannungen.

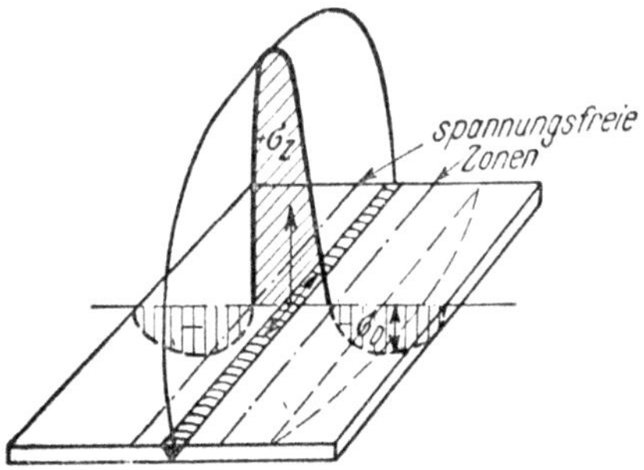

Bild 140. Verteilung der Längsspannungen in einer V-Naht

Durch eingehende Versuchsarbeiten ist die Größe und Verteilung der Schrumpfspannungen ermittelt worden [156—168].

Die Verteilung der L ä n g s s p a n n u n g e n in einer V-Naht geht aus Bild 140 hervor. In der Schweißnaht selbst herrscht in Längsrichtung Zug, da die Naht durch das angrenzende Blech bei der Abkühlung am vollständigen Schrumpfen behindert worden ist. Die Zugspannung ist in der Mitte am größten und nimmt nach den Enden hin ab. Da die gesamten inneren Spannungen eines Körpers in jeder

Bild 141. Querspannungen in einer V-Naht, durchgehend geschweißt

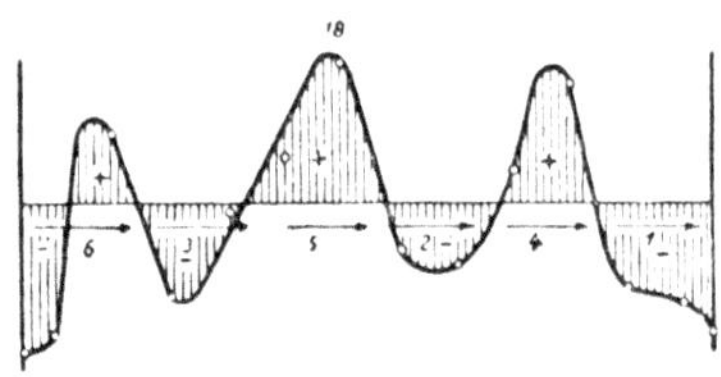
Bild 142. Querspannungen in einer V-Naht, sprungweise geschweißt

Richtung im Gleichgewicht stehen müssen, bilden sich in den Blechen in einiger Entfernung von der Schweißnaht Druckspannungen als Reaktionsspannungen aus.

Gleichzeitig mit den Längsspannungen entstehen i m m e r Querspannungen. Beide stehen hinsichtlich der dadurch hervorgerufenen Biegemomente miteinander im Gleichgewicht. Die Verteilung der Q u e r s p a n n u n g e n über die Schweißnahtlänge geht aus Bild 141 hervor. An den Enden herrscht Druck, in der Mitte Zug. Bei sehr langen Schweißnähten kann die Zugspannung im mittleren Bereich auf Null absinken. Durch die Druckspannungen an den Nahtenden wird eine natürliche Sicherung dieser Stellen bewirkt. Bei unterbrochener Schweißung gilt die Spannungsverteilung für jeden einzelnen Schweißabschnitt. Dadurch tritt ein häufigerer Wechsel von Zug und Druck ein, Bild 142. Hieraus ist zu ersehen, daß unterbrochene Schweißung hinsichtlich der Spannungen oft, aber nicht immer von Vorteil ist. Durch geeignete Reihenfolge in der Schweißung der einzelnen Nähte eines Werkstückes lassen sich jedoch einerseits die Schrumpfungen, andererseits die Schrumpfspannungen kleiner halten als bei wahllosem Vorgehen. Für größere Werkstücke sind deshalb Schweißpläne aufzustellen, aus denen der Schweißer die richtige Reihenfolge entnehmen kann. In diesen Plänen wird die Ausführung der gesamten Schweißarbeit unter Berücksichtigung aller Gesichtspunkte festgelegt.

Der Spannungszustand in Kehlnähten ist verwickelter als in Stumpfnähten, Bild 143. Bei ausgesprochenen Hohlkehlnähten tritt häufig eine Störung des Spannungslinienverlaufes in der Nähe der Oberfläche ein. Auf Einzelheiten kann nicht eingegangen werden.

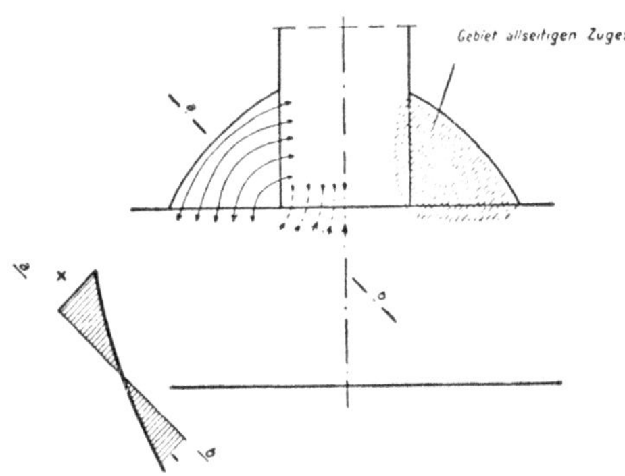

Bild 143. Spannungszustand in Kehlnähten

Die Größe der Spannungen ist sehr verschieden und abhängig von den Abmessungen der Werkstücke, vom Werkstoff und von den Schweißbedingungen. Werte bis zur Streckgrenze treten in den meisten Fällen auf. Bei mehrachsigem Spannungszustand ist sogar mit wesentlich höheren Spannungen zu rechnen. Jedoch treten nicht nur beim Schweißen, sondern auch bei anderen Fertigungsverfahren, z. B. beim Walzen und Gießen, innere Spannungen von gleicher Höhe auf. Hieraus geht hervor, daß die Schweißspannungen hinsichtlich ihrer Gefährlichkeit auch nicht überschätzt werden dürfen, sofern einwandfreie mechanische Beschaffenheit der Nahtzonen gewährleistet ist.

Die Verteilung der Schweißspannungen zeigt grundsätzlich immer das gleiche Bild, wie es sich aus den besprochenen Darstellungen ergibt. Dieser Spannungszustand stellt sich ein, wenn die Werkstücke nicht durch äußere Einspannung festgehalten werden. Er wird darum als natürlicher Schweißspannungszustand bezeichnet. Bei äußerer Einspannung überlagert sich ein weiterer dadurch bedingter Spannungszustand. Werden die Bleche auf einer starren Unterlage so befestigt, daß sie praktisch den Schrumpfkräften nicht nachgeben können, so treten quer zur Schweißnaht Zugkräfte von solcher Höhe auf, daß in der Regel die gesamte Schweißnaht unter Zug steht. Durch starre Einspannung werden die Schrumpfspannungen in gefährlicher Weise erhöht und in das Zuggebiet verlagert.

Durch die meisten Mittel, die zur Kleinhaltung der Schrumpfung und Verwerfung angewendet werden, tritt eine Erhöhung der Schrumpfspannungen ein. Der Schweißer muß sich darüber klar sein, was er durch geeignete Mittel klein halten will, die Verwerfungen oder die Schrumpfspannungen. In vielen Fällen, besonders beim Schweißen gewöhnlicher Bleche geringer Festigkeit, z. B. in der Blechverarbeitung, kommt es darauf an, Verwerfungen zu vermeiden. Höhere Spannungen

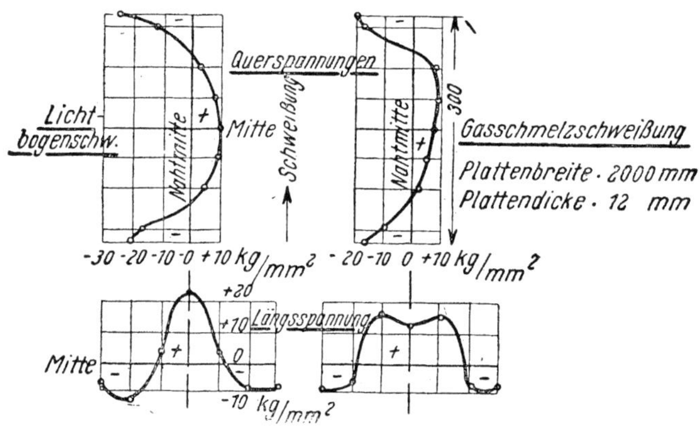

Bild 144. Längs- und Querschrumpfspannungen bei der Lichtbogen- und Gasschmelzschweißung

sind hier meistens unschädlich und können in Kauf genommen werden. In anderen Fällen, besonders bei tragenden Konstruktionen, wie Brücken, Hochbauten und auch im Dampfkesselbau, können in Rechnung gestellte Schrumpfungen zugelassen werden. Hier ist die ganze Aufmerksamkeit darauf zu richten, daß die Spannungen und damit die Riß- und Bruchgefahr klein gehalten werden.

Die örtlich scharf begrenzte Wärmezufuhr bei der Lichtbogenschweißung ergibt wesentlich geringere S c h r u m p f u n g e n als die Gasschmelzschweißung, bei der eine stärkere und gleichmäßigere Durchwärmung des ganzen Werkstückes eintritt. Sind die Werkstücke durch Einspannung oder Verspannung an der Schrumpfung behindert, so treten im ganzen auch geringere Q u e r s c h r u m p f s p a n n u n g e n bei der Lichtbogenschweißung ein.

Diese Tatsache ist einer der wesentlichen Vorteile der Lichtbogenschweißung. Die Wärmeraffung und das dadurch bedingte starke Temperaturgefälle im Werkstück führt jedoch zu höheren örtlichen

Spannungsspitzen, besonders in der Längsrichtung der Nähte. Bild 144 stellt die durch Versuche in einem Falle ermittelten Längs- und Querschrumpfspannungen bei der Lichtbogenschweißung und bei der Gasschmelzschweißung gegenüber. Die Spannungsspitzen der Lichtbogenschweißung, die noch wesentlich schärfer ausgeprägt auftreten können, sind bei sprödem Werkstoff gefährlich. Bei der Gasschmelzschweißung verlaufen die Übergänge wesentlich weicher.

Wichtig ist die richtige Einschätzung der inneren Spannungen in bezug auf die *Sicherheit* der geschweißten Konstruktion [169]. Versuche haben erwiesen, daß die Zugfestigkeit und auch die Dauerfestigkeit im allgemeinen nicht oder nur unwesentlich durch Schrumpfspannungen herabgesetzt werden [170]. Unter der Einwirkung räumlicher Zugspannungen steigert die Nahtzone ihre Widerstandsfähigkeit so stark, daß sie in der Regel — unter weitgehender Fließbehinderung — Betriebsspannungen und Eigenspannungen gemeinsam auf Kosten der Dehnfähigkeit aufnehmen kann. Bei Überschreitung bestimmter Grenzen tritt die Gefahr des Sprödbruches auf. Damit gewinnt die Widerstandsfähigkeit eines Stahles unter allseitigem Zug (Trennfestigkeit) erhöhte Bedeutung [171]. Durch die günstigen Druckvorspannungen an den Enden der Stumpfnähte kann die Dauerfestigkeit sogar erhöht werden [172].

Die Spannungsspitzen sind in den meisten Fällen deshalb keine unmittelbare Gefahr, weil sie bei geeignetem Werkstoff durch Betriebsspannungen *abgebaut* werden, wenn dieser Fall auch nicht rechnungsmäßig erfaßt werden kann. Die durch äußere Belastung auftretenden Betriebsspannungen überlagern sich den inneren Spannungen. An den Stellen hoher Zugvorspannung (Spannungsspitzen) wird die Streckgrenze des Werkstoffes überschritten. Dadurch tritt hier eine Reckung, d. h. eine Verlängerung, ein. Nach Wegnahme der äußeren Belastung ist die Spannung an dieser Stelle vermindert, weil der gelängte Werkstoff nicht mehr seinen vorherigen Spannungsanteil aufzunehmen vermag. Den Vorgang des Spannungsabbaues kann man sich durch ein Gewicht veranschaulichen, das von mehreren Federn gleichzeitig getragen wird. Wird eine der Federn durch Überbeanspruchung gelängt, so trägt sie hinterher nicht mehr den gleichen Lastanteil wie vorher. Der Gewichtsunterschied wird von den übrigen Federn übernommen.

Die innere Spannung der Schweißnaht wandert von den Stellen gefährlicher Spannungsspitzen hinweg zu weniger gefährdeten Stellen.. Man spricht daher treffend von einer *Selbsthilfe des Werkstoffes*. Die Möglichkeit des Spannungsabbaues ist eine Werkstoff-Frage. Bedingung ist genügende Verformungsfähigkeit. Vermieden werden müssen harte Übergangszonen, die bei Stahl mit höherem Kohlenstoffgehalt oder bestimmten anderen Legierungselementen durch zu schnelle Wärmeableitung (Abschreckung) entstehen.

Eine Maßnahme, um innere Spannungen praktisch zu beseitigen, besteht im Spannungsfreiglühen (S. 21). Die wichtigste Forderung ist, daß das Werkstück nach dem Glühen langsam und gleichmäßig abkühlt. Wenn alle Teile eines Körpers in jedem Augenblick die gleiche Temperatur haben, so schrumpft der Körper im ganzen gleichmäßig, und es können sich keine Spannungen ausbilden. Jede ungleichmäßige Erwärmung und Abkühlung führt zu Spannungen. Der Versuch, nach dem Schweißen durch nochmaliges Erwärmen der Schweißnaht mit dem Schweißbrenner die Spannungen zu beseitigen, ist daher als gewagt zu bezeichnen. Er darf nur in Sonderfällen mit größter Sachkenntnis vorgenommen werden. Bei der Warmschweißung von Gußkörpern treten keine oder nur sehr geringe Schrumpfspannungen auf, wenn das ganze Werkstück vor dem Schweißen auf gleichmäßige Temperatur (Rotglut) gebracht wird, in diesem Zustande geschweißt wird und danach langsam und gleichmäßig abkühlt.

d) Rißgefahr und Verhalten des St 52. Die Rißgefahr ist durch zwei Ursachen bedingt, die zusammentreffen müssen: Auftreten höherer Spannungen (oder Spannungsspitzen) und Ausbildung eines spröden Gefüges, das den Spannungen nicht durch entsprechende Formänderung ausweichen kann. Dadurch sind die Gegenmaßnahmen gegeben, die jedoch zum Teil nicht gleichlaufend, sondern einander entgegengesetzt sind. Vermieden werden müssen zu hohe Schrumpfspannungen, dafür müssen unter Umständen größere Schrumpfungen in Kauf genommen werden. Die Werkstücke sollen möglichst frei beweglich gehalten werden. Durch geeignetes Schweißverfahren und zweckmäßige Schweißbedingungen müssen sowohl hohe Spannungsspitzen als auch hohe Gesamtspannungen vermieden werden. Schroffe Abkühlung ist, wenn nötig, durch Wärmemaßnahmen zu vermeiden, um damit Versprödungen zu verhindern. Diese Maßnahmen wirken gleichzeitig der Ausbildung hoher Spannungsspitzen entgegen, bewirken aber stärkere Verspannungen, wenn die Werkstücke in ihrer Beweglichkeit behindert sind.

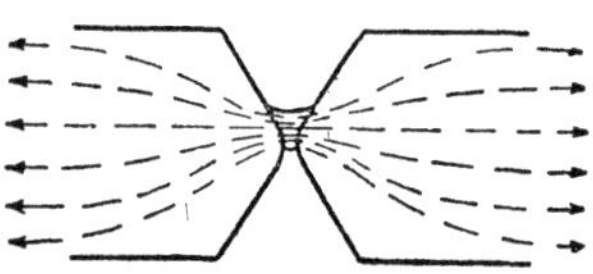

Bild 145. Gefährdung der Wurzellagen durch Spannungskonzentration

Im einzelnen wird unterschieden zwischen Schweißnahtrissigkeit, Schweißrissigkeit und Schweißempfindlichkeit [173]).

Unter Schweißnahtrissigkeit wird das Auftreten von Rissen in den Schweißnähten selbst verstanden. Besonders gefährdet sind Kehlnähte und die Wurzellagen sämtlicher Nähte, Bild 145. Die

Schweißnahtrissigkeit ist bei gegebenem Spannungszustand im wesentlichen von den Eigenschaften des Schweißgutes abhängig. Sehr schädlich sind hoher Phosphor- und Schwefelgehalt. Die Risse entstehen teilweise unmittelbar nach der Schweißung bei hohen Temperaturen, teilweise im Gebiet verringerter Formänderungsfähigkeit zwischen 200⁰ und 300⁰ (Blaubruch).

Eine Erklärung der Schweißnahtrissigkeit (Warmrisse) wurde in der Aufsprengung der Korngrenzen durch Wasserstoff gesucht [174], der aus den Umhüllungsrohstoffen in die Schweiße gelangt. Da Rißerscheinungen dieser Art fast nur bei dick ummantelten Elektroden auftreten, wurde als weitere Erklärung die Störung des Kristallisationsgefüges bei der Erstarrung angesehen, die durch das Vorhandensein zweier Erstarrungszentren verursacht wird [175]. Bei Verwendung geeigneter Baustoffe und „rißfreier" Elektroden sowie durch fachmännische

Bild 146. Schweißrissigkeitsproben

Schweißausführung werden heute die gefürchteten Rißerscheinungen verhindert.

Schweißrissigkeit ist eine besondere Art von Rißerscheinungen neben der Naht, die nur bei der Gasschmelzschweißung dünner Querschnitte an Stählen höherer Festigkeit, wie Cr-Mo-Stählen oder reinen Kohlenstoffstählen, auftritt. Sie nimmt im allgemeinen mit ansteigendem C-Gehalt des Stahles zu, so daß bei gleicher Festigkeit der kohlenstoffärmere legierte Stahl dagegen unempfindlicher ist als der kohlenstoffreichere unlegierte Stahl. Von großem Einfluß ist bei gleicher Stahlzusammensetzung auch die Art der Erschmelzung und der Schmelzführung [176–180]. Zur Prüfung der Schweißrissigkeit sind verschiedene Probeformen entwickelt worden, Bild 146 und 147.

Als *Schweißempfindlichkeit* wird das Verhalten von Stählen bezeichnet, bei der Lichtbogenschweißung Eigenschaftsänderungen in solchem Umfange zu erleiden, daß die infolge des Schweißens auftretenden Spannungen nicht mehr durch Verformungen aufgenommen werden können und deshalb zu Rissen führen [181]. Sie äußert sich meistens in von den Übergangszonen ausgehenden Rissen, die weit in den Baustoff hineinreichen können, und ist die Folge aufgehärteter Übergangszonen in Verbindung mit hohen Spannungen. Die Risse können unmittelbar nach Beendigung der Schweißarbeit oder bei der ersten Belastung durch äußere Kräfte eintreten. Die Rißgefahr ist weitgehend durch den zu schweißenden Baustoff bedingt [182]). Es überlagern sich verschiedene Einflüsse, wie chemische Zusammensetzung, Erschmelzungsart des Stahles, Schweißbedingungen, dabei besonders die Abkühlungsgeschwindigkeit. Durch Abstimmung der Desoxydationsmittel, der Herstellungstemperaturen und der Legierungselemente können besonders „umwandlungsfreudige" Stähle hergestellt werden.

Bild 147. Einspannschweißvorrichtung nach Focke-Wulf

Die Umwandlungsfreudigkeit ist eine Maßzahl für das Umwandlungsbestreben eines Stahles vom Austenit zum Perlit. Je größer sie ist, um so geringer ist die Wahrscheinlichkeit, daß ein hartes Gefüge entsteht, und um so geringer ist damit auch die Rißwahrscheinlichkeit [183]).

Die Neigung des Stahles zu Rissen in der Übergangszone bei scharfen Schweißbedingungen wird am eindeutigsten durch Einspannschweißversuche nach *Swinden* und *Reeve* nachgewiesen, Bild 148. Unter scharfer Einspannung werden drei Kehlnähte an einer aufzuschweißenden Rechteckplatte gezogen. Die Kehlnaht an der letzten Kante wird erst nach dem Erkalten geschweißt. Die Rißanfälligkeit wird an Schnitten durch diese Kehlnaht untersucht und je nach

Feststellbarkeit mit verschiedenen Beobachtungsverfahren in sechs Stufen eingeteilt [184]).

Zur Prüfung der Schweißempfindlichkeit wurde in Deutschland ein anderes Prüfverfahren, der Aufschweißbiegeversuch, ent-

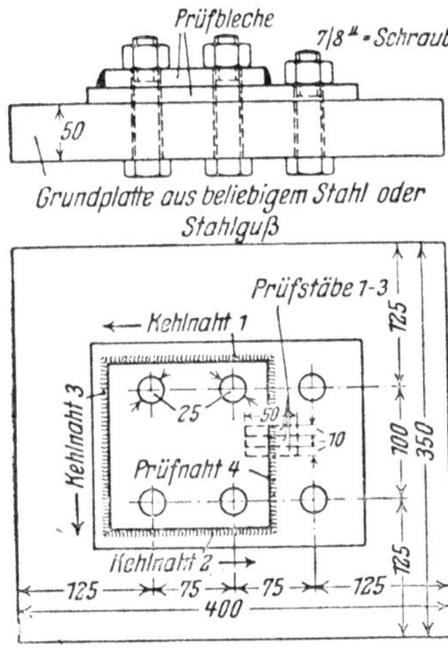

Bild 148. Einspannschweißversuch nach *Swinden* und *Reeve*

wickelt. Auf ein 50 mm dickes und 200 mm breites Probeblech wird in einer Nute eine Längsraupe aufgetragen, Bild 149. Die Probe wird bis zum Auftreten eines Risses oder Bruches gebogen, wobei die Auf-

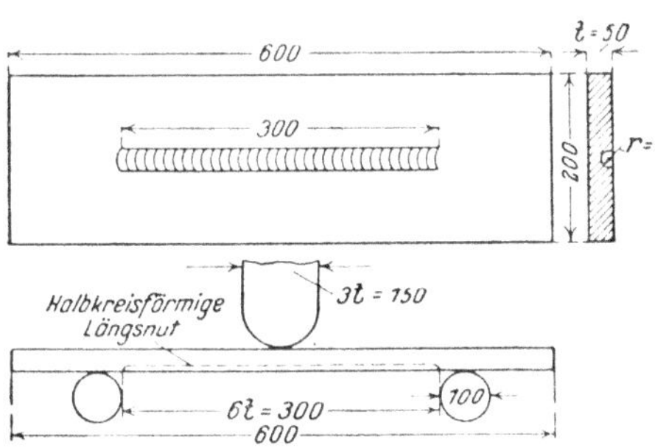

Bild 149. Der Aufschweißbiegeversuch

schweißung in der Zugzone liegt. Diese Prüfung kennzeichnet ähnlich wie der Kerbschlagversuch die Neigung eines Stahles zum Trennungsbruch im mehrachsigen Spannungszustand. Die Schweißempfindlichkeit wird hierdurch jedoch nur mehr oder weniger qualitativ beurteilt. Die Probe muß einen zähen Verformungsbruch zeigen. Ein bestimmter Biegewinkel ist vorläufig nur bei St 37 vorgeschrieben. Durch den Versuch wird die Dickenempfindlichkeit (Verformbarkeit größerer Querschnitte unter mehrachsiger Beanspruchung) festgestellt. Gegen den Aufschweißbiegeversuch als Prüfverfahren wurden starke Bedenken erhoben [185—187]. Fest steht, daß er dazu beigetragen hat, wesentliche Erkenntnisse zu sammeln [188]. Ein Zusammenhang zwischen der Bruchform der Aufschweißbiegeprobe und der Kerbschlagzähigkeit sowie der Kerbeinschnürung beim Kerbzugversuch besteht nicht [189]. — Eine Abart ist der Preßnutbiegeversuch [190].

In den Vordergrund eingehender wissenschaftlicher Untersuchungen rückten diese Fragen während der letzten Jahre durch ungünstige Beobachtungen an dem Baustahl St 52. Dieser niedrig legierte Stahl war zunächst ohne Begrenzung der chemischen Zusammensetzung eingeführt worden [191]. Nachdem sich beim Schweißen im Brückenbau Rückschläge ergeben hatten, wurden von der Reichsbahn die Legierungsbestandteile begrenzt. Später wurden Höchstgehalte für die Stahlbegleiter und Legierungselemente wie folgt festgelegt [192]: 0,20 % C, 0,60 % Si; 1,20 % Mn; 0,06 % S; 0,06 % P (S + P zusammen < 0,10 %); dazu zusätzlich: 0,20 % Si oder 0,40 % Mn. Innerhalb dieser Grenzen sind die Legierungsbestandteile von untergeordneter Bedeutung für die Aufhärtung beim Schweißen [193].

Die Ursachen für die Schadenfälle an geschweißten Brücken können heute als weitgehend geklärt angesehen werden, obgleich über einzelne Punkte noch verschiedene Auffassungen bestehen [194, 195]. Gegenmittel sind außer der Analysenbegrenzung besonders sorgfältige Erschmelzung (Verbesserung der Desoxydation) des Stahles und die Beachtung einer Reihe von Gesichtspunkten bei der schweißtechnischen Verarbeitung [196], die sich dahingehend zusammenfassen lassen, daß jede Art von Abschreckwirkung vermieden werden muß. Die Querverspannung ist so gering wie möglich zu halten; ungleichmäßig verteilte Spannungen sind zu vermeiden. Die zugeführte Wärme soll in einem bestimmten Verhältnis zu dem zu schweißenden Querschnitt stehen. Dünne Elektroden an dickeren Blechen, besonders beim Schweißen der ersten Lage, sind zu vermeiden, da die Wärme von den Stahlmassen sofort geschluckt wird und damit eine gefährliche Abschreckwirkung eintritt. Die Lagenzahl ist zu beschränken. Bei Brückenträgern sollen die Gurtnähte und die Stegnaht eines Stoßes grundsätzlich gleichzeitig hergestellt werden [197].

Die weitaus größte Gefahr liegt zu Beginn der Schweißarbeiten bei noch dünnen Nähten vor. Hierbei ist kontinuierliches Schweißen ohne Zwischenabkühlungen anzuwenden. Grundsätzlich ist die Schweißung in einer Wärme vorzuziehen[198]. Sehr gute Erfahrungen wurden mit Vorwärmen auf etwa 250° gesammelt. Auch ein Glühen bei 550° oder 850° bis 900° nach dem Schweißen wird angewendet. Festigkeit, Kerbschlagzähigkeit und Dauerfestigkeit der Schweißverbindung werden durchweg günstig beeinflußt[199, 200]. Besonders für den Maschinenbau, der im allgemeinen Blechdicken über 30 mm selten verwendet, liegt bei Beachtung dieser Regeln kein Grund vor, auf den Stahl St 52 für Schweißkonstruktionen zu verzichten[201, 202]. Kalthämmern ist zu vermeiden. Bei Schweißverbindungen, die einer Dauerbeanspruchung unterliegen, ist schwache Überhöhung der Naht mit Abarbeiten der Übergangszone durch Schleifen zweckmäßig.

Nähere Untersuchungen ergaben, daß die Übergangszone neben der Schweißnaht nicht einheitlich ist, sondern sich aus dünnen Schichten verschiedenen Gefüges zusammensetzt. Auf eine dünne Schicht mit troostitischem Gefüge unmittelbar neben der Schweiße folgt eine Schicht, in der durch unvollkommene Diffusion des Kohlenstoffs aus dem Perlit Martensitnester entstanden sind. Da diese Diffusion sich bei kleinen Körnern leichter vollzieht, verhalten sich feinkörnige Stähle günstiger als grobkörnige[203]. Die Neigung zur Martensitbildung steht offenbar mit der Hysterese des Umwandlungspunktes A_1 (Unterschied zwischen A_{r_1} und A_{c_1}, S. 18) in Zusammenhang[204, 205]. Auch die Sehnigkeit und Gestaltsprödigkeit der Wärmeübergangszone sind von Einfluß. Die Vorgänge sind sehr verwickelt. An ihrer endgültigen Klärung wird gearbeitet[206–208].

6. Nacharbeiten

Nach und z. T. schon während der Schweißarbeit sind eine Reihe von Nacharbeiten auszuführen.

a) Entschlacken und Reinigen. Nach jeder Lage muß die Schlacke vollständig entfernt werden. An schlecht zugänglichen Stellen, wie in Einbrandkerben, in Rillen zwischen zwei nebeneinander liegenden Lagen, ist sorgfältigste Reinigung unerläßlich, weil an diesen Stellen der Lichtbogen beim Schweißen der nächsten Lage die Schlacke nicht aufzuschmelzen vermag. Auch Schlackenlöcher in der untersten Lage müssen restlos gereinigt werden, da sich sonst bei jeder weiteren Lage immer wieder Schlacke an der gleichen Stelle festsetzen kann. Wenn der Lichtbogen auch meistens kleine Schlackenteile aufschmilzt, so kann man niemals sicher damit rechnen.

Neuzeitliche Mantelelektroden ergeben eine Schlacke, die sich leicht entfernen läßt und bei glatten, frei liegenden Nähten teilweise von selbst abspringt, Bild 49 (S. 82). Dünn umhüllte und Seelenelektroden hinterlassen eine dünne Schlackenhaut, die oft ziemlich fest haftet. Mit Stahlbürsten und einem leichten Pickhammer kann sie befriedigend entfernt werden. Auch mit nacktem Draht geschweißte Nähte sollen abgebürstet werden.

Die Reinigung der obersten Schweißlage ist erforderlich, damit ein späterer Farbanstrich gut haftet. Hierzu gehört auch die Entfernung der Spritzer oder Schweißperlen, die ein Kennzeichen jeder Lichtbogenschweißung sind. Verbleibende Spritzer können später abfallen und damit Korrosionsangriffe durch Zerreißen des Farbfilmes herbeiführen. Kleine Spritzer auf den Schweißfugenkanten werden durch den Lichtbogen aufgeschmolzen. Wenn die Kanten stark damit übersät sind, müssen die Spritzer nach jeder Lage entfernt werden. Hierzu eignen sich Meißel sehr gut, mit denen die Schweißperlen abgestreift werden. Beim Gebrauch von Meißel und Pickhammer müssen Verletzungen und Kerben an der Oberfläche der Schweißnähte unbedingt vermieden werden, da hierdurch die Dauerfestigkeit erheblich herabgesetzt werden kann.

Arbeiten mehrere Schweißer nebeneinander, so kann es vorteilhaft sein, das Entschlacken und Reinigen einem Hilfsarbeiter zu übertragen, damit die Schweißer sich nicht damit aufzuhalten brauchen. Ein Hilfsarbeiter kann je nach den Verhältnissen zwei bis vier Schweißer bedienen.

b) Schleifen der Schweißnaht. Eine spanabhebende Bearbeitung der Schweißnaht findet im allgemeinen nicht statt. Hinsichtlich ihrer Wirkung auf das Auge sind gut und sauber ausgeführte, unbearbeitete Schweißnähte nicht zu bemängeln. Vom Aussehen der Schweißungen kann auf ihren Gütewert geschlossen werden.

Bei hochbeanspruchten Schweißnähten, namentlich im Brückenbau, die gute Dauerfestigkeit aufweisen müssen, wird vielfach eine Nacharbeit der Oberfläche ausgeführt. Die Schweißraupen werden mit Handschleifmaschinen so abgeschliffen, daß kerbenfreie, allmähliche Übergänge zwischen Schweißnaht und Baustoff entstehen. Eingehende Untersuchungen über die Dauerfestigkeit von Schweißverbindungen haben erwiesen, daß sich in erster Linie die Oberflächenbeschaffenheit hierauf auswirkt. Durch Ungleichmäßigkeiten und Kerben wird der Spannungsverlauf gestört und damit die Dauerfestigkeit empfindlich herabgesetzt. Abschleifen der tragenden Schweißnähte, besonders bei St 52, ist in diesen Fällen nicht nur gerechtfertigt, sondern eine Notwendigkeit zur Erhöhung der Sicherheit.

c) Hämmern der Schweißnaht. Das Hämmern der Schweißnaht spielt bei der Lichtbogenschweißung gegenüber der Gasschmelzschweißung eine untergeordnete Rolle. Da es bei unsachgemäßer Ausführung Schaden anrichten kann, ist es mit Vorsicht und Sachkenntnis vorzunehmen.

Grundsätzlich ist zwischen Kalthämmern und Warmhämmern zu unterscheiden. Kalthämmern wirkt auf die Schweißnaht in gleicher Weise wie jede Kaltverformung ein. Festigkeit und Härte steigen, Dehnung und Formänderungsfähigkeit nehmen ab. Das Hämmern kann ein wirkungsvolles Mittel zur Herabsetzung der Schrumpfung und zur Beherrschung der Schweißspannungen sein [209]). Die Oberflächen der Schweißlagen sollen möglichst eben und glatt sein. Unregelmäßigkeiten, Schlacke und Fremdkörper müssen vorher entfernt werden. Gehämmert werden soll mit einem abgerundeten oder stumpfen Lufthammer, der mit schnellen, leichten Schlägen betätigt wird. Einlagenschweißungen werden besser nicht gehämmert.

Durch Warmhämmern, d. h. Hämmern bei Rotglut (Schmieden), wird das Gefüge einer schmiedbaren Schweiße verbessert. Schmiedbar sind im allgemeinen nur mit umhüllten oder Seelenelektroden hergestellte Schweißnähte, meistens nicht dagegen solche aus nacktem Draht. Eine weitere Voraussetzung ist, daß die Schweiße rotwarm bleibt, bis das Schmieden beendet ist. Durch die schnelle Wärmeableitung ist diese Voraussetzung bei der Lichtbogenschweißung in der Regel nicht erfüllt. Im Blaubruchbereich des Stahles, zwischen 200^0 und 300^0, ist Hämmern wegen der Sprödigkeit des Werkstoffes gefährlich. Da die Temperatur der Lichtbogenschweißnaht schnell auf diesen gefährlichen Bereich absinkt, ist Vorsicht geboten. Warmhämmern jeder Lage wird teilweise als gutes Mittel zur Vermeidung von Rissen bei der Mehrlagenschweißung angesehen.

d) Wärmebehandlung. Als Wärmebehandlung nach dem Schweißen kommen zwei Arten in Frage: Spannungsfreiglühen und Normalglühen. Wesen und Zweck beider Behandlungen ist im Abschnitt „Wärmebehandlung des Stahles" (S. 17) besprochen worden.

Spannungsfreiglühen [210]) ist in den Fällen erforderlich, wo aus bestimmten Gründen die Schrumpfspannungen entfernt werden müssen. Der praktischen Durchführung wird oft durch die Größe der Werkstücke eine Grenze gesetzt. Örtliche Erwärmungen zur Verringerung der Spannungen sind nicht zu empfehlen (S. 168). Beim Nachrichten, wodurch Verwerfungen rückgängig gemacht werden sollen, muß dagegen örtlich erwärmt werden (S. 163). Erhöhte Spannungen sind vielfach die Folge davon.

Normalglühen verbessert im allgemeinen das Gefüge. Von dem Verfahren wird viel Gebrauch gemacht. Im Dampfkesselbau war bei

Genehmigung des Schweißfaktors 0,9 Normalglühen der geschweißten Behälter mit Ausnahme der austenitischen Schweißung vorgeschrieben. In den anderen Fällen genügte Spannungsfreiglühen [211]. Neuere Forschungsergebnisse haben jedoch erwiesen, daß durch Normalglühen auch ein Absinken der Kerbschlagzähigkeit eintreten kann.

Die Frage der Glühbehandlung lichtbogengeschweißter Dampfkessel war deshalb in den letzten Jahren Gegenstand eifriger Erörterungen und wissenschaftlicher Untersuchungen [212]. Festgestellt wurde, daß in den meisten Fällen das Normalglühen durch Spannungsfreiglühen ersetzt werden kann [213–216]. Durch Erlaß des Reichswirtschaftsministers vom 6. 3. 1940 wurde für unlegierte Kohlenstoffstähle der Sorten M I, M II und M III in Dicken bis 50 mm das Spannungsfreiglühen an Stelle des Normalglühens zugelassen. Voraussetzung ist jedoch, daß bei der Rundung der Kesselschüsse die äußere Blechfaser nicht mehr als 3 % gereckt wird, und daß die Werkstücke vorher nicht einer Warmverformung (Kümpeln, Runden usw.) ohne anschließende Normalglühung unterzogen wurden. Die Werkstoffe der zu schweißenden Werkstücke müssen einwandfrei normalgeglüht vorliegen.

Neben dem Stahlbau, vor allem für St 52 [217], spielt die Glühbehandlung der Schweißnähte im Rohrleitungsbau eine große Rolle. Zweckentsprechende Vorrichtungen, die auch auf Baustellen zu verwenden sind, wurden entwickelt [218–220]. In zunehmendem Maße werden elektrische Glüheinrichtungen verwendet, die vielfach nach dem Induktionsverfahren arbeiten.

IX. SONDERSCHWEISSARBEITEN

1. Das Schweißen dünner Bleche

Zum Schweißen dünner Bleche wird neben dem Metallichtbogen die Kohlelichtbogenschweißung herangezogen. Auch das Arcatomverfahren ergibt hochwertige Verbindungen. In allen Fällen müssen die Blechkanten sauber zugeschnitten sein und gut aneinander passen.

a) Metallichtbogenschweißung. Die Bleche werden stumpf mit den Schweißkanten dicht zusammengelegt. Nicht genau passende Stellen werden mit dem Handhammer gerichtet. In kurzen Abständen werden die Bleche geheftet. Sie müssen auf einer geeigneten Unterlage gut aufliegen. Sehr zu empfehlen sind Einspannvorrichtungen, wodurch die Bleche in der richtigen Lage festgehalten werden, Bild 150. Diese Vorrichtungen können in gleicher Weise zur Lichtbogenschweißung wie zum Gasschmelz- und Arcatomschweißverfahren verwendet werden.

Bild 150. Einspannvorrichtung zur Dünnblechschweißung

Bei der Lichtbogenschweißung mit nackten Elektroden ist es schwierig, das den, während bei Verwen- Durchbrennen zu vermeidung umhüllter Elektroden die Beherrschung der Schlacke nicht einfach ist. Von den meisten Firmen werden hierfür Sonderelektroden hergestellt. Dünn umhüllte Elektroden haben den Vorzug geringerer Erwärmung, so daß ein stärkeres Verziehen der Bleche und Durchbrennen mit der Elektrode weniger leicht auftreten.

Die für verschiedene Blechdicken geigneten Elektrodendurchmesser und Stromstärkenbereiche können der folgenden Zusammenstellung entnommen werden:

Blechdicke in mm:	0,7……1,0	1,0……1,5	1,5……2,0	2,0……2,8
Elektrodendurchmesser in mm:	1	1,5	2	2,5
Stromstärke in A:	18……28	26……40	38……60	56……90

Die Stromstärke muß genau den jeweiligen Verhältnissen entsprechend eingestellt werden, damit einerseits gute Bindung erzielt wird und andererseits keine Löcher gebrannt werden. Zur Führung der Elektrode gehört eine ruhige und sichere Hand. Zu empfehlen ist die Anwendung von Gleichstrom. Meistens wird die Elektrode am Pluspol und das Werkstück am Minuspol angeschlossen, da bei dünnen Blechen zweckmäßig der Pol mit der geringeren Temperatur am Werkstück liegt. Beim Schweißen von Blechtafeln größerer Abmessungen ist es von Vorteil, die Arbeit von Zeit zu Zeit zu unterbrechen, damit sich die benachbarten Zonen nicht über Handwärme erwärmen [221]). Durch künstliche Kühlung des Werkstückes kann die Gefahr, Löcher zu brennen, herabgesetzt und damit die Stromstärke erhöht werden. Stehende Schweißnähte werden von oben nach unten ausgeführt.

b) Kohlelichtbogenschweißung. Für den Kohlelichtbogen wird fast ausschließlich Gleichstrom verwendet, und zwar muß die Kohleelektrode am Minuspol liegen [222]). Zweckmäßig wird eine Blasspule am Elek-

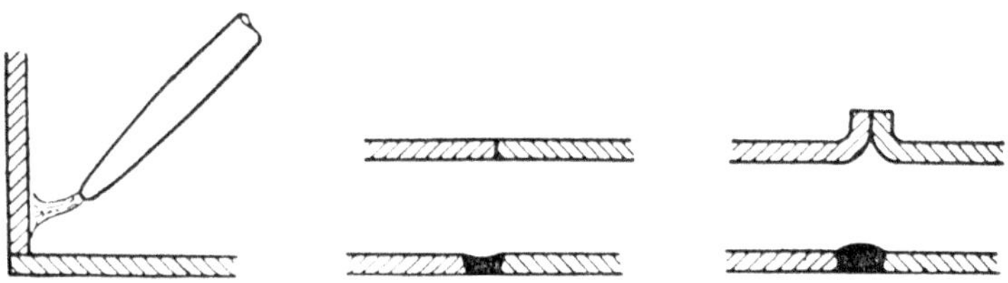

a T-Stoß, ungeeignet — b I-Naht — c Bördelnaht

Bild 151. Schweißen mit dem Kohlelichtbogen

trodenhalter angeordnet, um den Lichtbogen zu beruhigen und auf die Schweiße zu richten.

Der Kohlelichtbogen wird vorzugsweise für Ecknähte, Überlapptnähte und Bördelnähte verwendet. Die Blechdicke kann zwischen 0,5 mm und 6 mm betragen. Weniger geeignet ist das Verfahren für T-Stöße. Der Lichtbogen brennt hierbei einseitig gegen eins der beiden Bleche, Bild 151 a. Ecknähte und Bördelnähte werden ohne Zusatzstoff geschweißt; die Schweißkanten werden lediglich miteinander verschmolzen. Auch bei stumpf zusammengelegten Blechen (I-Nähten) kann ohne Zusatzdraht geschweißt werden. Die Schweiße wird dann jedoch etwas schwächer als das Blech, Bild 151 b. Sehr günstig ist die Bördelschweißung. Die umgebördelten Kanten werden niedergeschmolzen und ergeben eine verstärkte Schweißnaht, Bild 151 c. Fast ausschließlich werden dünne Bleche ohne Zusatzdraht geschweißt (reine Kohleschweißung), Bild 152.

Die Blechkanten werden mit einer Schweißpaste bestrichen, die vor Beginn der Schweißarbeit trocknen soll. Die Paste löst Oxyde und Schlacken auf und gewährleistet gute Bindung. Der Schmelzfluß wird verbessert. Gleichzeitig wird durch die Entwicklung einer Schutzgasatmosphäre das Aufkohlen der Schweiße verhindert. Die Kohleelektroden bestehen aus reinem Graphit und werden in Dicken von 3 mm Durchmesser aufwärts verwendet.

Die Bleche sind sorgfältig zu heften. Diese Arbeit kann bei einiger Übung ebenfalls mit dem Kohlelichtbogen ausgeführt werden. Bei Ecknähten und Bördelnähten bestehen im allgemeinen keine Schwierigkeiten. Für Stumpfnähte, besonders an sehr dünnen Blechen, ist Einarbeit erforderlich, um keine Löcher zu brennen.

Der Lichtbogen soll etwa 5 mm lang gehalten werden. Bei zu kurzem Lichtbogen besteht die Gefahr, daß Kohlenstoff vom Schweißbad auf-

Bild 152. Ecknähte an 1, 2 und 3 mm dicken Blechen, mit dem Kohlelichtbogen geschweißt

genommen wird. Bei längerem Lichtbogen und richtiger Polung ist der Kohlenstoffgehalt der Schweißnaht nicht höher, sondern oft sogar geringer als der des Baustoffes.

Zweckmäßig wird eine dem Arbeitsstück angepaßte Einspannvorrichtung benutzt, Bild 150. Die Teile der Vorrichtung, die in unmittelbarer Nähe der Schweißnaht liegen, werden vorteilhaft aus unmagnetischen Werkstoffen (Kupfer, V2A-Stahl) hergestellt, um den Lichtbogen nicht zu beunruhigen. Diese Teile, die auf dem Werkstück neben der Schweißnaht als Schienen flach aufliegen, wirken in hohem Maße wärmeableitend. Daher können höhere Stromstärken mit entsprechender Steigerung der Schweißgeschwindigkeit eingestellt werden ohne Gefahr, Löcher zu brennen. Bild 153 gibt die Schweißgeschwindigkeiten an, die von einem geschickten Schweißer erreicht werden können. Gegenüber der Metallichtbogenschweißung werden um 100 % höhere Werte erreicht. Wird ohne Einspannvorrichtung geschweißt, so muß die Stromstärke geringer gewählt werden.

Der Durchmesser der Kohleelektrode wird durch die Schweißstromstärke bestimmt. Stehen Durchmesser und Stromstärke im richtigen Verhältnis zueinander, so brennt die Kohle sehr langsam ab. Die Spitze behält dabei ihre geeignete, angespitze Form. Bei zu niedriger Stromstärke wird die Spitze stumpf, bei zu hoher Stromstärke zu schlank, Bild 154.

Auch voll- und halbautomatische Schweißeinrichtungen sind für die Kohlelichtbogenschweißung entwickelt worden, die für in größeren

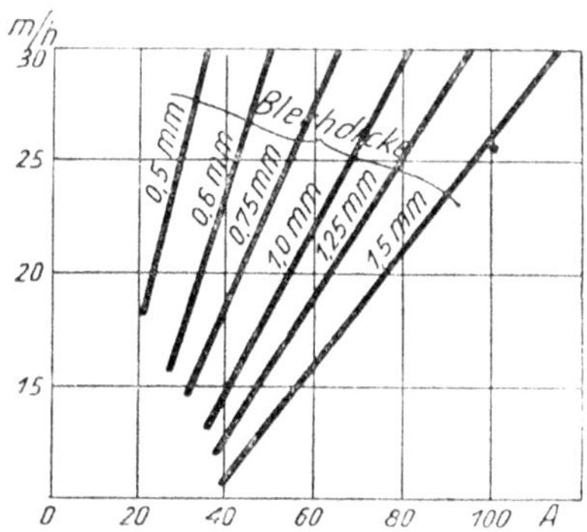

Bild 153. Die Schweißgeschwindigkeit, abhängig von der Stromstärke, für Stumpfnähte mit dem Kohlelichtbogen

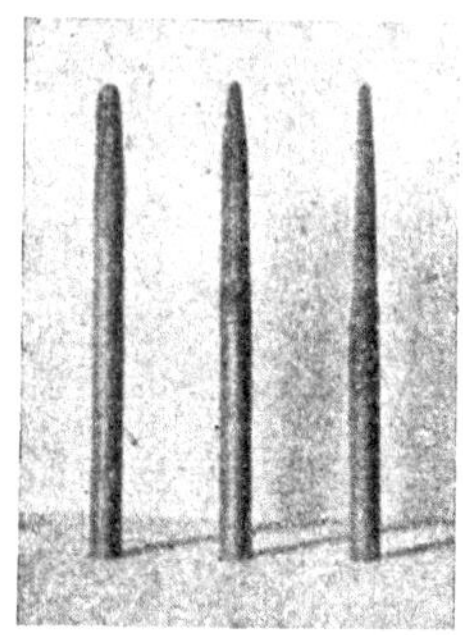

Bild 154. Schweißkohlen, die mit zu geringer, richtiger und zu hoher Stromstärke geschweißt wurden

Stückzahlen herzustellende Werkstücke von gleichbleibender Form mit bestem Erfolg verwendet werden [223]). Der Werkstückvorschub vollzieht sich automatisch, während das langsame Nachschieben der Kohle von Hand vorgenommen wird, wobei gleichzeitig der Kohlestab zum Erzielen eines gleichmäßigen Abbrandes gedreht werden kann.

Die für verschiedene Blechdicken geeigneten Kohledurchmesser und Schweißstromstärken können für Bördelnähte der folgenden Zusammenstellung entnommen werden [224]):

Blechdicke mm	Kohledurchmesser mm	Stromstärke A
0,5	3	15 20
1	4	30 35
2	5	85 95
3	6	170 180

2. Das Schweißen dicker Bleche

Für das Schweißen dicker Bleche sind einige Gesichtspunkte zu beachten, die sich auf die Vorbereitung und Durchführung der Schweißarbeit beziehen.

Für ausgesprochene Dickblechschweißungen (über 50 mm Blechdicke) hat sich die auf S. 129 besprochene Tulpennaht und Doppeltulpennaht durchgesetzt. Geringerer Verbrauch an Zusatzstoff und kleinere Winkelschrumpfung sind die Vorteile. Im Behälterbau wird auch die in Bild 155 wiedergegebene Nahtform angewendet. Nachteilig ist bei diesen Ausführungen, daß die Kantenvorbereitung nicht durch Brennschneiden, wie beim V- und X-Stoß, erfolgen kann, sondern daß spanabhebende Bearbeitung durch Hobeln nötig ist.

Schon frühzeitig wurden deshalb neben V-Fugen mit geringerem Öffnungswinkel, Bild 156 a, auch Schweißnahtformen mit parallelwandigem schmalen Spalt (Steilkantennaht) vorgeschlagen, Bild 156 b, die im Laufe der Jahre mit kleinen Abwandlungen vielfach Verbreitung gefunden haben [225]. Die geraden Flanken ermöglichen den Gebrauch des maschinell geführten Schneidbrenners. Niedrige Bearbeitungskosten und ein möglichst kleiner Schweißgutbedarf werden angestrebt. Um

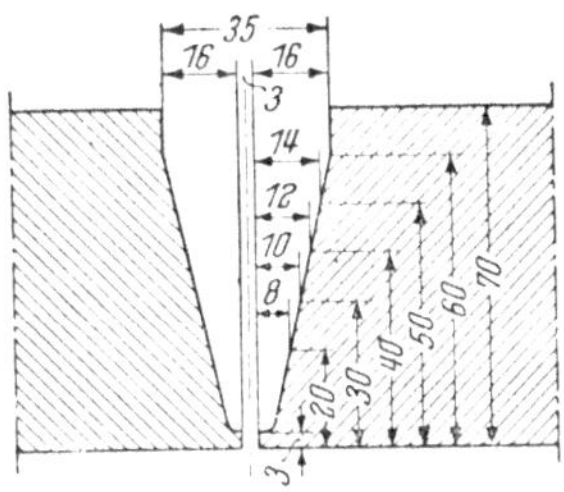

Bild 155. Nahtform für die Dickblechschweißung zwischen 20 und 70 mm Blechdicke. (Nach *Zeyen-Lohmann*)

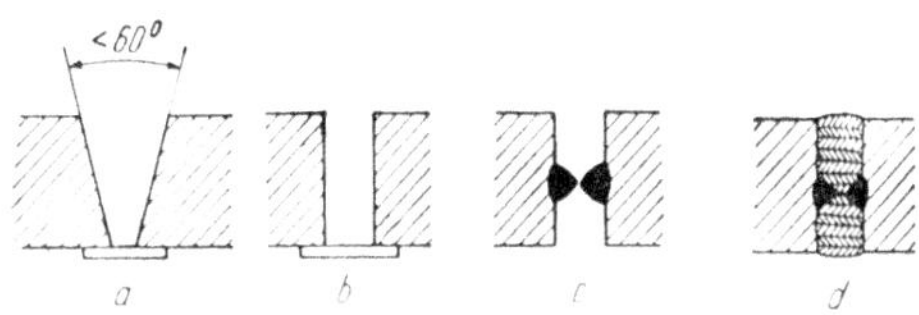

Bild 156. Nahtformen mit geraden Schweißkanten für die Dickblechschweißung

eine Grundlage für die weiteren Schweißlagen zu schaffen, können Aufschweißungen in der Mittellinie oder an der Unterkante der Schweißflächen vorgenommen werden, Bild 156 c. Diese Vorschläge sind auch im Ausland aufgegriffen worden [226].

Als E l e k t r o d e n für die Dickblechschweißung kommen in erster Linie dick umhüllte in Frage. Die Anwendung dickerer Elektroden von 6 bis 8 mm Durchmesser ist aus wirtschaftlichen Gründen zu bevorzugen. Wegen des großen, sehr dünnflüssigen Schmelzbades ist das Schweißen nur in waagerechter Lage möglich. Für die Herstellung von Kehlnähten sind die Werkstücke in die Wannenlage zu bringen.

Wegen des starken Wärmeaufnahmevermögens der dicken Bleche und der dadurch bedingten Abschreckung besteht beim Schweißen der ersten Lage erhöhte Gefahr der Schweißnahtrissigkeit. Auch aus diesem Grunde sind dickere Elektroden bevorzugt zu verwenden. In vielen Fällen empfiehlt es sich, die dicken Bleche oder wenigstens die Ausgangsstelle der Schweißung vorzuwärmen.

Beim Schweißen dicker Bleche treten die Vorteile des Ellira-Verfahrens (S. 200) augenfällig in Erscheinung.

3. Das Schweißen plattierter Bleche

Plattierte Bleche sind Verbundwerkstoffe (mehrschichtige Werkstoffe). Sie bestehen aus einem Grundmetall und einem einseitig oder beidseitig aufgelegten Plattierungsmetall (Auflagemetall). Die Metallauflagen werden meistens durch gemeinsames Auswalzen mit dem Grundwerkstoff preßgeschweißt und unlösbar verbunden[227]. Auf diese Weise werden hohe Festigkeit des Grundmetalles und Korrosionsbeständigkeit der Plattierungsschicht miteinander vereinigt.

Unlegierte und niedrig legierte (auch warmfeste) Stähle werden mit korrosionsbeständigem legierten Stahl oder mit Kupfer, Nickel und

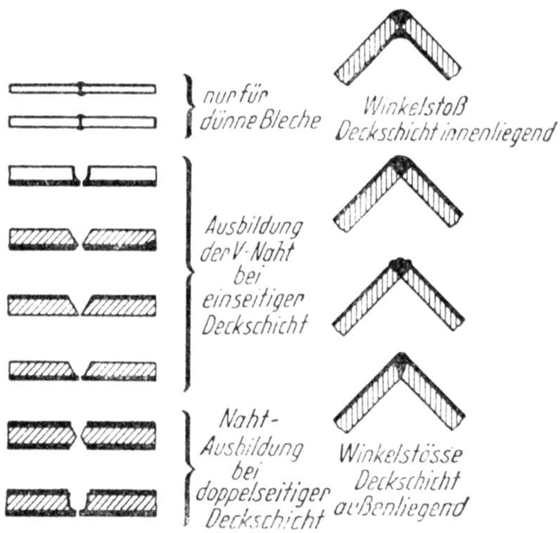

Bild 157. Nahtformen für plattierte Bleche

deren Legierungen sowie mit Aluminium und seinen Legierungen plattiert. Der Grundwerkstoff kann auch eine hochfeste Aluminiumlegierung sein, die mit Reinaluminium oder einer korrosionsbeständigen Aluminiumlegierung belegt wird. Die Plattierungsdicke beträgt im allgemeinen etwa 10 bis 15 % der Gesamtdicke, bei dünnen Blechen auch mehr. Aus schweißtechnischen Gründen unterschreitet man eine Mindestplattierungsdicke von 0,6 mm nicht[228].

Als Verbindungsverfahren plattierter Bleche kommt praktisch nur das Schweißen in Frage, da die Plattierung an keiner Stelle unterbrochen werden darf. Die Schweißnähte der aufplattierten Nichteisenmetall- oder Edelstahlschicht müssen lückenlos aus dem Plattierungswerkstoff bestehen. Der Grundwerkstoff darf an keiner Stelle freiliegen. Er muß ferner so verbunden sein, daß die Festigkeitsbeanspruchung einwandfrei durch die Naht aufgenommen wird. Eine Zugfestigkeit von rund 90 % des Grundwerkstoffes ist praktisch immer zu erreichen. Die Verbindung muß anschließende Verformungsarbeiten schadlos aufnehmen können.

Grundsätzlich muß beim Schweißen plattierter Bleche auf die Eigenschaften des Plattierungsmetalles (Schmelzpunkt usw.) Rücksicht genommen werden. Fast ausschließlich werden Stumpfstöße, in besonderen Fällen auch Ecknähte angewendet. Die U-Naht ist der X-Naht vielfach vorzuziehen. Die Kehlnaht tritt stark in den Hintergrund [229]. Bild 157 zeigt die wichtigsten Nahtformen.

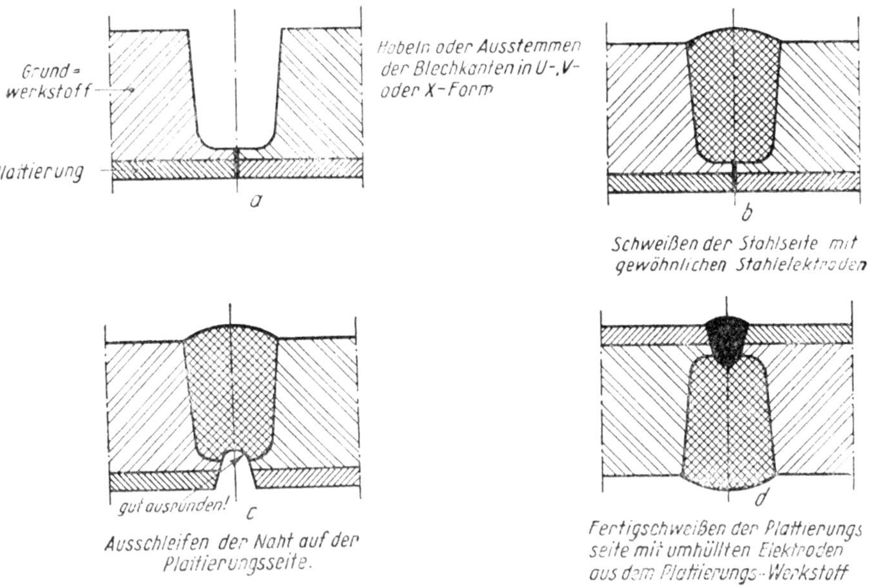

Bild 158. Der Schweißvorgang bei plattierten Blechen

Bei dickeren Blechen wird stets zuerst die Stahlseite und anschließend die Plattierungsseite geschweißt. In Bild 158 ist der grundsätzliche Verlauf des Schweißens plattierter Bleche dargestellt. Die Wurzel muß von der Stahlseite gut durchgeschweißt werden. Bevor die Plattierungsseite aufgetragen wird, ist der beim Schweißen der Stahlseite durchgeschmolzene Werkstoff aus der Wurzel zu entfernen. Nicht durchgeschweißte Wurzelstellen sind von der Gegenseite aus nachzuschweißen. Beim Auskreuzen ist auf gutes Ausrunden der

Ecken zu achten. Als zweckmäßig hat sich ein Ausschleifen durch Schleifscheiben mit keramischer Bindung erwiesen. Die Dicke des Grundwerkstoffes soll möglichst wenig geschwächt werden. Es darf nur so viel von der Schweiße abgearbeitet werden, daß eine dichte Decklage aufgetragen werden kann. Sie muß unbedingt dicht sein, weil sonst infolge Elementbildung Korrosion auftreten kann (z. B. Element: Kupfer—Eisen).

Zum Schweißen plattierter Bleche hat sich die Lichtbogenschweißung immer mehr durchgesetzt [230]. Sie hat den Vorteil geringerer Wärmeableitung in den Werkstoff. Beim Schweißen der Plattierung aus rostfreiem Stahl können Risse auftreten wegen des starken Unterschiedes in der Wärmeleitfähigkeit und Wärmeausdehnung gegenüber dem gewöhnlichen Stahl. Allgemein können beim Schweißen der Deckschicht Schwierigkeiten durch den starken Wärmeentzug des Grundwerkstoffes entstehen. In vielen Fällen ist deshalb ein vorheriges Anwärmen zu empfehlen. Zum Schweißen von Kupferplattierungen hat sich die Schlauchelektrode (S. 232) gut bewährt [229]. Die Stromstärke darf dabei nicht zu hoch gewählt werden, weil sonst das Bad überhitzt wird und Kupfer in Lösung geht [231, 232].

Beim Schweißen von Nickelplattierungen ist eine Legierungsbildung mit dem Stahl zu vermeiden, wenn auch ein schädlicher Einfluß des Eisengehaltes der Nickelschweiße bis zu 9 % auf die Korrosionsbeständigkeit offenbar nicht vorhanden ist [233]. Mit Sonderelektroden (Carbonylnickel-Elektroden) von kleinem Durchmesser und geringer Schweißstromstärke ergeben sich porenfreie Schweißen mit niedrigem Eisengehalt. Hierbei kann das Schweißen auch auf der Plattierungsseite begonnen werden.

Dünne plattierte Bleche, die keine nennenswerte mechanische Beanspruchung aufzunehmen haben, können auch vollständig mit dem Plattierungsmetall geschweißt werden. Dieses Verfahren wird in Sonderfällen auch für Bleche angewendet, die mit korrosionsbeständigem Stahl plattiert sind.

4. Das Schweißen von Stahlguß

Stahlguß (Stahlformguß) ist in Formen gegossener, schmiedbarer Stahl, der keinem nachträglichen Formgebungsverfahren unterworfen ist. Er stellt ein Fertigerzeugnis dar. Die verschiedenen Güteklassen des unlegierten Stahlgusses sind in DIN 1681 genormt.

Das Schweißen von Stahlguß entspricht weitgehend dem Schweißen des Flußstahles. Grundsätzliche Schwierigkeiten bestehen nicht. Unlegierter Stahlguß ist bis zu einem Kohlenstoffgehalt von 0,28 % ohne weiteres schweißbar. Darüber hinaus treten die gleichen Schwierigkeiten wie beim höhergekohlten Flußstahl auf (Härtung im Übergang).

Zu beachten ist, daß Stahlguß gleicher Festigkeitsgruppe meistens etwas höheren Kohlenstoffgehalt als Flußstahl hat. Auch der Mangan- und Siliziumgehalt ist meistens höher.
Das Schweißen wird in großem Umfange zur Ausbesserung von Lunkerstellen und für sonstige Ausbesserungsarbeiten herangezogen. Hierbei wird auch der Kohlelichtbogen angewendet. Bei der Metallichtbogenschweißung werden Flußstahldrähte verwendet. Für Ausbesserungsarbeiten sind nackte oder dünn umhüllte Elektroden mit geringer Schlackenbildung vorzuziehen. Risse müssen vorher sorgfältig ausgekreuzt werden. Sollen höhere mechanische Gütewerte erreicht werden, ist die Verwendung von dicker umhüllten Elektroden angebracht.
Um die Herstellung schwierig zu gießender Werkstücke zu erleichtern, werden Einzelteile aus Stahlguß zusammengeschweißt. Ohne weiteres können Stahlgußteile auch an gewalzten Stahl angeschweißt werden, wodurch sich oft konstruktive Vorteile ergeben. Auf Wärmespannungen und die in den Gußstücken vorhandenen Gußspannungen ist zu achten, vor allem bei härterem Stahlguß. Es empfiehlt sich, das Werkstück vor dem Schweißen normalzuglühen [234]). Verwickelte, dickwandige Stahlgußkörper mit höherem Kohlenstoffgehalt werden im Ofen auf 250° bis 300° vorgewärmt [235]). Das Schweißen selbst wird vorteilhaft als Warmschweißung bei 500° bis 600° ausgeführt. Bei der Kaltschweißung sind in vielen Fällen Unterbrechungen der Schweißarbeit zweckmäßig. Ein nachträgliches Normal- oder Spannungsfreiglühen ist zu empfehlen.
Von den genormten Stahlgußsorten ist Stg 38.81 und Stg 45.81 ohne Schwierigkeiten schweißbar. Stg 52.81 und Stg 60.81 erfordern meistens besondere Maßnahmen, wie Vorwärmen, nachträgliche Wärmebehandlung und die Verwendung rißunanfälliger Mantelelektroden.
Legierter Stahlguß enthält Legierungselemente, wie Mn, Si, Cr, Mo usw., und besitzt gute Zähigkeit bei hoher Festigkeit. Für das Schweißen gelten ähnliche Gesichtspunkte wie für legierte Flußstahlsorten.

5. Das Schweißen legierter Stähle

Die legierten Stähle können in niedrig und hoch legierte unterteilt werden. Eine weitere Einteilung ergibt sich durch die Art des Legierungselementes (Manganstahl, Chromstahl usw.). Der Einfluß der wichtigsten Legierungsbestandteile wurde auf S. 14 besprochen. Zum Verständnis des schweißtechnischen Verhaltens ist die gefügemäßige Einteilung am besten geeignet. Hiernach ist zu unterscheiden zwischen perlitischen, martensitischen, austenitischen, ferritischen und ledeburitischen Stählen.
Die perlitischen Stähle enthalten Legierungselemente meist nur in geringen prozentualen Anteilen. Der Gefügeaufbau unterscheidet

sich nicht wesentlich von dem unlegierter Stähle mit gleichem Kohlenstoffgehalt. Perlit ist neben Ferrit der Hauptgefügebestandteil. Beim Abschrecken der Stähle von Temperaturen oberhalb A_3 bildet sich Martensit oder ein Übergangsgefüge (Troostit, Osmondit, Sorbit). Wegen der Härtungsgefahr gelten für das Schweißen dieser Stähle die gleichen Gesichtspunkte wie für unlegierte Stähle mit höherem Kohlenstoffgehalt (S. 119).

Martensitische Stähle enthalten Zusätze an Legierungselementen in solcher Höhe, daß sie auch bei langsamer Abkühlung martensitisches Gefüge aufweisen. Die Schweißnähte werden deshalb hart und spröde und sind durch Glühen praktisch nicht zu beeinflussen. Martensitische Stähle sind somit für Verbindungsschweißungen ungeeignet. Selbst wenn es gelingt, eine rißfreie Schweiße herzustellen, so kann sie nicht zur Kraftübertragung herangezogen werden, vor allem nicht bei stoß- und schlagartiger oder bei Biegebeanspruchung. — Auftragschweißungen mit Schweißdrähten aus martensitischen, mit Chrom oder Wolfram legierten Stählen zur Erzielung hoher Härte und Verschleißfestigkeit werden angewendet.

Die austenitischen Stähle sind noch höher legiert, und zwar meistens mit Mangan und Nickel. Die Umwandlung von Gamma- in Alpha-Eisen wird bei Anwesenheit genügend hoher Gehalte unterdrückt, das Gamma-Gebiet im Eisen-Kohlenstoff-Schaubild wird ausgeweitet. Austenitische Stähle bestehen bei gewöhnlicher Temperatur aus Gamma-Mischkristallen und sind zäh, sehr korrosionsbeständig und unmagnetisch. Zum Schweißen sind sie bei Beachtung entsprechender Schweißbedingungen gut geeignet (S. 191).

Im Gegensatz zu den austenitischen Stählen ist bei den ferritischen Stählen das Gamma-Gebiet eingeengt. Durch höhere Gehalte beispielsweise an Chrom wird erreicht, daß keine Umwandlung eintritt. Die raumzentrierte Modifikation des Eisens (S. 19) bleibt in sämtlichen Temperaturbereichen erhalten. Deshalb kann auch keine Härtung eintreten. Durch Glühen sind diese Stähle nicht zu beeinflussen. Unangenehm ist die Neigung zur Grobkornbildung. Ferritische Stähle sind unter Beachtung entsprechender Maßnahmen schweißbar.

Steigt der Kohlenstoffgehalt über den Punkt E im Eisen-Kohlenstoff-Schaubild an, so treten als neuer Gefügebestandteil grobe Karbidkörner auf. Diese Stähle werden als ledeburitische Stähle bezeichnet. Sie werden für Werkzeuge verwendet, bei denen es auf große Härte ankommt. In der Schweißtechnik spielen sie keine Rolle.

Das Gebiet des Schweißens legierter Stähle ist sehr umfangreich und kann hier nur in großen Zügen behandelt werden. Auf das einschlägige Schrifttum wird verwiesen [236—238].

a) Niedrig und mittelhoch legierte Stähle. Die niedrig legierten Stähle haben in schweißtechnischer Beziehung viel Gemeinsames mit den Kohlenstoffstählen über 0,25 % C[239, 240]). Das Gefüge ist in der Regel perlitisch. Schwierigkeiten können dadurch auftreten, daß die Übergangszone grobkörnig, gehärtet und damit rißanfällig wird, oder daß auch in der Schweißnaht selbst Risse auftreten.

Der Zusatzstoff muß dem Grundwerkstoff so angepaßt sein, daß die Schweißnähte in den geforderten Eigenschaften dem Grundwerkstoff nicht nachstehen. Mit Ausnahme der Al-legierten Stähle sollen möglichst artgleiche Zusatzdrähte verwendet werden. In vielen Fällen werden auch mit der austenitischen Elektrode gute Erfolge erzielt (S. 192). Zu berücksichtigen ist die Veränderung, die der Zusatzstoff beim Übergang im Lichtbogen erfährt (S. 113). Legierungselemente mit höherer Affinität zum Sauerstoff als Eisen, wie Si, Mn, Cr, Al, Ti, brennen heraus. Während für hoch legierte Stähle erfahrungsgemäß nur umhüllte Elektroden verwendbar sind, können für niedriger legierte Stähle auch legierte Seelendrähte und in Ausnahmefällen leicht legierte oder unlegierte nackte Schweißdrähte in Frage kommen.

Im Dampfkesselbau werden Molybdän- und Chrom-Molybdänstähle mit hoher Warmfestigkeit und Dauerstandfestigkeit verwendet. Ihre Schweißbarkeit ist bei Verwendung artgleichen Zusatzstoffes gut, und zwar um so besser, je niedriger der Kohlenstoffgehalt ist. Nach dem Schweißen ist grundsätzlich eine Wärmebehandlung zweckmäßig, jedoch nicht in allen Fällen erforderlich. Bei vielen dieser Stähle neigt das durch die Schweißhitze beeinflußte Gebiet infolge der Legierungsbestandteile zur Härtung. Entsprechende Vorsichtsmaßnahmen beim Schweißen sind vorzusehen. Auch Chrom-Vanadinstähle sind gut schweißbar.

Mittelhoch legierte Chromstähle sind schweißbar, aber nur mit Vorwärmung vor dem Schweißen und nachträglicher Wärmebehandlung. Obwohl diese Stähle meistens niedrigen Kohlenstoffgehalt haben, bewirkt der höhere Chromgehalt starke Härtung bei Erhitzung und schneller Abkühlung.

Die Möglichkeit, Kohlenstoff durch Mangan zu ersetzen, um bei höherer Festigkeit die Schweißbarkeit zu verbessern, und die auf dieser Grundlage entwickelten Stähle wurden auf S. 121 besprochen.

Bei vielen legierten Stählen werden bestimmte Eigenschaften nicht allein durch Legierungszusätze erreicht, sondern erst in Verbindung mit einer Wärmebehandlung, die zu einem besonderen Gefügezustand des Stahles führt (Vergütungsstähle). Durch das Schweißen treten in bestimmtem Abstand von der Naht stets Temperaturen auf, die über den vorher angewandten Warmbehandlungstemperaturen des Stahles liegen. In dieser Zone sind Eigenschaftsänderungen unvermeidlich. In einiger Entfernung von der Schweißnaht kann der Stahl nicht nur härten, sondern auch erweichen. Die hoch erhitzten und schnell abkühlenden Zonen unmittelbar neben der Naht härten, die dahinterliegenden, nur bis Rotglut erwärmten Zonen erweichen. Auch andere Eigenschaften können durch die Schweißhitze verändert werden.

Sollen die ursprünglichen Gütewerte in der gesamten Schweißverbindung erreicht werden, so ist eine erneute Vergütung des ganzen Werkstückes erforderlich, was aber meistens nicht möglich ist. Im übrigen versucht man, durch geeignete Maßnahmen beim Schweißen, besonders durch Vorwärmen, sich zu helfen. Chrom-Molybdän-Vergütungsstähle über 0,25 % C werden zweckmäßig auf 200° bis 250° angewärmt. — Einsatzstähle werden selten geschweißt, sind aber wegen ihres niedrigen Kohlenstoffgehaltes meistens gut schweißbar.

b) Hoch legierte Stähle [241–243]. Rostfreier (rostsicherer, nichtrostender) Stahl ist die Sammelbezeichnung für eine Gruppe hoch legierter Stähle verschiedener Zusammensetzung, die sich durch gute Korrosionsbeständigkeit auszeichnen. Unter Korrosionsbeständigkeit wird Widerstandsfähigkeit gegen chemische und elektrochemische Angriffe der Atmosphäre und von Säuren, Basen und Salzen verstanden. Hitzebeständige (zunderfeste) Stähle können im Dauerbetrieb Temperaturen von 550° bis etwa 1300° ertragen, wobei eine Zerstörung durch Zunderbildung nicht oder nur sehr langsam eintritt.

α) Zusammensetzung und Eigenschaften. Zwei Gruppen der rostfreien Stähle können unterschieden werden, die sich durch Zusammensetzung und sonstige Eigenschaften wesentlich voneinander unterscheiden: rostfreier Chromstahl (einschließlich Chrom-Molybdänstahl) und rostfreier (austenitischer) Chrom-Nickelstahl (bzw. Chrom-Manganstahl).

Die wichtigste Wirkung des Chroms besteht darin, daß es dem Stahl bei höheren Gehalten (über 13 %) ausgezeichnete Korrosionsbeständigkeit verleiht. Diese Eigenschaft beruht auf der Widerstandsfähigkeit gegen Oxydation und erstreckt sich auch auf höhere Temperaturen. Der Stahl befindet sich bei höheren Chromgehalten im ferritischen Zustand. Er ist weich und läßt sich in seinen mechanischen Eigenschaften durch Wärmebehandlung sehr wenig oder gar nicht beeinflussen. Seine starke Überhitzungsempfindlichkeit äußert sich in der unangenehmen Eigenschaft, bei höheren Temperaturen (über 900°) stark grobkörnig zu werden. Wegen der fehlenden Umwandlung ist die Grobkornbildung durch Glühen allein nicht zu beseitigen, sondern nur durch eine Warmformgebung (Schmieden). Entsprechend den besonderen Anforderungen werden häufig geringe Mengen von Molybdän, Silizium,

Aluminium, Nickel oder Kupfer hinzulegiert. Durch Molybdän (bis 2,5 %) wird in erster Linie die Säurebeständigkeit gesteigert.

Austenitischer Chrom-Nickelstahl enthält größere Mengen Chrom und Nickel. Sehr bekannt ist eine Zusammensetzung mit 18 % Cr und 8 % Ni. Der Kohlenstoffgehalt ist bei den normalen Stählen dieses Typs durchweg gering und liegt bei etwa 0,1 %. Die Korrosionsbeständigkeit ist sehr gut.

Kennzeichnend sind große Festigkeit, auch Warmfestigkeit, hohe Dehnung und ausgezeichnete Kerbschlagzähigkeit. Die Streckgrenze liegt verhältnismäßig niedrig. Der Stahl ist nicht härtbar im üblichen Sinne. Die Härte wird jedoch durch Kaltbearbeitung erheblich erhöht. Die Korrosionsbeständigkeit wird dadurch verschlechtert. Die Härtesteigerung durch Kaltbearbeitung macht sich bei jeder mechanischen Formgebung, wie Pressen, Biegen, Drehen und selbst Feilen, bemerkbar.

Austenitische Chrom-Nickelstähle sind unmagnetisch. Diese Tatsache wirkt sich auf die Blaswirkung des Lichtbogens günstig aus (S. 147). Die Wärmeausdehnungszahl ist etwa 30 % höher und das Wärmeleitvermögen etwa 60 % niedriger als von Kohlenstoffstahl. Zunehmender Kohlenstoffgehalt verschlechtert die Korrosionsbeständigkeit. Steigerung der Chrom- und Nickelgehalte verbessert die Zunderbeständigkeit und Warmfestigkeit. Für Sonderzwecke wird Molybdän, Silizium oder Titan hinzulegiert.

Die Wärmebehandlung des austenitischen Chrom-Nickelstahls besteht im Erhitzen auf 1050° bis 1150° mit anschließender schneller Abkühlung in Wasser oder Luft. Nach dieser Behandlung befindet sich der Stahl im weichsten und korrosionsbeständigsten Zustande. Ein Erwärmen auf Temperaturen zwischen etwa 500° und 900° ist, sofern die Stähle keine Sonderzusätze zur Bildung stabiler Karbide enthalten, schädlich. In diesem Temperaturbereich werden längs der Korngrenzen Chromkarbide ausgeschieden, die den Stahl härter, vor allem aber auch empfindlich gegen eine besondere Art der Korrosion, den sogenannten Korngrenzenangriff, machen. Die chemischen Angriffe dringen von der Oberfläche her längs der Korngrenzen in den Werkstoff ein, wodurch er spröde wird und schließlich zerfällt (interkristalline Korrosion). Stahl, dessen Korrosionsbeständigkeit durch Kaltbearbeitung verschlechtert worden ist, kann durch erneute Wärmebehandlung in seinen Ausgangszustand zurückversetzt werden. Bei einem Stahl, der dem kritischen Temperaturgebiet ausgesetzt worden ist, kann eine entsprechende Wärmebehandlung nur dann zum Erfolg führen, wenn die Karbide zwar ausgeschieden sind, aber noch kein interkristalliner Zerfall eingesetzt hat.

Bei den eigens für Schweißzwecke entwickelten Typen von austenitischen Chrom-Nickelstählen [244]) wird entweder der Kohlenstoffgehalt sehr niedrig gehalten ($< 0,07$ % C), oder es werden bei höheren Kohlenstoffgehalten karbidstabilisierende Elemente, wie Titan, Tantal und Niob, zulegiert. Bei solchen Legierungen treten durch Erwärmen auf das kritische Temperaturgebiet zwischen 500° und 900° keine oder nur geringfügige Karbidausscheidungen an den Korngrenzen ein, so daß hierbei eine Wärmebehandlung nach einer Schweißung nicht erforderlich ist. Sie werden auch als „schweißfeste" Stähle bezeichnet. Nickel kann in vielen Fällen durch das weniger devisenbelastete Mangan ersetzt werden. Auch Chrom-Manganstähle haben ein austenitisches Gefüge mit Ausnahme einiger Stähle mit höherem Chromgehalt (bis zu 18 %), die noch Ferrit enthalten. Die mechanischen Eigenschaften kommen denen der Chrom-Nickelstähle nahe, nur neigen sie etwas stärker zur Kaltverfestigung. Durch einen geringen Nickelzusatz (1,5 %) kann dem entgegengewirkt werden. Die Korrosionsbeständigkeit ist nicht ganz so gut wie bei den Chrom-Nickelstählen.

Zur Erhöhung der Zunderbeständigkeit werden den Chrom-Nickelstählen Silizium und den Chromstählen Silizium und Aluminium beigegeben. Der Chromgehalt kann bis zu 30 % betragen. Die Kohlenstoffgehalte liegen in allen Fällen niedrig (0,10 bis 0,15 %). Chrom-Aluminiumstähle sind praktisch nickelfrei. Zu erwähnen ist ein Chromstahl mit Silizium- und Aluminiumzusatz (Sicromal).

β) Durchführung der Schweißarbeit. Rostfreier und zunderfester Stahl kann mit den üblichen Schmelzschweißverfahren geschweißt werden. Größte Sauberkeit ist erforderlich, da alle Einschlüsse von Fremdstoffen die Korrosionsbeständigkeit herabsetzen. Zur Erleichterung der Schweißarbeit wird zweckmäßig eine Kupferschiene als Unterlage verwendet.

Bei der Metallichtbogenschweißung werden Elektroden gleicher Zusammensetzung wie der zu schweißende Werkstoff, vielfach aber auch höher legierte Elektroden gewählt. Gleiche Zusammensetzung bzw gleiche Korrosionsbeständigkeit von Schweiße und Grundwerkstoff ist für höchste Korrosionsbeständigkeit der Schweißverbindung unerläßlich. Die Elektrode, die stets umhüllt sein muß, wird mit Gleichstrom verschweißt und am Pluspol angeschlossen. Die Kanten von Blechen über 4 mm Dicke werden abgeschrägt.

Bei der Kohlelichtbogenschweißung kann mit oder ohne Zusatzdraht geschweißt werden. Im ersten Falle werden nackte Zusatzdrähte verwendet. Im zweiten Falle werden die Fugenkanten mit einem in Wasser angerührten Schweißpulver bestrichen. Der Lichtbogen soll etwa 3 bis 6 mm lang gehalten werden. Das Verfahren wird für dünne Bleche verwendet.

Die *Arcatomschweißung* ist bis zu 6 mm Blechdicke herauf mit Vorteil anwendbar. Die Blechkanten werden nicht abgeschrägt. Dünnere Bleche werden ohne Zusatzstoff geschweißt. Ist er erforderlich, so können nackte Schweißdrähte dazu verwendet werden. Der Zusatzstoff wird in das Schmelzbad eingetaucht; er soll nicht in den Lichtbogen gehalten werden. Das Arcatomverfahren hat den Vorteil, daß die Gefahr von Schlackeneinschlüssen und Aufkohlung der Schweiße gering ist. Vorzuziehen ist es für die schwer schweißbaren, hoch legierten Chrom-Aluminiumstähle.

Die Güte der Schweißarbeit an *Chromstahl*[245]) richtet sich nach dem Chrom- und Kohlenstoffgehalt. Härtet der Werkstoff an der Luft, so werden die Schweißnaht selbst und die angrenzenden Zonen des Grundwerkstoffes hart und spröde. Unmittelbar nach dem Schweißen muß eine Glühung vorgenommen werden. Bei höherem Kohlenstoffgehalt und starker Härtbarkeit ist der Stahl zum Schweißen ungeeignet. Mit höherem Chromgehalt oder mittlerem Chrom- und niedrigem Kohlenstoffgehalt ($< 0{,}10\,\%$ C) wird die Schweißbarkeit besser, weil der Stahl nicht oder nur schwach härtet. Bei diesen überwiegend ferritischen Stählen tritt jedoch durch Erhitzen über 1000^0 Grobkornbildung ein. Anzustreben ist deshalb eine möglichst kurzzeitige Wärmeeinwirkung, d. h. möglichst schnelles Schweißen[246]). Aus diesem Grunde ist der Lichtbogenschweißung stets der Vorzug vor der Gasschmelzschweißung zu geben. Auch bei rostfreiem Chromstahl werden, wie bei austenitischem Chrom-Nickelstahl, vielfach Legierungszusätze, wie Titan, Tantal und Niob, angewendet (Schweißgüte). Ferner wird durch Zulegieren von Nickel in Gehalten von etwa $5\,\%$ eine erhebliche Verbesserung ermöglicht. Das Gefüge solcher Stähle wird dadurch austenitisch-ferritisch.

Das Schweißen von *Al-legierten* Chromstählen bereitet Schwierigkeiten, da sich wegen der engen Verwandtschaft des Aluminiums zum Sauerstoff Aluminiumoxyd (Tonerde) bildet. Die hieraus bestehende Zunderschicht hat großen elektrischen Widerstand und einen hohen Schmelzpunkt von 2050^0, weshalb sie zweckmäßig vor Beginn der Schweißung an den Schmelzrändern durch Feilen oder Schmirgeln zu entfernen ist. Fast ausschließlich werden austenitische Elektroden verwendet. Der Werkstoff ist gegen Wärmespannungen sehr empfindlich. Vorwärmen auf etwa 200^0 bis 300^0 ist dringend zu empfehlen, um Rißbildung beim Schweißen zu vermeiden.

Austenitischer Chrom-Nickelstahl ist ausgezeichnet schweißbar. Die Schweißnaht ist verhältnismäßig weich und sehr verformungsfähig. Da das Wärmeleitvermögen geringer und die Wärmeausdehnungszahl größer als von gewöhnlichem Stahl ist, entstehen starke Verwerfungen. Man versucht, die Schrumpfung durch möglichst schnelles Schweißen klein zu halten. Dünne Bleche werden in Einspannvorrichtungen geschweißt. Sogar von besonderen Kühlvorrichtungen wird Gebrauch gemacht. Nachrichten der Werkstücke durch leichtes Hämmern ist wegen der guten Verformungsfähigkeit des Werkstoffes möglich. Zu beachten ist jedoch, daß durch Kaltbearbeitung die Korrosionsbeständigkeit verschlechtert wird. Sie wird außerdem in zwei Zonen zu beiden Seiten der Schweißnaht herabgesetzt, die durch den Schweißvorgang auf den kritischen Temperaturbereich von 500° bis 900° erwärmt worden sind. Das trifft jedoch für die schweißfesten Stähle nicht zu. Die Schweißnaht selbst und ihre unmittelbare Umgebung, die von höheren Temperaturen schnell abkühlen, sind bei diesen Legierungen sehr korrosionsbeständig, wenn ein Zusatzstoff verwendet wird, der die Anforderungen erfüllt.

Um höchste Korrosionsbeständigkeit zu erzielen, wird die Oberfläche nachbehandelt. Sie muß vollkommen frei von Schlacke, Zunder und jeder Art von Schmutz sein. Die Schweißnähte werden zunächst glattgeschliffen. Darauf wird die ganze Oberfläche durch Bürsten, Sandstrahlen oder ähnliche Verfahren gereinigt. Zum Schluß werden die Werkstücke in geeigneten Säuren gebeizt, wodurch die feinsten Schmutzteilchen entfernt werden. Wichtig ist, die letzten Reste der Beizsäure durch Nachbehandlung mit Alkalien und Auswaschen mit Wasser zu entfernen. Höchste Korrosionsbeständigkeit wird durch Polieren erreicht.

Elektroden aus austenitischem Chrom-Nickelstahl werden nicht nur zum Schweißen des gleichen Grundwerkstoffes verwendet, sondern auch für Kohlenstoffstähle und niedrig oder mittelhoch legierte Stähle [247, 248]). Dabei wird der Grundsatz, zum Schweißen einen möglichst dem Grundwerkstoff gleichen Zusatzstoff zu verwenden, bewußt durchbrochen und eine vom Grundwerkstoff in der Zusammensetzung und im Gefüge abweichende Schweißnaht erzeugt. Die ausgezeichneten Schweißeigenschaften austenitischer Zusatzdrähte und die hohe Zähigkeit des damit erzeugten austenitischen Schweißgutes geben die Möglichkeit, auch viele an sich schlecht schweißbare Stähle auf diese Weise noch mit gutem Erfolg zu schweißen. Zweckmäßig wird Gleichstrom verwendet. Da die austenitische Schweißnaht infolge ihres Gefüges bereits im unbehandelten Zustand volle Zähigkeit besitzt, ist ein Glühen nach dem Schweißen nicht unbedingt erforderlich. Man wird eine Glühung anwenden, wenn es ratsam ist, die unter Umständen recht beträchtlichen Schweißspannungen abzubauen, und wenn Härteerscheinungen in der beeinflußten Zone des Grundwerkstoffes beseitigt werden müssen. Die Zähigkeit der Naht wird durch eine solche Glühung nicht mehr verbessert, eher etwas herabgesetzt, auch kann dadurch Neigung zu interkristalliner Korrosion hervorgerufen werden. Zu beachten ist, daß in austenitischen Schweißnähten unter gewissen Korrosionsbeanspruchungen in Verbindung mit hohen Spannungen Rißerscheinungen auftreten können. Die erfolgreiche Anwendung dieser Schweißung setzt daher eine sorgfältige Prüfung der im Einzelfall gegebenen Beanspruchungsverhältnisse unter Berücksichtigung praktischer Erfahrungen voraus.

6. Auftragschweißung [249, 250]

Das Schweißen dient nicht nur zum Verbinden verschiedener Einzelteile zu einem Werkstück, sondern auch zum Auftragen und Ausfüllen abgenutzter, verschlissener und durch Korrosion zerstörter Teile sowie in der Neufertigung zum Auftragen besonders harter oder verschleißfester Oberflächen. Auch die Schneiden von Schnellstahlwerkzeugen können durch Auftragschweißung hergestellt werden [251].

Beim Auftragen abgenutzter Maschinenteile aus weichem Stahl, die nach dem Schweißen auf genaues Maß spanabhebend bearbeitet werden, muß die Auftragschweiße ebenfalls möglichst weich werden. Hierfür werden gewöhnliche, unlegierte Stahlelektroden verwendet. Auch viele Schäden durch Korrosion und Erosion (mechanischer Abrieb) an Dampfkesseln, Geräten der chemischen Industrie, im Fahrzeugbau und an sonstigen Werkstücken können durch Auftragschweißung mit gewöhnlichen Elektroden ausgebessert werden. Für Dampfkessel bestehen einschränkende Bestimmungen. Der Widerstand derartiger Auftragschweißungen gegen Abnutzung ist nicht größer als der eines vollen Werkstoffes aus weichem Stahl.

Zur Erzielung höherer Härte werden niedrig legierte Auftragschweißdrähte nach DIN Vornorm 1913 (S. 94) verwendet. Die Bezeichnung der Elektrode (z. B. Ea 350) läßt die Mindest-Brinellhärte erkennen, die mit der Elektrode erzielt wird. Da bei Stahl mit zunehmender Härte in der Regel auch der Widerstand gegen Abnutzung ansteigt, zeichnen sich die härteren Auftragschichten auch durch höheren Verschleißwiderstand aus. Die harten Auftragschichten können nur durch Schleifen bearbeitet werden. Der Gesamtgehalt an Legierungselementen beträgt bei diesen Elektroden im allgemeinen bis höchstens 10 %. — Daneben werden auch höher legierte Zusatzstoffe, z. B. hoch chromlegierte, verwendet, wenn die Auftragschweißung weniger als Schutz gegen Verschleiß, sondern in erster Linie gegen Korrosion dienen soll.

Beim Verschweißen dieser Elektroden ist vielfach die Einhaltung bestimmter Schweißbedingungen erforderlich. Schon bei einer Auftragschweißung auf weichem, unlegiertem Stahl ist es oft notwendig, unter Vorwärmung zu schweißen. Mit ansteigender Härte wächst im allgemeinen auch die Neigung zum Auftreten von Rissen in der Auftragschweißung. Sollen dickwandige Stücke aus legiertem

Stahl beschweißt werden, dann besteht die Gefahr, daß Risse unterhalb der Auftragschweißung im Grundwerkstoff auftreten. Ein Gegenmittel besteht darin, daß man die harte Aufschweißung nicht unmittelbar auf den beim Schweißen stark härtenden Grundwerkstoff aufträgt, sondern eine oder mehrere Zwischenschichten mit weichen, rißfesten Mantelelektroden einfügt [250]). Für diese Zwischenschichten sind auch austenitische Zusatzstoffe geeignet.

a) Manganstähle [252]). Eine besondere Gruppe von Elektroden zur Auftragschweißung besteht aus austenitischem Manganstahl (Manganhartstahl) oder Chrom-Manganstahl. Bei Manganhartstahl handelt es sich um einen Werkstoff mit 12 bis 15 % Mn, der nach Abschrecken von 1000° bis 1100° in Wasser austenitisches Gefüge aufweist und in diesem Zustande guten Verschleißwiderstand besitzt, besonders bei Beanspruchungen, die mit Kaltverfestigung verbunden sind. Die erzielten Auftragschichten zeichnen sich deshalb auch weniger durch große Härte (180 bis 220 Brinell-Einheiten) als vielmehr durch hohe Verschleißfestigkeit aus.

Die Härte ist von der Abkühlungsgeschwindigkeit abhängig und ist bei langsamer Abkühlung größer. Sie kann außerdem durch Kalthämmern gesteigert werden. Die Austenitbeständigkeit wird durch schroffe Abkühlung erhöht. Das Werkstück soll deshalb beim Schweißen nicht zu warm werden [253]).

Für Auftragschweißungen auf Manganhartstahl verwendet man Elektroden aus Manganhartstahl, die meist etwas höher legiert sind als der Grundwerkstoff, um den Abbrand des Mangans beim Schweißen auszugleichen. Da die Schweißdrähte der verschiedenen Hersteller unterschiedliche Schweißeigenschaften aufweisen, müssen die Anweisungen genau beachtet werden. Die meisten Elektroden können auch auf weichem, unlegiertem Stahl aufgeschweißt werden. Chrom-Manganstahl-Elektroden können auch zur Auftragschweißung auf Gußeisen verwendet werden.

b) Hartmetalle. Für verschleißfeste Auftragschweißungen sind hoch legierte Zusatzstoffe geschaffen worden, die nicht mehr als Schweißdrähte, sondern als Aufschweißlegierungen, Hartmetalle oder Schneidmetalle bezeichnet werden. Je nach Legierungsbestandteilen und Herstellungsverfahren werden die Hartmetalle in verschiedene Gruppen eingeteilt [254, 255]).

Die erste Gruppe umfaßt gegossene Stäbe aus Chrom-Mangan-Eisen, die in den Eigenschaften der Schweiße weitgehend den Chrom-Manganstahl-Elektroden gleichen. Hierzu gehören Legierungen wie Diaweld und die amerikanischen Stoodit und Hascrome.

Zur zweiten Gruppe gehören die Stellite, Legierungen auf der Grundlage Kobalt—Chrom—Wolfram, die z. T. außerdem Vanadin und Molybdän enthalten. Deutsche Legierungen dieser Art, die ebenfalls als gegossene Stäbe verwendet werden, sind Akrit, Celsit, Durit, Gridur, Percit, Real und Tizit. Die Lichtbogenschweißung dieser Zusatzstoffe ergibt feines Gefüge und hohe Härte, aber geringe Zähigkeit. In Bild 159 ist ganz rechts ein Stab aus einer Chrom-Mangan-Eisenlegierung dargestellt. Der dritte bis fünfte Stab

Bild 159. Form und Aussehen der üblichen Aufschweißlegierungen

stellen gegossene Stellitstäbe dar. Für die Lichtbogenschweißung werden die Stäbe umhüllt.

Die übrigen Gruppen umfassen Aufschweißlegierungen aus Wolframkarbiden. Diese Karbide können in Stahlröhren eingesintert sein, wie z. B. beim Verdur und Borod. Einen solchen Schweißstab erkennt man in Bild 159 an zweiter Stelle von rechts. Die Stäbe werden am Pluspol verschweißt.

In der Aufschweißung liegen fein verteilte Wolfram-Karbidteilchen mit hoher Verschleißfestigkeit in einer zähen Eisen-Wolframgrundmasse eingebettet.

Reine Wolframkarbide in Pulver- oder Körnerform, die in der unteren linken Ecke des Bildes 159 zu sehen sind, können auch unmittelbar verschweißt werden. Da der Schmelzpunkt des Wolframkarbids über 2400° liegt, kann dieser Werkstoff nur elektrisch mit dem Kohlelichtbogen aufgeschweißt werden. Die aufzuschweißende Fläche wird mit Wolframkarbidkörnern bestreut und an den Minuspol angeschlossen.

Die Kohleelektrode wird an den Pluspol gelegt. Das Wolframkarbid löst sich im aufgeschmolzenen Trägerwerkstoff. Zweckmäßig werden mehrere Lagen übereinandergeschweißt. Die Aufschweißungen dürfen nicht auf Schlag und Stoß beansprucht werden. Die Wolframkarbide sind unter den Bezeichnungen Carbon und Blackor im Handel.

Die letzte Gruppe stellen Schweißstäbe dar, die als Composite Rod bezeichnet werden. In 6 bis 12 mm dicke Stäbe der Diaweldgruppe (Chrom—Mangan—Eisen) werden Wolframkarbidkörner von 1 bis 2 mm Körnung eingeschmolzen. Ein solcher Schweißstab ist in Bild 159 ganz links zu sehen. Die Stäbe können mit der Gasflamme verschweißt werden. In der Aufschweißung liegen kantige Wolframkarbidkörner in einer Diaweldschicht eingebettet und üben eine feilenartige Wirkung aus. Diese Aufschweißlegierungen werden mit Erfolg für Steinbearbeitungsmaschinen verwendet.

7. Das Schweißen unter Wasser [256, 257])

Die Lichtbogenschweißung kann auch unter Wasser ausgeführt werden. Das Verfahren ist nach zahlreichen Versuchen und Erprobungen so weit durchentwickelt worden, daß durch Taucher bereits viele Schweißarbeiten erfolgreich geleistet werden konnten. Damit ist es möglich, vor allem im Wasserbau, mit verhältnismäßig geringen Kosten Arbeiten auszuführen, die bisher große Aufwendungen an Zeit und Geld erforderten.

Die Schweißung wird mit handelsüblichen Gleichstrom-Einzelumformern oder Gleichstrom-Mehrstellenanlagen vorgenommen, die eine schnelle Spannungswiederkehr nach Kurzschlüssen gewährleisten. Die Lichtbogenspannung liegt um 25 % höher als beim gewöhnlichen Schweißen. In Seewasser wird vorteilhaft mit dem Pluspol an der Elektrode gearbeitet [258]). Erforderlich ist vollkommene Isolierung aller zum Elektrodenhalter gehörenden Metallteile, um Stromverluste und elektrolytische Zersetzungen zu vermeiden. Auf besonderen Schutz der Augen durch farbige Gläser wird in vielen Fällen verzichtet, da die vom Lichtbogen ausgehenden Strahlen im Wasser weitgehend absorbiert werden. Empfohlen wird jedoch ein Blendschutz, der es dem Schweißer ermöglicht, Einzelheiten besser zu erkennen.

Nackte Elektroden sind für die Unterwasserschweißung ungeeignet. Verwendet werden nur dick ummantelte Elektroden, deren Umhüllungsmassen durch Aufbringen eines nichtleitenden seewasserbeständigen Lackes unempfindlich gegen die Auflösewirkung des Wassers sind. Beim Abbrennen bildet sich aus der Schutzlackschicht eine zusätzliche Schutzgashülle, die wesentlich dazu beiträgt, den Lichtbogen beständig zu halten. Der für alle Schweißarbeiten günstigste Elektrodendurchmesser ist 5 mm. Die Elektrodenlänge soll 350 mm nicht überschreiten, da sonst die Führung unnötig erschwert wird. — In werkstofflicher Hinsicht muß an das Schweißgut wegen der im Wasser eintretenden starken Abkühlung die Forderung hoher Unempfindlichkeit gegen Abschreckhärtung und Rissigkeit gestellt werden. Die Elektrode wird in allen Fällen geradlinig vorwärts geführt. Pendelbewegungen werden nicht vorgenommen. Dabei soll die Elektrode in einem spitzen Winkel von 30^0 bis 40^0 in Schweißrichtung zum Werkstück geneigt gehalten werden, da sonst scharfe Einbrandkerben entstehen. Die an der Elektrodenspitze kraterförmig ausbrennende Umhüllungsmasse soll die Nahtkanten dauernd berühren, so daß eine möglichst gleichbleibende Lichtbogenlänge gewährleistet ist. Kehlnähte können in allen Lagen, waagerecht, senkrecht und über Kopf, geschweißt werden. Senkrechtschweißungen werden von oben nach unten ausgeführt. Die handwerkliche Technik entspricht im übrigen der gewöhnlichen Lichtbogenschweißung. Es gibt heute auch schon Elektroden, die ohne Aufsetzen auf die Nahtkanten gut schweißen und ein Pendeln ermöglichen. Die fehlerlose Ausführung von V- und X-Nähten ist schwierig, weil der Lichtbogen in der Wurzel stark abgelenkt und eine einwandfreie Werkstoffbindung verhindert wird. — Die Elektrodenabschmelzzeiten entsprechen denen einer gewöhnlichen Schweißung. Für den Elektrodenwechsel ist ein wesentlich höherer Zeitaufwand erforderlich. Der Energieverbrauch liegt um etwa 25 % höher.

Das Schweißen unter Wasser kommt außer bei Taucherarbeiten dann vor, wenn die Wärmeeinwirkung auf den Grundwerkstoff stärkstens beschränkt werden soll. Das Werkstück wird in einem Glaskasten in Wasser gelegt, so daß die Schweißstelle, die etwa 30 bis 40 mm unter der Wasseroberfläche liegt, von der Seite beobachtet werden kann [259]). Um die Schrumpfung klein zu halten, genügt es in vielen Fällen auch, die Werkstücke so weit ins Wasserbad einzutauchen, daß die zu schweißende Stelle gerade aus der Wasseroberfläche herausragt. Im übrigen kann die Winkelschrumpfung (Verwerfung) wesentlich größer als bei der gewöhnlichen Lichtbogenschweißung werden [260]). Da die schnelle Wärmeableitung die mechanischen Gütewerte, vor allem die Kerbschlagzähigkeit, herabsetzen kann, ist das Schweißen im Wasserbad nur in Ausnahmefällen mit Sachkenntnis anzuwenden.

8. Hochleistungsschweißverfahren

Das Bestreben zur Leistungssteigerung führte zu einer Reihe von Vorschlägen und neuen Verfahren, von denen sich einige bereits in der Praxis bewährt haben. Hierzu gehört in erster Linie die halb- und vollselbsttätige Lichtbogenschweißung (Schweißautomaten) mit nackten und umhüllten Elektroden sowie mit dem Kohlelichtbogen- und Arcatomverfahren, die auf S. 70 und 74 besprochen wurde. Aber auch bei der Handschweißung wurde versucht, die Schweißleistung durch Vergrößerung der Schweißgeschwindigkeit zu erhöhen. Es wurden umhüllte Elektroden entwickelt, die mit sehr hoher Stromstärke oder erhöhter Spannung verschweißt werden.

In Einzelfällen ging man bei der Handschweißung dazu über, zwei Schweißer mit der gleichen Maschine abwechselnd an derselben Schweißnaht arbeiten zu lassen [261]). Während der eine Schweißer eine Elektrode abschweißt, setzt der zweite eine neue in seine Schweißzange ein und hat außerdem noch Zeit, das von ihm hergestellte Nahtstück von Schlacke zu reinigen. Er übernimmt den Lichtbogen vom ersten Schweißer, wenn dieser seine Elektrode fast bis zum Ende abgebrannt hat. Der Lichtbogen geht wie beim Schweißautomaten selbsttätig über. Die Schweißleistung wird bis zu 50 % erhöht. Ähnlich arbeitet das Kamaverfahren [262]), jedoch kann hier die Schweißarbeit von einer Hilfskraft ausgeführt werden. Erforderlich sind zwei Dreibeingeräte, in denen die abschmelzende Elektrode das dritte Bein bildet. Die Elektrode schmilzt selbsttätig ab; der Halter gleitet dabei langsam abwärts. Kurz vor dem vollständigen Abschmelzen dieser Elektrode wird die zweite Elektrode in einem gleichen Halter über die erste hinweggestellt. Das Verfahren beschränkt sich auf Kehlnähte in der Schräglage und in geringem Umfang auf Stumpfnähte. Es hat nur sehr geringe Verbreitung gefunden. Die Weiterentwicklung der Lichtbogenschweißung führte in den letzten Jahren zu drei Verfahren, die Eingang in die Praxis gefunden haben. Es handelt sich um das Elin-Hafergut-, Kaell- und Ellira-Verfahren.

a) Das Elin-Hafergut-Verfahren. Das Elin-Hafergut-Verfahren (EHV) ist ein Einlege-Schweißverfahren und zeichnet sich durch größte Einfachheit aus. Eine ummantelte Elektrode wird in die Schweißfuge eingelegt, Bild 160. Eine Schiene aus magnetisch nichtleitendem Werkstoff (Kupfer) mit entsprechender Aussparung drückt die Elektrode in die Fuge und verhindert, daß sie sich krümmt und von der Schweißstelle abhebt. Die Elektrode wird mit ihrem herausragenden Kopf in die Schweißzange eingespannt und somit an die Stromquelle angeschlossen. Nach Zünden am anderen Ende durch einen herbeigeführten Kurzschluß schmilzt sie selbsttätig ab. Der kurze Lichtbogen wird durch die Dicke der Elektrodenummantelung gleich lang gehalten. Der Abbrand der Elek-

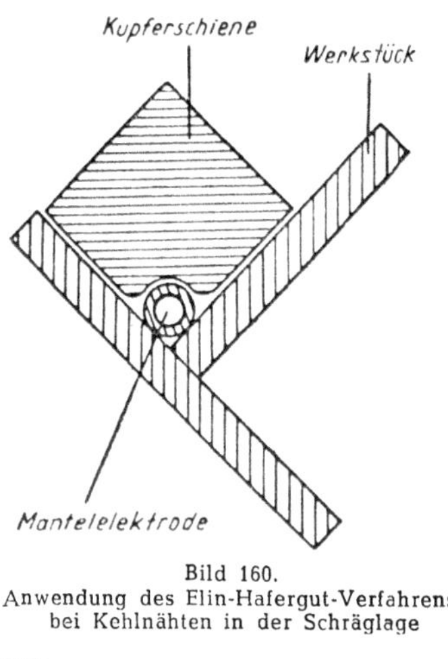

Bild 160.
Anwendung des Elin-Hafergut-Verfahrens bei Kehlnähten in der Schräglage

trode in dem Hohlraum der Kupferschiene bewirkt einen gerichteten und gesteuerten Schlackenfluß und dieser einen gleichmäßigen Fluß des Elektrodenwerkstoffes. Wegen der Blaswirkung ist Gleichstrom gegenüber Wechselstrom häufig im Nachteil.

Die Bleche müssen sauber passen, und die Kupferschiene muß gut anliegen. Die Rille muß das beim Abschmelzen etwas wachsende Schlackenvolumen aufnehmen können. Luftzutritt ist zu vermeiden. Die ursprünglich vorgesehene Papierbeilage zwischen Kupferschiene und Elektrode bzw. Werkstück kann fortfallen. Die Elektrodenlänge kann bis zu 2 m und darüber betragen; der Elektrodendurchmesser schwankt zwischen 2 und 12 mm. Das Verfahren beschränkt sich auf

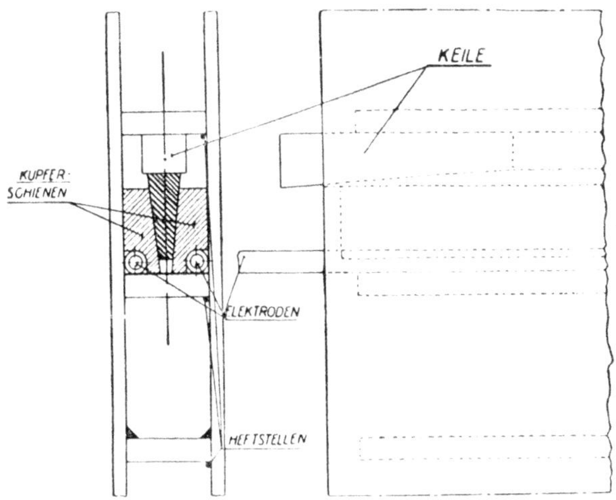

Bild 161. Anordnung zum Schweißen mit dem Elin-Hafergut-Verfahren in langen, engen Kanälen

Nähte in waagerechter und schwach geneigter Lage. Es kann bei Stumpfnähten jeder Form und Kehlnähten angewendet werden. Schräglage der Kehlnähte ist nicht erforderlich.

Das Verfahren wurde an vielen Stellen auf seine Anwendbarkeit geprüft und bereits weitgehend in die Praxis eingeführt. In einer großen Zahl von Veröffentlichungen wird hierüber berichtet[263–269]. Zusammenfassend kann festgestellt werden, daß es sich bei Beachtung seiner Gesetzmäßigkeiten bewährt hat. Sehr geeignet ist es für längere gerade Schweißnähte. In bestimmten Fällen ist eine Lichtbogenschweißung nur mit dem Elin-Hafergut-Verfahren möglich, wenn es sich z. B. um Schweißnähte in engen Zwischenräumen handelt, wo für die Führung der Elektrode von Hand und zur Beobachtung des Schweißvorganges nicht genügend Platz vorhanden ist, Bild 161.

Durch das gleichzeitige Schweißen einander entsprechender Nähte können die Verwerfungen gering gehalten werden. Auch für die Dünnblechschweißung hat sich das Verfahren bewährt. Durch die Erhöhung der Einschaltdauer und gleichzeitige Ausführung mehrerer Schweißnähte von e i n e m Schweißer kann die Leistung erheblich gesteigert werden. Nach kurzer Anweisung kann die Arbeit von angelerntem Personal ausgeführt werden, so daß hochwertige Schweißer für andere Schweißarbeiten frei werden.

An einer Weiterentwicklung der Einlegeschweißung auch auf anderer Grundlage wird zur Zeit gearbeitet.

b) Das Kaell-Verfahren[270]. Einer Erhöhung der Abschmelzleistung der Elektroden ist bei der gewöhnlichen Lichtbogenschweißung in vielen Fällen dadurch eine Grenze gesetzt, daß bei zu großer Stromstärke das Werkstück überhitzt wird. Durch ein neuartiges Schweißverfahren, das Kaell-Verfahren, kann die Stromstärke in der Elektrode gesteigert werden, ohne daß die Strombelastung des Werkstückes erhöht wird. Gearbeitet wird mit D r e h s t r o m u n d D o p p e l e l e k t r o d e n großer Länge, Bild 162, die aus zwei nebeneinander liegenden und durch die Umhüllung voneinander getrennten Elektrodenkernen bestehen.

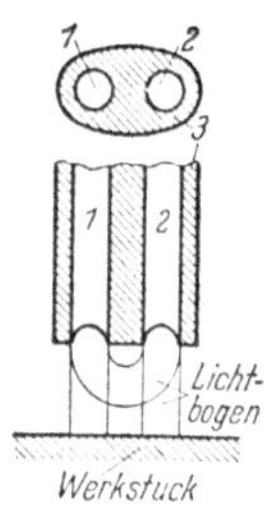

Bild 162. Drehstrom-Lichtbogenschweißung mit Doppelelektroden (Kaell-Verfahren)

Das Werkstück wird mit der einen Phase des Drehstromes verbunden und je ein Einzelstab der Doppelelektrode mit den beiden anderen Phasen. Beim Schweißen entsteht ein Dreiphasen-Lichtbogen. Durch entsprechende Einstellung der Stromstärke in den einzelnen Phasen kann der Lichtbogen zwischen den Einzelstäben wesentlich höher als die beiden anderen belastet werden. Damit kann die Wärmeverteilung in weiten Grenzen geregelt werden. Die Elektroden werden mit einem Schweißkopf für ummantelte Elektroden verschweißt (S. 73). Gegenüber der gewöhnlichen Einphasen-Lichtbogenschweißung soll eine mehrfache Abschmelzleistung bei gleicher Schweißnahtgüte erreicht werden können.

c) Das Ellira-Verfahren[271]. Das Ellira-Verfahren (Elektro-Linde-Rapid-Verfahren der Gesellschaft für Lindes Eismaschinen A.-G.) wurde in Amerika unter der Bezeichnung „Unionmelt" entwickelt. Dieses L i c h t b o g e n s c h w e i ß v e r f a h r e n[272] weist wesentliche Unterschiede gegenüber der gewöhnlichen Lichtbogenschweißung auf, vor allem hinsichtlich Arbeitsweise und Leistungsfähigkeit. Es ist ein automatisches Schweißverfahren.

Die grundsätzliche Wirkungsweise geht aus Bild 163 hervor. Die in V-Naht zu schweißenden Bleche werden auf eine mit einer Nute versehene Kupferschiene aufgelegt, damit das Schweißbad nicht durchbricht. Bei Kehl- und X-Nähten sowie bei kombinierten Hand-Ellira-Nähten ist keine Schiene erforderlich. Der Fugenwinkel beträgt 30^0 bis 60^0, und zwar ist bei größerer Stromstärke der kleinere Winkel zu wählen. Die Nahtfuge und ein reichlicher Raum darüber (mehrere cm), der durch eine Pulverführungsvorrichtung oder durch Winkel- oder Flacheisen seitlich begrenzt ist, werden vor Beginn der Schweißung mit einem Schweißpulver angefüllt, das durch ein Zuführungsrohr selbsttätig eingebracht wird.

Der Lichtbogen brennt in dem geschmolzenen Schweißpulver zwischen dem maschinell geführten Schweißdraht und dem Werkstück. Er ist

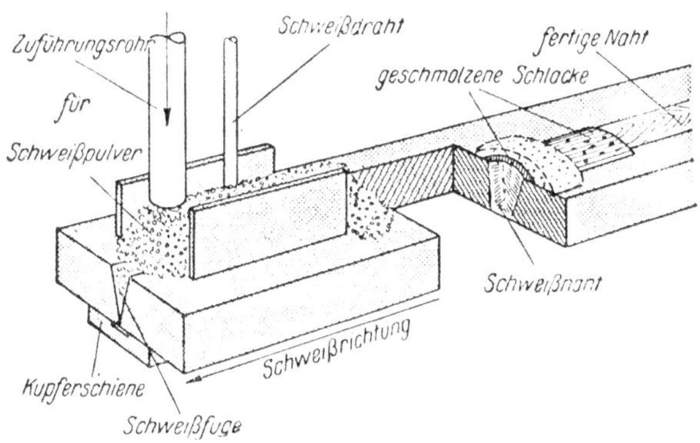

Bild 163. Schematische Darstellung der Ellira-Schweißung

äußerlich kaum wahrnehmbar und befindet sich in einem Hohlraum, den er sich durch Wegdrängen des Schweißpulvers erzeugt („gedeckter Lichtbogen"). Gezündet wird durch eine Zündpille, die aus einer kleinen Stahlwollkugel besteht und zwischen Draht und Werkstück eingelegt wird, da das Schweißpulver im kalten Zustande den elektrischen Strom nicht leitet. Die Zündpille schmilzt infolge ihres hohen Widerstandes beim Einschalten des Stromes und bringt auch das in unmittelbarer Nähe befindliche Pulver zum Schmelzen.

Im geschmolzenen Zustande (Schmelztemperatur 3000^0 bis 3200^0) hat das Schweißpulver nur geringen elektrischen Widerstand und leitet einen Teil des Stromes (etwa 10 bis 15 $^0/_0$), während der größte Anteil der Energieumsetzung im Lichtbogen stattfindet. Der Draht schmilzt ab, und die Schweißfugenränder schmelzen in beträchtlicher Tiefe auf. Das Verhältnis des abgeschmolzenen Zusatzstoffes zum aufgeschmolzenen Grundwerkstoff ist etwa $^1/_3$ zu $^2/_3$. Die hinter dem Schmelzbad noch flüssige Schlacke erstarrt, nachdem sie ihre Wärme an die Schweiße abgegeben hat, und bildet über der Schweißraupe einen glasartigen, dichten Überzug, der beim Erkalten leicht und meistens selbsttätig abplatzt. Das überschüssige, nicht geschmolzene Schweißpulver

Bild 164. Große Ellira-Schweißanlage für Längs- und Rundnähte

wird nach dem Schweißvorgang wieder abgesaugt. Die Schweißarbeit ist nur in waagerechter Lage möglich.

Bild 164 zeigt eine große Ellira-Anlage beim Schweißen von Rundnähten an Kesseln. Der Draht, dessen Durchmesser zwischen 3 und

12 mm schwankt, wird von einer Rolle zugeführt. Die Steuerung des Vorschubes vollzieht sich grundsätzlich in gleicher Weise wie bei gewöhnlichen Lichtbogen-Schweißautomaten (S. 71). Verwendet wird einphasiger Wechselstrom, der von den Transformatoren durch ein Kabelgehänge zugeführt wird. Das Schweißpulver wird einem Behälter entnommen, das unverbrauchte diesem Behälter durch eine Absaugevorrichtung wieder zugeführt. Auch beim Ellira-Verfahren werden die beiden grundsätzlichen Arbeitsweisen angewendet: Entweder das Werkstück dreht sich unter dem stillstehenden Schweißkopf zum Schweißen von Rundnähten, oder der Schweißkopf fährt über das ruhende Werkstück, wenn Längsnähte geschweißt werden sollen.

Bild 165. Ellira-Schweißeinrichtung zum Schweißen im Innern von Behältern

Bild 165 zeigt einen kleinen Schweißkopf, der zum Schweißen im Innern von Behältern verwendet wird.

Das Schweißpulver besteht aus Silikaten von Kalzium, Magnesium und Aluminium sowie Kalziumfluorid. Es erlaubt die Anwendung sehr hoher Stromstärken von etwa 300 bis 3000 A. Die Lichtbogenspannung schwankt zwischen 25 und 50 V. Sehr große Schweißgeschwindigkeiten werden erreicht. Die reine Schweißgeschwindigkeit beträgt z. B. bei 6 mm Blechdicke 750 mm/min, bei 25 mm Blechdicke 260 mm/min und bei 60 mm Blechdicke 120 mm/min.

Die Vorteile der hohen Schweißleistung treten mit zunehmender Blechdicke stärker hervor. Es ist möglich, Bleche bis zu 80 mm Dicke in zwei Lagen stumpf zusammenzuschweißen. Bis zu 15 mm Blechdicke kann auf eine Abschrägung der Schweißkanten verzichtet werden. Das Verfahren ist von etwa 6 mm Blechdicke an aufwärts wettbewerbsfähig und übertrifft in seiner Leistung bei dickeren Blechen die gewöhnliche selbsttätige Lichtbogenschweißung um ein Vielfaches. Sorgfältige

Vorbereitung der Schweißkanten ist unerläßlich [273]. Die Verwerfungen sind wegen der hohen Schweißgeschwindigkeit gering.

Obgleich die Schweißnaht ausgeprägte Gußstruktur aufweist, sind die m e c h a n i s c h e n G ü t e w e r t e , auch das Verformungsvermögen und die Kerbschlagzähigkeit, überraschend hoch [274, 275]. Das wird auf den hohen Reinheitsgrad der Schweiße zurückgeführt [276]. Bild 166

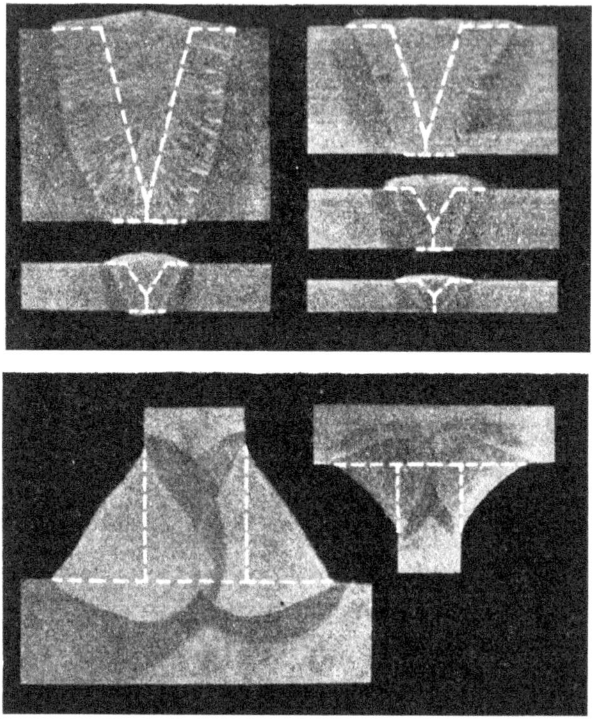

Bild 166. Grobgefügebilder verschiedener, mit dem Ellira-Verfahren hergestellter Schweißnähte

läßt die ausgeprägte Gußstruktur der Schweiße und das tiefe Aufschmelzen des Grundwerkstoffes erkennen. Bei T-Stößen werden die Wurzeln der Kehlnähte derart verbunden, daß kein Spalt mehr vorhanden ist. Das wirkt sich auf die Dauerfestigkeit günstig aus. — Das Ellira-Verfahren wird in zunehmendem Maße eingesetzt, in neuester Zeit auch als Handschweißgerät.

X. KOSTENBERECHNUNG

Die beim Lichtbogenschweißen entstehenden Kosten setzen sich im einzelnen wie folgt zusammen: Kosten für Elektroden, Arbeitslohn, elektrische Energie sowie Abschreibung und Verzinsung der Schweißeinrichtung. Dazu kommt der Anteil der allgemeinen Werksunkosten.

Man kann entweder eine genaue Kostenberechnung durchführen, wobei alle Faktoren, die auf das Ergebnis einwirken, einzeln bekannt sein müssen, oder man begnügt sich mit einer überschlägigen Rechnung, indem man von Erfahrungswerten der eigenen Werkstatt ausgeht. Bei zuverlässigen Unterlagen ergibt auch die Überschlagsrechnung brauchbare Werte.

Die Durchführung einer genauen, ins einzelne gehenden Kostenberechnung empfiehlt sich für Serienarbeiten, für große Bauwerke im Maschinenbau und Stahlbau, für geschweißte Fahrzeuge, große Behälter und Rohrleitungen sowie für sonstige umfangreiche Einzelaufträge. Bei diesen Arbeiten lohnen sich die erforderlichen Zeitstudien und Nachkalkulationen.

In vielen Werkstätten, vor allem in kleineren, wo Arbeiten stets wechselnder Art vorkommen, lassen sich Untersuchungen der verschiedenen Arbeitsgänge nicht oder nur schwer durchführen. Das gilt in besonderem Maße für Instandsetzungsarbeiten. In diesen Fällen bietet es keinen Vorteil, die Schweißarbeit allein kostenmäßig genau zu erfassen. Oft läßt sich hierbei die eigentliche Schweißzeit nicht von den Zeiten für andere Arbeitsgänge trennen, z. B. für Klempner- und Richtarbeiten, da die einzelnen Arbeitsgänge häufig Hand in Hand gehen und vom gleichen Arbeiter ausgeführt werden. Hierfür sind Überschlagsrechnungen angebracht.

Die Organisation des Betriebes ist von größtem Einfluß auf die Kosten der Schweißarbeit. Manche Werkstätten lassen das Zusammenpassen, Heften und Fertigschweißen von dem gleichen Schweißer ausführen; in anderen wird das Heften von besonderen Schweißern vorgenommen, die abwechselnd an verschiedenen Stücken arbeiten, so daß die eigentliche Schweißarbeit ohne Unterbrechung durchgeführt werden kann. Stark wirkt sich ferner die Anwendung geeigneter Hilfsvorrichtungen zum Aufspannen und Wenden der Werkstücke aus. In manchen Betrieben muß diese Arbeit der Schweißer selbst ausführen und unter Umständen auf den Kran warten, in anderen sind Drehvorrichtungen im Gebrauch, wodurch die Nebenzeiten wesentlich herabgesetzt werden. Je nach der Lösung dieser Fragen kann die reine Schweißzeit zwischen 20 und 70 % der Arbeitszeit des Schweißers schwanken. Endlich ist zu berücksichtigen, daß in manchen Fällen nicht ununterbrochen durchgeschweißt werden kann, weil das Werkstück zu heiß wird oder weil sogar gekühlt oder gehämmert werden muß.

1. Genaue Kostenberechnung

Man geht von der Meterzahl der verschiedenen Schweißnahtformen und Blech- bzw. Kehlnahtdicken aus. An Hand der Zeichnungen und Stücklisten ist zusammenzustellen, wieviel Meter V-Naht jeder einzelnen Blechdicke zu schweißen sind, ferner wieviel Meter X-Naht jeder Blechdicke, wieviel Meter Kehlnaht der verschiedenen Kehlnahtdicken usw. das betreffende Werkstück enthält.

Der weitere Rechnungsgang wird zweckmäßig so durchgeführt, daß zunächst aus dem Querschnitt der Schweißnähte die Nahtgewichte je Meter Nahtlänge berechnet werden. Unter Berücksichtigung der unvermeidlichen Verluste ergibt sich hieraus das einzuschweißende Elektrodengewicht. Nach Wahl der Elektrodendurchmesser sind die benötigten Stückzahlen und damit die Elektrodenkosten ohne Schwierigkeit zu errechnen.

Mit der Elektrodensorte (Art und Fabrikat) ist die Abschmelzzahl (S. 89) gegeben. Hieraus und aus der gewählten Stromstärke ist die reine Abschmelzzeit je Elektrode zu bestimmen. Sie kann auch entsprechenden Schaubildern, wie sie in Bild 54 (S. 86) dargestellt sind, unmittelbar entnommen werden. Durch Multiplikation mit der je Meter Schweißnaht benötigten Zahl an Elektroden erhält man die reine Abschmelzzeit je Meter Schweißnahtlänge. Durch Berücksichtigung der Zeiten für Elektrodenwechsel ergibt sich die reine Schweißzeit. Um die gesamte Arbeitszeit zu bestimmen, müssen entsprechende Zuschläge für Nebenarbeiten vorgesehen werden, die je nach Organisation des Betriebes stark schwanken können.

Mit der Abschmelzzeit und der Schweißstromstärke sowie mit Wirkungsgrad, Einschaltdauer und Leerlaufverlusten der Schweißmaschine liegt auch die benötigte elektrische Energie fest.

Bei gleichbleibenden Verhältnissen können für benötigte Elektroden, Schweißzeit und Energieverbrauch Zahlentafeln aufgestellt werden (S. 219/221), wodurch die Kostenberechnung wesentlich erleichtert wird.

a) Berechnung der Elektrodenkosten [277]. Der Schweißnahtquerschnitt q wird nach Bild 167 berechnet und ergibt sich für Kehlnähte zu:

$$q = 1{,}1 \cdot a^2 \text{ in mm}^2.$$

a bedeutet die Kehlnahtdicke in mm. 10 % (Faktor 1,1) werden für die Überhöhung der Naht aufgeschlagen.

Bei V-Nähten mit dem Fugenwinkel α und dem Abstand b in mm der beiden Bleche ergibt sich der Querschnitt q zu:

$$q = 1{,}1\ (b \cdot s + s^2 \cdot \mathrm{tg}\,[\alpha/2]) \quad \text{in mm}^2.$$

s bedeutet die Blechdicke in mm. Auch hier werden 10 % (Faktor 1,1) für die Überhöhung der Naht aufgeschlagen. Bei senkrechten und Überkopfnähten muß man 20 % bis 25 % aufschlagen. X-Nähte werden aus den beiderseitigen V-Fugen zusammengesetzt.

Aus dem Schaubild Bild 168 können die Werte q in Abhängigkeit von der Blechdicke s für verschiedene Winkel α und Abstände b unmittelbar abgelesen werden. Die unteren Kurven ergeben den Wert $1{,}1 \cdot b \cdot s$,

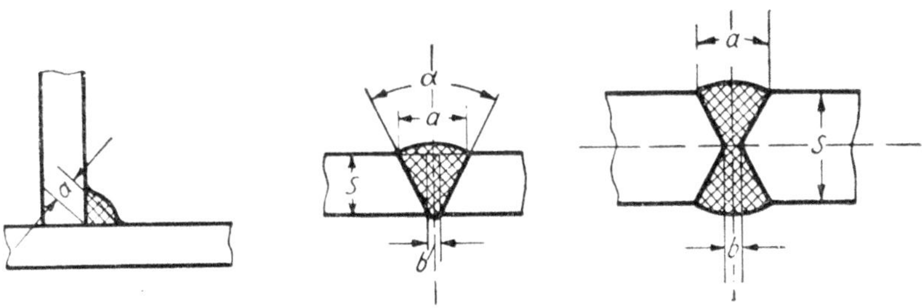

Bild 167. Berechnung des Schweißnahtquerschnittes

die oberen Kurven den Wert $1{,}1 \cdot s^2 \cdot \mathrm{tg}\,(\alpha/2)$. Die entsprechenden Werte aus beiden Kurven werden addiert und ergeben q in mm². Die oberste Kurve für $\alpha = 90^0$ ergibt unmittelbar den Querschnitt q der Kehlnaht (wobei $a = s$ gesetzt wird), da $\mathrm{tg}\,(90^0/2) = \mathrm{tg}\,45^0 = 1$ ist.

Ist außer dem Maß b auch das Maß a (Abstand der Oberkanten der Bleche voneinander) bekannt, so ergibt sich der Querschnitt zu:

$$q = 1{,}1\ \frac{a + b}{2}\ s \quad \text{in mm}^2.$$

Zweckmäßig wird die Schweißfuge im Maßstab 1 : 1 aufgezeichnet. Daß Maß a kann daraus unmittelbar abgegriffen werden.

Will man jede Rechenarbeit vermeiden, so kann man auf die aufgezeichnete Schweißfuge durchsichtiges Millimeterpapier auflegen und die Quadratmillimeter auszählen.

Das Gewicht des eingeschmolzenen Schweißgutes (Schweißnahtgewicht) beträgt:

$$G_0 = \frac{q \cdot l \cdot \gamma}{1000} \quad \text{in kg.}$$

l bedeutet die Länge der Schweißnaht in m und $\gamma = 7{,}85$ das spezifische Gewicht des Stahles in g/cm³ Die Teilung durch 1000 ergibt das Gewicht unmittelbar in kg.

Aus dem Schweißnahtgewicht G_0 wird das benötigte **Elektrodengewicht** G (Stahlgewicht, effektives Elektrodengewicht) berechnet,

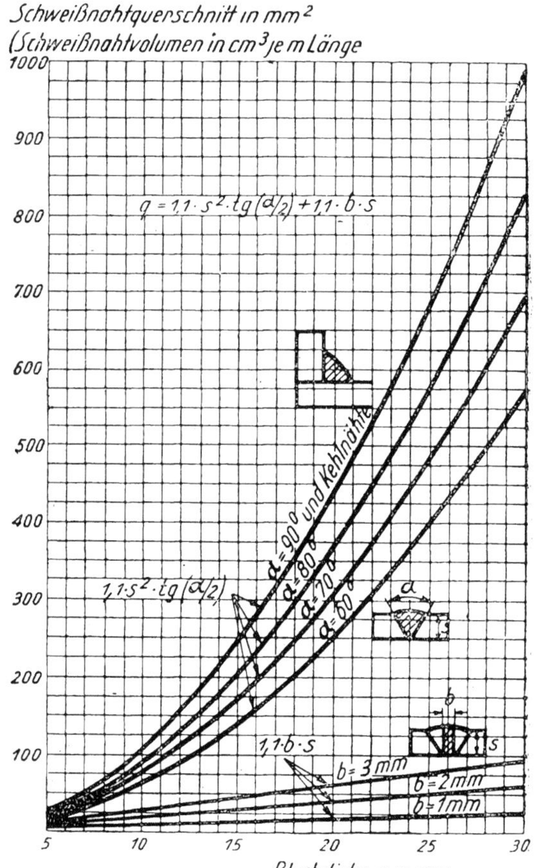

Bild 168. Schweißnahtquerschnitte von V- und Kehlnähten, abhängig von der Blechdicke bzw. Kehlnahtdicke für verschiedenen Fugenwinkel und Blechabstand

indem man die Elektrodenverluste (Verluste durch nicht verschweißte Drahtenden, Spritz- und Abbrandverluste) berücksichtigt. Das Gewicht des Schweißgutes muß deshalb mit einem **Verlustfaktor** multipliziert werden, der den vorliegenden Verhältnissen entspricht. Bei der

Senkrechtschweißung werden noch weitere 15 bis 20 % und bei der Überkopfschweißung 25 bis 30 % aufgeschlagen.

Hinsichtlich der Elektrodenverluste wird auf die Ausführungen auf S. 90 verwiesen, wonach sie in waagerechter Schweißlage etwa 14 bis 30 % betragen. Da der ideale Schweißfugenquerschnitt in den wenigsten Fällen genau eingehalten werden kann, ist ein weiterer Betrag aufzuschlagen. Er berücksichtigt Ungleichmäßigkeiten der meistens durch Brennschneiden vorbereiteten Schweißkanten, stellenweise zu breite Schweißfuge und zu großen Öffnungswinkel. Wie die Praxis

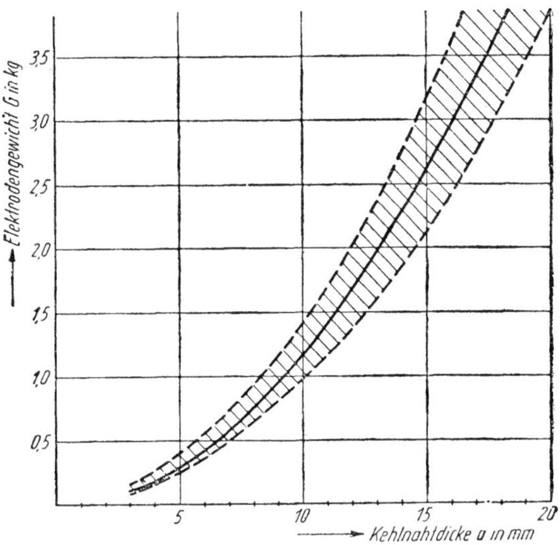

Bild 169. Elektrodengewicht je m Schweißnahtlänge, abhängig von der Kehlnahtdicke bei waagerechten Kehlnähten

erweist, kann mit insgesamt etwa 35 % gerechnet werden. Als Verlustfaktor wird deshalb im folgenden 1,35 eingesetzt.

In Bild 169 ist das unter diesen Voraussetzungen berechnete Elektrodengewicht (Stahlgewicht, effektives Elektrodengewicht) je Meter Schweißnahtlänge für waagerechte Kehlnähte aufgetragen worden. Zum Vergleich wurden die im neueren Schrifttum und von Firmen angegebenen Werte herangezogen. Sie liegen innerhalb des schraffiert gezeichneten Bereiches, so daß die Kurve für normale Verhältnisse den Tatsachen recht genau entsprechen dürfte.

Bild 170 zeigt die entsprechenden Kurven für V- und X-Nähte in waagerechter Schweißlage. Da bei der X-Naht die erste Lage in der Mitte der Schweißfuge vor dem Schweißen der Rückseite mehr oder weniger herausgemeißelt oder geschliffen wird, treten hier höhere Verluste auf. Als Verlustfaktor muß mit etwa 1,45 gerechnet werden.

Auch in diesem Schaubild befinden sich die Kurven in guter Übereinstimmung mit den von anderen Stellen angegebenen Werten, die innerhalb des schraffiert gezeichneten Bereiches liegen.

Die Kurven gelten, besonders im unteren Bereich, bei genügend sorgfältiger Vorbereitung der Schweißfugen. Bei größeren Ungenauigkeiten

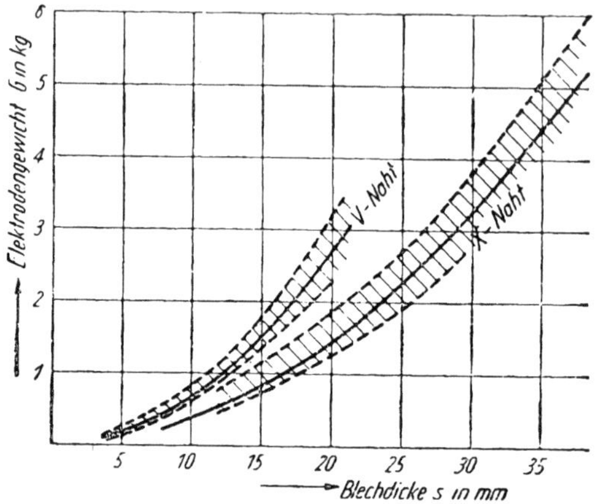

Bild 170. Elektrodengewicht je m Schweißnahtlänge, abhängig von der Blechdicke bei waagerechten V- und X-Nähten

und ausgesprochen schlechtem Anpassen der Schweißkanten sind entsprechende Zuschläge zu machen.

Die **Anzahl der benötigten Elektroden** z ergibt sich, indem man das Elektrodengewicht G durch das Stahlgewicht einer Elektrode g vom betreffenden Durchmesser teilt,

$$z = \frac{G}{g}.$$

Die Elektrodengewichte sind in Tafel 5 für die verschiedenen Durchmesser zusammengestellt. Die Elektrodenzahl kann auch durch Multiplikation des Elektrodengewichts G mit der Zahl der Elektroden *n* je Kilogramm Gewicht berechnet werden:

$$z = G \cdot n.$$

Tafel 5. Elektrodengewichte und Anzahl Elektroden je kg Stahlgewicht

Elektrodendurchmesser:		1,5	2	2,5	3	3,25	4	5	6	7	8	10	12
Länge 450 mm	Stückgewicht in g (Stahlgewicht)	6,20	11,03	17,2	24,8	29,1	44,1	68,9	99,2	135	176	276	397
	Anzahl je kg . .	161	91	57,1	40,3	34,4	22,7	14,5	10,0	7,4	5,7	3,6	2,5
Länge 350 mm	Stückgewicht in g (Stahlgewicht)	4,82	8,58	13,4	19,3	22,6	34,3	53,6	77,2	105	137	214	309
	Anzahl je kg . . .	207	117	74,6	51,8	44,3	29,2	18,7	13,0	9,5	7,3	4,7	3,2

Wird die Wurzellage einer Schweißnaht mit dünneren Elektroden als die übrigen Lagen geschweißt, so wird von dem Elektrodengewicht dieser Naht das Gewicht der Wurzellage abgezogen, bevor die Elektrodenanzahl für den übrigen Nahtanteil ausgerechnet wird. Für die Wurzellage kann man 3 bis 4 Elektroden je Meter bei waagerechter und 5 bis 8 bei senkrechter Schweißlage rechnen. Der Elektrodenbedarf kann erheblich höher werden, wenn der Abstand der beiden Bleche (*b* im Bild 167) größer als gewöhnlich ausfällt.

Für wurzelseitiges Nachschweißen werden 4 bis 6 Elektroden je Meter Schweißnaht gerechnet. Da meistens vorher ausgekreuzt oder ausgeschliffen werden muß, ist der Elektrodenbedarf durch die Tiefe der Auskreuzung bedingt.

Zu berücksichtigen ist gegebenenfalls der Elektrodenbedarf für das Heften. Die Kosten hierfür können bei sperrigen Stücken durchaus ins Gewicht fallen.

Aus der insgesamt benötigten Elektrodenmenge und dem Stückpreis einschließlich Preisnachlaß werden die gesamten Elektrodenkosten berechnet.

Häufig werden die Kosten für Elektroden und elektrische Energie nicht gesondert berechnet, sondern durch Zuschläge zu den Lohnkosten erfaßt. Die Abhängigkeit von der Schweißnahtdicke muß dabei berücksichtigt werden, wenn die Werte den wirklichen Verhältnissen einigermaßen entsprechen sollen [278]).

b) Berechnung der Lohnkosten [279, 280]). Die Arbeitszeit des Schweißers setzt sich aus der reinen Schweißzeit und den Nebenzeiten zusammen. Die reine Schweißzeit ist die Zeit, während der geschweißt wird. Zum Handschweißen gehört auch das Einsetzen der neuen Elektrode in die Schweißzange und das Entfernen des Reststummels sowie das Abklopfen der Schlacke zumindest an der Ansatzstelle. Die reine Schweißzeit umfaßt somit die reine Abschmelzzeit, während der der Lichtbogen brennt, und die Zeit für die Elektrodenwechsel.

Die reine Abschmelzzeit ist in erster Linie von der Art der Elektrode und von der Schweißstromstärke abhängig, deren Höchstwert wiederum durch die Elektrode gegeben ist [281]). Hierzu wird auf den Abschnitt „Schweißbedingungen der Elektroden" (S. 84) verwiesen. Mit der Wahl der Elektrode liegt die Abschmelzzahl (Abschmelzleistung) fest. Dieser Wert und die Schweißstromstärke können in weiten Grenzen schwanken. Damit ergeben sich sehr unterschiedliche Werte für die Abschmelzgeschwindigkeit und die Arbeitszeit des Schweißers. Außerdem ist die Schweißgeschwindigkeit von dem gewählten Elektrodendurchmesser abhängig. Bei dickeren Blechen werden die oberen Lagen in der Regel mit dickeren Elektroden geschweißt als die Wurzellage. In der Werkstatt kann man mit mittleren Verhältnissen rechnen, da es meistens nicht möglich ist, eine sehr dünn fließende Elektrode mit hoher Abschmelzzahl oder großen Elektrodendurchmesser und hohe Stromstärke anzuwenden.

In Bild 171 sind die reinen Abschmelz- und Schweißzeiten für 4, 5 und 6 mm Elektrodendurchmesser in Abhängigkeit von der Kehlnahtdicke für waagerechte Kehlnähte von 1 m Länge aufgetragen. Zugrunde gelegt wurde eine Abschmelzzahl von 9,1 $\frac{g}{A \cdot h}$ (Bild 56, S. 88) und mittlere Schweißstromstärken (von 143 A für 4 mm ⌀, 190 A

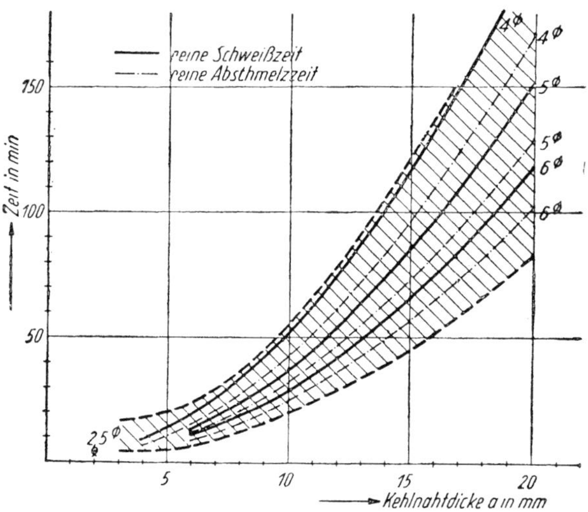

Bild 171. Reine Abschmelz- und Schweißzeit je m Schweißnahtlänge, abhängig von der Kehlnahtdicke bei waagerechten Kehlnähten

für 5 mm ⌀ und 238 A für 6 mm ⌀). Die Abschmelzzeiten je abzuschweißende Elektrodenlänge (405 mm) können dem Bild 54 (S. 86) unmittelbar entnommen werden (Elektrode B). Mit den für 1 m Schweißnahtlänge berechneten Elektrodenzahlen ergeben sich die Abschmelzzeiten je Meter Nahtlänge. Für jeden Elektrodenwechsel wurden 20 sec gerechnet. Durch Zuschlag dieser Zeiten für Elektrodenwechsel zu den reinen Abschmelzzeiten ergeben sich die reinen Schweißzeiten. Die Werte entsprechen recht genau eigenen praktischen Erfahrungen. Zum Vergleich wurden die im neueren Schrifttum und von Firmen angegebenen Werte herangezogen. Sie schwanken sehr stark und liegen innerhalb des schraffiert gezeichneten Bereiches.

Die Kurven gelten unter der Voraussetzung, daß die ganze Schweißnaht mit dem betreffenden Elektrodendurchmesser geschweißt wird. Sofern die unteren Lagen mit dünneren Elektroden geschweißt werden, erhöhen sich die Werte etwas. Die Grenzwerte gehen aus dem Schaubild hervor.

In gleicher Weise wurden die Zeiten für waagerechte V- und X-Nähte berechnet, den im neueren Schrifttum und von Firmen angegebenen Werten gegenübergestellt und in Bild 172 und 173 aufgetragen. Bei kleineren Blechdicken mußten zu den errechneten Werten Zuschläge gemacht werden, weil sich hierbei die Verluste durch schlechtes Anpassen der Schweißkanten, das wurzelseitige Nach-

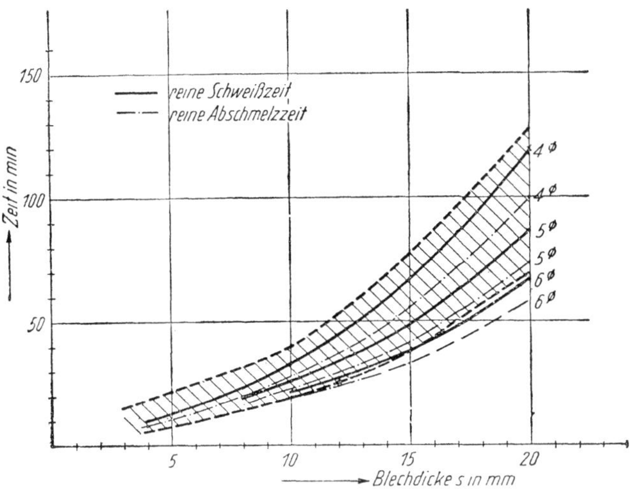

Bild 172. Reine Abschmelz- und Schweißzeit je m Schweißnahtlänge, abhängig von der Blechdicke bei waagerechten V-Nähten

schweißen und andere Faktoren stärker auswirken. Die Werte entsprechen eigenen Werkstatterfahrungen und dürften für mittlere Verhältnisse recht genau zutreffen. Sie liegen keinesfalls zu hoch und tragen andererseits den berechtigten Forderungen nach Wirtschaftlichkeit durch Ausschalten aller vermeidbaren Verlustquellen und durch sorgfältige Vorbereitung und Durchführung der Schweißarbeit Rechnung.

Die angegebenen Schweißzeiten enthalten noch keine N e b e n z e i t e n für die Vorbereitung der Schweißarbeit (Transport, Anschluß und Einstellung der Schweißmaschine, Besorgen der Schweißausrüstung und der Elektroden), die Reinigung der Schweißnähte sowie für Heften, Umdrehen und Richten der Werkstücke und sonstige Arbeiten, die vielfach vom Schweißer ausgeführt werden. Diese Arbeiten, die unter Umständen mehr Zeit als die eigentliche Schweißarbeit beanspruchen können, müssen gesondert berechnet werden. Sie möglichst genau zu erfassen ist schwierig, aber unerläßlich, um eine einwandfreie Kalkulation aufzustellen. Genaue Zeiten für die Reinigung der Schweißnähte können wegen der verschiedenen Verhältnisse nicht angegeben werden. Die Schlackenentfernungszeit, bezogen auf eine Elektrode, kann zwischen wenigen Sekunden und Werten schwanken, welche die Abschmelzzeit übertreffen. Bei der Auswahl der Elektrode ist dieser Punkt oft von entscheidender Bedeutung — neben der Berücksich-

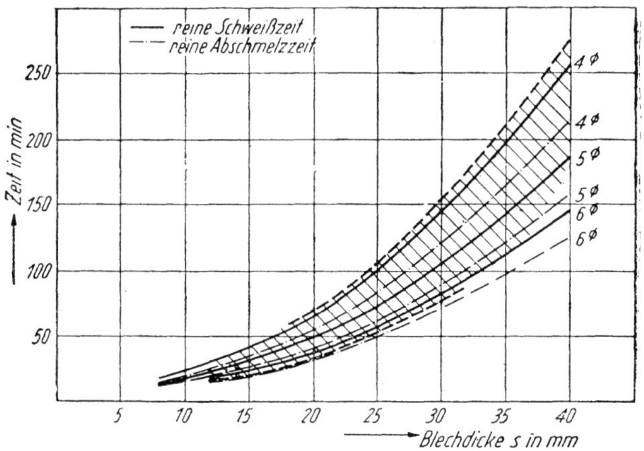

Bild 173. Reine Abschmelz- und Schweißzeit je m Schweißnahtlänge, abhängig von der Blechdicke bei waagerechten X-Nähten

tigung der Gütewerte —, da durch Schwierigkeiten bei der Schlackenentfernung jede Wirtschaftlichkeitsberechnung unzuverlässig wird. In größeren Werken werden die Zeiten für alle vorkommenden Arbeiten aufgenommen und festgelegt. Die hochwertigen Schweißer sind von Nebenarbeiten möglichst zu entlasten.

Schwierig zu schweißende Nähte, die schlecht zugänglich oder verdeckt liegen oder die in unbequemer Körperhaltung des Schweißers ausgeführt werden müssen (auf Gerüsten, in engen Teilen usw.), bedingen einen Zuschlag, der je nach der Arbeit sehr verschieden sein kann.

Die Lohnkosten ergeben sich aus der Arbeitszeit durch Multiplikation mit dem Stundenlohn und bei Akkordarbeit als Produkt der Vorgabezeit mit der Akkordbasis. Vielfach werden die Schweißarbeiten im Akkord vergeben und etwaige Nachrichtarbeiten und andere im Stundenlohn ausgeführt.

c) Berechnung der Stromkosten[282]. Die über die Schweißmaschine dem Lichtbogen zugeführte elektrische Energie wird hier in Wärme umgesetzt. Die Wärme dient zum Aufschmelzen des Grundwerkstoffes und Abschmelzen des Zusatzstoffes. Die darüber hinaus zugeführte Wärme stellt einen Verlust dar und ist wegen der stärkeren metallurgischen Einwirkungen auf den Grundwerkstoff und der höheren Schrumpfungen schädlich. Um die Verhältnisse zahlenmäßig zu erfassen, wurde der „schweißtechnische Wärmewirkungsgrad" eingeführt[283]. Er ist das Verhältnis der zum Auf- und Abschmelzen unbedingt erforderlichen zu der der Schweißstelle zugeführten Wärmemenge.

Die der Schweißmaschine zugeführte elektrische Leistung ist:

$$N = \frac{J \cdot U \cdot 100}{1000 \cdot \eta} \text{ in kW.}$$

Hierin bedeuten: J die Schweißstromstärke in Amp., U die am Schweißgenerator gemessene Spannung in Volt und η den Wirkungsgrad in Prozent.

Als Schweißstrom wird der gleiche Wert wie bei der Berechnung der Abschmelzzeit eingesetzt. Als Spannung kann man bei kurzen Kabeln einsetzen: für nackte und dünn umhüllte Elektroden 20 bis 25 V, für dick umhüllte Elektroden 25 bis 35 V. Der Wirkungsgrad beträgt bei Schweißumformern 45 bis 60 %; bei Umspannern kann er 80 % überschreiten. Genaue Angaben darüber geben die Herstellerwerke.

Die Leistung wird mit der Abschmelzzeit in h multipliziert und gibt die verbrauchte elektrische Arbeit in kWh. Darauf sind die Leerlaufverluste aufzuschlagen, die sich als Produkt aus den Leerlaufverlusten und der Leerlaufzeit der Maschine ergeben. Als Leerlaufverluste kann man bei Schweißumformern 1 bis 2 kW und bei Umspannern einige hundert Watt einsetzen[284]. Bei Umspannern können die Leerlaufverluste praktisch vernachlässigt werden. Wird ein kWh-Zähler der Schweißmaschine vorgeschaltet, so kann die gesamte elektrische Leistung einschließlich Leerlaufverluste unmittelbar abgelesen werden.

In Bild 174 ist die je Meter Schweißnahtlänge aufgenommene Energie für waagerechte Kehlnähte abhängig von der Kehlnahtdicke dargestellt. Der Berechnung zugrunde gelegt wurden die Abschmelzzeiten aus Bild 171. Da die Abschmelzleistung einer Elektrode vom Durchmesser unabhängig ist (S. 89), fallen die Kurven für verschieden dicke Elektroden praktisch zusammen. Kleine Unterschiede können sich durch die verschieden langen Leerlaufzeiten ergeben. Die Berechnung wurde für eine Einschaltdauer von 70 % durchgeführt. Dargestellt sind die Kurven für 5 mm Elektrodendurchmesser.

Größere Unterschiede ergeben sich durch die Art der Elektrode und die Stromart. Umhüllte Elektroden werden in der Regel mit etwas längerem Lichtbogen geschweißt. Die sich damit einstellende höhere Schweißspannung ergibt bei gleicher Stromstärke eine höhere elektrische Leistung. Der schweißtechnische Wärmewirkungsgrad der umhüllten Elektrode ist niedriger. Die geringere Leistung bei Wechsel-

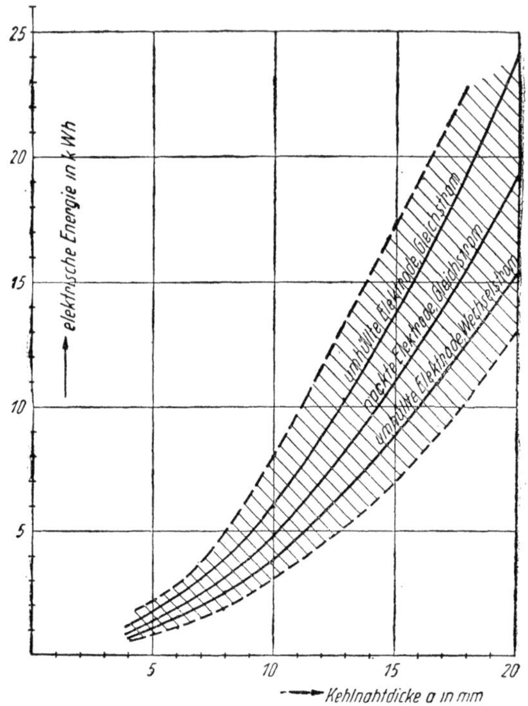

Bild 174. Aufgenommene elektrische Energie je m Schweißnahtlänge, abhängig von der Kehlnahtdicke bei waagerechten Kehlnähten, mit 5 mm dicken Elektroden geschweißt

strom erklärt sich dadurch, daß der Schweißumspanner einen höheren Maschinenwirkungsgrad hat als der Schweißumformer (S. 68). Die Blindleistung wurde hierbei nicht berücksichtigt. Gerechnet wurde mit einer Schweißspannung von 22 V bei nackter und 28 V bei umhüllter Elektrode sowie mit einem Wirkungsgrad von 50 % für den Umformer und 75 % für den Umspanner.

Die im neueren Schrifttum und von Firmen angegebenen Werte für die von der Schweißmaschine aufgenommene Leistung liegen innerhalb des schraffiert gezeichneten Bereiches.

In Bild 175 und 176 ist die je Meter Schweißnahtlänge aufgenommene elektrische Energie für waagerechte V- und X-Nähte abhängig

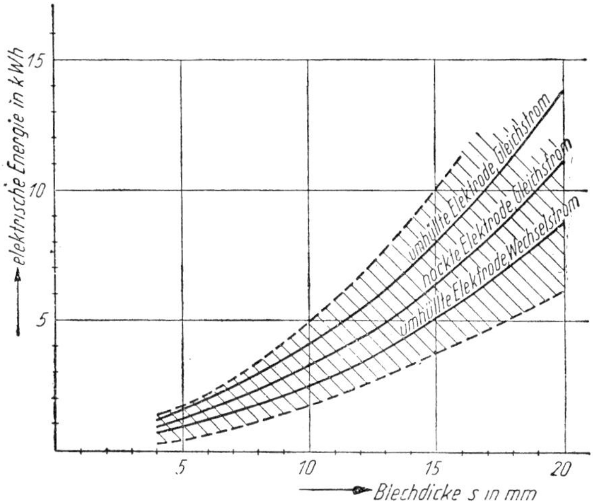

Bild 175. Aufgenommene elektrische Energie je m Schweißnahtlänge, abhängig von der Blechdicke bei waagerechten V-Nähten, mit 5 mm dicken Elektroden geschweißt

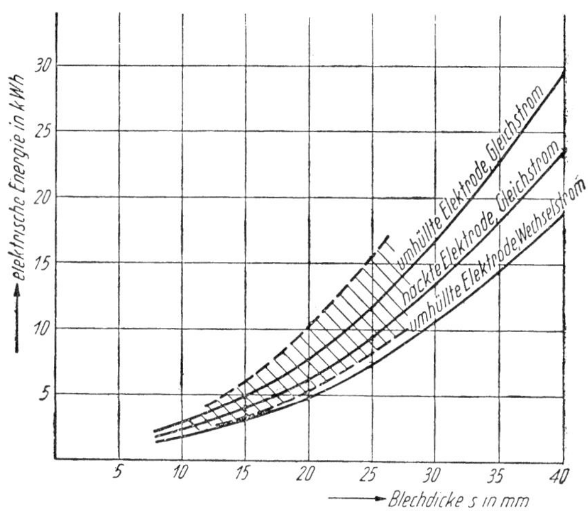

Bild 176. Aufgenommene elektrische Energie je m Schweißnahtlänge, abhängig von der Blechdicke bei waagerechten X-Nähten, mit 5 mm dicken Elektroden geschweißt

von der Blechdicke aufgetragen worden. Hierfür gelten die gleichen Ausführungen sinngemäß.

d) Abschreibung und Verzinsung der Schweißeinrichtung [285, 286]. Die Anschaffungskosten für die Schweißmaschinen und sonstigen Einrichtungsgegenstände werden auf eine bestimmte Anzahl Jahre verteilt, während der die Einrichtung abgeschrieben werden soll. Die jährlichen Kosten, die aus Abschreibung, Verzinsung, Wiederherstellungsarbeiten und Unterhalt entstehen, werden auf die Stundenzahl umgelegt, während der die Einrichtung im Jahre arbeitet. Dadurch ergeben sich die Stundenkosten, die auf die Kosten für Lohn, Elektroden und elektrische Energie aufzuschlagen sind, und die jeden Auftrag entsprechend der Stundenzahl belasten.

Ein Schweißumformer soll in 10 Jahren abgeschrieben werden. Eine kürzere Zeit kann durchaus begründet sein, doch wird man unter 5 Jahre nicht herabgehen. Für einen Umspanner kann eine längere Abschreibungszeit eingesetzt werden. Die jährlichen Kosten für Instandhaltung und Wiederherstellung können bei einem Umformer zu etwa 5 % der Anschaffungskosten angesetzt werden. Ein Umspanner ist praktisch frei von Kosten für Wiederherstellungsarbeiten.

e) Zahlentafeln zur Erleichterung der Kostenberechnung. Zur Erleichterung der Kostenberechnung können Zahlentafeln aufgestellt werden, die bestimmte, häufig wiederkehrende Werte enthalten. Diese Angaben gelten nur für die ihnen zugrunde gelegten Schweißbedingungen und können nicht ohne weiteres auf andere Verhältnisse übertragen werden.

Am bequemsten ist es, sämtliche Werte auf 1 m der verschiedenen Schweißnähte zu beziehen. Man braucht dann nur die Längen jeder Schweißnahtform und Nahtdicke aus der Zeichnung zusammenzurechnen und mit den Einheitswerten der Zahlentafel zu multiplizieren.

In dieser Weise sind die Kalkulationstafeln, Tafel 6, 7 und 8, aufgebaut. Ausgerechnet sind Elektrodenmenge (Gewicht und Elektrodenzahl), Abschmelzzeit, reine Schweißzeit und aufgenommene elektrische Energie für 1 m Schweißnaht, abhängig von der Blechdicke bzw. Kehlnahtdicke. Verlustfaktor, Abschmelzzahl und Stromstärke sind so gewählt, daß die Tafeln für eine große Zahl normaler, auf dem Markt befindlicher Elektroden benutzt werden können. Sie geben mittlere Werte und keine Höchstleistungen an.

Von verschiedenen Stellen sind brauchbare Kalkulationstafeln herausgegeben worden, auch in Form von Nomogrammen (Fluchtlinientafeln), aus denen Elektrodenmenge, Arbeitszeit und Stromverbrauch entnommen werden können [287, 288].

Tafel 6. Kalkulationswerte für waagerechte Kehlnähte

Kehlnahtdicke a in mm		3	4	5	6	7	8	9	10	11	12	13	14	15	16	17	18	19	20
Effektives Elektrodengewicht je m Schweißnahtlänge (Stahlgewicht) in kg		0,10	0,18	0,29	0,43	0,59	0,77	0,97	1,19	1,43	1,70	2,00	2,32	2,66	3,02	3,40	3,80	4,22	4,65
Elektrodenzahl je m Schweißnahtlänge bei	4 ⌀	2,3	4,1	6,6	9,6	13,2	17,3	21,8	26,6	32	38	44	51	59	68	76	85	95	105
	5 ⌀	1,5	2,6	4,2	6,1	8,3	11,0	14,0	17,0	20,3	24,2	28,7	34	39	44	49	54	60	67
	6 ⌀	1,0	1,8	2,9	4,3	5,8	7,6	9,6	11,7	14,0	16,7	19,8	22,9	26,4	29,9	34	38	42	46
Reine Abschmelzzeit je m Schweißnahtlänge in min bei	4 ⌀	5	7	11	16	22	28	35	43	52	62	73	84	96	110	124	139	155	172
	5 ⌀	—	—	—	12	16	21	26	32	39	47	55	64	73	83	93	104	116	128
	6 ⌀	—	—	—	8	12	16	20	25	31	37	43	50	57	65	73	82	92	103
Reine Schweißzeit (einschl Elektrodenwechsel) je m Schweißnahtlänge in min bei	4 ⌀	7	10	14	19	26	34	43	52	63	75	88	102	117	133	150	168	187	208
	5 ⌀	—	—	—	14	18	23	29	37	45	54	64	75	86	98	110	123	137	152
	6 ⌀	—	—	—	11	15	19	24	29	35	42	49	57	66	75	85	95	106	118
Aufgenommene elektr. Energie je m Schweißnahtlänge in kWh bei	Wechselstrom, umhüllte Elektrode	0,3	0,7	1,1	1,6	2,1	2,6	3,2	3,9	4,7	5,6	6,6	7,7	8,8	10,0	11,3	12,6	13,9	15,3
	Gleichstrom, nackte Elektrode	0,5	0,9	1,3	1,9	2,5	3,1	3,8	4,7	5,8	7,0	8,2	9,5	10,9	12,4	14,0	15,7	17,5	19,3
	Gleichstrom, umhüllte Elektrode	0,7	1,2	1,8	2,4	3,1	3,9	4,9	6,1	7,4	8,8	10,3	12,0	13,7	15,5	17,4	19,5	21,7	24,1

Tafel 7 Kalkulationswerte für waagerechte V-Nähte

Blechdicke s in mm		4	5	6	7	8	9	10	11	12	13	14	15	16	17	18	19	20
Effektives Elektrodengewicht je m Schweißnahtlänge (Stahlgewicht) in kg		0,13	0,19	0,26	0,34	0,43	0,53	0,65	0,79	0,95	1,13	1,32	1,52	1,73	1,95	2,18	2,42	2,67
Elektrodenzahl je m Schweißnahtlänge bei	4 Ø	2,9	4,3	5,9	7,7	9,7	11,9	14,6	17,8	21,5	25,6	30	35	39	45	50	55	61
	5 Ø	1,9	2,8	3,8	4,9	6,2	7,7	9,4	11,5	13,8	16,	19,2	22,1	25,1	28,3	32	35	39
	6 Ø	1,3	1,9	2,6	3,4	4,3	5,3	6,5	7,9	9,5	11,3	13,2	15,2	17,3	19,5	21,8	24,2	26,7
Reine Abschmelzzeit je m Schweißnahtlänge in min bei	4 Ø	8	10	13	16	20	24	28	32	37	42	48	55	63	72	81	90	100
	5 Ø	—	—	—	—	17	20	23	26	29	33	37	42	47	53	60	67	74
	6 Ø	—	—	—	—	—	—	19	22	24	27	30	33	37	42	47	52	58
Reine Schweißzeit (einschl Elektrodenwechsel) je m Schweißnahtlänge in min bei	4 Ø	10	13	16	20	24	28	33	38	45	52	59	67	76	86	97	108	119
	5 Ø	—	—	—	—	19	22	26	30	34	38	43	49	55	62	70	78	87
	6 Ø	—	—	—	—	—	—	21	24	27	30	34	38	43	48	54	61	68
Aufgenommene elektr Energie je m Schweißnahtlänge in kWh bei	Wechselstrom, umhüllte Elektrode	0,7	0,9	1,2	1,5	1,8	2,1	2,5	2,9	3,3	3,8	4,4	5,1	5,8	6,5	7,2	8,0	8,8
	Gleichstrom, nackte Elektrode	0,9	1,2	1,6	2,0	2,4	2,8	3,3	3,8	4,3	4,9	5,6	6,3	7,2	8,1	9,0	10,0	11,1
	Gleichstrom, umhüllte Elektrode	1,2	1,6	2,0	2,5	3,0	3,6	4,2	4,8	5,5	6,3	7,1	8,0	9,1	10,2	11,3	12,5	13,8

Tafel 8. Kalkulationswerte für waagerechte X-Nähte

Blechdicke s in mm		10	12	14	16	18	20	22	24	26	28	30	32	34	36	38	40
Effektives Elektrodengewicht je m Schweißnahtlänge (Stahlgewicht) in kg		0,38	0,53	0,71	0,93	1,18	1,45	1,75	2,08	2,44	2,84	3,27	3,72	4,19	4,68	5,19	5,72
Elektrodenzahl je m Schweißnahtlänge bei	4 ∅	8,6	12,0	16,1	20,9	26,4	33	40	47	55	64	74	84	95	106	118	130
	5 ∅	5,5	7,7	10,4	13,6	17,2	21,1	25,4	30	35	41	47	54	61	68	75	83
	6 ∅	3,8	5,3	7,1	9,3	11,8	14,5	17,5	20,8	24,4	28,4	33	37	42	47	52	57
Reine Abschmelzzeit je m Schweißnahtlänge in min bei	4 ∅	20	24	31	38	46	55	65	77	90	105	121	138	156	175	195	215
	5 ∅	16	20	24	29	35	41	48	57	67	78	89	101	114	128	142	157
	6 ∅	—	15	19	23	28	33	39	46	54	63	72	82	92	103	114	126
Reine Schweißzeit (einschl Elektrodenwechsel) je m Schweißnahtlänge in min bei	4 ∅	24	31	38	46	55	66	78	92	108	126	144	164	186	208	231	257
	5 ∅	18	23	29	35	42	49	57	67	78	91	104	119	135	151	168	187
	6 ∅	—	19	22	27	32	37	44	53	63	73	83	94	106	118	131	145
Aufgenommene elektr. Energie je m Schweißnahtlänge in kWh bei	Wechselstrom, umhüllte Elektrode	1,9	2,3	2,7	3,2	3,9	4,8	5,7	6,8	8,0	9,3	10,7	12,1	13,7	15,3	17,1	18,9
	Gleichstrom, nackte Elektrode	2,4	2,9	3,6	4,4	5,2	6,2	7,4	8,7	10,2	11,8	13,5	15,3	17,3	19,3	21,5	23,7
	Gleichstrom, umhüllte Elektrode	2,9	3,6	4,4	5,3	6,4	7,8	9,3	10,9	12,7	14,7	16,8	19,0	21,5	24,1	26,9	29,8

2. Überschlägige Kostenberechnung

Bei Überschlagsrechnungen geht man zweckmäßig von der benötigten Elektrodenmenge aus. Damit können Arbeitszeit und Stromkosten angenähert berechnet werden.

Die Längen l der verschiedenen Schweißnähte des Werkstückes werden aus der Zeichnung entnommen oder abgeschätzt. Die Schweißnahtquerschnitte q werden aus Zahlentafeln oder Schaubildern nach Bild 168 (S. 208) abgelesen. Das für die betreffende Schweißnahtform und -dicke benötigte Elektrodengewicht ergibt sich zu:

$$G = 10{,}6 \cdot q \cdot l \approx 10 \cdot q \cdot l \quad \text{in g.}$$

Hierin ist q in mm^2 und l in m einzusetzen.

Man kann das benötigte Elektrodengewicht in Prozent des Werkstückgewichtes ausdrücken und kann von ausgeführten Arbeiten auf ähnliche Werkstücke schließen. Durch langjährige Erfahrungen können so Kalkulationsunterlagen zusammengetragen werden, die schnelle und genügend genaue Überschlagsrechnungen ermöglichen. Das Elektrodengewicht beträgt in Prozent des Werkstückgewichtes:

Bei Eisenkonstruktionen und Brücken etwa 0,6 bis 2 %,

im Maschinenbau gewöhnlich etwa 1,3 bis 4 %,

in besonders ungünstigen Fällen im Maschinenbau bis 6,5 %.

Nach Berechnung oder Schätzung der benötigten Elektrodenmenge werden die Elektrodendurchmesser festgelegt. Bei nicht zu dünnwandigen Werkstücken wird oft nur ein Durchmesser gebraucht, z. B. 5 mm. Nur zum Vorschweißen der Wurzellagen werden teilweise dünnere Elektroden von z. B. 4 mm ⌀ verwendet. Man schätzt ab, wieviel Prozent des gesamten Elektrodengewichts etwa aus dünneren bestehen, und berechnet die benötigte Anzahl. Mit den Stückpreisen liegen die Elektrodenkosten fest.

Die Zahl der Elektroden bestimmten Durchmessers, die in der Stunde verschweißt werden, bewegt sich bei ähnlichen Werkstücken ungefähr in gleicher Höhe. Sie ist von der Art der Arbeit, der Elektrodensorte und vom Durchmesser abhängig. Als Höchstzahl kann man etwa 18 bis 26 Stück ansetzen. Die Zahl kann in ungünstigen Fällen bis auf 5 Stück heruntergehen. Welchen Wert man jeweils einzusetzen hat, ist Erfahrungssache. Jeder Schweißingenieur und Meister bildet sich im Laufe der Zeit ein Urteil, wieviel Elektroden bei einer bestimmten Schweißarbeit in der Stunde verschweißt werden. Durch Aufschreiben der in den Betrieben ermittelten Werte können Unterlagen für recht genaue Schätzungen zusammengetragen werden.

Die *Arbeitszeit* ergibt sich aus dem Verhältnis: gesamte Elektrodenzahl geteilt durch die Zahl der in einer Stunde verarbeiteten Elektroden.

Es handelt sich dabei nicht um die reine Abschmelzzeit, die sich leicht genau ermitteln ließe, sondern um die gesamte Arbeitszeit des Schweißers. Voraussetzung ist, daß man stets mit der gleichen oder einer ähnlichen Elektrodensorte sowie mit ungefähr gleicher Stromstärke arbeitet. Die Nebenzeiten sind bei ähnlichen Werkstücken ungefähr gleich.

Auch die *Stromkosten* können erfahrungsgemäß auf das verschweißte Elektrodengewicht (Stahlgewicht) bezogen werden. Der Bedarf an elektrischer Energie bewegt sich zwischen 3 und 6 kWh je Kilogramm Elektrodengewicht und beträgt im Mittel etwa 4,5 kWh. In Ausnahmefällen kann er bis 8 kWh je Kilogramm Elektrodengewicht ansteigen. Er ist von der Elektrodensorte und von den Eigenschaften der Schweißmaschine (Wirkungsgrad und Leerlaufverluste) abhängig. Umspanner verbrauchen weniger Strom als Umformer. Für nackte Elektroden sind die Stromkosten etwas geringer als für dick umhüllte. Bei hohen Leerlaufverlusten ergibt eine kleinere Einschaltdauer höhere Energiekosten als eine größere. Alle diese Faktoren liegen jedoch bei einer bestimmten Werkstatt für öfter wiederkehrende, ähnliche Arbeiten ziemlich fest. Der durch Nachkalkulation gewonnene Erfahrungswert kann der Rechnung zugrunde gelegt werden. Praktische Erfahrungen sind unerläßlich, um derartige Überschlagsrechnungen anzustellen, die dann jedoch befriedigend genau werden.

XI. SCHWEISSEN VON GUSSEISEN [289])

In der Neufertigung gußeiserner Werkstücke spielt die Schweißtechnik keine Rolle, sondern nur für Wiederherstellungsarbeiten. Hierfür wird das Schweißen in vielen Fällen mit bestem Erfolg eingesetzt. Die Wiederherstellung gebrochener Gußstücke ist in kurzer Zeit möglich im Vergleich zur Neubeschaffung, die unter Umständen sehr lange dauern kann. Längere Betriebsunterbrechungen werden dadurch vermieden und bedeutende Ersparnisse erzielt. Meistens können Neubeschaffungen durch das Schweißen ganz vermieden werden.

Zwei verschiedene Schweißverfahren sind beim Gußeisen möglich: Kaltschweißung und Warmschweißung. Die Kaltschweißung kann bei unzweckmäßigem Vorgehen zu minderwertigen Ergebnissen führen; sie ergibt stets ein inhomogenes Gefüge. Die Warmschweißung ist im Hinblick auf die Güte zu bevorzugen, sie ist jedoch bei größeren Werkstücken verhältnismäßig umständlich und teuer.

1. Zusammensetzung und Eigenschaften des Gußeisens

Gußeisen wird durch Umschmelzen von Roheisen im Gießereischachtofen (Kupolofen) hergestellt und in Formen vergossen. Es hat einen wesentlich höheren Gehalt an Kohlenstoff und zum Teil auch an den anderen Eisenbegleitern, besonders an Silizium, als Stahl. Die Art, in welcher der Kohlenstoff vorkommt, bestimmt die Eigenschaften des Gußeisens. Er kann chemisch an einen Teil des Eisens zu Eisenkarbid (Fe_3C) gebunden sein oder als freier Graphit vorkommen. Weißes Gußeisen enthält Eisenkarbid. Die Bruchfläche erscheint hell. Es ist hart und schwer bearbeitbar. Die Härte beträgt 500 bis 600 Brinell-Einheiten (S. 252). Weißes Gußeisen wird für Walzen und als Hartguß verwendet. Es dient ferner als Ausgangswerkstoff für Temperguß.

Graues Gußeisen hat eine graue Bruchfläche, deren Farbe von den eingelagerten Graphitteilchen herrührt. Es ist weich und leicht bearbeitbar. Für gewöhnliche Zwecke erstrebt man das Ausscheiden des Kohlenstoffs als Graphit und erhält damit Grauguß. Die Festigkeit wird durch den eingelagerten Graphit herabgesetzt, und zwar um so mehr, je gröber die Verteilung ist. Die Zugfestigkeit von gewöhnlichem Grauguß ist gering und beträgt etwa 12 bis 18 kg/mm². Maschinenguß mit höheren Anforderungen, z. B. Zylinderguß, erreicht höhere Werte, bis über 30 kg/mm², und darf je nach Qualität bestimmte Grenzen nicht unterschreiten. Die verschiedenen Gütegruppen sind in DIN 1691 genormt. Die Druckfestigkeit des Gußeisens ist gut und beträgt mehr als 70 kg/mm². Die Härte liegt zwischen 150 und 230 Brinell-Einheiten. In bezug auf das Schweißen wirkt sich der Graphit als ungünstige Einlagerung aus.

Die Ausscheidung des Kohlenstoffs im Gußeisen wird durch Abkühlungsgeschwindigkeit und Eisenbegleiter bestimmt. Große Abkühlungsgeschwindigkeit ergibt weißes Gußeisen, da der Kohlenstoff gebunden bleibt. Langsame Abkühlung führt zur Graphitausscheidung und damit zu weichem Grauguß. Einen wesentlichen Einfluß auf die Abkühlungsgeschwindigkeit hat die Wanddicke der Werkstücke. Je dünner die Teile sind, um so schneller kühlen sie ab. Silizium fördert die Graphitausscheidung und ist darum meistens in etwas größerer Menge im Grauguß enthalten. Mangan wirkt der Graphitausscheidung entgegen und wird deshalb dickwandigen Stücken zugesetzt, um zu verhindern, daß die Graphitteilchen zu stark anwachsen. Perlitguß hat ein perlitisches Grundgefüge mit fein verteilten Graphitblättchen. Eine Veredlung des Gußeisens durch Legierungszusätze ist möglich. Zu erwähnen ist das austenitische Gußeisen, dessen Gefüge aus Austenit und Graphit besteht.

2. Kaltschweißung

Bei der Kaltschweißung wird das Werkstück nicht vorgewärmt. Geschweißt wird in der Regel mit dem Metallichtbogen, und zwar verwendet man als Elektroden Stahldraht und in Sonderfällen Monelmetall, eine Naturlegierung aus rund $^2/_3$ Nickel und $^1/_3$ Kupfer. Gußeisen kann ohne weiteres als Zusatzstoff nicht genommen werden, weil die Elektroden bereits in großen Tropfen abfließen, bevor die Schweißstelle aufgeschmolzen ist. In einigen Fällen wurden jedoch auch mit Gußeisenelektroden Erfolge erzielt.

Wichtigste Forderung ist gute Bindung zwischen den beiden Werkstoffen Stahl und Gußeisen. Bei weißem Gußeisen gelingt diese Bindung meistens befriedigend, schwieriger ist es bei Grauguß. Je gröber die Graphitverteilung ist, desto schlechter wird die Bindung. Es gibt Gußeisen, das als nicht schweißbar bezeichnet werden muß. Hierzu gehört Grauguß, der längere Zeit überhitztem Dampf, Feuergasen oder Öl ausgesetzt war. Der Schweißwerkstoff perlt und haftet zusammenhanglos in Form kleiner Kügelchen an der Schweißstelle. In solchen Fällen kann unter Umständen das Löten noch zum Erfolg führen. Bei versandetem Guß hat sich das Silizium mehr oder weniger mit Sauerstoff zu SiO_2 (Kieselsäure) verbunden. Die Graphitadern sind zum Teil herausgewaschen oder herausgebrannt. Dünnwandige Stücke lassen sich meistens am besten schweißen, weil der Graphit durch schnellere Abkühlung feiner verteilt ist. Es kommt dabei auch auf die Eisenbegleiter an. Der erfahrene Fachmann kann vom Aussehen der Bruchfläche Rückschlüsse auf die Schweißbarkeit ziehen. Am sichersten ist die Durchführung einer praktischen Schweißprobe. Auf eine gut gereinigte Fläche des Werkstückes wird eine Raupe aufgeschweißt. Beobachtet wird, wie die aufgetragene Raupe mit dem Grundwerkstoff bindet.

Beim Schweißen mit Stahlelektroden tritt im Übergang eine Vermischung von Gußeisen und Stahl ein. Im Grenzbereich entsteht ein Werkstoff mit zunehmendem Kohlenstoffgehalt in Richtung zum Baustoff. Das Gußeisen in unmittelbarer Nähe der Schweißnaht erstarrt infolge der schroffen Abkühlung zu weißem Gußeisen. Der Kohlenstoff wird als Zementit gebunden. Unmittelbar benachbart befindet sich Stahl mit hohem Kohlenstoffgehalt, der durch die schroffe Abkühlung abgeschreckt und hart wird. Bild 177 stellt die Verhältnisse schematisch dar. Die einzelnen Zonen gehen ineinander über. Die Schweiße selbst besteht aus weichem Stahl. — Auf diese Weise entsteht eine harte und spröde Übergangszone, die nicht mit spanabhebenden

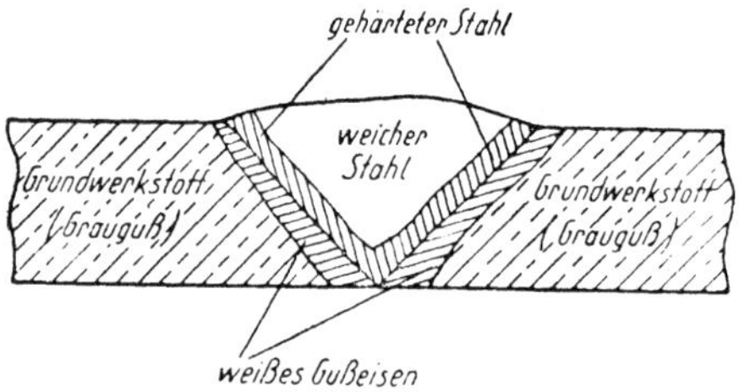

Bild 177. Zonen bei der Gußeisenkaltschweißung mit Stahlelektroden

den Werkzeugen bearbeitet werden kann. Kaltschweißung mit Stahlelektroden ergibt unbearbeitbare Schweißnähte. Wird in möglichst dünnen Lagen geschweißt, so wird die Übergangsbildung auf ein schmales Gebiet begrenzt. Durch das wiederholte Ausglühen wird außerdem die Härte gemildert, dafür werden jedoch die Spannungen erhöht.

Soll die Schweiße spanabhebend bearbeitet werden, so müssen Monelelektroden gewählt werden. Monel ist sehr weich und bindet im allgemeinen gut mit Gußeisen. Die Bildung einer harten Übergangsschicht wird vermieden. Die entstehenden Spannungen werden abgebaut. Da Nickel und Kupfer stark devisenbelastet sind, ist die Verwendung von Monelelektroden auf die Fälle zu beschränken, wo eine andere Lösung nicht möglich ist. Um auch hierbei Monel zu sparen, wird es nur an den Stellen verwendet, wo die Bearbeitbarkeit gewährleistet sein muß, Bild 178. — An Stellen, wo eine gewisse Härtesteigerung in der Übergangszone in Kauf genommen werden kann, sind austenitische Austauschelektroden zu verwenden [290]).

Die Lichtbogenschweißung mit Monelelektroden stellt einen Übergang zum Löten dar. Es ist jedoch üblich, auch hier von Schweißen zu sprechen.

Die größte Schwierigkeit beim Schweißen liegt in der Sprödigkeit und Rißempfindlichkeit des Gußeisens. Örtliche Erhitzungen, die mit dem Schweißen zwangläufig verbunden sind, führen zu Ausdehnungen der Erhitzungsstelle und zu Spannungen in der Umgebung. Wegen der geringen Dehnung des Gußeisens besteht dauernd Gefahr, daß in der Nähe der Schweißstelle oder auch in größerer Entfernung Risse

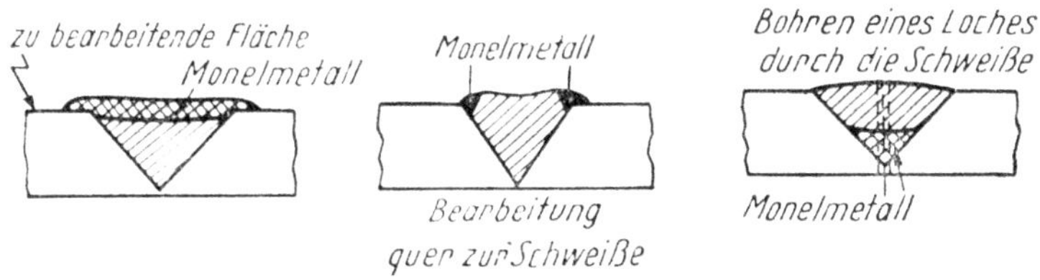

Bild 178. Gußeisenkaltschweißung unter Einsparen von Monelmetall

und Brüche auftreten. Die Wärmeentwicklung muß deshalb klein gehalten und so weit wie möglich örtlich begrenzt werden.

Die Wärmeausdehnungszahl des Stahles ist fast doppelt so groß wie die des Gußeisens. Die Schweißnaht aus Stahl will sich daher bei der Erstarrung um das doppelte Maß wie das umgebende Gußeisen zusammenziehen. Der dadurch bedingte Spannungszustand stellt eine weitere Gefahr bei dem spröden Werkstoff dar. Die Gefahr ist um so größer, je länger die Schweißnaht ist. Es kann vorkommen, besonders

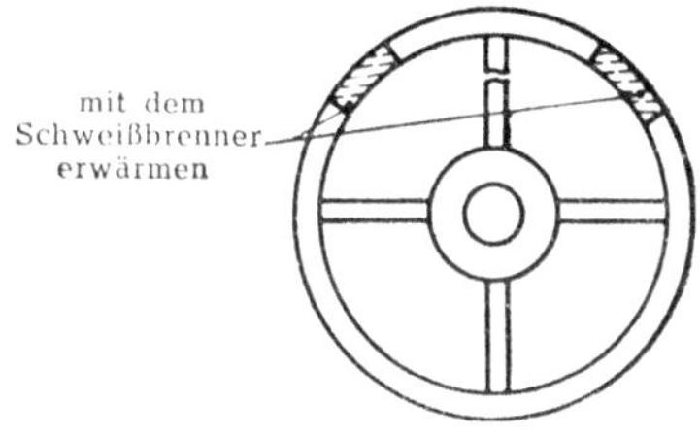

Bild 179. Schweißen der Speiche eines gußeisernen Rades

wenn mehrere Lagen unmittelbar nacheinander geschweißt worden sind, daß sich das eingeschmolzene Schweißgut vom Grundwerkstoff ablöst.

Diese Schwierigkeiten sucht man in erster Linie dadurch zu überwinden, daß man nur kleine Längen schweißt und sie gut abkühlen läßt, bevor weitergeschweißt wird. Die Wärmezufuhr darf niemals so groß werden, daß das Werkstück in einer Entfernung von etwa 100 mm von der Schweißnaht nicht mehr mit der Hand berührt werden kann. Die örtliche Erhitzung und die Schrumpfung müssen auf einem Kleinstwert gehalten werden.

Verwickeltere Gußstücke erfordern besondere Maßnahmen, wovon Bild 179 ein Beispiel zeigt. Würde man die Bruchstelle an der Speiche des gußeisernen Rades ohne weiteres schweißen, so würde durch die Schrumpfspannung beim Erkalten wahrscheinlich ein neuer Bruch an der Schweißstelle oder in der Nähe eintreten. Um das zu vermeiden, wird vor dem Schweißen das Rad an den bezeichneten Stellen mit einem Schweißbrenner erwärmt. Der Körper dehnt sich aus, der Riß öffnet sich. Nach dem Schweißen wird die Schrumpfung der Schweißstelle durch die Schrumpfung des Ringteiles unterstützt.

Risse in Gußkörpern werden an ihren Endpunkten zunächst abgebohrt. Dadurch wird verhindert, daß der Riß während oder nach der Schweißung weiter vordringt. Dann wird die Rißstelle auf ihrer ganzen Länge bis auf den Grund ausgekreuzt und vorsichtig schrittweise oder sprungweise geschweißt. Leicht entsteht ein neuer Riß

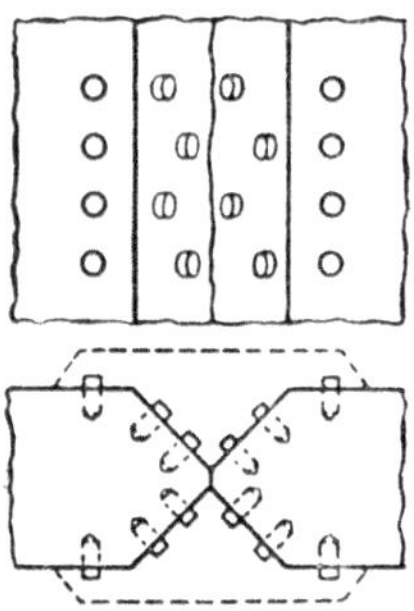

Bild 180. Stiftschweißung

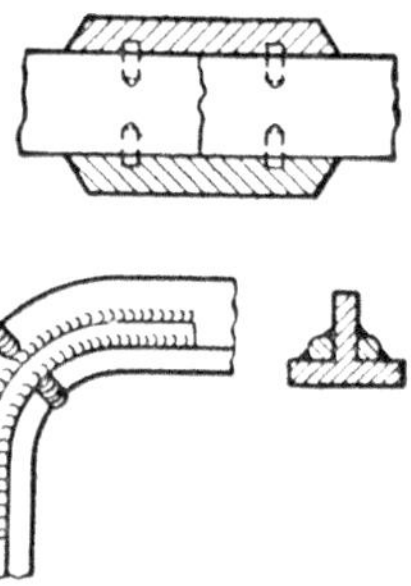

Bild 181. Verstärkungsmaßnahmen bei der Gußeisenkaltschweißung

neben dem ausgebesserten. Schweißnähte aus Monelmetall kann man während der Abkühlung leicht hämmern. Sie geben den Schrumpfkräften besser nach.

Die schwächste Stelle bei der Gußeisenkaltschweißung ist stets die Bindefläche zwischen Schweiße und Grundwerkstoff. Um diese Fläche zu vergrößern, wird der Fugenwinkel oft größer als bei der Stahlschweißung ausgeführt. Durch Aufspritzen von Kupfer auf die Schweißfugenflanken kann die Bindung verbessert werden[291]). Die Schweißnaht wird häufig stärker überhöht als bei Stahl.

Um die Bindung zu verstärken, wird auch die Stiftschweißung herangezogen, Bild 180. Stiftschrauben sollen das Schweißgut im Grundwerkstoff verankern. Man bohrt in die Schweißkanten Löcher, schneidet Gewinde und schraubt passende Stiftschrauben ein, deren Köpfe entsprechend abgefeilt werden. Es werden dann zunächst Raupen um jede Schraube geschweißt, darauf die abgeschrägten Flächen mit

Schweißgut bedeckt und schließlich die ganze Fuge vollgefüllt. Streng muß darauf geachtet werden, daß man nicht die Schraubenenenden abschmilzt, ohne feste Bindung zwischen ihnen und dem Schweißgut zu erzielen. Zu beachten ist, wie bei jeder Gußeisenkaltschweißung, daß das Werkstück nicht zu warm wird.

Zur Verstärkung der Schweißnaht können besondere Anordnungen vorgesehen werden, wovon Bild 181 zwei Beispiele zeigt. Alle diese Maßnahmen sind als Notbehelf anzusehen. Vom Standpunkt des Schweißtechnikers haben sie etwas Unbefriedigendes an sich. In der Praxis haben sich diese Wiederherstellungsarbeiten zum Teil sehr gut bewährt und bedeutende Ersparnisse erzielt [292]).

Die Kaltschweißung wird ferner angewendet zum Ausbessern von Gußfehlern, Löchern und Poren in der Oberfläche von Gußkörpern. Hierzu genügen meist gewöhnliche Stahlelektroden. Die Schweißstellen werden abgeschliffen und geglättet. — Es können auch Werkstücke aus Gußeisen und Stahl miteinander verschweißt werden.

Auch T e m p e r g u ß kann mit dem Lichtbogen geschweißt werden, wobei schwarzer Temperguß wesentlich schlechter schweißbar ist als weißer. Die Schweißbarkeit nimmt mit dem Grade der Schmiedbarkeit zu. Zur Schweißung dienen im allgemeinen Stahlelektroden mit Sonderummantelung. Auch Schwarzkernguß kann hiermit geschweißt werden. Elektrodendurchmesser und Schweißstromstärke werden möglichst niedrig gewählt, damit die Schweißhitze nicht bis in die nicht entkohlten Schichten vordringt und hier harte Stellen erzeugt [293]). Auch der Kohlelichtbogen wird zum Schweißen von Temperguß herangezogen.

3. Warmschweißung [294, 295])

Bei der Warmschweißung werden die zu schweißenden Teile in Vorwärmöfen oder Gruben auf D u n k e l r o t g l u t (500^0 bis 700^0) langsam vorgewärmt und in diesem Zustande mit Gußeisenstäben verschweißt. Die Erwärmung muß langsam und gleichmäßig eintreten. Sie wird häufig in einer Sandgrube mit Holzkohlenfeuer ausgeführt. Die zu schweißenden Stellen werden vorher ausgekreuzt und mit Formkohleplatten eingeformt, so daß das Schweißbad seitlich begrenzt wird. Die Schweißnaht liegt stets waagerecht.

Die Schweißarbeit wird am rotglühenden Werkstück mit dem Metalllichtbogen ausgeführt. Auch der Kohlelichtbogen wird gelegentlich herangezogen. Erhebliche Stromstärken von 750 A und darüber, je nach Elektrodendurchmesser, werden benötigt. Geschweißt wird mit Gleichstrom, wobei die Elektrode an den Pluspol angeschlossen wird. Die Spannung beträgt 50 bis 70 V. Verwendet werden Gußeisenstäbe bis zu 25 mm ϕ.

Der Lichtbogen wird längs der Fugenkanten geführt, damit sie gut aufschmelzen. Das Schmelzbad wird bis zum Schluß der Schweißarbeit im ganzen flüssig gehalten. Lange Schweißnähte werden beim Einformen in einzelne Abschnitte unterteilt.

Größere Arbeiten werden von mehreren Schweißern ausgeführt, die einander ablösen. Gegen die strahlende Wärme müssen die Leute geschützt werden. Das Werkstück wird so weit abgedeckt, daß nur die Schweißstelle freiliegt. Nach dem Schweißen wird auch die Arbeitsstelle abgedeckt. Das Werkstück läßt man sehr langsam und gleichmäßig erkalten, am besten in dazu geeigneten Formgruben.

Die Anforderungen an die Gußeisenschweißstäbe sind festgelegt in dem Normblatt DIN E 2301 „Zusatzwerkstoffe für Lichtbogen- und Gasschweißung der Sorten Ge 12.91 bis Ge 22.91 [296]). Für die chemische Zusammensetzung werden Grenzwerte angegeben. Der hohe Si-Gehalt von 3 % bis 3,8 % gewährleistet auch unter Berücksichtigung des Abbrandes, daß es beim Erkalten der Schweiße zu einer ausreichenden Graphitausscheidung kommt. Auch von der Reichsbahn wurden „Technische Lieferbedingungen für gußeiserne Schweißstäbe" aufgestellt [297]).

Zwei Vorteile werden durch die Warmschweißung erreicht. Durch die langsame Abkühlung scheidet sich der Kohlenstoff als Graphit aus. Die Schweiße hat das gleiche Gefüge wie das Werkstück, sie ist weich und gut bearbeitbar. Eine homogene und hochwertige Schweißverbindung ist das Ergebnis. Ferner ist die Schweißnaht infolge der langsamen und gleichmäßigen Abkühlung frei von Schrumpfspannungen. Bei Dunkelrotglut lösen sich innere Spannungen aus. Rißgefahr wird bei sachgemäßer Ausführung vermieden.

Bei der Halbwarmschweißung wird das Werkstück vorgewärmt, jedoch nur örtlich oder auf nicht so hohe Temperaturen (100^0 bis 400^0). Gegebenenfalls werden Zwischenerwärmungen vorgenommen.

XII. SCHWEISSEN VON NICHTEISENMETALLEN

Bis vor wenigen Jahren wurde die Schmelzschweißung der Nichteisenmetalle ausschließlich von der Gasschmelzschweißung beherrscht. Dem Bestreben, auch dieses Gebiet für die Lichtbogenschweißung zu erobern, stellten sich anfangs erhebliche Schwierigkeiten entgegen, die aber durch planvolle Forschungsarbeit überwunden wurden. Von den Schwermetallen wird heute Kupfer teilweise elektrisch geschweißt, und auch die Metallichtbogenschweißung des Aluminiums und einer großen Zahl seiner Legierungen ist mit Erfolg in die Fertigung eingeführt worden.

1. Kupfer und Kupferlegierungen [298–300]

Kupfer ist wegen seiner guten Leitfähigkeit des elektrischen Stromes das wichtigste Metall der Elektrotechnik. Auch für viele andere Zwecke ist es ein hervorragend geeigneter Baustoff. Nach dem Reinheitsgrad wird Kupfer in mehrere Gruppen eingeteilt (DIN 1708). Entsprechend dem Herstellungsverfahren unterscheidet man Hüttenkupfer und Elektrolytkupfer. Die Festigkeit liegt zwischen 20 und 28 kg/mm^2, kann aber durch Kaltbearbeitung wesentlich gesteigert werden. Härtbar im Sinne der Stahlhärtung ist Kupfer nicht. Das Formänderungsvermögen ist sehr gut.

Die schweißtechnischen Schwierigkeiten werden durch folgende Tatsachen verursacht: Das außerordentlich hohe Wärmeleitvermögen setzt starke Wärmezufuhr voraus, damit die Schweißtemperatur erreicht wird. Größere Werkstücke müssen deshalb vorgewärmt werden. Geringe Beimengungen, die im Hüttenkupfer stets vorhanden sind, verschlechtern die Schweißbarkeit erheblich. Besonders ungünstig wirken sich Blei und Wismut aus. Die größte Schwierigkeit besteht darin, daß Kupfer im flüssigen Zustande begierig Gase aufnimmt. Im günstigsten Falle werden die Gase bei der Erstarrung unter Schäumen wieder abgegeben, wodurch die Schweiße porös werden kann. Aufgenommener Sauerstoff verbindet sich mit dem Kupfer zu Kupferoxyd und Kupferoxydul, die den Werkstoff brüchig machen.

Die Lichtbogenschweißung mit gewöhnlichen Kupfer- oder Bronzeelektroden befriedigt bei Verbindungsschweißungen nicht immer. Der Grundwerkstoff wird oft nicht genügend aufgeschmolzen. Der verflüssigte Werkstoff füllt die Schweißfuge aus, ohne zu binden. Die starke Porösität läßt sich durch Warmhämmern beseitigen. Für Auftragschweißungen werden Bronzeelektroden mit gutem Erfolg verwendet. Nachteilig ist die geringere Korrosionsbeständigkeit der Auftragschicht bei zinnreichen Bronzen.

Bessere Ergebnisse werden mit dem Kohlelichtbogen erzielt. Dieses Verfahren ist für Sonderzwecke, z. B. für Bördelschweißung, teilweise im Auslande im Gebrauch. Die Kohleelektrode brennt verhältnismäßig langsam ab. Auch bei dünnem Blech werden ziemlich dicke Elektroden (> 12 mm ∅) und hohe Stromstärken benötigt. Der Lichtbogen soll nicht zu kurz gehalten werden. Als Zusatz wird ein legierter Kupferdraht verwendet. Zweckmäßig ist die Zugabe eines Schweißpulvers, z. B. Borax. Auf eine Vorwärmung des Werkstückes kann nicht verzichtet werden. — Auch das Arcatomverfahren ist für die Kupferschweißung mit gutem Erfolg in Gebrauch.

Zur Metallichtbogenschweißung von Kupfer wurde eine neuartige Elektrode, die Schlauchelektrode von Lessel, entwickelt [301, 302]). Sie ist in Bild 182 im Schnitt dargestellt. Die Umhüllung besteht aus mehreren Schichten. Die äußerste Schicht schmilzt

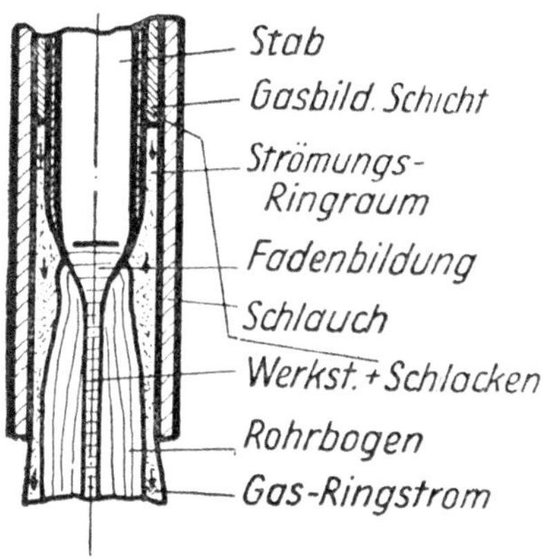

Bild 182. Die Schlauchelektrode von *Lessel*

langsamer als die eigentliche Elektrode ab und bildet einen Schlauch, in dessen Innerem der Lichtbogen brennt. Die mittlere Schicht sondert bei der Erhitzung eine große Menge eines spezifisch leichten Gases ab, das von Kupfer nicht aufgenommen wird. Diese Schicht verbrennt bereits etwa 10 mm oberhalb des Elektrodenendes, so daß sich ein ringförmiger Strömungshohlraum bildet. Die Innenwand des Schlauches richtet und leitet den Ringstrom, damit er auch außerhalb seine Richtung beibehält. Dadurch wird der flüssige Werkstoff am Stabende zur Mitte gedrängt. Es wird eine ringdüsenartige Wirkung auf den Lichtbogen und den Zusatzstoff ausgeübt. Der Lichtbogen hat eine fast zylindrische, hohle Form im Gegensatz zum gewöhnlichen Lichtbogen, der sich nach unten stark verbreitert. Durch die neuartige Form des „Rohrlichtbogens", der durch die Schlauchelektrode entsteht, wird der Werkstoffübergang in Gestalt eines Flüssigkeitsfadens ermöglicht, der aus Werkstoff und Schlacke besteht und im Hohlraum des Lichtbogens verläuft.

Der wesentliche Fortschritt der Schlauchelektrode besteht darin, daß der Lichtbogen bedeutend länger gehalten werden kann als bei gewöhnlichen Elektroden. Die Spannung erhöht sich dementsprechend, und dadurch wird die Leistung des Lichtbogens im gleichen Verhältnis gesteigert. — Zwei Schweißmaschinen mit geeigneten Kennlinien müssen hintereinander geschaltet werden. Die Schlauchelektrode wird am Pluspol verschweißt. Die zugeführte Wärmemenge wird auf einen Wert gebracht, der es gestattet, der durch die hohe Wärmeleitfähigkeit des Kupfers schnell abfließenden Wärme das Gleichgewicht zu halten und so einwandfreie Schweißarbeit zu gewährleisten. Die in der Zeiteinheit abschmelzende Zusatzstoffmenge erleidet keine wesentliche Änderung. Es tritt eine Wärmeraffung an der Stelle ein, die auf Schweißtemperatur gebracht werden soll, bei Vermeidung stärkerer Wärmeverluste an die Nachbarzonen. Mit der Schlauchelektrode wird außer in Sonderfällen stets kalt geschweißt. Die Schweißung soll nicht unterbrochen, sondern in einem Zuge durchgeführt werden.

Durch willkürliche Änderung der Lichtbogenlänge kann die elektrische Leistung und damit die Wärmezufuhr geregelt und den jeweiligen Verhältnissen im Schmelzbad angepaßt werden. Ein weiterer Vorteil ist, daß der Lichtbogen in jede gewünschte Richtung gelenkt werden kann, da er immer die Achsrichtung der Elektrode beibehält, ohne durch näherliegende Teile des Werkstückes abgelenkt zu werden. Das Schmelzbad kann somit in jeder gewünschten Weise geführt werden. Die Elektrode bedingt eine etwas abweichende Arbeitstechnik, auf die sich der Schweißer einstellen muß. Dünne Bleche müssen in einer geeigneten Vorrichtung so eingespannt werden, daß sie sich nicht verwerfen können. Auch Senkrecht- und Überkopfschweißungen sind möglich. Kehlnähte werden bevorzugt mit dem Lichtbogen geschweißt, da das bei der Gasschmelzschweißung erforderliche Hämmern entfällt.

Der Kupferdraht der Schlauchelektrode enthält einige Prozent Zinn. Die empfindliche Umhüllung ist vor Feuchtigkeit zu schützen. Die Schlauchelektrode hat bereits weitgehend Eingang in die Praxis gefunden und sich betriebsmäßig bewährt [303]). Ein besonderes Anwendungsgebiet ist das Schweißen kupferplattierter Stahlbleche (S. 182). Ferner können durch die Schlauchelektrode Kupfer- und Stahlbleche miteinander verbunden und Kupferauftragungen auf Stahl, Stahlguß und Gußeisen ohne Vorwärmung ausgeführt werden.

Eine Reihe von Kupferlegierungen, wie Bronze (Kupfer—Zinn) und Rotguß (Kupfer—Zinn—Zink), können mit dem Lichtbogen geschweißt werden. Bei Messing (Kupfer—Zink) spielt die Lichtbogenschweißung praktisch keine Rolle, da es kein Mittel gibt, die Zinkverdampfung zu vermeiden. Die entstehenden Zinkdämpfe sind giftig. In Sonderfällen kann eine Schlauchelektrode mit Bronzestab verwendet werden. Wesentlich besser hat sich das Arcatomverfahren mit Sondermessingen als Zusatzdraht bewährt.

Beim Schweißen von Bronze, das mit nackten Bronzeelektroden ausgeführt werden kann, sind besondere Maßregeln zu beachten (kurzer Lichtbogen, tupfende Elektrodenführung). Erschwerend wirkt, daß der Werkstoff in der Wärme seine Festigkeit fast völlig verliert. Die Werkstücke sind deshalb beim Schweißen gut zu unterlegen und dürfen nicht bewegt werden. Bronze wird mit dem Metallichtbogen, dem Kohlelichtbogen und dem Arcatomverfahren geschweißt. Bei Rotguß haben sich die Auftragschweißung mit dem Kohlelichtbogen und die Schlauchelektrode bewährt.

Kupfer-Nickel-Legierungen und Reinnickel können mit dem Metall- und Kohlelichtbogen geschweißt werden. Auch die Arcatomschweißung wird angewandt.

Aluminium-Bronzen nach DIN 1714, Legierungen aus Kupfer mit bis zu 9 % Al, können mit umhüllten Sonderelektroden geschweißt werden. Kurz vor dem Schweißen sind die Schweißkanten mit Schmirgelpapier zu säubern. Für die schwierig durchzuführende Schweißarbeit sind praktische Erfahrungen unerläßlich [304]).

2. Leichtmetalle [305—307])

Die Verwendung des Aluminiums und seiner Legierungen hat in den letzten Jahren einen stürmischen Aufschwung genommen, der auf die vorzüglichen Eigenschaften der Leichtmetalle zurückzuführen ist [308]). Im Vordergrunde stehen das geringe spezifische Gewicht von 2,7 g/cm^3 und die dadurch bedingten niedrigen Gewichte der Werkstücke sowie die leichte Bearbeitbarkeit des Werkstoffes. Die geringe Festigkeit des Aluminiums im geglühten Zustande von 7 bis 11 kg/mm^2 wird durch Kaltbearbeitung erheblich erhöht. Durch Legieren mit geeigneten Bestandteilen und Wärmebehandlung lassen sich Festigkeitswerte erzielen, die den Werten von Baustählen entsprechen. Die Verformungsfähigkeit der Leichtmetalle ist sehr gut. Von großer Bedeutung ist endlich die ausgezeichnete Korrosionsbeständigkeit. Aluminium überzieht sich an der Luft mit einer dünnen, widerstandsfähigen Oxydhaut, die das darunter liegende Metall vor weiteren Angriffen schützt. — Neben den Al-Legierungen gewinnen die Legierungen auf Mg-Basis zunehmende Bedeutung.

Die schweißtechnische Verarbeitung der Leichtmetalle geschah bis vor wenigen Jahren ausschließlich durch die Gasschmelzschweißung. Heute hat auch die Lichtbogenschweißung der Al-Legierungen einen Stand erreicht, der dazu berechtigt, sie in immer größerem Umfange in die praktische Fertigung einzuführen, wo sie sich bereits aufs beste bewährt hat. Bild 183 zeigt einige einfache lichtbogengeschweißte Werkstücke aus Reinaluminium.

Der Hauptvorteil der Lichtbogenschweißung liegt — wie bei der Stahlschweißung — in der Wärmeraffung an der Schweißstelle [309]. Schweißgeschwindigkeit und Wirtschaftlichkeit werden gesteigert. Die durch die Schweißhitze beeinflußten Zonen neben der Schweißnaht sind schmaler als bei der Gasschmelzschweißung, wodurch Festigkeit und Korrosionsbeständigkeit der Schweißverbindung erhöht werden. Schrumpfungen und Verwerfungen sind kleiner. Neben der Stumpfnaht kann auch die Kehlnaht weitgehend angewandt werden.

Die Wärmezufuhr muß beim Schweißen von Aluminium größer als bei der Stahlschweißung sein, da Aluminium ein höheres Wärme-

Bild 183. Mit dem Lichtbogen geschweißte Aluminiumteile

leitvermögen hat [310]. Der Schmelzpunkt liegt mit 658° wesentlich niedriger als der des Stahles mit 1350° bis 1450°. Er geht bei Al-Legierungen bis auf 575° herunter (Silumin). Die Temperatur des Schweißbades braucht deshalb nicht so hoch wie beim Stahl zu sein.

Die Hauptschwierigkeit bei der Aluminiumschweißung besteht in der starken Neigung des Metalls, sich mit Sauerstoff zu verbinden. Durch höhere Temperatur wird die Oxydation gesteigert. Das Oxyd (Tonerde, $Al_2 O_3$), dessen Schmelzpunkt sehr hoch liegt (2050°), kann ohne Hilfsmittel nicht zum Schmelzen gebracht werden. Das Al-Oxyd aufzulösen und damit eine metallische Bindung zu ermöglichen, ist die wichtigste Aufgabe der Elektrodenumhüllung. Wegen der Kürze der Zeit muß sie viel intensiver wirken als das Flußmittel bei der Gasschmelzschweißung. — Vorschriften für die Abnahme von Leichtmetallelektroden in Anlehnung an DIN Vornorm 1913 befinden sich in Arbeit.

Voraussetzung für einwandfreie Schweißarbeit ist, daß die Umhüllung vollkommen trocken ist. Wie Bild 184 zeigt, löst sich die Schlacke bei Verwendung neuzeitlicher Elektroden genau so leicht von der Schweißnaht wie bei Stahlelektroden. Der Unterschied im spezifischen Gewicht von Metall und Schlacke ist kleiner als bei Stahl. Die Gefahr von Schlackeneinschlüssen ist deshalb wesentlich größer.

Neben einer geeigneten Elektrode ist praktische Erfahrung zur Leichtmetallschweißung unerläßlich. Weitaus die besten Ergebnisse werden in waagerechter Lage erzielt. Schweißungen in senkrechter Lage sind zwar auch möglich, aber nicht so hochwertig. Über Kopf kann nicht geschweißt werden. Die Elektrode soll fast senkrecht zur Naht gehalten werden. Der Draht schmilzt im Vergleich zur Stahl-

Bild 184. Ablösen der Schlacke von der Schweißnaht bei der Leichtmetall-Lichtbogenschweißung

schweißung sehr schnell ab. Pendeln ist nicht oder bei breiten Raupen nur in geringem Maße auszuführen, um seitliche Einbrandkerben zu vermeiden. Geschweißt wird die ganze Naht durchgehend, möglichst ohne Unterbrechungen. Vor dem Arbeitsbeginn sind die Schweißkanten durch Schaben oder Bürsten zu säubern.

Bleche bis etwa 7 mm Dicke können ohne Abschrägung in einer Lage verschweißt werden, Bild 185 a. Der Elektrodendurchmesser wird ungefähr gleich der Blechdicke gewählt, nicht kleiner, damit von Beginn des Schweißens an genügend Wärme zugeführt wird. Vielfach hat sich die Verwendung dickerer Elektroden bewährt. Die Stromstärke ist nur wenig geringer als bei der Stahlschweißung. Die Schweißspannung schwankt zwischen 20 und 28 V. Wegen der hohen Abschmelzgeschwindigkeit muß die Elektrode verhältnismäßig schnell vorgezogen werden. Der Lichtbogen soll gleichmäßig und so kurz gehalten werden, daß der sich bildende Zündkrater die Schweißkanten fast berührt [311, 312]). Zweckmäßig werden Unterlagen aus Stahl- oder

Kupferblechen oder auch aus Kohleplatten verwendet, um gutes Durchschweißen ohne Gefahr des Durchbrechens zu gewährleisten.

Bei Blechdicken über etwa 8 mm werden die Kanten vorteilhaft als V- bzw. X-Fuge abgeschrägt. Die Abschrägung wird nicht bis auf den Grund durchgeführt, sondern man läßt Steilkanten von etwa 1/3 Blechdicke stehen, Bild 185 b. Um Schlackeneinschlüsse in der Wurzel zu vermeiden, werden die Bleche stets dicht zusammengelegt. Zwischen den einzelnen Lagen muß die Schlacke durch Hämmern und Bürsten gut entfernt werden. Zu beachten ist die Gefahr der Schrumpfrisse, die bei Leichtmetall sehr ausgeprägt ist. Risse treten besonders leicht beim Überschweißen erkalteter Schweißlagen auf. Für sehr dicke

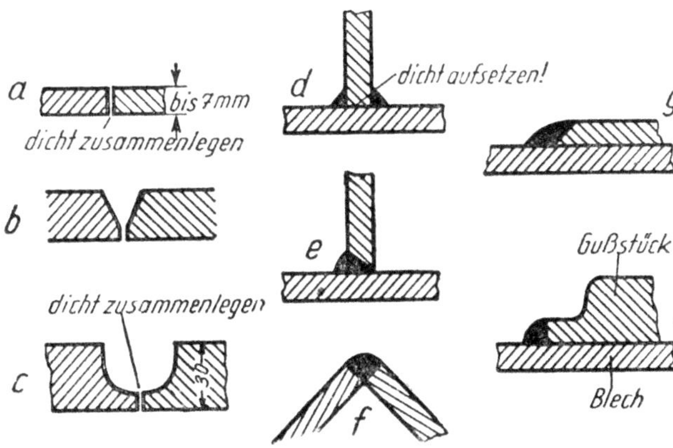

Bild 185. Vorbereitung der Schweißfugen bei der Leichtmetallschweißung

Bleche (> 25 mm) wird zweckmäßig die U-Naht gewählt, Bild 185 c, um das einzuschweißende Volumen nicht zu stark anwachsen zu lassen. Bei Blechen über 10 mm Dicke ist vorzuwärmen, wenn bei der höchstzulässigen Stromstärke das Schmelzbad nicht erzeugt oder aufrecht erhalten werden kann.

Obgleich die Stumpfnaht die günstigste Schweißverbindung darstellt, lassen sich mit dem Lichtbogen auch K e h l n ä h t e einwandfrei herstellen. Sie werden bevorzugt an Stelle der Gasschmelz- durch Lichtbogenschweißung ausgeführt. Das stehende Blech muß auf das liegende dicht aufgesetzt werden, Bild 185 d, damit keine Schlacke in den Spalt eindringt. Man kann das stehende Blech auch abschrägen und die Naht als halbe V-Naht ausführen, Bild 185 e. Um Einbrandkerben zu vermeiden, werden gewöhnliche Kehlnähte zweckmäßig in Wannenlage geschweißt (Bleche unter 45° geneigt). Sehr gut lassen sich Ecknähte als Außenkantenschweißungen herstellen, Bild 185 f. Auch bei Überlapptnähten müssen die Bleche fest aufeinanderliegen. Die Kante kann abgeschrägt werden, um den Einbrand zu verbessern, Bild 185 g. Ungleiche Wanddicken müssen wegen ungleichmäßiger Wärmeableitung vermieden werden, Bild 185 h. Werkstücke mit großen Wanddicken sind mit der Gasflamme vorzuwärmen, da die Wärmezufuhr durch den Lichtbogen zum Aufschmelzen des Grundwerkstoffes wegen seines hohen Wärmeleitvermögens nicht genügt.

Beim Schweißen dünner Bleche ist die Gefahr des Durchbrennens zu beachten. Bis 2 mm Blechdicke herab läßt sich die Lichtbogenschweißung ohne Schwierigkeiten anwenden. Oft wird dabei in den Stromkreis ein kleiner Vorschaltwiderstand ($^1/_4$ bis $^1/_2$ Ω) gelegt, der die Schweißspannung heraufsetzt.

Für die Leichtmetallschweißung wird Gleichstrom dem Wechselstrom vorgezogen. Im allgemeinen wird der Pluspol an die Elektrode gelegt; bei einigen Legierungen (z. B. Hydronalium) wird jedoch umgepolt.

Restlose Entferung aller Schlacken- und Flußmittelreste ist oberstes Gebot, da sonst Korrosionsgefahr besteht. Es geschieht durch Bürsten und durch Beizen mit Natronlauge, Neutralisieren mit verdünnter Salpetersäure und nachfolgendem gründlichen Abspülen mit Wasser.

Durch Hämmern können bei nicht zu dicken Blechen die Gütewerte der Schweißnaht gesteigert werden. Warmhämmern ist dem Kalthämmern wegen besserer Korrosionsbeständigkeit der Schweißnaht vorzuziehen.

Neben Reinaluminium können auch die meisten Legierungen einwandfrei geschweißt werden. Einen Überblick über die verschiedenen Legierungsgattungen geben die Normen DIN 1713 und E 1725. Grundsätzlich wird unterschieden zwischen aushärtbaren und nichtaushärtbaren Legierungen. Die aushärtbaren erhalten durch eine besondere Wärmebehandlung (Abschrecken und Auslagern oder Anlassen) höhere Festigkeit und Härte. Durch den Schweißvorgang wird die Aushärtung aufgehoben. Bei diesen Legierungen, wozu z. B. Duralumin gehört, wird daher meistens auf das Schweißen verzichtet. Kleine Werkstücke, die ohne Schwierigkeit einer neuen Wärmebehandlung unterworfen werden, können geschweißt werden. Dem Wiederaushärten muß eine mechanische Bearbeitung der Schweißnaht durch Warm- und Kalthämmern vorausgehen, um die Gußstruktur in ein aushärtungsfähiges Gefüge zu überführen [313]). Zu beachten sind die bei der Wärmebehandlung entstehenden inneren Spannungen, die zu starken Verwerfungen und unter Umständen zu Spannungsrissen führen. Die Korrosionsbeständigkeit wird durch die beim Schweißen auftretenden Gefügeänderungen der aushärtbaren Legierungen sehr stark herabgesetzt.

Allgemein gilt der Grundsatz, daß der Zusatzstoff möglichst die gleiche chemische Zusammensetzung wie der zu schweißende Grundwerkstoff haben soll [314]), und dies in möglichst hohem Reinheitsgrad, um bei Korrosionsangriffen auf die Schweißverbindung keine elektrolytische Wirkung zu verursachen. In bestimmten Fällen wird von diesem Grundsatz abgewichen. Auch die Umhüllung muß auf die Legierungsgattung abgestimmt sein. Gegenüber dem gleichen Flußmittel, das sich in der Umhüllung befindet, zeigen Reinaluminium, silizium- und magnesiumhaltige Legierungen jeweils verschiedenes Verhalten [315]).

In ähnlicher Weise wie Reinaluminium können folgende Legierungsgattungen geschweißt werden: Al — Mn, Al — Si, Al — Mg und Al — Mg — Mn. Die eutektische Legierung Al — Si (Silumin) ist sehr gut schweißbar. Hierfür können in manchen Fällen sogar nackte Elektroden gleicher Zusammensetzung verwendet werden, umhüllte sind jedoch vorzuziehen. Mit zunehmendem Mg-Gehalt werden bei der Gattung Al — Mg die schweißtechnischen Schwierigkeiten größer. Ein Teil des Magnesiums brennt beim Schweißen heraus. Die Umhüllung muß deshalb bei diesen Legierungen besonders gut auf die schwierigen Verhältnisse abgestimmt sein.

Gußlegierungen eignen sich deshalb gut zum Schweißen, weil auch die Schweißnaht ohne Nachbehandlung Gußgefüge aufweist [316]). Ausbesserungsarbeiten an Leichtmetall-Gußkörpern sind ein dankbares Anwendungsgebiet der Lichtbogenschweißung, wobei zum Teil höhere Festigkeitswerte als mit der Gasschmelzschweißung erzielt werden [317]). Die Teile brauchen oft nicht ausgebaut zu werden.

Nach dem heutigen Stande der Entwicklung ist die Lichtbogenschweißung von Magnesiumlegierungen nicht ohne Einschränkung zu empfehlen. Mit dem Metallichtbogen kann ohne Vorwärmung das Werkstück nicht geschweißt werden, weil die Bindung ungenügend ist [318]). Für Magnesium-Gußlegierungen kann der Kohlelichtbogen ohne Vorwärmung zu Ausbesserungsarbeiten herangezogen werden.

Der Kohlelichtbogen wird auch zum Schweißen von Legierungen auf Al-Basis verwandt, hauptsächlich bei der Ausbesserung von Gußstücken. Die nicht abgeschrägten Kanten werden dicht zusammengelegt oder bei kleiner Wanddicke umgebördelt. Ein der Legierung entsprechendes Flußmittel wird aufgetragen und nichtumhüllter Zusatzsatzdraht verwendet.

Auch das Arcatomverfahren wird für Leichtmetalle mit bestem Erfolg angewendet [319]). Blechdicken bis herunter zu 1 mm können geschweißt werden, in Sonderfällen bei Verwendung einer Einspannvorrichtung bis 0,25 mm.

Auf den Einsatz der selbsttätigen Lichtbogenschweißung für Leichtmetalle wurde bereits früher hingewiesen [320]).

XIII. PRÜFUNG DER WERKSTOFFE UND SCHWEISSVERBINDUNGEN [321, 322])

Die Prüfung der Schweißverbindungen ist von überragender Bedeutung, da die Sicherheit geschweißter Bauwerke und Maschinenteile in hohem Maße von der Zuverlässigkeit der Arbeitsausführung abhängt. Neben dem handwerklichen Können des Schweißers üben die verwendeten Werkstoffe — sowohl Baustoffe als auch Zusatzstoffe — einen entscheidenden Einfluß auf die Güte der Schweißverbindung aus. Die Werkstoffe und die fertigen Schweißverbindungen müssen deshalb einer sorgfältigen Prüfung unterzogen werden.

Die gebräuchlichen Prüfverfahren können in zwei Gruppen eingeteilt werden:

A. Mittelbare Prüfverfahren mit Zerstörung des Werkstückes.

B. Unmittelbare Prüfverfahren ohne Zerstörung des Werkstückes.

Für Schweißverbindungen, im besonderen bei den zerstörenden Prüfverfahren, lassen sich zwei verschiedene Fälle grundsätzlich unterscheiden:

I. Die Schweißverbindung wird geprüft. Schweißnaht, Übergang und Grundwerkstoff werden den gleichen Prüfbedingungen unterworfen.

II. Die Schweißnaht wird geprüft, d. h. derjenige Teil der Schweißverbindung, der beim Schweißen aus verflüssigtem Zusatzstoff entstand.

Im folgenden sollen die Prüfverfahren einer näheren Betrachtung unterzogen werden.

A. Mittelbare Prüfverfahren mit Zerstörung des Werkstückes [323])

1. Der Zugversuch

Aus dem zu prüfenden Werkstoff werden Probestäbe mit meist rundem oder rechteckigem Querschnitt ausgearbeitet. Der Probestab wird in einer Zerreißmaschine zerrissen. Die Höchstlast wird auf den ursprünglichen Querschnitt bezogen und als Bruchspannung σ_B bezeichnet. Die jeweilige Spannung kann während des Versuches in Abhängigkeit von der Dehnung als Schaubild aufgezeichnet werden, Bild 186. Zunächst steigt die Spannung proportional zur Dehnung bis zur Proportionalitätsgrenze. Von einer bestimmten Spannung an wird der Stab stärker gedehnt, wobei die Spannung ungefähr gleich bleibt oder etwas abfällt. Diese Spannung wird als Fließgrenze σ_F (Streckgrenze σ_S) bezeichnet. Bei abfallender Spannung können die untere Streckgrenze σ_u und die obere σ_o unterschieden werden. Mit weiter zunehmender Dehnung steigt infolge Verfestigung des Werkstoffes die Spannung langsam wieder an bis zur Bruchgrenze σ_B.

Beim Zugversuch kann auch das Formänderungsvermögen des Werkstoffes durch Ausmessen der Bruchdehnung bestimmt werden. Über der Meßlänge wird eine Teilung angebracht und nach dem Bruch ausgemessen. Die Verlängerung wird auf die ursprüngliche Meßlänge bezogen und als Dehnung δ bezeichnet. Als Meßlänge ist der fünf- oder zehnfache Durchmesser des Probestabes bzw. des flächengleichen Kreises festgesetzt worden. Es wird somit zwischen δ_5 und δ_{10} unterschieden. — Ein Maß für die Formänderungsfähigkeit ist auch die Querschnittsverminderung (Einschnürung) nach dem Bruch.

Die Vorschriften über den Zugversuch bei Raumtemperatur sind in DIN 1605, Blatt 2, zusammengestellt. Für die Dehnungsmessung werden

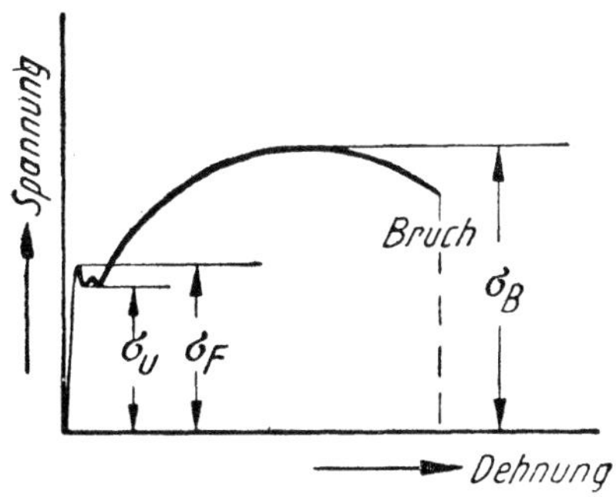

Bild 186. Schaubild eines Zugversuches an Stahl

genaue Anweisungen gegeben. Allgemeines über die Werkstoffprüfung findet sich in DIN 1602 und 1605, Blatt 1. Bleche unter 5 mm Dicke werden dem Zugversuch nach DIN Vornorm DVM A 114 unterworfen. Zur Feststellung der Warmfestigkeit wird der Zugversuch bei höheren Temperaturen durchgeführt.

Die einfachen Verhältnisse des Zugversuches werden verwickelt, wenn es sich um die Prüfung einer Schweißverbindung mit ihren verschiedenen Zonen (Schweiße, Übergang, Baustoff) handelt. Es mußten andere Probestabformen entwickelt werden, die in DIN Vornorm DVM A 120 festgelegt worden sind. Die folgenden Ausführungen sind diesem Normblatt entnommen *).

Allgemeines

1. Grundsätzlich ist zu unterscheiden zwischen der Prüfung der Schweißverbindung und des Schweißgutes.

*) Nachdruck mit Genehmigung des Deutschen Normen-Ausschusses. Verbindlich ist jeweils die neueste Fassung des Normblattes.

Prüfung der Schweißverbindung

2. Für die Beurteilung der Festigkeit einer Schweißnaht ist die Prüfung der Verbindung maßgebend. Der Zerreißstab muß daher so beschaffen sein, daß Schweiße, Übergangszone und Grundwerkstoff der gleichen Beanspruchung ausgesetzt sind. Dieser Forderung entspricht der Zerreißstab nach Bild 1, bei dem die Nahtwulst bis auf die Oberfläche des Stabes abgearbeitet *) worden ist.

Dicke a	10 bis 25	über 25 bis 35	über 35 bis 45
Stablänge l	250	300	350
Versuchslänge L_v	soll gleich Breite der Schweiße b_s + 5 bis 10 mm sein		
b_1	30	35	40
b_2	20	25	40
r	15	20	25

Festgestellt wird die Zugfestigkeit, wobei es gleichgültig ist, ob der Stab in der Schweiße, in der Übergangszone oder im Grundwerkstoff bricht, weil lediglich

Maße in mm

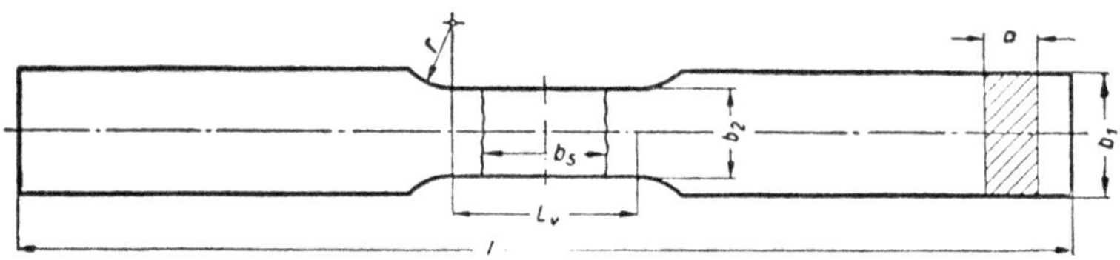

Bild 1

der schwächste Punkt der Verbindung der Berechnung zugrunde gelegt und ermittelt werden soll. Die Form der Schweißnaht ist anzugeben.

Prüfung des Schweißgutes

3. Soll die Zugfestigkeit der Schweiße selbst ermittelt werden, was in Sonderfällen (Prüfung des Zusatzwerkstoffs oder Verfahrensprüfung) erwünscht sein kann, so ist ein Kerbflachstab nach Abschnitt 4 oder ein Rundstab nach Abschnitt 5 zu verwenden.

4. Der Kerbflachstab ist nach Bild 2 auszuführen, wobei die Nahtwulst bis auf die Oberfläche des Stabes abzuarbeiten ist.

Dicke a	6	8	10	12	14	16	18	20
Stablänge l	250	250	250	250	250	250	250	250
b_1	18	24	30	36	42	48	54	60
b_2	12	16	20	24	28	32	36	40
r	18	24	30	36	42	48	54	60

Der Kerbflachstab bricht meist in der Schweiße. Bei Berechnung der Zugfestigkeit wird der geringste Querschnitt zugrunde gelegt. Infolge Einflusses der Stabform (Kerbverfestigung) wird die Zugfestigkeit zu hoch ermittelt, in Sonder-

*) DIN 4100 enthält außerdem einen einfachen glatten Stab ohne Schultern. Die Schweißnaht ist hier nicht abgearbeitet.

fällen bis zu etwa 15 %. Da die Festigkeitssteigerung noch von anderen Einflüssen abhängt, kann die Größe der jeweiligen Erhöhung nicht erkannt werden. Festgestellt wird am Kerbflachstab lediglich die Zugfestigkeit der Schweißnaht, wobei darauf zu achten ist, daß die genannte Festigkeitssteigerung nur eintritt, wenn der Bruch innerhalb der Schweiße liegt. Die Lage des Bruches ist daher anzugeben.

5. Der Rundstab (kurzer Proportionalstab von mindestens $d = 10$ mm, DIN 1605, Blatt 2) wird aus dem Schweißgut einer Naht herausgearbeitet. Er gestattet die

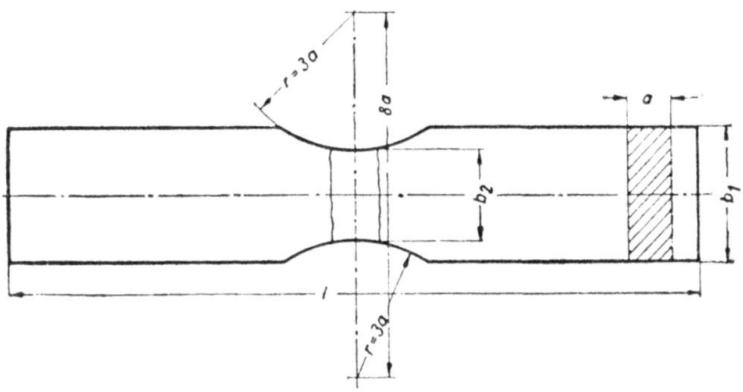

Bild 2

Ermittlung von Streckgrenze, Zugfestigkeit, Bruchdehnung und Einschnürung der reinen Schweiße. Prüfbedingungen sind die gleichen wie bei der Prüfung des Grundwerkstoffs.

Eine Dehnungsmessung ist nicht vorgesehen. Die Bruchdehnung setzt sich aus den Anteilen von Schweiße, Übergang und Baustoff zusammen und ergibt kein klares Bild, da die einzelnen Anteile verschieden sein können. Die Lage des Bruches, Breite der Schweiße und andere Faktoren wirken sich dabei aus. Auch die Bestimmung der Streckgrenze ist wegen des Zonencharakters unsicher.

Von größter Bedeutung für den Schweißer ist die regelmäßige Prüfung, der er sich nach DIN 4100 (Vorschriften für geschweißte Stahlhochbauten) und DIN 4101 (Vorschriften für geschweißte, vollwandige, stählerne Straßenbrücken) sowie den entsprechenden Vorschriften der Reichsbahn zu unterziehen hat [324, 325]. Die folgenden Ausführungen sind dem Abschnitt „Prüfung der Schweißer" des Normblattes DIN 4100 entnommen *).

§ 6. Prüfung der Schweißer

1. Jeder Schweißer muß bei seiner Einstellung und mindestens alle Halbjahre durch einen Fachingenieur des Unternehmers geprüft werden. Schweißer, die mehr als 2 Monate nicht geschweißt haben, müssen bei der Wiederaufnahme von Schweißarbeiten geprüft werden.

*) Nachdruck mit Genehmigung des Deutschen Normen-Ausschusses. Verbindlich ist jeweils die neueste Fassung des Normblattes.

Die Baupolizeibehörde kann außerdem eine Prüfung verlangen, wenn Zweifel an der Zuverlässigkeit des Schweißers aufkommen oder wenn an dem Bauwerk von dem Schweißer solche Schweißungen vorgenommen werden sollen, für die er nicht geprüft ist.

2. Die Schweißerprüfungen werden von einem Fachingenieur des Unternehmers abgenommen, die Ergebnisse sind durch von ihm unterzeichnete Niederschriften festzuhalten. Diese Belege sind aufzubewahren.

Aus den Niederschriften muß außer den Prüfungsergebnissen hervorgehen:

a) der Werkstoff, der verschweißt wurde,
b) das Arbeitsverfahren (Lichtbogen oder Gas usw.),
c) die Arbeitsbedingungen (waagerecht, lotrecht, überkopf usw.).

3. Die Proben müssen nach den gleichen Schweißverfahren und mit den gleichen Schweißdrahtsorten wie an den zu schweißenden Stahlbauwerken geschweißt werden. Die Arbeitsbedingungen für die Schweißer sollen möglichst die gleichen wie bei der Ausführung der Bauwerke sein.

Die Proben sind aus St 37 herzustellen. Sollen Schweißer auch Bauwerke aus St 52 oder einem anderen Werkstoff schweißen, so müssen sie die Prüfung für den zu verwendenden Werkstoff wiederholen.

4. Es sind folgende Probeschweißungen der Schweißer zu prüfen:

a) Prüfung von Stirnkehlnähten

Es werden drei Bleche mit Kehlnähten so zusammengeschweißt, daß im Querschnitt eine Kreuzform entsteht (Bild 6).

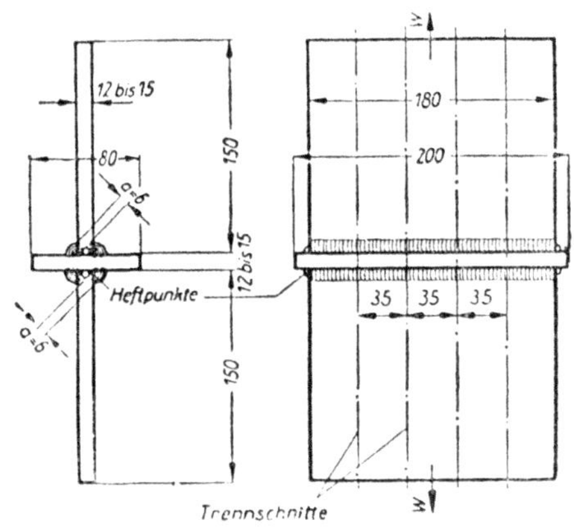

Bild 6

Bild 6a

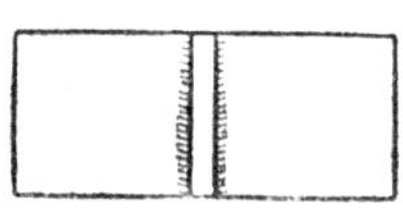

Bild 6b

Bei einem Probestück sind alle vier Kehlnähte in waagerechter Richtung nach Bild 6a, bei einem zweiten Probestück in lotrechter Richtung nach Bild 6b zu verschweißen.

Soll der Schweißer auch Überkopfschweißungen ausführen, so ist von ihm ein Probestück herzustellen, bei dem alle vier Nähte überkopf zu schweißen sind. In diesem Falle kann auf die waagerechte Schweißung (Bild 6 a) verzichtet werden.

Aus jedem Probestück werden drei Streifenkreuze von je 35 mm Breite herausgeschnitten und in der Prüfmaschine in der Richtung $W - W$ zerrissen. Hierbei muß die Bruchspannung betragen:

$$\text{bei St 37}: \varrho = \frac{P}{F} \geqq 2600 \text{ kg/cm}^2,$$

$$\text{bei St 52}: \varrho = \frac{P}{F} \geqq 3900 \text{ kg/cm}^2.$$

Hierin sind:

$F = 2 \cdot a' \cdot l$,
$a' =$ Kehlnahtdicke $a +$ Wulstdicke Δa (Bild 7) } festzustellen durch Messung
$a' =$ Kehlnahtdicke a bei leichten Kehlnähten (Bild 8) }
$l =$ Länge der Kehlnaht = Streifenbreite.

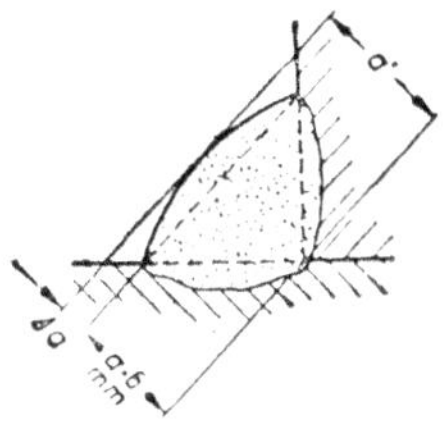

Bild 7

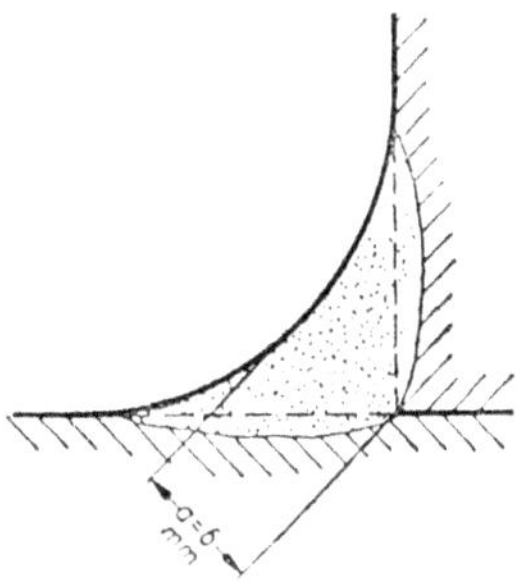

Bild 8

b) Prüfung von Stumpfnähten

Zwei Bleche werden in waagerechter Lage durch eine V-Naht nach Bild 9 zu einem Probestück werkstattmäßig in 2 bis 3 Lagen zusammengeschweißt. Die Einschweißflächen sollen einen Winkel von etwa 70° bilden. Aus diesen zusammengeschweißten Blechen sind (nach Bild 9) vier Probestücke herauszuschneiden. Davon sind zwei Probestücke einem Zugversuch zu unterwerfen. Dabei muß eine Schweißnahtfestigkeit von

$$\varrho = \frac{P}{a \cdot l} \begin{cases} \geqq 3700 \text{ kg/cm}^2 \text{ bei St 37 und} \\ \geqq 5200 \text{ kg/cm}^2 \text{ bei St 52} \end{cases}$$

erreicht werden, wobei die Nahtdicke a gleich der zu messenden Blechdicke t, die Nahtlänge gleich der Breite der fertig bearbeiteten Probe anzunehmen ist. Mit den restlichen zwei Probestücken nach Bild 9 sind Faltversuche nach Bild 10 auszuführen. Die Scheitelseite der Schweißnaht ist vorher zu ebnen. Die Proben sollen sich bis zum ersten Anriß um mindestens 50° bei allen Baustählen biegen lassen (Bild 10).

5. Werden von dem Schweißer bei der Prüfung der Proben die verlangten Festigkeiten und Biegewinkel nicht erreicht, so muß er die Prüfung wiederholen.

Versagt er auch bei dieser Wiederholung der Prüfung, so ist er zu weiteren Prüfungen erst nach Ablauf von einem Vierteljahr zuzulassen.

Maße in mm

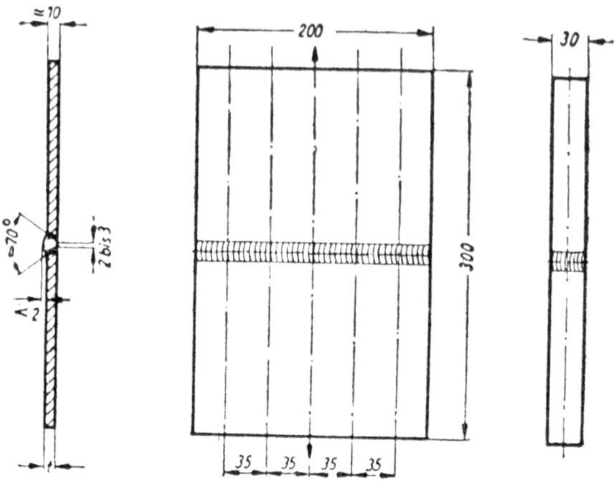

Bild 9

6. Bei den regelmäßigen halbjährlichen Wiederholungsprüfungen und bei den Prüfungen nach mehr als zweimonatlicher Unterbrechung der Schweißertätigkeit

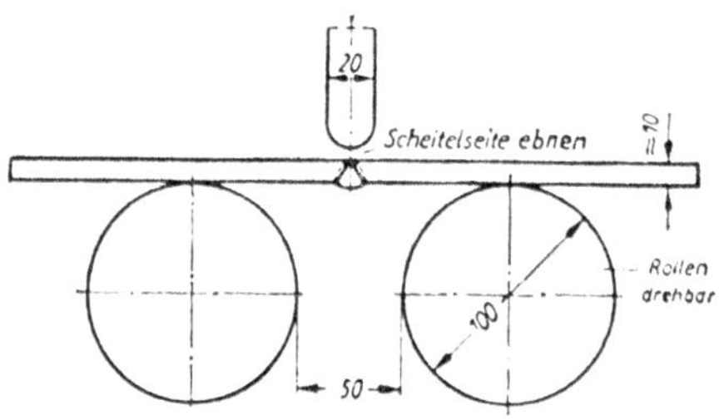

Bild 10

wird zunächst nur die Probe mit Stirnkehlnähten nach Bild 6 b verlangt. Fällt die Prüfung nicht befriedigend aus, so ist die ganze Schweißerprüfung nach Abs. 4 durchzuführen.

Die Anweisungen über die Prüfung der Schweißer nach den „Vorläufigen Vorschriften für geschweißte Fahrzeuge" (Vogefa) der Deutschen Reichsbahn stimmen inhaltlich fast genau hiermit überein. Für hochwertige Schweißverbindungen werden bei der Schweißerprüfung höhere Gütewerte verlangt.

Für die Ausbildung und Prüfung von Dampfkesselschweißern sind durch Erlaß des Reichswirtschaftsministers vom 30. November

1938 Richtlinien aufgestellt worden [326]). Nur solche Schweißer dürfen mit Schweißarbeiten an Dampfkesseln beschäftigt werden, deren Leistungen den Anforderungen der Richtlinien entsprechen. Neben einer theoretischen Prüfung haben sich die Schweißer einer praktischen Prüfung zu unterziehen, die in der Herstellung von Stumpfschweißnähten an 15 bis 20 mm dickem Kesselblech in waagerechter und senkrechter Lage besteht. Mit den Probestücken werden außer Zerreißversuchen an Probestäben ähnlich Bild 1 von DIN Vornorm DVM A 120 auch Faltversuche, Kerbschlagversuche, Gefügeuntersuchungen und eine Röntgenprüfung vorgenommen. Die Festigkeit der Schweißverbindungen muß mindestens 95 % der Berechnungsfestigkeit der verwendeten Blechsorte betragen. — Die gleichen Anforderungen werden an Rohrschweißer nach DIN 2471 „Richtlinien für die Prüfung von Rohrschweißern" gestellt.

Für die Prüfung von Leichtmetall-Schweißverbindungen sind Probestäbe mit größerer Meßlänge nach DIN Vornorm E 50 123 zu verwenden [327]), da Eigenschaftsänderungen (Erweichungszonen) in weiterer Entfernung beiderseits der Schweißnaht auftreten können, die mit der Probestabform nach DIN Vornorm DVM A 120 nicht erfaßt werden würden [328]).

Zur Prüfung der Zusatzstoffe für die Gußeisenschweißung nach DIN E 2301 werden Rundstäbe mit der Schweiße in der Mitte herausgearbeitet, die in der Schweiße mit 50 mm Radius eingekerbt sind. Sie werden einem Zugversuch nach DIN Vornorm DVM A 109 unterworfen.

Für verschiedene Zwecke sind Sonderprobestabformen entwickelt worden, wie zur Prüfung von Flankenkehlnahtschweißungen, Lochnahtschweißungen, Schrägnahtproben usw. Sie sind nicht genormt, sondern werden dem jeweiligen Zweck von Fall zu Fall angepaßt.

2. Die Verformungsprüfung

Als Maß für die Verformungsfähigkeit eines Werkstoffes wird im allgemeinen die Bruchdehnung (S. 241) angegeben. In manchen Fällen greift man auch auf die Bruchquerschnittsverminderung (Einschnürung) zurück. Als weitere Verformungsprüfung ist in DIN 1605, Blatt 4, der Faltversuch (Biegeversuch) festgelegt worden.

Zur Prüfung der Verformungsfähigkeit von Schweißverbindungen ist der Faltversuch in DIN Vornorm 50 121 genormt. Die folgenden Ausführungen sind diesem Normblatt entnommen *).

*) Nachdruck mit Genehmigung des Deutschen Normen-Ausschusses. Verbindlich ist jeweils die neueste Fassung des Normblattes.

Allgemeines

Der Faltversuch gibt einen angenäherten praktisch ausreichenden Aufschluß über die Verformungsfähigkeit stumpfgeschweißter Verbindungen, deren Mindestdicke etwa 5 mm beträgt, jedoch bestehen über den eigentlichen Wert noch Zweifel, da sowohl an Proben mit als auch ohne Wulst starke Streuungen beobachtet wurden. Ein gesetzmäßiger Zusammenhang mit den Verformungsgrößen beim Zugversuch — Bruchdehnung und Einschnürung — konnte bisher nicht festgestellt werden. Zur Prüfung von Schweißverbindungen an Blechen unter 5 mm Dicke ist ein besonderes Normblatt in Vorbereitung. Für diese Prüfung sind Probestreifen mit Ausrundung ähnlich dem Zerreißstab in DIN Vornorm DVM-Prüfverfahren A 120, Bild 2, vorgesehen.

Die Proben lassen sich einfach und billig herstellen, der Versuch selbst kann schnell und mit einfachen Mitteln durchgeführt werden. Er wird im allgemeinen bei Raumtemperatur an Proben mit und ohne Wulst vorgenommen. Die Probe mit Wulst dient in erster Linie zur Prüfung der Arbeitsausführung (Schweißerprüfung, vgl. DIN 4100), die Probe ohne Wulst zur Prüfung des Werkstoffs (Schweißnahtprüfung, vgl. DIN 1913). Die Prüfungen erstrecken sich, je nach Verwendungszweck und Schweißverfahren, auf nicht nachbehandelte und auf besonders nachbehandelte, z. B. warm gehämmerte oder geglühte Schweißnähte. Der Fachausschuß für Schweißtechnik hat Freibiegeversuche und Reckversuche zur Verformungsprüfung an Schweißverbindungen eingeleitet. Solange jedoch kein endgültiges Ergebnis vorliegt, ist der Regelversuch nach der in den Abschnitten 1 bis 8 beschriebenen Anordnung beizubehalten. Außer diesem Regelversuch bei Raumtemperatur können noch die in den Abschnitten 9, 10 und 11 aufgeführten Prüfverfahren angewendet werden.

Regelversuch

Proben

1. Für den Regelversuch sind Flachstäbe quer zur Schweißnaht so zu entnehmen, daß diese in der Mitte der Stäbe liegt. Die Proben sind einheitlich 30 mm breit.
2. Bei Dicken über 30 mm wird die Probe auf der beim Faltversuch zu drückenden Seite bis auf eine Restdicke von höchstens 30 mm abgearbeitet. Die zu drückende Seite ist stets zu ebnen*). Die Kanten der Proben sind auf der Zugseite mit einem Halbmesser von (0,1 bis 0,2) × Dicke zu runden. Bei Proben ohne Wulst empfiehlt es sich, die Oberfläche so zu ebnen, daß keine Querriefen auf der Zugseite entstehen.
3. Bei Arbeitsprüfungen an Profilen sind diese für den Versuch zweckmäßig herzurichten.

Versuchsausführung

4. Die Stäbe sind stetig und soweit wie möglich in einem Zuge so zu biegen, daß der Vorschub des Halbkreisdornes etwa 1 mm/s beträgt. Unterbrochenes Biegen ist zu vermeiden, weil gereckter Werkstoff schnell altert. (Durch Maschinen angetriebene Biegevorrichtungen sind denen mit Handbetrieb vorzuziehen.) Die Probestücke werden nach Bild 1 um einen Stempel oder Dorn bis zum ersten metallischen Anriß auf der Zugseite gebogen. Porenaufbrüche geringeren Umfanges gelten nicht als Anriß.

   Der Rundungsdurchmesser (d) des Stempels oder Dornes ist bei Stählen bis 42 kg/mm² Zugfestigkeit (Nennwert) gleich der doppelten Dicke (2 a), bei

*) Bei Prüfung von Schweißungen an Dampfkesseln oder sonstigen überwachungspflichtigen Druckgefäßen ist sowohl die Zug- als auch die Druckseite der Biegestäbe zu ebnen.

Stählen über 42 kg/mm² Zugfestigkeit gleich der dreifachen Probedicke (3 a). Der erreichte Biegewinkel α wird bei entspannter Probe gemessen. Vollständiges Durchdrücken der Probe in den beschriebenen Biegevorrichtungen ergibt einen Winkel von rund 160°.

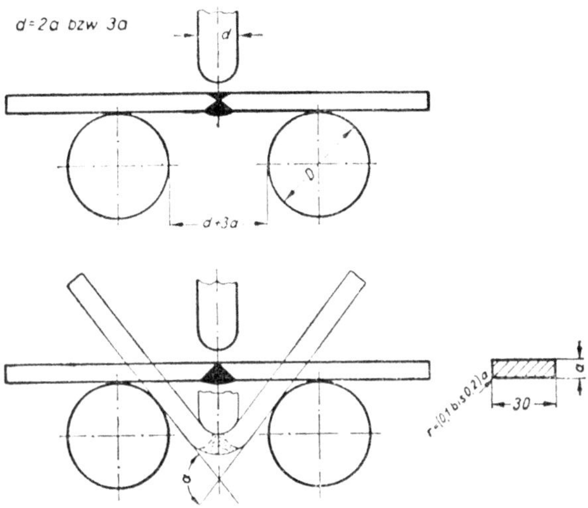

Bild 1

Bei Prüfungen von Schweißungen an Dampfkesseln oder sonstigen überwachungspflichtigen Druckgefäßen sind die Abmessungen der Biegedorne in Abhängigkeit von der Festigkeit *) des Grundwerkstoffes zu wählen:

Biegedorndurchmesser = einfache Blechdicke bei Blechen Sorte I,
Biegedorndurchmesser = zweifache Blechdicke bei Blechen Sorte II und III,
Biegedorndurchmesser = dreifache Blechdicke bei Blechen Sorte IV.

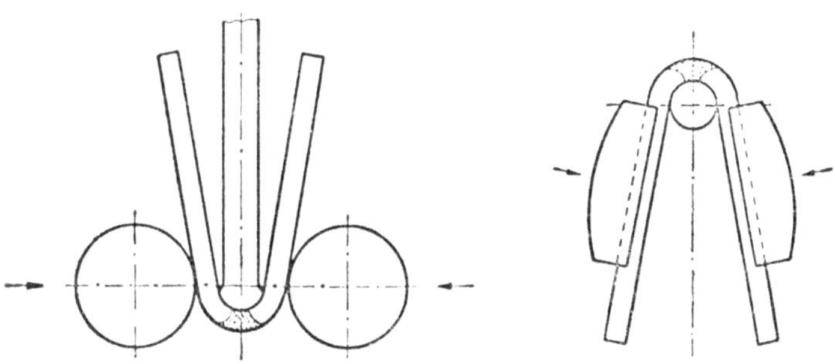

Bild 2

Die lichte Weite zwischen den Auflagerollen soll je nach der Festigkeit 5 a oder 6 a betragen. Der Rollendurchmesser (D) soll 100 mm betragen. Es ist

*) Siehe Abschnitt III A der Werkstoffvorschriften für Landdampfkessel; Ausgabe Juni 1939.

zweckmäßig, vor allem bei der Prüfung von Proben mit abgearbeiteter Wulst, die Probe an den Seitenflächen anzuätzen, um die genaue Lage der Schweißnaht feststellen und den Stempel so anlegen zu können, daß er die Probe in der Mitte der Schweißnaht trifft. Der Stempel muß breiter als die Probe sein. Die Außenseite der Biegestelle muß bei Ausführung des Versuchs mittelbar oder unmittelbar gut zu beobachten sein. Die waagerechte Stempellage ist aus diesem Grunde vorzuziehen.

5. Die Wurzelseite der V-Naht liegt im Regelfalle auf der Druckseite der Probe. Sind Proben auf 180° nachzubiegen, so kann dies zwischen enger gestellten Rollen oder zwischen Einlagebacken im Schraubstock geschehen (Bild 2). Im Prüfbericht sind die Versuchseinzelheiten (Angaben über die Biegevorrichtung, Probeabmessungen, Versuchsergebnisse) stets genau anzugeben. Bei Vergleichsversuchen sind Stabdicke und Nahtform anzugeben, ferner ist zu vermerken, ob mit oder ohne Wulst geprüft wurde.

6. Auf die zur Zeit noch geltenden Sonderbestimmungen in folgenden Vorschriften wird hingewiesen:

z. B. DIN 4100 —	Vorschriften für geschweißte Stahlbauten.
DIN 1913	Schweißdraht für Gas- und Lichtbogenschweißung von Stahl, Lieferbedingungen.
DIN 2470 —	Richtlinien für Gasrohrleitungen mit geschweißten Verbindungen von mehr als 200 mm Durchmesser und mehr als 1 kg/cm² Betriebsüberdruck.
Deutsche Reichsbahn	Vogefa — Vorläufige Vorschriften für geschweißte Fahrzeuge in Anlehnung an DIN 4100.
Deutsche Reichsbahn	Vorläufige technische Lieferbedingungen für Schweißdraht für Verbindung- und Auftragschweißung an genormten Stahlsorten nach dem Gas- und dem Lichtbogenschmelzverfahren.

Bei Abweichungen in den Vorschriften dieser Stellen über die Ausführung des Faltversuchs wird angeregt, nach dem vorliegenden Normblatt zu verfahren.

Sonderversuche

7 Mechanische Freibiegevorrichtungen ohne Dorn üben auf den Mittelteil des Versuchsstabes unter Einschluß der Schweißnaht ein gleich-

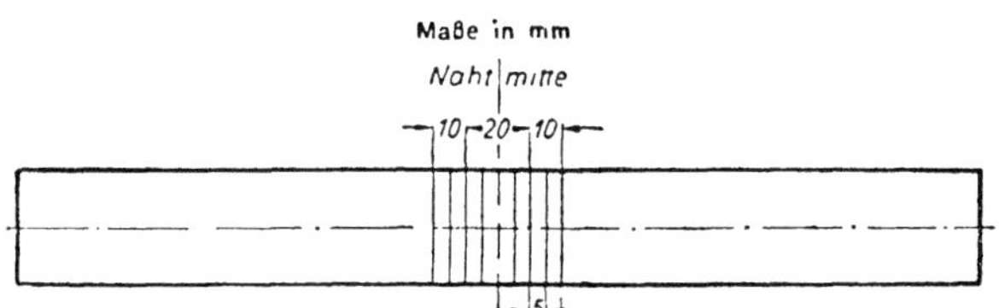

Bild 3

mäßiges Biegemoment aus und gestatten ein Biegen in einem Zuge bis 180° Biegewinkel. Erfahrungen mit den Freibiegevorrichtungen liegen noch nicht vor.

8. Die Bestimmung der Biegedehnung der äußeren Zugfaser schließt besonders bei geringen Probedicken bedeutende Meßfehler in sich, weil das

Ausmessen durch die Lage des Anbruches erschwert werden kann. Wo die Bestimmung des Biegewinkels zur Verformungsprüfung jedoch allein nicht ausreicht (Verfahrensprüfung), ist es vorteilhaft, auch die Gesamtdehnung der Schweißung in der äußersten Zugfaser zu messen, was nur bei Proben ohne Wulst durchzuführen ist.

Hierzu ritzt man vor dem Biegen auf der gezogenen Breitseite der Proben ohne Wulst von der Mitte der Schweißnaht aus nach rechts und links Marken in 5 mm Abstand auf eine Meßlänge von insgesamt 40 mm ein (siehe Bild 3). Die Meßmarken dürfen jedoch nicht zu scharf eingeritzt werden. Die Teilung wird von der Nahtmitte aus vorgenommen. Es kann auf diese Weise einmal die Biegedehnung der äußeren Zugfaser der reinen Schweiße, auf $4 \times 5 = 20$ mm Meßlänge, zum anderen die gesamte Biegedehnung von Schweißnaht und Übergangszone zum Ursprungswerkstoff gemessen werden.

Es empfiehlt sich, über die Mitte der Probe einen feinen Längsriß zu ziehen, dessen Teile zu beiden Seiten des Anbruches sich nach dem Biegen besser ausmessen lassen und einen weniger großen Fehler für die Dehnung ergeben, als wenn die Breite des Anbruches gemessen wird. Bei Proben mit Wulst ist eine einwandfreie Dehnungsmessung nicht möglich, weil die Schmalseiten der Proben, auf denen die Dehnungsmarken angebracht werden müßten, sich durch Einschnüren der gezogenen Faser der Probe verzerren.

9. Warmfaltversuch zum Nachweis der Warmbiegefähigkeit, wenn Schweißnähte warm zu bördeln oder zu kümpeln sind.

10. Abschreckbiegeversuch in besonderen Fällen zur Feststellung der Sprödigkeit mit und ohne Lagerzeit. Anwärmen auf etwa 650°, Abschrecken in Wasser von 28°

11. Zu Studienzwecken können Probenform, Lage der Schweißnaht und Biegevorgang beliebig abgewandelt werden.

    Für die Versuchseinzelheiten der Sonderversuche 9, 10 und 11 gelten die jeweiligen Abnahmevorschriften.

Die Durchführung des Faltversuches nach DIN 4100 und der vorgeschriebene Biegewinkel von 50° wurden auf S. 245 bereits angegeben. Die entsprechenden Ausführungen über DIN Vornorm 1913 (Schweißdrahtlieferbedingungen) befinden sich auf S. 98.

Nach den Werkstoff- und Bauvorschriften für Landdampfkessel wird in waagerechter Schweißlage ein Biegewinkel von 150° und in senkrechter von 120° verlangt. Bei Gewährung des Berechnungsfaktors 0,9 müssen in beiden Schweißlagen 180° Biegewinkel erreicht werden. Für Rohrschweißer werden nach DIN 2471 in beiden Lagen 120° verlangt.

Neben DIN Vornorm 50 121 bestehen andere Verformungsprüfverfahren, die zunächst jedoch als Vorschläge aufzufassen sind [329]). Zu erwähnen sind vor allem der Freibiegeversuch [330]), der Reckversuch [331]) und das Prüfverfahren nach *Blomberg* [332]). Besonders der Reckversuch, der an einem Zerreißstab in Längsrichtung der Schweißnaht ausgeführt wird, scheint berufen zu sein, eine Lücke in der Verformungsprüfung auszufüllen [333]). In Schweden wird die Aufweitung von Löchern in einem Zerreißstab beim Zugversuch als Maß der Verformungsfähigkeit angesehen.

3. Die Härteprüfung

Die Härte von Schweißnähten wird in gleicher Weise wie von ungeschweißten Werkstoffen mit den Geräten nach *Brinell, Rockwell, Vickers, Shore* usw. geprüft. Bei den meisten Verfahren wird eine Stahlkugel oder ein Diamantkegel mit einer bestimmten Kraft in die Oberfläche des Werkstückes eingepreßt. Je weicher der Werkstoff ist, um so größer ist der Eindruck. Er wird ausgemessen und zu einer Härtezahl ausgewertet.

Die gewöhnliche Prüfung ist der Kugeldruckversuch nach *Brinell*. Eine Stahlkugel von bestimmtem Durchmesser (10, 5 oder 2,5 mm) wird mit einer vorgeschriebenen Kraft in den Werkstoff eingedrückt. Ausgemessen wird der Eindruckdurchmesser. Die Brinellhärte HB ist das Verhältnis der Kraft zur Oberfläche des Eindrucks (Kugelkalotte). Sie kann aus Zahlentafeln unmittelbar für jeden Eindruckdurchmesser entnommen werden. Alle Einzelheiten des Kugeldruckversuchs sind in DIN 50 351 festgelegt.

Zwischen der Brinellhärte HB und der Zugfestigkeit σ_B besteht angenähert folgende Beziehung:

$$\sigma_B \approx 0{,}35\,\mathrm{HB}.$$

Bei Schweißverbindungen schwankt die Umrechnungszahl zwischen 0,29 und 0,32 [334]).

Der Rockwellversuch ist eine Härteprüfung mit Vorlast. Die Einzelheiten sind dem Normblatt DIN Vornorm 50 103 zu entnehmen. Ein Diamantkegel dringt in den Werkstoff ein. Die Eindringtiefe wird nach Wegnahme der Hauptlast durch eine Meßuhr angezeigt und ist ein Maß für die Härte des Werkstoffes.

Die Härteprüfung nach *Vickers*, festgelegt in DIN Vornorm DVM 133, wird in ähnlicher Weise wie die Brinellprüfung vorgenommen, nur ist die Stahlkugel durch eine Diamantpyramide ersetzt worden. Diese Prüfung eignet sich besonders zur Feststellung der örtlich stark wechselnden Härteverhältnisse in ungleichmäßigen Schweißnahtzonen festerer Stähle. Die Vickershärte HV ist unabhängig von der Belastung und stimmt bis zu einer Härte von 300 kg/mm^2 mit der Brinellhärte praktisch überein.

Neuartig ist die Rollhärteprüfung von *Hauttmann* [335]). Die Prüfung wird mit einer rollenden Kugel unter Gewichtsbelastung vorgenommen. Aus der Kugelrollbahnbreite wird die Brinell- oder Vickershärte bestimmt.

Die Rückprallhärteprüfung wird mit einem Fallhammer vorgenommen. Die an der Hammeroberkante beobachtete größte Rücksprunghöhe bei einer bestimmten Fallhöhe ist ein Maß für die Härte.

4. Der Kerbschlagversuch

Die Fähigkeit eines Werkstoffes, schlagartigen Beanspruchungen zu widerstehen, wird als Kerbschlagzähigkeit bezeichnet. Aus den zu prüfenden Werkstücken werden mit einem Kerb versehene Probekörper, Bild 187, herausgearbeitet, die in einem Kerbschlagwerk

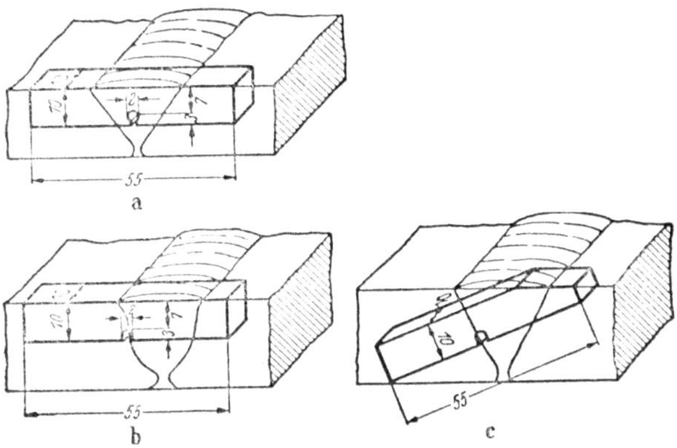

Bild 187. DVM-Normprobe zur Prüfung von Schweißungen

durch einen Pendelhammer zerschlagen werden. Der Hammer trifft auf die dem Kerb gegenüberliegende Seite der Probe und schlägt sie durch. Die Probe ist auf beiden Seiten aufgelagert. Gemessen wird die Arbeit in mkg, die der Pendelhammer beim Zerschlagen der Probe geleistet hat. Sie wird auf den Probenquerschnitt bezogen. Die Kerbschlagzähigkeit wird somit in mkg/cm² ausgedrückt. Einzelheiten über den Kerbschlagversuch sind in DIN Vornorm DVM A 115 festgelegt.

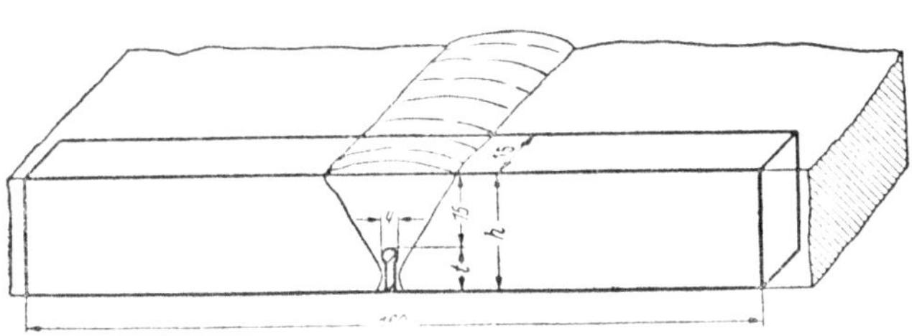

Bild 188. VGB-Probe zur Prüfung von Schweißungen

Bei Schweißverbindungen wird der Kerbschlagversuch besonders zur Elektrodenprüfung herangezogen. Mindestwerte sind in den Schweißdraht-Lieferbedingungen (S. 94) und den entsprechenden Reichsbahnvorschriften festgelegt. Die Kerbschlagzähigkeit kennzeichnet die Gefügeausbildung. Um vergleichbare Ergebnisse zu er-

zielen, müssen Probeform und Versuchsausführung einheitlich festgelegt sein[336]). In der Regel wird die DVM-Normprobe verwandt, deren Abmessungen Bild 187 wiedergibt. Bei dickeren Werkstücken kann auch die VGB-Probe herangezogen werden, Bild 188.
Genaue Bestimmungen über den Kerbschlagversuch an Schweißverbindungen enthält DIN Vornorm DVM A 122. Zur Prüfung des Überganges wird der Kerb in die Bindefläche gelegt.
Nach den Werkstoff- und Bauvorschriften für Landdampfkessel müssen Kesselschweißer Kerbschlagzähigkeitswerte von mindestens 6 mkg/cm² in waagerechter Schweißlage und 5 mkg/cm² in senkrechter Schweißlage erreichen (DVM-Probe). Bei Gewährung des Berechnungsfaktors 0,9 sind in beiden Schweißlagen 8 mkg/cm² für die Blechsorten I und II und 6 mkg/cm² für die Blechsorten III und IV vorgeschrieben.

5. Die Dauerprüfung[337])

Bei Dauerversuchen schwingt die Belastung des Probestückes dauernd zwischen zwei Grenzen. Festgestellt wird die obere Belastungsgrenze, deren Wirkung von der Probe auch bei mehrmillionenfacher Wiederholung ausgehalten wird. Die Grundbegriffe für die Dauerfestigkeitsprüfung sind in DIN Vornorm 50 100 festgelegt worden, Bild 189. σ_o bezeichnet die Oberspannung, σ_u die Unterspannung. Die

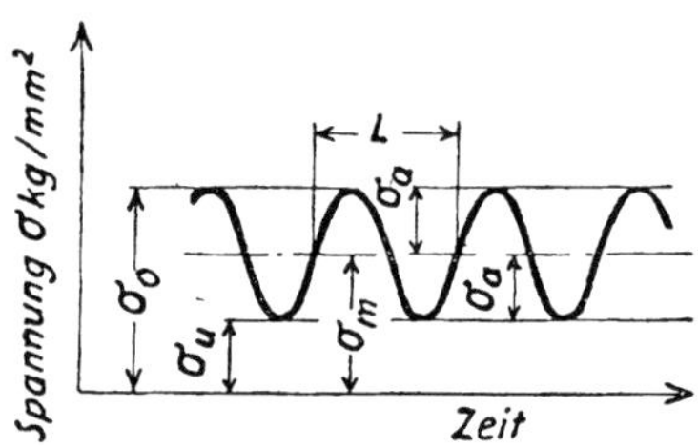

Bild 189. Grundbegriffe für die Dauerfestigkeitsprüfung

halbe Differenz ist der Spannungsausschlag σ_a. L stellt die Zeit für eine Periode (ein Lastspiel) dar. Durch die Versuche werden die im praktischen Betrieb auftretenden Beanspruchungen für viele Fälle besser nachgeahmt als durch statische Versuche.
Unterschieden wird zwischen Dauerzug-, Dauerbiege- und Dauerverdrehversuchen. Man unterscheidet ferner Wechselbeanspruchungen, bei denen ein Kraftwechsel von Zug zu Druck eintritt, und Schwellbeanspruchungen, bei denen nur ein dauerndes An- und Abschwellen der Spannung entweder im Zugbereich oder im Druckbereich stattfindet, Bild 190. Bei Dauerbiegeversuchen kann ein runder Probestab unter Last umlaufen (Umlaufbiegeversuch nach DIN Vornorm DVM A 113), oder Flachproben werden hin und her gebogen.

Mehrere gleichartige Probestäbe werden nacheinander gleicher Unter- oder Mittelspannung und jeweils verschiedener Oberspannung bis zum Bruch unterworfen. Die Oberspannung wird als Funktion der ertragenen Lastspielzahl in ein W ö h l e r s c h a u b i l d eingetragen, Bild 191. Die Abszisse des Schaubildes wird logarithmisch und die Ordinate linear eingeteilt. Die Versuchspunkte ordnen sich gesetzmäßig zu einer Spannungs-Lebensdauerlinie, der Wöhler-Kurve, an, die sich

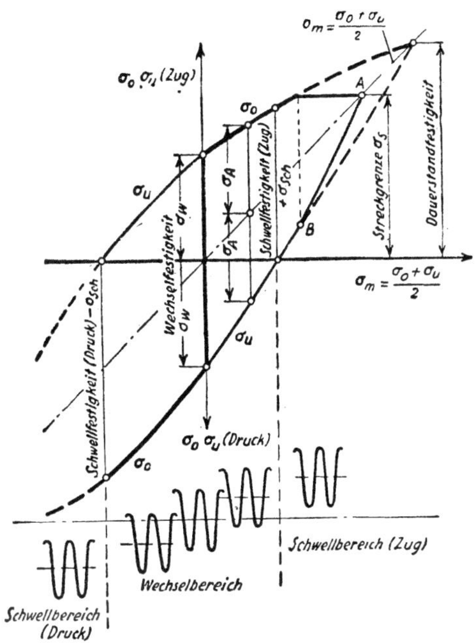

Bild 190. Belastungsarten bei der Dauerprüfung

asymthotisch einem Grenzwert, der Dauerfestigkeit, annähert. Bei Stahl wird in der Regel der Wert für $N = 10 \cdot 10^6$ und bei Nichteisenmetallen der Wert für $N = 50 \cdot 10^6$ als Dauerfestigkeit angesehen, da ein weiterer Abfall der Wöhlerkurve praktisch nicht mehr eintritt.

Fehlerfreie S c h w e i ß n ä h t e haben gute Dauerfestigkeit. Werte in der Größenordnung von 15 bis 19 kg/mm² werden als Schwellfestigkeit auf Zug nach den Vorschriften der Deutschen Reichsbahn für geschweißte, vollwandige Eisenbahnbrücken verlangt. Maßgebend ist in erster Linie einwandfreie Oberfläche. Allmählicher Übergang zwischen Baustoff und Schweiße, Vermeiden von Einbrandkerben, Überschleifen unebener Schweißnähte verbessern die Dauerfestigkeit erheblich. Stark wirken sich auch Korrosionseinflüsse aus. — Bei der Prüfung der Dauerfestigkeit spielt die Probeform und die Art der Schweißverbindung eine große Rolle. Bei Ausschaltung der Formeinflüsse ist die Biegewechselfestigkeit abhängig von der Festigkeit des Schweißgutes.

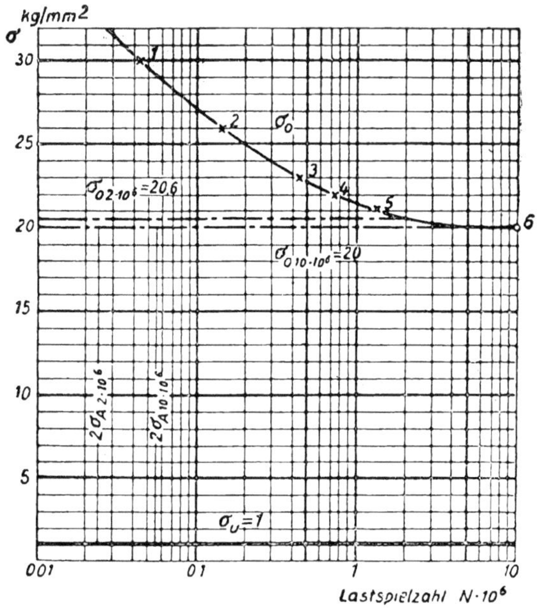

Bild 191. *Wöhler* Schaubild

Zahlreiche Forschungsarbeiten der letzten Jahre haben zur Klärung dieser Fragen beigetragen [338—342]).

Dem Begriff der Zeitfestigkeit [343, 344]) wird eine begrenzte Lastwechselzahl zugrunde gelegt.

Unter der Dauerstandfestigkeit wird die Grenzbelastung verstanden, unter der ein anfängliches Dehnen des Werkstoffes im Laufe der Zeit noch zum Stillstand kommt, bei deren Überschreiten aber mit einem dauernden Dehnen bis zum Bruch zu rechnen ist [345]). Sie ist in erster Linie für höhere Temperaturen von Bedeutung. Nähere Anweisungen über die Versuchsdurchführung sind den Normblättern DIN Vornorm DVM A 117 und A 118 zu entnehmen.

6. Technologische und sonstige Prüfverfahren

In der Werkstatt wird eine Reihe von Prüfungen durchgeführt, die schnell und ohne große Hilfsmittel einen Einblick in die Arbeit des

Schweißers geben sollen. Es sind technologische Prüfungen, die im Gegensatz zu den bisher besprochenen Prüfverfahren keinen exakten Zahlenwert als Gütemaßstab ergeben.

Zur Überwachung der Schweißer werden Stichproben nach Bild 192 durchgeführt, wie sie in DIN 4100, § 9, empfohlen werden. Die Bruchfläche der Schweißnähte muß einwandfreies Gefüge und guten Einbrand aufweisen. Einfache Biegeproben können im Schraubstock geprüft werden. Bei der Ausbildung der Schweißer soll grundsätzlich

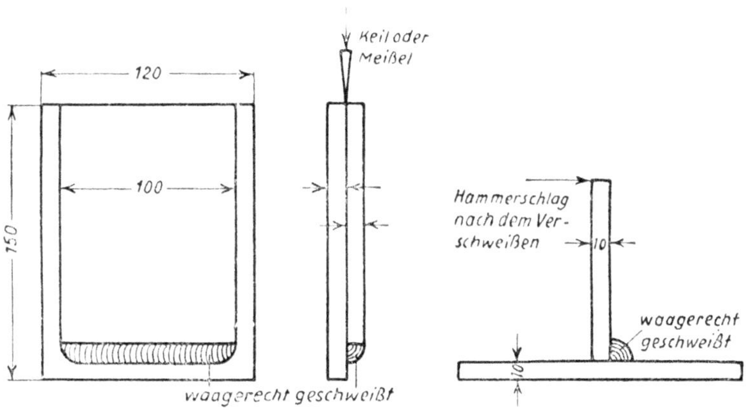

Bild 192. Keil- und Winkelprobe

jede Probe zerschlagen oder über die Wurzel bis zum Bruch gebogen werden.

Eine technologische Prüfung stellt die Untersuchung der Schmiedbarkeit dar. Ein geschweißter Probestab von 35 mm Breite mit der Schweiße in der Mitte wird auf die Hälfte der Probendicke und Probenbreite ausgeschmiedet. Der ausgeschmiedete Teil muß sich bei Schmiedetemperatur um 360° verwinden lassen, ohne Anrisse zu zeigen. Nähere Anweisung hierzu wird in DIN Vornorm 1913 gegeben (S. 94).

Zur Prüfung der Schweißbarkeit von Feinblechen wird ein Blechstreifen dem Tiefungsversuch von *Erichsen* nach DIN Vornorm DVM A 101 unterworfen, nachdem vorher mit dem Schweißbrenner ohne Zusatzstoff in der Mittellinie eine Anschmelzung vorgenommen wurde (Verfahren nach *Eisenkolb*) [346]. — Näheres über die Prüfung der Schweißempfindlichkeit (Aufschweißbiegeprobe) und Schweißrissigkeit befindet sich auf S. 169.

Von besonderer Bedeutung ist die Prüfung der Korrosionsbeständigkeit von Schweißverbindungen. Die Probestücke werden durch das in Frage kommende Angriffsmittel der Korrosion unterworfen, indem sie mit oder ohne Unterbrechungen in Gefäße eingetaucht oder den Korrosionsmitteln in Form von Dämpfen und Nebeln ausgesetzt werden. Gleichzeitig kann der Probekörper belastet werden. Anschließend werden Gewichtsverlust, Veränderungen der Oberfläche, der Probendicke und des Gefüges festgestellt und die mechanischen Gütewerte geprüft. Richtlinien für die Durchführung von Korrosionsversuchen und die zahlenmäßige Festlegung geben die Normblätter DIN 4850 und 4851, für Leichtmetalle DIN 4833.

Schwierig ist die Prüfung auf Verschleiß, die für Auftragschweißungen in Frage kommt. Die Verschleißbeanspruchung, der das Werkstück im Betriebe ausgesetzt ist, ist in ihrer Art möglichst getreu nachzuahmen und in ihrer Stärke wesentlich zu erhöhen, um in möglichst kurzer Zeit den gewünschten Aufschluß zu erhalten.

Zur zahlenmäßigen Feststellung der Eisenbegleiter und Legierungselemente des Stahles sowie der Zusammensetzung der sonstigen Werkstoffe dient die chemische Analyse. Baustoff, Elektrodenwerkstoff, Umhüllung und die fertige Schweißnaht werden untersucht und ergeben ein Bild von den chemischen Umsetzungen beim Schweißen.

Der Gefügeaufbau wird mit Hilfe des metallographischen Schliffbildes untersucht. Ein kleines Probestück wird herausgeschnitten, an einer Fläche geschliffen, poliert und geätzt. Zum Nachweis von Einschlüssen, Rissen und sonstigen Fehlstellen genügt die Grobgefügeuntersuchung bei natürlicher Größe oder geringer Vergrößerung. Die mikroskopische Betrachtung gestattet eine genaue Untersuchung des Feingefüges[347]. Dadurch werden die einzelnen Gefügebestandteile, wie Ferrit, Perlit usw. (S. 18), sichtbar. Der Befund kann durch mikrophotographische Aufnahmen festgehalten werden. (Beispiele zeigen die Bilder 60, 61 und 62 auf S. 122/125.)

B. Unmittelbare Prüfverfahren ohne Zerstörung des Werkstückes[348]

Durch diese Verfahren wird das Werkstück geprüft, bevor es seiner Bestimmung übergeben wird.

Erwähnt werden muß zunächst der äußere Befund der Schweißnähte. Der erfahrene Fachmann erkennt an dem Aussehen einer Schweißnaht im allgemeinen, ob sie den zu stellenden Anforderungen nicht genügt. Trugschlüsse sind insofern möglich, als Nähte mit befriedigendem Aussehen schlechte Bindung aufweisen können.

Aufschluß über das Innere der Schweißnähte, ohne sie zu zerstören, geben zwei Gruppen von Verfahren: die Durchstrahlungsverfahren (Prüfung mit Röntgen- und Gammastrahlen) und die Magnetpulververfahren.

1. Die Durchstrahlungsverfahren (Röntgen- und Gammastrahlen) [349–351]

Röntgenstrahlen sind kurzwellige Strahlen von im Mittel 10 000mal kleinerer Wellenlänge als die sichtbaren Lichtstrahlen [(0,06 bis 2) $\cdot 10^{-6}$ mm]. Die sehr kurzwelligen werden als harte, die längerwelligen als weiche Röntgenstrahlen bezeichnet.

Die Grobstrukturuntersuchung (Absorptionsmethode, Röntgendiaskopie) beruht darauf, daß die Röntgenstrahlen jeden Werkstoff mehr oder weniger durchdringen. Sie werden dabei jedoch geschwächt, und zwar um so mehr, je größer die Dicke, das Atomgewicht und das spezifische Gewicht des durchstrahlten Körpers ist. Ungleichmäßigkeiten im Innern des Werkstoffes können dadurch erkannt werden, daß die Röntgenstrahlen nach dem Austritt aus dem Werkstück einen Film belichten oder einen Leuchtschirm zum Aufleuchten bringen. Stellen geringerer Absorption im Werkstück ergeben an den dahinterliegenden Stellen auf dem Film stärkere Schwärzungen bzw. auf dem Leuchtschirm helleres Aufleuchten. Die grundsätzliche Anordnung bei der Röntgendurchstrahlung einer Schweißnaht geht aus Bild 193 hervor.

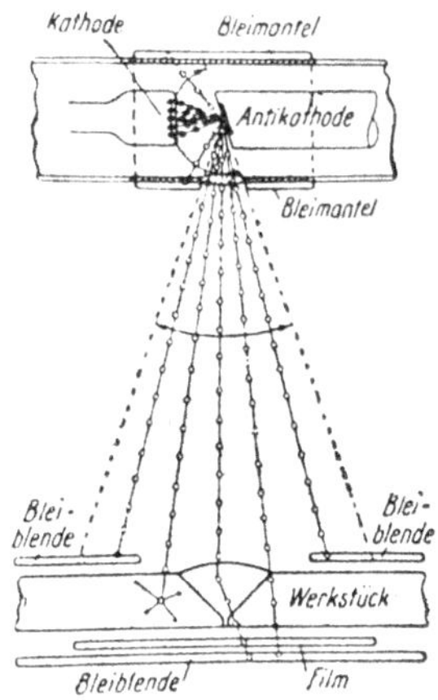

Bild 193. Anordnung bei der Röntgendurchstrahlung

Die Röntgenstrahlen werden in der Röntgenröhre erzeugt, Bild 194, die eine hochevakuierte Elektronenröhre darstellt. Aus der elektrisch geheizten, glühenden Kathode, die aus einem dünnen Wolframdraht in Form einer Glühspirale *G besteht,* treten durch den außen angelegten hochgespannten Gleichstrom Elektronen aus, die gegen die Antikathode (Anode) *A* geschleudert werden. Beim Auftreffen entstehen Röntgenstrahlen (Bremsstrahlung), die aus dem Fenster *F* der Röntgenröhre austreten. Alle übrigen Röntgenstrahlen werden durch dickwandige Metallteile abgeschirmt (Strahlenschutzröhre). Der größte Teil der Energie, etwa 99,7 %, wird in Wärme umgewandelt und muß durch Kühlung abgeführt werden. Erstrebt wird ein möglichst kleiner Brennfleck (Fokus) auf der Antikathode, um scharfe Bilder zu erzeugen. Die „Feinfokusröhre" ermöglicht Vergrößerungen des durchstrahlten Körpers nach den Gesetzen der Zentralprojektion. Neben der normalen Zweipolröhre sind Sonderausführungen, wie Kurzanodenröhren, Hohlanodenröhren usw., für bestimmte Zwecke in Gebrauch. Wanddickenmessungen sind mit dem „Zählrohr" möglich, das die Absorption zahlenmäßig zu bestimmen gestattet.

Der elektrische Strom zum Betrieb der R ö n t g e n a n l a g e wird als einphasiger Wechselstrom dem Netz entnommen und in Hochspannungstransformatoren auf Spannungen bis zu mehreren hunderttausend Volt transformiert. Der hochgespannte Wechselstrom wird durch Gleichrichterröhren (Glühventilröhren) in einen pulsierenden Gleichstrom verwandelt, der „geglättet" werden kann. Bild 195 stellt eine Röntgenanlage dar. Zur Ausnutzung beider Halbwellen und Erzeugung einer möglichst hohen Spannung sind verschiedene Schaltungen in Gebrauch, auf die nicht näher eingegangen werden kann. Mit zunehmender Spannung wird die Strahlung härter.

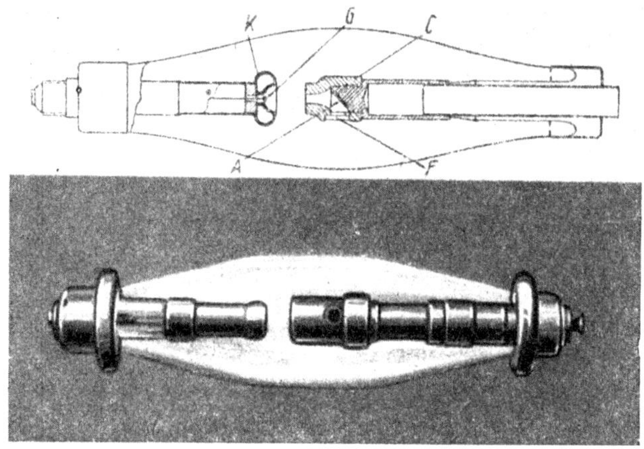

Bild 194. Schnittzeichnung und Ansicht einer Strahlenschutzröhre

Neuzeitliche Röntgenanlagen sind hochspannungssicher gebaut, um Gefährdung des Personals zu vermeiden [352]). Da die Röntgenstrahlen Schädigungen im menschlichen Körper hervorrufen (auch Erbschädigungen), werden die Röntgenröhren mit S c h u t z m i t t e l n versehen, durch welche die unbenutzte Strahlung abgefangen wird. Da sie keinen vollständigen Schutz gewähren können (Hohlanodenröhren können nicht als Strahlenschutzröhren gebaut werden), muß sich das Bedienungspersonal durch genügenden Abstand oder durch besondere Bleischutzschichten schützen (durch Bleiverkleidung abgetrennte Durchstrahlungsräume, fahrbare Schutzwände, Bleihandschuhe). Diese Erkenntnisse führten zur Aufstellung von Strahlenschutzregeln für technische Röntgeneinrichtungen und -anlagen in DIN 6806 und von Unfallverhütungsvorschriften und Verordnungen zum Schutz gegen Schädigungen durch Röntgenstrahlen [353–355]). Die Durchführung von Strahlenschutzmessungen in technischen Röntgenbetrieben ist gesetzlich vorgeschrieben [356]).

Auf den photographischen Film wirken Röntgenstrahlen in ähnlicher Weise wie Lichtstrahlen ein, jedoch wegen der hohen Durchdringungsfähigkeit wesentlich schwächer. Der Film ist in einer Kassette lichtdicht verschlossen. Um die Belichtungszeit abzukürzen, können zu beiden Seiten des Filmes Verstärkerfolien in die Kassette eingelegt werden. Sie enthalten Kalziumwolframatsalze, die durch Röntgenstrahlen zur Aussendung von Lichtstrahlen angeregt werden (fluo-

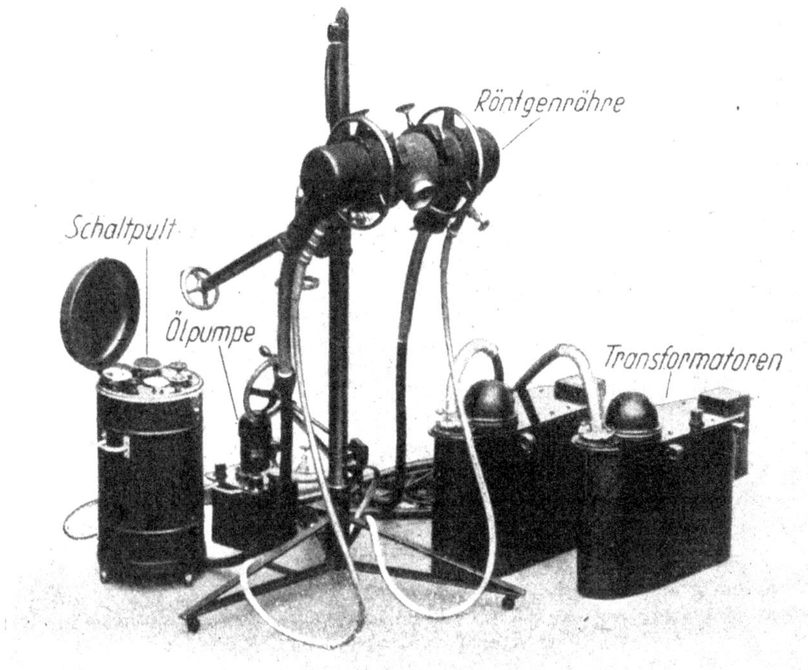

Bild 195. Neuzeitliche Röntgenanlage

reszieren). Sie verschlechtern die Fehlererkennbarkeit und sind deshalb nur dann zu empfehlen, wenn bei größeren Blechdicken unwirtschaftliches Arbeiten sich ergeben würde.

Bei kleineren Werkstoffdicken oder leicht durchstrahlbaren Werkstoffen kann der Leuchtschirm an die Stelle des Filmes treten. Er ist mit einer Leuchtmasse, z. B. aus Zinksulfid, überzogen, die beim Auftreffen von Röntgenstrahlen durch Fluoreszenz aufleuchtet. Der Leuchtschirm gibt entgegen der Filmaufnahme ein positives Bild. (Das Bild erscheint dort am hellsten, wo es von den Strahlen am stärksten getroffen wird, also hinter Lunkern, Poren usw. des Werkstückes.) Die

Fehlererkennbarkeit ist geringer als beim Film. Von Vorteil ist, daß die Untersuchung wesentlich schneller durchgeführt werden kann. Demgegenüber bietet die Filmaufnahme den Vorteil, daß sie ein bleibendes Dokument des Befundes darstellt.

Die Röntgenstrahlen werden beim Durchdringen des Werkstückes zum Teil zerstreut, ähnlich der diffusen Zerstreuung des Lichtes in trüben Medien. Die Streustrahlen gelangen auch auf den Film und verschlechtern das Bild durch Verschleierung. Mit zunehmender Härte der Röntgenstrahlen (kleinerer Wellenlänge) nimmt die Streustrahlung zu. Daneben entsteht eine Eigenstrahlung des Werkstoffes infolge Mitschwingens der von der Strahlung getroffenen Atome (Sekundärstrahlung). Durch diese Erscheinungen wird die Fehlererkennbarkeit herabgesetzt. Gegenmittel sind Schwermetallfilter und Bleirasterblenden.

Die Werkstücke werden durch Bleimarkierungen gekennzeichnet, deren Form auf dem Röntgenfilm erscheint. Zur Beurteilung der Röntgenaufnahmen muß ein Prüfkörper auf die Schweißnaht aufgelegt und mitbelichtet werden. Er besteht aus 7 Drähten verschiedenen Durchmessers, die zwischen Gummi gepreßt sind. Die Erkennbarkeit bestimmter Drahtdurchmesser im Röntgenbild, bezogen auf die Blechdicke, ergibt ein Maß für die Fehlererkennbarkeit. Nach DIN 1914, „Richtlinien für die Prüfung von Schweißverbindungen mit Röntgen- und Gammastrahlen", ist bis 50 mm Werkstoffdicke eine Fehlererkennbarkeit von 1,5 % vorgeschrieben *). Dieses Normblatt gibt ferner allgemeine Hinweise und besondere Richtlinien für die Durchstrahlung von Schweißverbindungen. Weitere Normvorschriften bestehen über Filme, Folien und Kassetten [357]).

Bild 196 zeigt Röntgenaufnahmen von Schweißnähten mit verschiedenen Fehlern. Schlackeneinschlüsse sind durch unregelmäßige Form und wolkiges Aussehen gekennzeichnet. Bindefehler erscheinen als dunkle Zeilen, die je nach Lage des Fehlers in der Nahtwurzel oder in den Nahtflanken meistens geradlinig verlaufen. Risse verlaufen unregelmäßig im Bogen oder Zickzack und zeigen häufig Verästelungen. Sie erscheinen besonders ausgeprägt, wenn sie in Richtung der Strahlen liegen. Gasblasen und Poren sind als scharf begrenzte und rundliche Einschlüsse zu erkennen [351]). — Die sichere Beurteilung von Röntgenaufnahmen setzt Erfahrungen und eine genaue Kenntnis der schweißtechnischen, röntgentechnischen und photographischen Arbeitsverfahren voraus.

Schwierig ist oft die Entscheidung, wie sich die festgestellten Fehler auf die Gütewerte und das betriebliche Verhalten der Schweißnaht auswirken. Allgemein ergeben im Röntgenbild schlecht aussehende

*) DIN 1914 wird zur Zeit überarbeitet und als DIN 54110 neu herausgegeben.

Schweißnähte auch geringere Gütewerte [358]). Besonders die Dauerfestigkeit wird durch Bindefehler, Risse und Wurzelfehler herabgesetzt. Nicht durchgeschweißte Stumpfnähte führen zu Kerbwirkungen. Kleinere Poren können im allgemeinen belassen werden, sofern sie nicht perlschnurartig aneinander gereiht sind.

Die Röntgendurchstrahlung als zerstörungsfreies Prüfverfahren hat starke Verbreitung gefunden. Sie ist gut geeignet für die Schweißerüberwachung durch Stichproben aus der laufenden Fertigung.

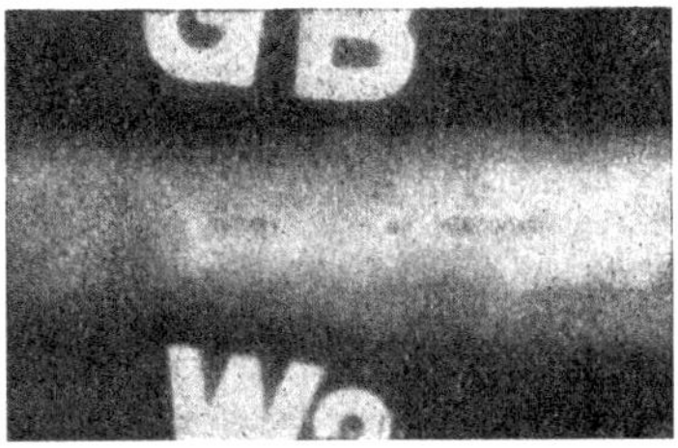

a Wurzelbindefehler

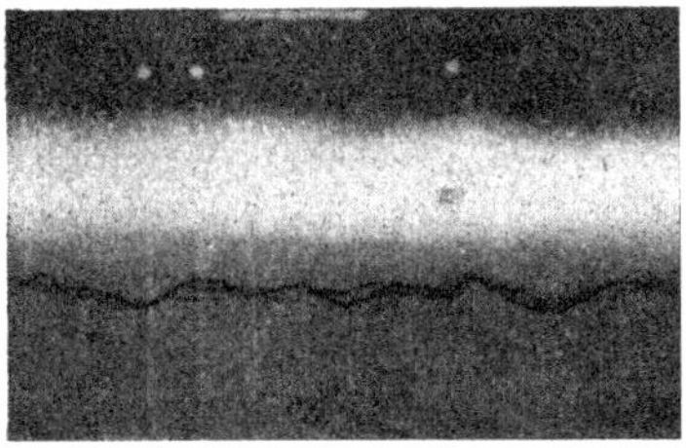

b Riß neben der Schweißnaht

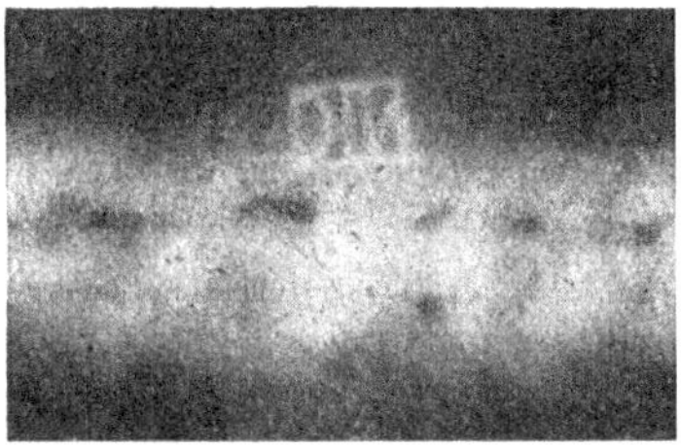

c Schlackeneinschlüsse und Hohlstellen an den Nahtflanken

Bild 196. Röntgenbilder von Schweißnahten

Außer der Untersuchung von Schweißnähten an Stahl wird das Verfahren auch für Nichteisenmetalle, besonders für Leichtmetalle, eingesetzt [359–362]). — Auf die Feinstrukturuntersuchung, die zur Erforschung des Aufbaues der Materie und zum Nachweis von Verformungen und inneren Spannungen dient, kann nicht näher eingegangen werden.

G a m m a s t r a h l e n sind den Röntgenstrahlen ähnlich, aber von noch wesentlich kleinerer Wellenlänge. Sie werden von Salzpräparaten radioaktiver Elemente ausgesandt. Die Präparate werden in Hülsen an einem Stativ vor dem Prüfstück befestigt. Der Durchstrahlungsvorgang ist grundsätzlich der gleiche wie bei Röntgenstrahlen, nur sind die Belichtungszeiten wesentlich größer, weil die Strahlungsenergie geringer ist und wegen der höheren Durchdringungsfähigkeit ein kleinerer Teil auf die photographische Schicht einwirkt. Aus diesem Grunde ist bei kleineren und mittleren Blechdicken auch die Fehlererkennbarkeit geringer. Günstiger werden die Verhältnisse mit zunehmender Wanddicke. Hier führt die leichtere Durchdringung des Werkstückes zur Abnahme der Belichtungszeit gegenüber Röntgenstrahlen; die Bildschärfe wird besser. Gammastrahlen sind geeignet für die Prüfung schwer zugänglicher Stellen bei größerer Wanddicke über 70 mm.

2. Die Magnetpulververfahren (Durchflutungsverfahren) [363])

Jede Unterbrechung des metallischen Zusammenhanges in magnetisierten Werkstoffen bildet ein Hindernis für den magnetischen Fluß. Die magnetischen Kraftlinien werden über und unter diesen Stellen zusammengedrängt. Wenn auf der Oberfläche ein magnetisierbares Pulver, wie Eisenfeilspäne oder Eisenoxydpulver, gestreut oder aufgeschlämmt wird, so sammelt es sich über den Fehlstellen an und bildet für die Kraftlinien eine Brücke. Risse, die mit Röntgenstrahlen wegen ihrer Kleinheit oft nicht gefunden werden, setzen dem magnetischen Fluß erheblichen Widerstand entgegen und können einwandfrei festgestellt werden. Das Verfahren ist eine wertvolle Ergänzung der Röntgendurchstrahlung. Voraussetzung ist, daß der Fehler quer zur Richtung des magnetischen Flusses liegt.

Unterschieden werden zwei Hauptgruppen der Magnetfelderzeugung [364]):

Unter D u r c h t r i t t s m a g n e t i s i e r u n g sind alle Möglichkeiten der Felderzeugung zu verstehen, bei denen unter Polbildung magnetische Kraftlinien in den Prüfkörper eindringen und wieder austreten. Dies erreicht man entweder durch Anordnung des Prüfkörpers zwischen den Polschuhen eines Dauer- oder Elektromagneten (Jochmagnetisierung) oder durch Einführen des Prüflings in eine stromdurchflossene Spule (Spulenmagnetisierung).

Unter S t r o m d u r c h f l u t u n g versteht man alle Möglichkeiten der Felderzeugung, bei denen magnetische Kraftlinien im Prüfling entstehen und in ihm ohne Polbildung geschlossene Bahnen bilden. Hierbei kann man entweder durch den Prüfling einen starken Strom schicken (Selbstdurchflutung) oder bei Hohlkörpern durch den Hohlraum des Prüflings einen stromdurchflossenen Leiter hindurchstecken (Hilfsdurchflutung). In beiden Fällen entstehen im Prüfling Magnetfelder, die den Strom ringförmig umgeben.

Im einzelnen haben folgende Verfahren Bedeutung erlangt:

Bei der Magnet-Fremderregung (Ferroskopverfahren) wird das Werkstück zwischen zwei durch Gleichstrom erregte Magneten gebracht. Bei der Wechselstrom-Eigenerregung (Ferrofluxverfahren, Wechselstromdurchflutung) wird durch Wechselstrom ein ringförmiges Magnetfeld um die Strombahnen erzeugt [365]). Es eignet sich vor allem für die Feststellung von Rissen, die parallel der Stromachse liegen. Das Magnetfeld ist besonders an der Oberfläche des Werkstückes sehr kräftig ausgebildet. Beide Verfahren werden auch vereinigt und ergänzen sich in der Weise, daß Risse sowohl in Längs- als auch in Querrichtung sicher angezeigt werden. Bei der Stoßmagnetisierung mit Gleichstrom (Ferropulsverfahren, Magnetstoßverfahren) wird durch einen kurzen, starken Stromstoß das Werkstück bleibend (remanent) magnetisiert.

Das feinkörnige Eisenpulver, das zur besseren Sichtbarmachung gefärbt werden kann, wird zur Verringerung des Reibungswiderstandes in Öl

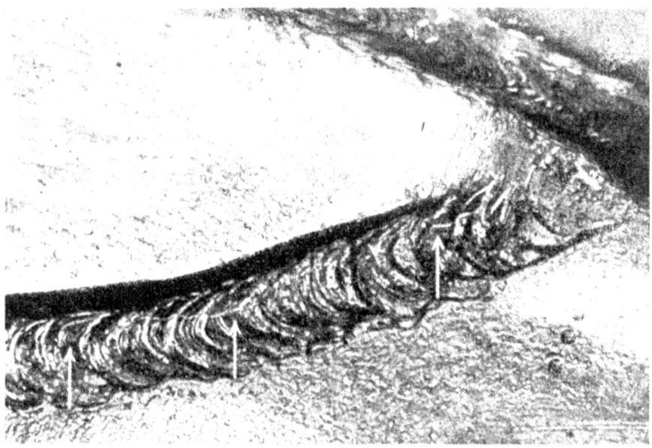

Bild 197. Magnetisch aufgezeigter Riß

aufgeschlämmt (Metallöl). Die feinen Eisenteilchen ordnen sich so wesentlich leichter entsprechend dem Verlauf der Kraftlinien und zeigen durch Anhäufung etwa vorhandene Fehlstellen an. Bild 197 zeigt einen mit dem Verfahren aufgefundenen Riß in einer Kehlnaht. — Durch Aufbringen des Prüföles auf ein dünnes nasses Papier, das auf die Prüfstelle gelegt wird, und Fixieren nach Verdunsten des Öles oder durch Herstellung eines Abdruckes von dem mit Prüföl überspülten Werkstück kann in einfacher Weise der Befund festgehalten werden [366]).

Das magnetische Prüfverfahren ist außerordentlich empfindlich selbst gegenüber feinsten Rissen, die mit der Lupe nicht mehr gesehen werden können oder durch Farbe verdeckt sind. Es ist billig, schnell betriebsbereit und einfach in der Handhabung. Der Fehler muß jedoch nahe der Oberfläche liegen, da die Tiefenwirkung, besonders beim Ferrofluxverfahren, nur gering ist. Einen Anhalt über die Tiefenlage gibt der Vergleich des Befundes bei Gleich- und Wechselstromdurchflutung. Zum Nachweis von Poren, Schlackeneinschlüssen und allmählich einsetzenden Querschnittsveränderungen ist es weniger geeignet.

Im Gegensatz zu dem geschilderten „Übergußverfahren" werden beim Unger-Hilpert-Verfahren besonders ausgebildete Prüfgefäße verwendet, in denen die ferromagnetische Suspension eingeschlossen ist[367]). Das Gefäß ist schmiegsam und besteht aus einem durchsichtigen Deckel sowie einem elastischen, membranartigen Boden, um ein gutes Anschmiegen an die Oberfläche der Schweißnaht zu ermöglichen. Die Prüfflüssigkeit ist eine Aufschwemmung von feingepulvertem Eisenoxyd in destilliertem Wasser.

3. Sonstige zerstörungsfreie Prüfverfahren

Das Fluoreszenzverfahren dient ebenfalls zur Feststellung von Rissen, die jedoch bis zur Oberfläche des Werkstückes reichen müssen. Es beruht darauf, daß eine fluoreszierende Masse auf die zu prüfende Stelle aufgebracht und wieder abgewischt wird. Das Prüfstück wird anschließend mit einer Quarzlampe beleuchtet, wodurch die in Risse und Undichtigkeiten eingedrungene Fluoreszenzmasse aufleuchtet.

Beim Kalkmilchverfahren[368]) wird das Prüfstück nach Reinigung in Öl auf etwa 100° erwärmt, wobei das Öl in etwa vorhandene Risse eindringt. Das Eindringen kann verstärkt werden, wenn das Ölbad in einem geschlossenen Gefäß unter Druck von etwa 3 atü gesetzt wird. Darauf wird das Prüfstück möglichst ohne Temperaturverlust gründlich entfettet und mit einem Gemisch von gelöschtem Kalk und Spiritus bespritzt. Bei Abkühlung durch einen Luftstrom verdampft der Spiritus. Durch die Schrumpfung des Werkstückes wird das in die Risse eingedrungene Öl an die Oberfläche befördert, wodurch auf dem sauber weißen Kalküberzug ein dunkler Fleck erscheint.

Behälter, Gefäße und Kessel können dem Wasserdruckversuch unterworfen werden. Undichtigkeiten der Schweißnähte treten beim Abklopfen zutage; Formänderungen lassen sich durch aufgesetzte Meßuhren zahlenmäßig feststellen. Der Druckversuch kann bis zur Zerstörung des Werkstückes ausgeführt werden.

Akustische Verfahren, bei denen die Schweißnähte mit leichten Hammerschlägen abgeklopft und mit einem Hörrohr abgehorcht werden, haben sich in Deutschland nicht einzuführen vermocht. Das Ergebnis ist unsicher und hängt sehr stark vom Beobachter ab. Bessere Erfolge verspricht die Anwendung von Ultraschallgeräten, die sich in der Entwicklung befinden.

ANHANG: SCHNEIDEN

1. Brennschneiden [369–371]

Das Brennschneiden beruht darauf, daß ein scharf begrenzter Sauerstoffstrahl, der auf weißglühenden Stahl geblasen wird, den Werkstoff örtlich verbrennt und die Verbrennungsprodukte so fortträumt, daß eine gleichmäßige, saubere Schnittkante entsteht. Voraussetzung ist, daß die Zündtemperatur des Werkstoffes unter seiner Schmelztemperatur liegt, und daß die erzeugten Oxyde leicht flüssig sind. Im eigentlichen Sinne brennschneidbar ist nur Stahl (wobei einige Legierungselemente bestimmte Grenzen nicht überschreiten dürfen) und reines Mangan. Bei Gußeisen und anderen Werkstoffen handelt es sich um ein Durchschmelzen, das durch besondere Hilfsmittel unter Umständen ebenfalls befriedigend saubere Schnittkanten ergeben kann. Begriffe, Verfahren und Bezeichnungen des Brennschneidens von Stahl sowie die Anforderungen an brenngeschnittene Flächen sind in DIN E 2310 festgelegt worden.

Der Schneidbrenner unterscheidet sich vom Schweißbrenner dadurch, daß er außer der Düse für die Heizflamme (Vorwärmflamme) eine weitere Düse für den Schneidsauerstoff besitzt. Die Heizdüse kann die Schneiddüse ringförmig umgeben (Ringdüsenbrenner), oder Heizdüse und Schneiddüse sind hintereinander angeordnet (Zweidüsenbrenner). Die aus der Heizdüse brennende Vorwärmflamme wird von einem normalen Gassauerstoffgemisch gespeist. Als Brenngas finden neben Azetylen vorzugsweise Leuchtgas und Wasserstoff wegen ihrer geringeren Flammentemperatur Verwendung. Der aus der Schneiddüse strömende Sauerstoffstrahl wird durch ein Schneidventil freigegeben. Er kann auch durch einen besonderen Schlauch dem Brenner zugeführt werden (Dreischlauchbrenner). Von großem Einfluß auf die Schnittgeschwindigkeit ist die Form der Schneiddüse [372, 373].

Der Ringdüsenbrenner kann in allen Richtungen geführt werden, der Zweidüsenbrenner nur in Richtung der Heizdüse. Viele Schweißbrennerausführungen können durch einen besonderen Schneideinsatz in einen Schneidbrenner umgewandelt werden.

Die Vorwärmflamme (Heizflamme) bringt die Stelle des Werkstücks, wo der Schnitt beginnen soll, zunächst auf Weißglut. Sodann wird das Schneidventil geöffnet, der Sauerstoffstrahl trifft auf die erwärmte Stelle und verbrennt den Stahl. Bei der Verbrennung wird Wärme entwickelt, die in den Werkstoff eindringt und die weitere Vorwärmung bewirkt. Die Heizflamme kann daher klein eingestellt werden, um die erzeugte saubere Schnittkante nicht anzuschmelzen. Der Brenner wird mit einer bestimmten Geschwindigkeit, die der Blechdicke und dem Sauerstoffdruck entspricht, fortbewegt. Stahlbleche bis zu 300 mm Dicke können mit normalen Geräten brenngeschnitten werden; mit Sondergeräten lassen sich Stahlblöcke bis zu 1 m Dicke brennschneiden. Bei zu langsamer Führung des Brenners fangen die Schnittkanten an zu schmelzen, die Schnittfläche wird unsauber. Bei zu schneller Führung wird der Schneidvorgang unterbrochen. Der Schneidsauerstoff muß in diesem Falle abgestellt werden. Der Schnitt wird neu begonnen wie am Anfang.

Der Sauerstoffdruck ist von der Blechdicke abhängig. Die Werte hierfür sowie für den Sauerstoff- und Gasverbrauch und für die Vorschubgeschwindigkeit können aus Tafel 9 entnommen werden. Sie gelten für Handschneidbrenner. Schneidmaschinen ermöglichen größere Vorschubgeschwindigkeiten und entsprechend kleinere Gasverbräuche in l/m.

Zur Führung des Schneidbrenners werden meistens Führungsrollen in der Nähe des Mundstücks angebracht. Dadurch wird gleichmäßiger Abstand der Düse von der Blechoberfläche gewährleistet. Bei geraden Schnitten wird der Brenner zweckmäßig an einem Lineal oder einer sonstigen geraden Kante entlang geführt. Wichtigste Forderung ist gleichmäßige Vorschubgeschwindigkeit.

Sauberste Schnitte werden auf Brennschneidmaschinen[374]) erzielt. Der Vorschub erfolgt maschinell, bei einfacher Ausführung auch mit Handantrieb und maschineller Führung. Die Schnittfläche bedarf keiner Nacharbeit. Bei Serienherstellung wird zweckmäßig mit Schablonen gearbeitet. Die Maschine führt auch verwickelte Schnittfiguren genau nach der Schablone aus, wobei gleichzeitig eine Reihe von Brennern arbeiten können. Mit den meisten Maschinen kann man auch unmittelbar nach der Zeichnung arbeiten, indem ein Laufrad oder Lichtkreuz entlang den entsprechenden Linien auf der Zeichnung fortbewegt wird. Der Schneidbrenner macht die gleiche Bewegung und schneidet damit das Werkstück aus.

Eine Zwischenstufe zwischen Handschneidbrenner und Schneidmaschine bilden die Schneidmotoren. Sie bestehen aus einem elektromotorisch betriebenen Führungswagen, der den Brenner trägt. Der Wagen läuft auf einer besonderen Schiene oder auch unmittelbar auf dem Werkstück, wenn es sich um größere Blechtafeln handelt. Im Gebrauch sind ferner Vorrichtungen, die am Handschneidbrenner angebracht werden und für Sonderarbeiten, wie Schneiden von Kreisen, von Löchern, von Wellen, Abbrennen von Nieten usw., dienen.

Eine Abart des Brennschneidens stellt das Fugenhobeln dar[375]). Es dient zum Ausarbeiten von Rillen mit etwa halbkreisförmigem Querschnitt. In der Schweißfertigung kann das Verfahren zum Freilegen der Nahtwurzeln, zur Beseitigung von Fehlstellen und zum Lösen von Kehlnähten angewandt werden. Die Schmelze wird durch den Sauerstoffstrahl nach vorn geblasen und wärmt dabei die Werkstückoberfläche vor. Ein Teil des Werkstoffes wird verbrannt, der übrige Teil wird nur geschmolzen

Tafel 9. Zahlenangaben für Handschneidbrenner (nach „Griesheim-Tabellen")

Blechdicke	Schnittgeschwindigkeit	Abstand vom Werkstück	Sauerstoffdruckeinstellung	Sauerstoff-Verbrauch		Azetylen-Verbrauch		Wasserstoff-Verbrauch		Leuchtgas-Verbrauch	
mm	mm/min	etwa mm	etwa atü	l/h	l/m	l/h	l/m	l/h	l/m	l/h	l/m
3	300—335	2—3	1,5	1 100	61—55	125	7—6	500	28—25	386	21—19
5	280—315	2—3		1 300	78—69	170	10—9	680	40—36	526	31—28
10	260—300	2—3	2,5	1 700	109—95	260	17—14	1040	67—58	806	52—45
15	240—280	2—4		2 100	145—125	350	24—21	1400	97—83	1080	75—65
20	220—265	2—4		2 500	190—157	400	30—25	1600	121—101	1230	93—78
25	210—250	2—4	3,5	3 000	238—200	450	36—30	1800	143—120	1400	111—93
30	195—240	3—5		3 500	300—243	500	43—35	2000	171—139	1550	133—108
40	175—215	3—5		4 300	410—333	580	55—45	2320	221—180	1800	172—140
50	160—200	3—5	5,0	5 400	560—450	650	68—54	2600	271—217	2010	210—168
60	150—185	3—5		6 300	700—568	710	79—64	2840	315—256	2200	245—198
70	140—170	3—5		7 200	860—705	760	90—75	3040	362—298	2350	280—230
80	130—160	3—5	6,5	8 200	1050—855	810	104—85	3240	415—338	2510	323—262
100	120—150	4—6		10 200	1420—1135	880	122—98	3520	490—391	2730	380—304
120	110—140	4—6	7,5	12 200	1850—1450	950	144—113	3800	576—453	2950	446—350
140	100—135	4—6		14 200	2360—1750	1000	167—123	4000	668—494	3100	518—384
160	95—130	5—8		16 200	2840—2070	1040	183—133	4160	730—535	3220	565—413
180	90—120	5—8	8,5	18 200	3370—2530	1080	200—150	4320	800—600	3350	620—465
200	80—115	6—9		20 200	4200—2930	1120	234—162	4480	935—650	3470	722—504
220	75—110	6—9		22 100	4920—3350	1160	258—176	4640	1030—703	3600	800—546
240	70—105	7—12	9,0	24 000	5720—3810	1190	284—189	4760	1130—756	3690	880—585
300	60—95	8—12	10,0	30 000	8350—5260	1270	354—223	5080	1410—892	3940	1095—690

Die Zahlenangaben sind Mittelwerte Unterschiede und Abweichungen können bedingt werden:

1. durch Verschiedenheit des Werkstoffs,
2. Unterschied in der Sauberkeit und Genauigkeit der Schnittfläche,
3. Unterschied in der Beschaffenheit der Gase, insbesondere durch Unterschied in der Temperatur und im Reinheitsgrad des Sauerstoffs.

Bei Verwendung von normalem, reinem Leuchtgas von etwa 4000 WE können einwandfreie Schnitte bis 200 mm Blechdicke an Stahl St 42 11 erzielt werden

Eine Erhöhung der Schneidleistung kann bei Leuchtgas durch Erhöhung des Leuchtgasdruckes erreicht werden und unverbrannt fortgeblasen. Die ausgearbeitete Rille hat bei richtiger Arbeitsausführung eine sehr glatte Oberfläche.

Das Brennschneiden hat ein ausgedehntes Anwendungsgebiet in der Fertigung gefunden, besonders zur Vorbereitung der Werkstücke für das Schweißen [376]). Bei sachgemäßer Ausführung wird der Werkstoff nicht nachteilig beeinflußt [377, 378]). Die Formen der Einzelteile werden aus Blechen oder Profileisen ausgebrannt. Die Abschrägung der Schweißkanten für V- und X-Nähte wird ausschließlich mit dem Schneidbrenner vorgenommen. Sonderausführungen mit zwei schräg zueinander stehenden Brennern gestatten die Herstellung der Schweißfugen in einem einzigen Arbeitsgang. Sich mit den theoretischen und praktischen Grundlagen des Brennschneidens vertraut zu machen, ist daher für den Lichtbogenschweißer unerläßlich. — Auch plattierte Stähle lassen sich mit besonderen Maßnahmen brennschneiden [379, 380]), sowie übereinander geschichtete saubere Einzelbleche, die kräftig zusammengepreßt werden müssen (Paketschneiden) [381]).

Auf Einzelheiten des Schneidens von Gußeisen [382]) soll nicht eingegangen werden. Auch dieser Werkstoff kann mit Sonderbrennern recht sauber geschnitten werden, obgleich es sich hierbei um ein Durchschmelzen handelt. Ferner sind Sonderbrenner zum Schneiden von Blei entwickelt worden. Eine weitere Sonderausführung ist das Schneiden von Stahl unter Wasser [383]). Vorwärmflamme und Sauerstoffstrahl werden mit einem Preßluftmantel umgeben, der das Wasser von der Arbeitsstelle fortdrückt. Die Drücke der einzelnen Gase müssen dem Wasserdruck entsprechend der jeweiligen Arbeitstiefe angepaßt sein.

2. Schneiden mit dem Lichtbogen

Beim Schneiden mit dem Lichtbogen handelt es sich um ein Durchschmelzen des Werkstoffes, nicht um ein Verbrennen. Das Schneiden kann mit dick umhüllten Elektroden oder mit dem Kohlelichtbogen durchgeführt werden. An Sauberbeit kann der Lichtbogenschnitt keinesfalls mit dem Brennschnitt verglichen werden. Das Verfahren ist als Notbehelf zu bezeichnen und kann in den Fällen angewandt werden, wo es sich lediglich um ein Durchtrennen der Werkstücke oder Brennen von Löchern handelt.

Werden dick umhüllte Elektroden verwandt, so wird der Schnitt im Werkstück etwas breiter als der Außendurchmesser der Elektrode. Man beginnt an dem höchstgelegenen Teil des Werkstücks und arbeitet nach unten. Dadurch wird der abgeschmolzene Werkstoff und die Schlacke daran gehindert, sich am Werkstück festzusetzen, sie werden vielmehr heruntergetrieben. Bei dicken Werkstücken wird zunächst ein flacher Graben ausgeschmolzen, der dann immer mehr vertieft wird. In waagerechter Lage kann man nur bei dünnen Blechen arbeiten, wo der

Schnitt in einem Gang fertiggestellt wird. Zu empfehlen ist, den Schnitt möglichst immer senkrecht oder schräg von oben nach unten auszuführen.

Zum Schneiden eignen sich fast sämtliche dick umhüllten Elektroden. Auf dem Markt befinden sich jedoch besondere Schneidelektroden mit stark oxydierender Umhüllung, die einen Teil des Eisens verbrennen. — Auch unter Wasser kann mit dem Lichtbogen geschnitten werden [384]).

Geeignet sind diese Elektroden, um Löcher in nicht zu dicke Bleche zu schmelzen. Die Elektrode wird schnell und ununterbrochen gegen das Blech gestoßen, bis das Loch fertig ist. Durch diese Bewegung wird der geschmolzene Stahl aus dem Loch herausgetrieben. Die so geschmolzenen Löcher sind im allgemeinen besser, als man zunächst annehmen würde.

Das Schneiden mit dem Kohlelichtbogen wird bei Verschrottungsarbeiten angewandt. Man arbeitet mit Kohledurchmessern von 16 bis 25 mm und Stromstärken von 500 bis 1000 A. Der Schnitt wird wesentlich breiter als mit dick umhüllten Elektroden. Sämtliche Metalle können auf diese Weise durchgeschmolzen werden. Das Verfahren wird bevorzugt bei Gußeisen angewandt. Die Kosten sind verhältnismäßig gering. Zweckmäßig wird auch hier von oben nach unten geschnitten. Man kann jedoch auch auf der Oberfläche eines waagerechten Bleches arbeiten. Hierfür befindet sich am Elektrodenhalter ein Mundstück für Druckluft, wodurch der geschmolzene Werkstoff fortgeblasen wird.

ZUSAMMENSTELLUNG VON NORMEN UND VORSCHRIFTEN

I. Deutsche Normen

1. DIN 477: Gasflaschen-Ventile. Anschlußstutzen Flaschenhalsgewinde.
2. DIN 685: Geprüfte Ketten, Richtlinien für Anforderungen an Rundgliederketten.
3. DIN 1050: Berechnungsgrundlagen für Stahl im Hochbau.
4. DIN 1600: Stahl und Eisen. Übersicht. Markenbezeichnung.
5. DIN 1602: Werkstoffprüfung. Begriffe. (Festigkeitsversuche an metallischen Werkstoffen.)
6. DIN 1605: Werkstoffprüfung. Mechanische Prüfung der Metalle.
7. DIN 1611. Flußstahl geschmiedet oder gewalzt, unlegiert, Maschinenbaustahl.
8. DIN 1612: Flußstahl gewalzt, Formstahl, Stabstahl, Breitflachstahl.
9. DIN 1613: Schraubenstahl zum Warmstauchen, Kettenstahl.
10. DIN 1620: Stahlbleche (Allgemeines).
11. DIN 1621. Grobbleche (> 4,75 mm Dicke).
12. DIN 1622: Mittelbleche (3 bis 4,75 mm Dicke).
13. DIN 1623: Feinbleche (< 3 mm Dicke).
14. DIN E 1625: Nahtlose Flußstahlrohre mit gewährleisteten Warmfestigkeiten. Technische Lieferbedingungen.
15. DIN E 1626: Autogen und elektrisch geschweißte Flußstahlrohre und Formstücke. Technische Lieferbedingungen.
16. DIN 1628: Überlappt geschweißte Flußstahlrohre.
17. DIN 1629: Nahtlose Flußstahlrohre.
18. DIN 1631. Vignolschienen und Zungenschienen für Haupt- und Nebeneisenbahnen.
19. DIN 1632: Stahlschwellen für Haupt- und Nebeneisenbahnen.
20. DIN 1651. Automatenstahl.
21. DIN 1652: Gezogener Stahl.
22. DIN E 1654: Schraubenstahl.
23. DIN 1659: Nahtlose Futterrohre (Bohrrohre) für Ölbohrungen nach dem Rotary-(Drehbohr-) Verfahren.
24. DIN E 1660: Neue Markenbezeichnungen für unlegierte und niedriglegierte Einsatz- und Vergütungsstähle (DIN 1661, 1662, 1663, DIN E 1664/65).
25. DIN 1661. Einsatz- und Vergütungsstahl.
26. DIN 1662: Nickel- und Chrom-Nickelstahl.
27. DIN 1663: Chromstahl. Chrom-Molybdänstahl.
28. DIN E 1664: Chromstahl, Chrommanganstahl — Einsatzstähle.
29. DIN E 1665: Chromstahl, Chrommanganstahl, Manganstahl — Vergütungsstähle.
30. DIN 1681. Stahlguß.
31. DIN Vornorm 1682: Stahlguß mit gewährleisteten Warmfestigkeitseigenschaften.
32. DIN 1691. Grauguß, unlegiert oder niedriglegiert.
33. DIN 1692: Temperguß.
34. DIN 1701: Rohnickel.
35. DIN 1704: Zinn.
36. DIN 1705: Bronze und Rotguß.
37. DIN 1706: Zink.
38. DIN 1707: Lötzinn.
39. DIN 1708: Kupfer, Hüttenkupfer (Raffinadekupfer) und Elektrolytkupfer.
40. DIN 1709: Messing.
41. DIN 1710: Silberlot.

42. DIN 1711. Schlaglot (Hartlot).
43. DIN 1712: Reinaluminium.
44. DIN 1713: Aluminiumlegierungen. Einteilung.
45. DIN 1714: Aluminiumbronze.
46. DIN 1717: Magnesiumlegierungen.
47. DIN 1718: Kupferlegierungen.
48. DIN E 1724: Zinklegierungen.
49. DIN E 1725: Aluminiumlegierungen.
50. DIN E 1726: Kupferlegierungen.
51. DIN E 1727: Nickel, Kobalt und ihre Legierungen.
52. DIN E 1728: Blei, Zinn und ihre Legierungen.
53. DIN E 1729: Magnesiumlegierungen.
54. DIN E 1730: Weichlote für Schwermetalle und Eisenwerkstoffe.
55. DIN E 1732: Legierungen zum Schweißen und Löten der Leichtmetalle.
56. DIN E 1733: Legierungen zum Schweißen und Hartlöten der Schwermetalle und zum Hartlöten der Eisenwerkstoffe.
57. DIN E 1734: Silberlote für Schwermetalle und Eisenwerkstoffe.
58. DIN 1750: Halbzeug aus Nichteisen-Metallen.
59. DIN 1901. Gasschweißgerät — Schläuche.
60. DIN 1902: „ — Schlauchtüllen und Verschraubung.
61. DIN 1903: „ — Kleinschweißbrenner.
62. DIN 1904: „ — Schweiß- und Schneidbrenner.
63. DIN 1905: „ — Schneidbrenner.
64. DIN 1906: „ — Druckminderer.
65. DIN 1907: „ — Manometer.
66. DIN 1908: „ — Flaschenanschluß für Druckminderer.
67 DIN 1909: „ — Kupplung für Azetylenflaschen.
68. DIN E 1910: Schweißen. Begriffsbestimmungen für Verfahren.
69. DIN E 1911: Schweißen. Nahtformen.
70. DIN E 1912: Schweißen. Sinnbilder für Zeichnungen.
71. DIN Vornorm 1913: Technische Lieferbedingungen für Schweißdraht zur Lichtbogen- und Gasschmelzschweißung von Stahl.
72. DIN 1914 *): Richtlinien für die Prüfung von Schweißverbindungen mit Röntgen- und Gammastrahlen.
73. DIN E 2301: Zusatzwerkstoffe für Lichtbogen- und Gasschweißung von Gußeisen der Sorten Ge 12 · 91 bis Ge 22 · 91.
74. DIN E 2310: Brennschneiden von Stahl, Begriffe, Verfahren und Zeichen.
75. DIN 2393: Geschweißte Präzisionsstahlrohre, mehrfach kalt gezogen.
76. DIN 2394: Geschweißte Präzisionsstahlrohre, einmal kalt gezogen oder kalt gewalzt.
77. DIN 2403: Kennfarben für Rohrleitungen.
78. DIN E 2447· Flußstahlrohre, ellirageschweißt und überlapptgeschweißt. Übersicht.
79. DIN 2453: Flußstahlrohre, wassergasgeschweißt, für Nenndruck 1 bis 50.
80. DIN 2454: Flußstahlrohre, autogengeschweißt, für Nenndruck 1 bis 6.
81. DIN 2461. Sondergeschweißte Stahlmuffenrohre von NW 300 bis 800 für Gasleitungen bis 1 kg/cm² Betriebsdruck und für Wasserleitungen bis ND 16.
82. DIN 2470: Richtlinien für Gasrohrleitungen mit geschweißten Verbindungen von mehr als 200 mm Durchmesser und mehr als 1 kg/cm² Betriebsdruck.
83. DIN 2471: Richtlinien für die Prüfung von Rohrschweißern.
84. DIN 4100: Vorschriften für geschweißte Stahlhochbauten.
85. DIN E 4101. Berechnungsvorschriften für geschweißte, vollwandige stählerne Straßenbrücken.

*) In Zukunft DIN 54 110.

86. DIN 4641. Berufsschutzbrillen. Schutzbrillengläser.
87. DIN 4642: Berufsschutzbrillen. Schutzbrillengläser. Technische Lieferbedingungen.
88. DIN 4644: Berufsschutzbrillen. Schutzbrille mit Seitenschutz. (*Stroof*sche Schutzbrille.)
89. DIN 4645: Berufsschutzbrillen. Schutzbrille mit Stahlfassung, Fassung, Seitenschutz.
90. DIN 4646: Berufsschutzbrillen. Strahlungsschutz. Beiblatt: Erläuterungen.
91. DIN 4647: Berufsschutzbrillen. Strahlungsschutz. Richtlinien für die Anwendung. Beiblatt: Erläuterungen.
92. DIN 4655: Schutzmasken und Schutzschilde für Elektroschweißer, technische Lieferbedingungen.
93. DIN 4661. Stahlflaschen für Flüssiggas, Probedruck 25 und 45 kg/cm².
94. DIN 4664: Nahtlose Stahlflaschen für verdichtete Gase.
95. DIN 4666: Nahtlose Stahlflaschen für Azetylen.
96. DIN 4667: Stahlflaschen. Schutzkappen.
97. DIN 4668: Stahlflaschen. Halsringe.
98. DIN 4669: Stahlflaschen. Füße.
99. DIN 4671. Gasflaschen. Kennzeichnung.
100. DIN 4801—4804: Warmwasserbereiter aus Flußstahl (enthält auch Vorschriften zur Berechnung der Schweißnähte).
101. DIN 4810: Druckkessel (geschweißt) für Wasserversorgungsanlagen.
102. DIN 4833: Korrosionsversuche an Leichtmetallen.
103. DIN 4850: Richtlinien für die Durchführung und Auswertung von Korrosionsversuchen an Metallen.
104. DIN 4851. Maßeinheit für Gewichts- und Dickenabnahme an Metallen (Korrosionsversuch).
105. DIN 4852: Prüfung in kochenden Flüssigkeiten (Korrosionsversuch).
106. DIN 4853: Prüfung von Leichtmetallen auf Seeklima- und Seewasser-Beständigkeit (Korrosionsversuch).
107. DIN 4854: Druckgefäßversuch. Prüfung bei Druck und Temperaturerhöhung.
108. DIN 6806: Strahlenschutzregeln für technische Röntgeneinrichtungen und -anlagen.
109. DIN E 31 700: Richtlinien für den Einsatz von Thomas- und Siemens-Martin-Stahl im Lokomotivbau.
110. DIN Vornorm 50 100: Prüfung der Dauerfestigkeit (Schwingungsfestigkeit), Begriffe, Zeichen und Versuchsdurchführung.
111. DIN 50 114: Zugversuch an dünnen Blechen.
112. DIN Vornorm 50 121. Mechanische Prüfung von Schweißverbindungen. Faltversuch (Biegeversuch).
113. DIN Vornorm E 50 123: Prüfung von Leichtmetallen. Zugversuch an Schmelzschweißverbindungen.
114. DIN Vornorm E 50 124: Prüfung von Leichtmetallen. Scherzugversuch an Punktschweißnähten.
115. DIN Vornorm 50 142: Dauerbiegeversuch für Leichtmetalle — Flachbiegeversuch.
116. DIN 50 351. Härteprüfung nach *Brinell.*
117. DIN 53 922: Kalzium-Karbid (Technische Lieferbedingungen, Probenentnahme, Prüfverfahren).
118. DIN E 54 121. Begriffsbestimmungen und Prüfzeichen beim Magnetpulververfahren.
119. DIN Vornorm DVM-Prüfverfahren A 101. Tiefungsversuch an Blechen und Bändern (nach *Erichsen*).
120. DIN Vornorm DVM-Prüfverfahren A 103 *): Härteprüfung nach *Rockwell.*

*) In Zukunft: DIN Vornorm 50 103.

121. DIN Vornorm DVM-Prüfverfahren A 108—110: Festigkeitsprüfung von Gußeisen (Probenahme, Zugversuch, Biegeversuch).
122. DIN Vornorm DVM-Prüfverfahren A 112: Bestimmung der Streckgrenze bei höheren Temperaturen. (Warmstreckgrenze.)
123. DIN Vornorm DVM-Prüfverfahren A 113: Umlaufbiegeversuch (Wechselbiegeversuch mit umlaufender Probe).
124. DIN Vornorm DVM-Prüfverfahren A 114: Zugversuch an dünnen Blechen.
125. DIN Vornorm DVM-Prüfverfahren A 115: Kerbschlagversuch mit der DVM- und ISA-Probe.
126. DIN Vornorm DVM-Prüfverfahren A 117: Dauerstandfestigkeit von Stahl bei hohen Temperaturen.
127. DIN Vornorm DVM-Prüfverfahren A 118: Durchführung von Dauerstandversuchen mit Stahl bei hohen Temperaturen.
128. DIN Vornorm DVM-Prüfverfahren A 120: Mechanische Prüfung von Schweißverbindungen. Zugversuch.
129. DIN Vornorm DVM-Prüfverfahren A 122: Mechanische Prüfung von Schweißverbindungen. Kerbschlagversuch.
130. DIN Vornorm DVM-Prüfverfahren 125: Probestäbe für Zugversuche — Richtlinien für die Herstellung.
131. DIN Vornorm DVM 132: Härteprüfung nach *Brinell* bei Temperaturen bis 400^0.
132. DIN Vornorm DVM 133: Härteprüfung nach *Vickers*.
133. DIN Rönt 35: Bandfilme, Verstärkerfolien, Kassetten für Röntgenaufnahmen von Schweißnähten.

II. Vorschriften der Deutschen Reichsbahn

1. Vorläufige technische Lieferbedingungen für Schweißdraht für Verbindungs- und Auftragschweißung an genormten Stahlsorten nach dem Gas- und Lichtbogenschmelzschweißverfahren mit Anhang für Brückenschweißdrähte.
2. Technische Lieferbedingungen für gußeiserne Schweißstäbe.
3. Vorläufige Vorschriften für geschweißte Fahrzeuge (Vogefa) mit Anhang für geschweißte Lokomotivkessel und -feuerbuchsen.
4. Vorläufige Vorschriften für geschweißte vollwandige Eisenbahnbrücken.
5. Vorläufige technische Lieferbedingungen für Formstahl, Stabstahl, Breitflachstahl, Schraubenstahl, Nietstahl und dergleichen.
6. Vorläufige technische Lieferbedingungen für Baublech, Flußstahl gewalzt, 5 mm dick und darüber (Grobbleche).
7. Technische Lieferbedingungen für Baustahl St 52 und Nietstahl St 44.
8. Entwurf der technischen Lieferbedingungen für den beruhigt vergossenen Thomasstahl St 46 in Dicken $\leq$ 30 mm.
9. Vorläufige technische Bedingungen für das Schweißen von neuen und altbrauchbaren Gleis- und Weichenschienen, Federzungenschienen und Vollschienen nach dem elektrischen Widerstandsverfahren.
10. Vorläufige technische Lieferbedingungen für das Aufschweißen von Rippenunterlagsplatten, Unterlagsplatten und Gleitstählen auf stählerne Weichenschwellen.
11. Vorläufige besondere Bedingungen für das elektrische Aufschweißen der Zungenwurzeln auf die Gelenkstücke bei Drehstuhlzungenvorrichtungen.
12. Vorläufige technische Bedingungen für stählerne Bahnschwellen mit aufgeschweißten Rippenunterlagsplatten.
13. Vorläufige technische Bedingungen für das Schweißen von stählernen Schwellen.
14. Merkblatt für das Maschinen-Brennschneiden.
15. Anleitungen für die Wahrnehmung der Abnahme auf den Lieferwerken, XI. Teil: Schweißen.
16. Anweisung für Röntgenuntersuchungen.

III. Sonstige Vorschriften

1. Die Azetylenverordnung (Polizeiverordnung über die Herstellung, Aufbewahrung und Verwendung von Azetylen sowie über die Lagerung von Kalziumkarbid).
2. Die Druckgasverordnung (Polizeiverordnung über die ortsbeweglichen geschlossenen Behälter für verdichtete, verflüssigte und unter Druck gelöste Gase).
3. Werkstoff- und Bauvorschriften für Landdampfkessel der Reichshauptstelle für die technische Überwachung, Berlin.
4. Richtlinien für die Ausbildung und Prüfung von Kesselschweißern. Erlaß des Reichswirtschaftsministers vom 30. November 1928 — III SW 26 049/38 — (im Anschluß und in Ergänzung Erlasse vom 29. September 1936 — IV 28 651/36, 8333/36 — und vom 15. September 1937 — IV 23 699/37, 9504/37).
5. Spannungsfreiglühen schmelzgeschweißter Werkstücke für Dampfkessel an Stelle des Normalglühens. Erlaß des Reichswirtschaftsministers vom 6. März 1940.
6. Richtlinien für Druckgefäße aus Reinaluminium. Vereinbarung zwischen dem Reichsverband der Technischen Überwachungsvereine, der Fachgruppe Apparatebau, der Wirtschaftsgruppe Maschinenbau und der Aluminiumzentrale (Anhang: Richtlinien für Schweißer- und Arbeitsprüfungen).
7. Werkstoff- und Bauvorschriften für Schiffsdampfkessel. Abschnitt II B „Schweißung", Neufassung vom 15. September 1937
8. Germanischer Lloyd, Berlin: Elektrische Schweißung, Ergänzung zu den Vorschriften für Klassifikation und Bau von flußeisernen See- und Binnenschiffen. (Hierzu: Richtlinien für die Zulassung zur Schweißung von Steven, Ruderpfosten und Ruderarmen sowie Werkstoff-Vorschriften.)
9. Werkstoff-Vorschriften 1940 des Germanischen Lloyd.
10. Lloyd's Register of Shipping, Hamburg: Vorschriften für die Anwendung der elektrischen Lichtbogenschweißung in der Konstruktion von Schiffen.
11. Richtlinien für den Bau von Heißdampf-Rohrleitungen. Herausgegeben von der Vereinigung der Großkesselbesitzer.
12. Verband Deutscher Elektrotechniker: Vorschriften über geschweißte Gittermasten.
13. Wirtschaftsgruppe Elektrizitätsversorgung: Technische Anschlußbedingungen für Starkstromanlagen unter 1000 Volt im Versorgungsgebiet des Elektrizitätsversorgungsunternehmens.
14. VDE 0540: Regeln für Gleichstrom-Lichtbogen-Schweißgeneratoren und -umformer.
15. VDE 5041. Regeln für Lichtbogenschweißtransformatoren.
16. VDE 0121. Vorschriften für den Hochspannungsschutz in nichtmedizinischen Röntgenanlagen.
17. Reichsgesetzblatt 1941, I, 88: Verordnung zum Schutz gegen Schädigungen durch Röntgenstrahlen und radioaktive Stoffe in nichtmedizinischen Betrieben (Röntgenverordnung).
18. Reichsarbeitsblatt 1941, III, 46: Ausführungsbestimmungen zur Röntgenverordnung.
19. Unfallverhütungsvorschriften für die Anwendung von Röntgenstrahlen in nichtmedizinischen Betrieben.
20. Richtlinien für Schweißlehrgänge. Herausgegeben und bearbeitet vom Fachausschuß für Schweißtechnik beim VDI gemeinsam mit dem Verband für autogene Metallbearbeitung e.V und der Deutschen Gesellschaft für Elektroschweißung e.V
21. Reichsinstitut für Berufsausbildung in Handel und Gewerbe, Berlin: Berufseignungsanforderungen für den Eintritt in den Lehrberuf Schmelzschweißer, Prüfungsanforderungen für den Lehrberuf Schmelzschweißer, Prüfungsanforderungen für Schmelzschweißer-Lehrmeister.
22. VDI-Richtlinien 2007· Schweißen von Kunststoffen.

SCHRIFTTUMSVERZEICHNIS

1) *Landolt-Börnstein:* Physikalisch-chemische Tabellen, 5. Auflage, Bd. 1 u. 2 nebst Ergänzungsband 1 bis 3. Berlin, Verlag Julius Springer, 1923—1936.

2) *Polanyi, M.*. Über die Natur der Festigkeit, Mitteilungen der Deutschen Materialprüfungsanstalten, Sonderh. XIII, S. 113. Berlin, Verlag Julius Springer, 1930.

3) *Biltz, W.*. Über den metallischen Zustand, Mitteilungen der Hannoverschen Hochschulgemeinschaft, H. 17/18 (1937), S. 29.

4) Spannung, Widerstand, Strom. Herausgegeben vom Reichsinstitut für Berufsausbildung in Handel und Gewerbe. Leipzig und Berlin, Verlag B. G. Teubner, 1943.

5) Verein deutscher Eisenhüttenleute: Gemeinfaßliche Darstellung des Eisenhüttenwesens, 14. Auflage. Düsseldorf, Verlag Stahleisen m. b. H., 1937 Weitere Schrifttumsangaben daselbst.

6) *Scheer, L.*. Was ist Stahl? Einführung in die Stahlkunde für jedermann, 7 Auflage. Berlin, Verlag Julius Springer, 1942.

7) *Tewes, K.:* Wichtige, in der Schweißtechnik vorkommende Stahlsorten, ihre Eigenschaften und ihr Verhalten beim Schweißen, Autog. Metallbearb. 37 (1944), H. 1/2, S. 2 und H. 3/4, S. 21.

8) Werkstoff-Handbuch, Stahl und Eisen, 2. Auflage. Düsseldorf, Verlag Stahleisen m. b. H., 1937

9) *Krug, P.*. Eignung der verschiedenen Stahlsorten für die Lichtbogen- und die Autogenschweißung, Fertigungstechnik (1943), H. 8, S. 185.

10) Werkstoff- und Bauvorschriften für Landdampfkessel. Berlin, Berliner Verlagsanstalt G. m. b. H. (Vormals Technischer Verlag der Buch- und Tiefdruck G. m. b. H.)

11) Das Zustandsschaubild Eisen—Kohlenstoff, Bericht Nr. 180 des Werkstoffausschusses des Vereins Deutscher Eisenhüttenleute. Zu beziehen vom Verlag Stahleisen m. b. H., Düsseldorf.

12) *Goerens, P.*. Einführung in die Metallographie, 6. Auflage. Halle (Saale), Verlag Wilhelm Knapp, 1932.

13) *Tewes, K.*. Stahl und Eisen beim Schweißen. Essen, Vulkan-Verlag Dr. W Classen, 1942. Weitere Schrifttumsangaben daselbst.

14) *Lüder, E.*. Löten und Lote, 2. Auflage. AWF-Heft 207 Berlin, Beuth-Vertrieb, 1936.

15) *Zeyen, K. L.*. Schweißen an Stelle von Löten bei legierten Stählen, Metallwirtschaft 19 (1940), H. 41, S. 913.

16) *Weidle, R.*. Zur Hartlötung von Gußeisen und Stahl, Autog. Metallbearb. 36 (1943), H. 11/12, S. 149.

17) *Fischer, O.*. Vorgänge und Festigkeiten beim Hartlöten. Berlin, VDI-Verlag, 1939.

18) *Schimpke, P.* u. *Horn, H. A.:* Praktisches Handbuch der gesamten Scheißtechnik (2 Bände), 3. Auflage. Berlin, Verlag Julius Springer, 1938 und 1943.

19) *Zeyen, K. L.* u. *Lohmann, W.*. Schweißen der Eisenwerkstoffe. Düsseldorf, Verlag Stahleisen, 1943.

20) *Holler, H.*. Leitfaden für Autogenschweißer, 16. Auflage. Halle (Saale), Verlag Carl Marhold, 1940.

21) *Henning, A.*. Das Schweißen thermoplastischer Kunststoffe, Kunststoffe 32 (1942), H. 4, S. 103 u. H. 6, S. 183.

22) VDI 2007, Schweißen von Kunststoffen (VDI-Richtlinien). Berlin, VDI-Verlag, 1942.

23) *Meller, K.:* Taschenbuch für die Lichtbogenschweißung, 3. Auflage. Leipzig, Verlag S. Hirzel, 1943.

24) *Zahn, B.*. Elektroschweißung, Z. VDI 85 (1941), H. 14, S. 325.

25) *Thiemer, E.*. Das Arcatom-Schweißgerät, seine Wirkungsweise, Handhabung und Anwendung, T. Z. prakt. Metallbearb. 52 (1942), H. 3/4, S. 36; H. 5/6, S. 58; H. 7/8, S. 83 u. H. 9/10, S. 103.
26) *Ahlert, W.*. Die Thermit-Schweißung, Stahl und Eisen 60 (1940), H. 9, S. 173.
27) *Gönner, O.*. Die elektrische Widerstandschweißung. München, Carl Hanser Verlag, 1942.
28) *Fahrenbach, W.*. Widerstandschweißen (H. 73 d. Werkstattbücher). Berlin, Verlag Julius Springer, 1939.
29) *Kilger, H.*. Fertigungstechnik und Güte abbrenngeschweißter Verbindungen. Braunschweig, Verlag Friedr. Vieweg & Sohn, 1936.
30) *Rietsch, E.*. Die Widerstands-Abbrennschweißung und ihre selbsttätige Durchführung, Maschinenbau/Betrieb 16 (1937), H. 1/2, S. 25.
31) *Schnarz, R.*. Die Leichtmetall-Widerstandschweißtechnik im Flugzeugbau, Luftwissen 8 (1941), H. 9, S. 270.
32) *Hoch, Fr.*. Elektrische Punktschweißzeuge, Elektroschweißung 8 (1937), H. 2, S. 21.
33) *Schnarz, R.*. Steuerungen mit Stromrichtern für Punkt- und Nahtschweißmaschinen, Elektroschweißung 13 (1942), H. 4, S. 49.
34) *Gabler, K. G.*. Schweißen dünner Leichtmetallbleche durch Widerstandschmelzschweißung, Z. VDI 82 (1938), H. 49, S. 1399.
35) *Helbing, F.*. Entwicklung und Einsatz des Weibel-Schweißverfahrens im Flugzeugbau, Junkers-Nachr. 14 (1943), H. 7/8, S. 53.
36) *Helbing, F.*. Das Weibel-Schweißverfahren im Flugzeugbau, Luftwissen 10 (1943), H. 7, S. 198.
37) *Helbing, F.*. Das Fesa-Weibel-Schweißverfahren und seine Anwendungsmöglichkeiten in der Fertigung von Leichtmetallteilen, Metallwirtschaft 20 (1941), H. 43, S. 1052.
38) *von Rajakovics, E.*. Erfahrungen mit einem neuen Schmelzschweißverfahren für dünne Bleche, Maschinenbau/Betrieb 18 (1939), H. 15/16, S. 395.
39) *Hofer, F.*. Elektrische Schweißung von Zinkblechen nach dem Weibel-Verfahren, Elektroschweißung 11 (1940), H. 8, S. 129.
40) *Gabler, K. G.*. Schweißen von Aluminium und seinen Legierungen, Maschinenbau/Betrieb 20 (1941), H. 7, S. 297
41) Proben über autogene Preßschweißung, Zeitschr. f. Schweißtechnik 32 (1942), H. 7, S. 185.
42) Neues Gasstumpfschweißverfahren für Eisenbahnschienen, Z. VDI 85 (1942), H. 39/40, S. 607
43) *Fink, W.*. Lichtbogentheorie für Elektroschweißer, Heft 1 der Schriftenreihe „Aus Theorie und Praxis der Elektroschweißung. Braunschweig, Verlag Friedr. Vieweg & Sohn, 1936.
44) *Strelow, W.*. Entwicklung und Verwendung der Elektroden in der Lichtbogenschweißung, Z. VDI 79 (1935), H. 36, S. 1080.
45) *Lucas, P.*. Thermische Untersuchungen des elektrischen Lichtbogens, Arcos-Hausmitteilungen 17 (1940), H. 94/95, S. 2036.
46) *v. Pohl, M.*. Fortschritte der Elektroschweißung in der Sowjet-Union im Jahre 1939, Elektroschweißung 11 (1940), H. 8, S. 136.
47) Zur Theorie des Lichtbogens, Elektroschweißung 13 (1942), H. 4, S. 61.
48) *v. Conrady, H.:* Untersuchungen über die Spannungsverteilung im Schweißlichtbogen, Elektroschweißung 8 (1937), H. 6, S. 101 u. H. 7, S. 125.
49) *Röll, W.*. Der Spannungsabfall im Schweißlichtbogen und seine Abhängigkeit von Polung und Elektrodenart. Berlin, VDI-Verlag, 1940.
50) *Hilpert, A.* und *v Conrady, H.:* Der Zeitlupenfilm als Untersuchungsverfahren des Schweiß- und Schneidvorganges, T. Z. prakt. Metallbearb. 43 (1933), H. 5/6, S 87 und H. 7/8. S. 114.

51) v. *Conrady, H.* und *Müller, G.*. Über die Vorgänge im elektrischen Schweißlichtbogen, Elektroschweißung 4 (1933), H. 1, S. 1.

52) *Nieburg, F.*. Kräfte im Schweißlichtbogen, Elektroschweißung 9 (1938), H. 6, S. 101 u. H. 7, S. 127

53) v. *Conrady, H.*. Der Werkstoffübergang im Schweißlichtbogen, Elektroschweißung 11 (1940), H. 7, S. 109. Auszug hieraus: Z. VDI 85 (1941), H. 3, S. 77

54) *Humburg, K.*. Die Kennlinien von Schweißstromerzeugern, Elektroschweißung 8 (1937), H. 6, S. 107

55) *Scheuring, W* und *Haas, K.*. Neue Erkenntnisse über Schweißeigenschaften von Schweißmaschinen, Elektroschweißung 10 (1939), H. 10, S. 185.

56) *Stolberg, G.*. Der Einfluß der Stand- und der Stoßkennlinie auf die Schweißeigenschaften von Schweißstromerzeugern, erscheint demnächst in der Elektroschweißung.

57) Regeln für Gleichstrom-Lichtbogen-Schweißgeneratoren und -umformer, VDE 0540. — Regeln für Lichtbogen-Schweißtransformatoren, VDE 0541. Zu beziehen vom ETZ-Verlag, Berlin-Charlottenburg 4, VDE-Haus; veröffentlicht ETZ 60 (1939), H. 36, S. 1087; 61 (1940), H. 43, S. 975 und 62 (1941), H. 4, S. 76. Siehe dazu auch: *Haas, K.*: ETZ 61 (1940), H. 43, S. 973.

58) *Langkau, H.*: Die Streufeld-Schweißmaschine, Z. VDI 83 (1939), H. 12, S. 357

59) *Becken, O.*. Schweißumformer für das Handwerk, Z. VDI 83 (1939), H. 35, S. 1002.

60) *Holtey, E.*. Schweißanlagen mit Dieselantrieb, Siemens-Zeitschrift 17 (1937), H. 7, S. 380.

61) *Langkau, H.*. Diesel-elektrische Eingehäuse-Aggregate für Lichtbogenschweißung, Elektroschweißung 9 (1938), H. 8, S. 150 u. H. 11, S. 213.

62) *Le Comte, H.*. Arbeitszeitsparende und unfallverhütende Schweißeinrichtungen, Z. VDI 83 (1939), H. 8, S. 237

63) *Becken, O.*. Ein vielseitig verwendbarer neuer Schweißumformer. Elektroschweißung 10 (1939), H. 3, S. 42.

64) *Holtey, E.*. Die Wirtschaftlichkeit von Ein- und Mehrstellenschweißumformern, Siemens-Zeitschrift 15 (1935), H. 6, S. 247

65) *Kottenhahn, W.*. Eingehäuse-Mehrstellen-Schweißumformer mit Schweißstromregler, Z. VDI 84 (1940), H. 43, S. 830.

66) *Kaiser, H.*. Ausrüstung von Maschinenbauwerkstätten mit Schweißanlagen, Elektrotechnik und Maschinenbau 59 (1941), H. 39/40, S. 453.

67) *Bauer, H.*. Ortsbewegliche Vielstellen-Schweißanlage mit Schweißstromregelung am Arbeitsplatz, BBC-Nachrichten 30 (1943), H. 2, S. 38.

68) *Hofmann, R.*. Schweißgleichrichter — ein neues Schweißstromerzeugungsverfahren für elektrische Lichtbogenschweißung, Maschinenbau/Betrieb 17 (1938), H. 23/24, S. 627

69) *Hofmann, R.*. Schweißtrockengleichrichter — ein bedeutsamer Fortschritt auf dem Gebiete der Lichtbogenschweißmaschinen, Elektroschweißung 7 (1936), H. 11, S. 215 u. H. 12, S. 239.

70) *Ritz, K.*. Lichtbogen-Schweißgeräte und ihre Entwicklung, Elektroschweißung 14 (1943), H. 12, S. 157

71) *Koch, H.*. Eignung von Gleich- und Wechselstrom für die Lichtbogenschweißung, Anzeiger f. Maschinenwesen, Essen, 63 (1941), H. 56, S. 8. Weiteres Schrifttum daselbst.

72) *Kaiser, H.*. Schweißumformer oder -umspanner für das Handwerk, ETZ 61 (1940), H. 9, S. 203.

73) Verband der Eisen- und Metallberufsgenossenschaften: Sicherheitslehrbrief für Elektroschweißer. Zu beziehen von der Nordwestlichen Eisen- und Stahl-Berufsgenossenschaft, Hannover (Bestell-Nr. V 133).

74) *Stieler, C.*. Der Einfluß der Stromart auf die Güte der Schweißnähte, Elektroschweißung 8 (1937), H. 4, S. 61 u. H. 5, S. 88.

75) Können Lichtbogenschweißgeräte noch an stark belastete Netzanschlüsse oder Transformatorenstationen angeschlossen werden? Arcos-Hausmitteilungen 17 (1940), H. 97/98, S. 2089.

76) *Thoma, R.*. Spannungsschwankungen beim Betrieb von Lichtbogenschweißgeräten, Elektrowärme 9 (1939), H. 8, S. 169. Siehe auch Arcos-Hausmitteilungen 16 (1939), H. 92/93, S. 2004.

77) Der Anschluß von Lichtbogenschweißmaschinen im Hinblick auf die neuen technischen Anschlußbedingungen der Elektrizitätswerke, Arcos-Hausmitteilungen 16 (1939), H. 92/93, S. 2002.

78) *Thoma, R.*. Der Einfluß der neuen VDE-Regeln auf den Anschluß von elektrischen Lichtbogenschweißgeräten, Elektrizitätswirtschaft 40 (1941), H. 30, S. 463.

79) *Haas, K.* und *Scheuring, W.*. Vorschlag zur Normung von Schweißumformern, Elektroschweißung 8 (1937), H. 11, S. 208. Auszug daraus Z. VDI 82 (1938), H. 35, S. 1033.

80) AWF-Karte 3077, zu beziehen vom Beuth-Vertrieb m. b. H., Berlin W 15, Uhlandstraße 175.

81) Neue Kleinschweißgeräte, Luftwissen 10 (1943), H. 7, S. 202.

82) *Glage, W.*. Die AEG-Kleinzange zum Schweißen und Löten, AEG-Mitteilungen (1943), H. 9/12, S. 33.

83) *Stieler, E.*. Eine behelfsmäßige Vorrichtung zum Verschweißen nackter Drähte und Seelendrähte von der Rolle, Elektroschweißung 15 (1944), H. 3, S. 38.

84) *Thiemer, E.*. Selbsttätige Drahtlichtbogenschweißeinrichtungen, deren Aufbau und Anwendung, T. Z. prakt. Metallbearb. 49 (1939), H. 15/16, S. 601 u. H. 17/18, S. 659.

85) *Kempkens, K.*. Selbsttätige Lichtbogenschweißeinrichtungen, Maschinenbau/Betrieb 19 (1940), H. 7, S. 297

86) *Müller, L.*. Ein neuartiger Automat für die Leistungs- und Gütesteigerung beim Lichtbogenschweißen. Tagungsbericht über die 3. Kjellberg-Tagung, S. 19. Finsterwalde N. L., Kjellberg Elektroden und Maschinen G. m. b. H., 1938.

87) *Groebler, H.* und *Juvan, H.*. Automatische Lichtbogenschweißung von Leichtmetallen, Elektroschweißung 12 (1941), H. 7, S. 109.

88) *Thiemer, E.*. Das Arcatom-Schweißgerät, seine Wirkungsweise, Handhabung und Anwendung, T. Z. prakt. Metallbearb. 52 (1942), H. 3/4, S. 36; H. 5/6, S. 58; H. 7/8, S. 83 u. H. 9/10, S. 103.

89) *Thiemer, E.*. Das Arcatom-Schweißverfahren und seine maschinelle Anwendung, Elektroschweißung 10 (1939), H. 3, S. 43.

90) *Würges, M.*. Die deutsche Normung der Schutzbrillen, Autog. Metallbearb. 35 (1942), H. 16, S. 237

91) Vorschlag des VDI-Fachausschusses für Schweißtechnik, kritischer Schnellbericht über das wesentliche in- und ausländische Schrifttum der Schweißtechnik, herausgegeben vom VDI-Fachausschuß für Schweißtechnik 8 (1940), H. 2, S. 1.

92) *Liedloff, K.*. Schweißelektroden, Der Elektroschweißer 2 (1938), H. 2, S. 17 u. H. 3, S. 30.

93) *Bischof, F.*. Schweißdraht, Draht-Welt 34 (1941), H. 16, S. 203; H. 17, S. 217; H. 18, S. 227 u. H. 19, S. 239.

94) *Rapatz, F.*: Der heutige Stand des Seelendrahtes in der Schweißtechnik, Elektroschweißung 14 (1943), H. 8, S. 103.

95) *Gloor, K.*. Preßmantelelektroden und Elektrodenpressen, Elektroschweißung 12 (1941), H. 4, S. 53.

96) Elektroden-Handbuch für die Lichtbogenschweißung der Kjellberg Elektroden- und Maschinen G. m. b. H., Finsterwalde N. L., 1941.

97) *Jurczyk, K.*. Senkrechtschweißungen, Vergleichsversuche zwischen umhüllten und blanken Elektroden, Arcos-Hausmitteilungen 16 (1939), H. 91, S. 1979.

98) *Wimmer, P.*. Die Außermittigkeit von umhüllten Schweißdrähten, Elektroschweißung 13 (1942), H. 11, S. 162.

99) *Quadflieg, J.*. Die Abschmelzleistung von Schweißelektroden und ihre Anwendung bei der Kalkulation, Elektroschweißung 12 (1941), H. 9. S. 150.

100) *Meller, K.*. Taschenbuch für die Lichtbogenschweißung, 3. Auflage. Leipzig, Verlag S. Hirzel, 1943.

101) Begriffsbestimmungen und Schweißzeichen nach DIN Entwurf 1910/12, Z. VDI 84 (1940), H. 19, S. 325.

102) *Kuntze, W.*. Wege zur Erkennung der mechanischen Wertigkeit von Schweißnähten, Autog. Metallbearb. 34 (1941), H. 15, S. 241.

103) Werkstoff- und Bauvorschriften für Landdampfkessel nebst Erläuterungen. Berlin, Beuth-Vertrieb G. m. b. H.

104) *Vigener, K.*. Die neuen Vorschriften für geschweißte Dampfkessel, Z. VDI 80 (1936), H. 40, S. 1215.

105) *Hoefer, K.*. Die Vorschriften des Germanischen Lloyd für Schmelzschweißungen an Dampfkesseln und Druckbehältern, Schiffbau 43 (1942), H. 12, S. 273.

106) *Thum, A.* und *Erker, A.*. Schweißen im Maschinenbau, Teil 1. Berlin, VDI-Verlag, 1943.

107) *Thum, A.* und *Erker, A.*. Gestaltfestigkeit von Schweißverbindungen. Berlin, VDI-Verlag, 1942.

108) *Brunner, P.*. Die bestimmenden Einflüsse auf die Biegewechselfestigkeit von Schweißverbindungen unter Ausschaltung der Formeinflüsse, Elektroschweißung 14 (1943), H. 7, S. 85.

109) *Kommerell, O.*. Erläuterungen zu den Vorschriften für geschweißte Stahlbauten mit Beispielen für die Berechnung und bauliche Durchbildung, 5. Auflage. Berlin, Verlag Wilhelm Ernst & Sohn, 1942.

110) *Hänchen, R.*. Schweißkonstruktionen (Grundlagen der Herstellung, der Berechnung und Gestaltung. Ausgeführte Konstruktionen). Berlin, Verlag Julius Springer, 1939.

111) *Mayer-Sidd, E.* und *Ruhland, J.*. Merkbuch für die Praxis der elektrischen Lichtbogenschweißung. Berlin, Union Deutsche Verlagsgesellschaft, Roth u. Co., 1938.

112) *Bobek*. Schweißen im Maschinenbau, Teil 2: Gestaltung. Berlin, VDI-Verlag, 1944.

113) *Krug, P* und *Fahrenbach, W.*. Schweißen im Maschinenbau, Teil 3: Fertigung. Berlin, VDI-Verlag, 1944.

114) *Bierett, G.*. Die Dauerhaltbarkeit geschweißter Maschinenteile, Maschinenschaden 15 (1938), H. 9, S. 133 u. H. 10, S. 160.

115) *Cornelius, H.*. Die Dauerfestigkeit von Schweißverbindungen, Z. VDI 81 (1937), H. 30, S. 883.

116) *Thum, A.* und *Erker, A.*. Einfluß von Kerben und Eigenspannungen auf die Dauerhaltbarkeit von Schweißverbindungen, Autog. Metallbearb. 35 (1942), H. 4, S. 49.

117) *Thum, A.* und *Erker, A.*. Dauerbiegefestigkeit von Kehl- und Stumpfnahtverbindungen, Z. VDI 82 (1938), H. 38, S. 1101.

118) *Thum, A.* und *Erker, A.*. Wechsel-Verdrehfestigkeit von Kehlnahtverbindungen, Elektroschweißung 10 (1939), H. 11, S. 205.

119) *Holler, H.* und *Schnedler, H.*. Verhalten von geschweißten Stählen bei tiefen Temperaturen, Autog. Metallbearb. 35 (1942), H. 10, S. 141.

120) *Bischof, F.*. Über die Stickstoffaufnahme beim Lichtbogenschweißen mit nackten Elektroden, Elektroschweißung 14 (1943), H. 1, S. 11.

121) *Bischof, F.*. Über die Löslichkeit von Stickstoff im flüssigen Schweißgut beim Lichtbogenschweißen nackter, verschieden legierter Elektroden, Elektroschweißung 14 (1943), H. 5, S. 63.

122) *Müller, F. H.*: Der Einfluß des Wasserstoffs in Schweißungen mit Mantelelektroden, Elektroschweißung 13 (1942), H. 3, S. 38; H. 4, S. 57 u. H. 5, S. 71.

123) *Cornelius, H.*: Der Einfluß von Kohlenstoff und Mangan auf die Schweißbarkeit von Stahl, Z. VDI 82 (1938), H. 41, S. 1200.

124) *Zeyen, K. L.*: Betrachtungen über den Nachweis der Schweißbarkeit von Stahl mit dem Lichtbogen, erscheint demnächst in der Elektroschweißung.

125) *Werner, O.*: Beitrag zur Analyse des Aufschweißbiegeversuches, Archiv für das Eisenhüttenwesen 15 (1941), H. 5, S. 219.

126) *Zeyen, K. L.*: Vergleich von Prüfverfahren für die Schweißbarkeit, durchgeführt an 20 niedrig gekohlten Stählen, Elektroschweißung 12 (1941), H. 5, S. 79.

127) *Kühnel, R.*: Die Schweißbarkeit von Stahl, Elektroschweißung 13 (1942), H. 6, S. 81 u. H. 7, S. 104.

128) Vorläufige technische Lieferbedingungen für Formstahl, Stabstahl, Breitflachstahl, Schraubenstahl, Nietstahl u. dgl. der Deutschen Reichsbahn. 91 802, A 4, H. 10, 8 c, Berlin III, 40. — Vorläufige technische Lieferbedingungen für Baubleche, Flußstahl gewalzt, 5 mm dick und darüber (Grobbleche) der Deutschen Reichsbahn. 918 162, 74 d, H. 6, 8 c, Berlin III, 40.

129) *Hoefer*: Die Werkstoffvorschriften 1940 des Germanischen Lloyd, Werft—Reederei —Hafen 22 (1941), H. 4, S. 63.

130) *Tewes, K.*: Das Gefügebild der Schweißnaht, Autog. Metallbearb. 32 (1939), H. 2, S. 17 u. H. 3, S. 33.

131) *Tewes, K.*: Metallographische Prüfung der Schweißung, Autog. Metallbearb. 34 (1941), H. 20, S. 321.

132) *Zimm, W.*: Nutzen und Grenzen der Nachbehandlung von Schweißungen, Wärme 65 (1942), H. 21/22, S. 196.

133) *Schoenmaker, P.* und *Bergsma, H. A.*: Einfluß der autogenen Vorbearbeitung auf die Eigenschaften von elektrischen Schweißverbindungen, Autog. Metallbearb. 34 (1941), H. 12, S. 195.

134) *Malisius, R.*: Fugenhobeln, ein neues wirtschaftliches Arbeitsverfahren als Hilfsmittel bei der Schweißfertigung, Elektroschweißung 14 (1943), H. 11, S. 147.

135) *Kottenhahn, W.*: Vorrichtungen zur Ausführung von Lichtbogenschweißungen, T. Z. prakt. Metallbearb. 52 (1942), H. 15/16, S. 169 u. H. 17/18, S. 191.

136) *Schneider, W. J.*: Schweißvorrichtungen im Stahlbau, Elektroschweißung 11 (1940), H. 5, S. 82.

137) *Dahms*: Welcher Hilfsmittel bedient sich eine moderne Schweißerei? Hausmitteilungen der Westfälischen Union, 1939, Augustheft, S. 19.

138) *Bierett, G.*: Zur Festigkeitsfrage bei der Schweißung festerer Baustähle, Elektroschweißung 9 (1938), H. 7, S. 121.

139) *Bischof, F.*: Beitrag zur Frage der Kraterbildung beim Lichtbogenschweißen, Elektroschweißung 12 (1941), H. 6, S. 89.

140) *Hesse, R.*: Praktische Regeln für den Elektroschweißer, Heft 74 der Werkstattbücher. Berlin, Verlag Julius Springer, 1939.

141) *Söchting, W.*: Das zeitgemäße Schweißen, I. Teil: Das Elektroschweißen, 6. Auflage. Leipzig, Verlag Dr. Max Jänecke, 1942.

142) *Scharf, J.*: Schweißen von Kehlnähten mit nackten Elektroden, Elektroschweißung 14 (1943), H. 6, S. 79. Dazu Stellungnahme von *Schellong, F.*: Elektroschweißung 15 (1944), H. 2, S. 27.

143) *Krakat, J.*: Die Prüfungsaufgaben der Lehrschweißerprüfung, Elektroschweißung 11 (1940), H. 5, S. 86.

144) *Dag Du Rietz*: Blaswirkungen bei der Lichtbogenschweißung, Heft 5 der Schriftenreihe „Aus Theorie und Praxis der Elektroschweißung" Braunschweig, Verlag Friedr. Vieweg & Sohn, 1937 u. Elektroschweißung 7 (1936), H. 6, S. 101.

145) *Meller, K.*: Magnetische Blaswirkungen bei der Lichtbogenschweißung, Elektroschweißung 5 (1934), H. 10, S. 185.

146) *Schellong, O.*. Magnetische Blaswirkung bei der Lichtbogenschweißung mit Gleichstrom vom Standpunkt des Praktikers, Elektroschweißung 6 (1935), H. 5, S. 93.

147) *Winterfeld, R.*. Beobachtungen über die Blaswirkung beim Lichtbogenschweißen mit Gleichstrom, Elektroschweißung 6 (1935), H. 11, S. 207.

148) *Koch, H.*. Schrumpfungen und Schrumpfspannungen bei der Lichtbogenschweißung. Dissertation T. H. Hannover, 1935.

149) *Malisius, R.*. Die Schrumpfung geschweißter Stumpfnähte. Heft 2 der Schriftenreihe „Aus Theorie und Praxis der Elektroschweißung" Braunschweig, Verlag Friedr. Vieweg & Sohn, 1936.

150) *Malisius, R.*. Formänderungen an Stahlträgern infolge der Schrumpfwirkung von Lichtbogenschweißungen in Längsrichtung. Dissertation T. H. Stuttgart, 1939. Mitt. Forsch.-Anst. GHH-Konzern 8 (1940), H. 1, S. 15 u. H. 2, S. 29.

151) *Lottmann:* Schrumpfspannungen im Schiffbau und ihre Messung, Sonderheft der 71. VDI-Hauptversammlung 1939, S. 25.

152) *Lottmann:* Schrumpfspannungen und deren Beachtung beim Lichtbogenschweißen, Z. VDI 74 (1930), H. 38, S. 1340 u. H. 46, S. 1560.

153) *Gerold, E.* und *Drozd, A.*. Längenänderungen beim Schweißen und beim Ausglühen von geschweißten Bauteilen, Elektroschweißung 11 (1940), H. 9, S. 141.

154) *Mosig-Ewert:* Maßnahmen gegen den Verzug elektrisch geschweißter Blechkörper, Maschinenbau/Betrieb 18 (1939), H. 21/22, S. 545.

155) *Malisius, R.*. Verfahren zum Richten geschweißter Träger, Elektroschweißung 14 (1943), H. 3, S. 29.

156) *Bierett, G.*. Versuche zur Ermittlung der Schrumpfspannungen in geschweißten Stumpfnahtverbindungen, Z. VDI 78 (1934), H. 23, S. 709.

157) *Bierett, G.* und *Grüning, G.*. Schrumpfspannungen in autogen geschweißten Teilen, Autog. Metallbearb. 27 (1934), H. 16, S. 259.

158) *Grüning, G.*. Die Schrumpfspannungen beim Schweißen, Stahlbau 7 (1934), H. 14, S. 110.

159) *Bierett, G.*. Zur Beherrschung der Schrumpfwirkungen. Vorbericht zum zweiten Kongreß der internationalen Vereinigung für Brückenbau und Hochbau, S. 483. Berlin, Verlag Wilhelm Ernst u. Sohn, 1936.

160) *Bollenrath, F.*. Behinderte Formänderung in Schweißnähten, Stahl u. Eisen 54 (1934), H. 24, S. 630.

161) *Bollenrath, F.*. Weitere Untersuchungen über Eigenspannungen in einfachen Schweißnähten, Arch. Eisenhüttenw. 9 (1935), H. 4, S. 203.

162) *Bollenrath, F.*. Das Verhalten von Schweißspannungen in Behältern bei innerem Überdruck, Stahl u. Eisen 57 (1937), H. 15, S. 389 u. H. 16, S. 419.

163) *Gerold, E.* und *Krafft, W.*. Über die Eigenspannungen und Zonen bleibender Verformungen in geschweißten Bauteilen, Elektroschweißung 12 (1941). H. 11, S. 173.

164) *Gerold, E.* und *Krafft, W.*. Über den Einfluß von Vorspannungen auf die Restspannungen und Gebiete bleibender Verformung bei der Lichtbogenschweißung, Elektroschweißung 13 (1942), H. 8, S. 113.

165) *Colbus, J.*. Spannungen bei autogenen und elektrischen Auftragschweißungen, Autog. Metallbearb. 34 (1941), H. 19, S. 314.

166) *Schade, J.*. Eigen- und Schweißspannungen in Eisenbahnschienen, Autog. Metallbearb. 35 (1942), H. 13, S. 189 u. H. 14, S. 205.

167) *Klöppel, K.*. Beitrag zur Bestimmung von Eigenspannungen in geschweißten Stahlteilen, Forschungshefte aus dem Gebiete des Stahlbaues (1943), H. 6, S. 61.

168) *Möller, H.*. Die Verfahren zur Spannungsmessung mit Röntgenstrahlen, Mitt. K.-Wilh. Inst. Eisenforschung 21 (1939), S. 295.

169) *Klöppel, K.*. Das Verhalten längsbeanspruchter Schweißnähte und die Frage der Zusammenwirkung von Betriebs- und Schrumpfspannungen, Stahlbau 11 (1938), H. 14/15, S. 105.

170) *Thum, A.* und *Erker, A.*: Einfluß von Kerben und Eigenspannungen auf die Dauerhaltbarkeit von Schweißverbindungen, Autog. Metallbearb. 35 (1942), H. 4, S. 49.

171) *Klöppel, K.*. Über Bruchfestigkeiten geschweißter Stahlbauten, Elektroschweißung 12 (1941), H. 12, S. 189; 13 (1942), H. 1, S. 5 u. H. 2, S. 25.

172) *Bierett, G.*. Über das Verhalten geschweißter Träger bei Dauerbeanspruchung unter besonderer Berücksichtigung der Schweißspannungen. Berichte des Deutschen Ausschusses für Stahlbau, Heft 7. Berlin, Verlag Julius Springer, 1937

173) *Zeyen, K. L.*. Schweißrissigkeit, Schweißempfindlichkeit, Schweißnahtrissigkeit und Prüfverfahren für diese Fehlererscheinungen. Luftfahrtforschung 20 (1943), H. 8/9, S. 231.

174) *Rapatz, F* und *Schütz, F.*. Schweißtechnische Fragen um den Stahl St 52. Stahl u. Eisen 58 (1938), H. 14, S. 378.

175) *Sexauer, W.*. Beobachtungen über die Warmrißempfindlichkeit von Schweißnähten, Elektroschweißung 9 (1938), H. 2, S. 21.

176) *Zeyen, K. L.*: Zur Frage der Schweißempfindlichkeit, Techn. Mitt. Krupp. 4 (1936), H. 4, S. 115 u. Z. VDI 80 (1936), H. 32, S. 969.

177) *Bardenheuer, P* und *Bottenberg, W.*. Die Schweißrissigkeit von Chrom-Molybdänstählen, Arch. Eisenhüttenw. 11 (1938), H. 8, S. 375.

178) *Eilender, W* und *Pribyl, R.*. Zur Frage der Schweißempfindlichkeit von Chrom-Molybdänstählen, Arch. Eisenhüttenw 11 (1938), H. 9, S. 443.

179) *Müller, J.*. Die Ursache der Schweißrissigkeit an Flugzeugbaustählen, Luftfahrtforschung 17 (1940), Lfg. 4, S. 97

180) *Antonioli, A.*. Die Ursachen der Schweißrissigkeit von Chrom-Molybdänstählen, Stahl u. Eisen 62 (1942), H. 26, S. 540. Erörterung in Stahl u. Eisen 62 (1942), H. 41, S. 863.

181) *Buchholz, H.*. Zur Prüfung der Schweißempfindlichkeit von Baustählen, Bautechn. 19 (1941), H. 36, S. 386.

182) *Bierett, G.*. Über die Schweißung im Brückenbau, T. Z. prakt. Metallbearb. 49 (1939), H. 9/10, S. 386.

183) *Werner, O.*. Über den Zusammenhang zwischen Stahleigenschaften und Schweißbarkeit von Stählen, Elektroschweißung 10 (1939), H. 4, S. 61,

184) *Buchholtz, H.* und *Bettzieche, W.*. Die Prüfung der Schweißempfindlichkeit von Baustählen, Stahl u. Eisen 60 (1940), H. 51, S 1145.

185) *Houdremont, E.*, *Schönrock, K.* und *Wiester, H. J.*. Der Aufschweißbiegeversuch und seine Eignung zur Prüfung von Baustählen, Techn. Mitt. Krupp, Forschungsberichte 2 (1939), H. 15, S. 191.

186) Untersuchungen über Rißerscheinungen an einer geschweißten Brücke, Stahl u. Eisen 62 (1942), H. 40, S. 844.

187) *Kühnel, R.*. Bewertung der Schweißbarkeit des St 52, Stahlbau 16 (1943), H. 19/20, S. 75. Polemik dazu Stahlbau 17 (1944)), H. 8/9, S. 39.

188) *Wasmuth, R* Die Aufschweißbiegeprobe und ihre Eignung zur Prüfung von Baustählen, Bautechn. 18 (1940), H. 8, S. 77

189) *Albers, K.*. Zusammenhänge zwischen der Höhe der Kerbschlagzähigkeit und der Bruchform der Aufschweißbiegeprobe, Z. VDI 87 (1943), H. 43/44, S. 677 Siehe auch Autog. Metallbearb. 37 (1944), H. 5/6, S. 50.

190) *Hauttmann, H.*. Der Preßnutbiegeversuch, Arch. Eisenhüttenw. 15 (1942), H. 7, S. 331.

191) *Pusch, A.*. Entwicklung der Baustähle, insbesondere des St 52, Abnahmeprüfungen und Bedingungen der Reichsbahn, Die Abnahme 4 (1941), H. 12, S. 93.

192) Technische Lieferbedingungen für Baustahl St 52 und Nietstahl St 44 der Deutschen Reichsbahn. Druckschrift 918, 156, I. 37 Vorläufiger Nachtrag I, Berichtigungsblätter 1, 2 u. 3, II. 41.

193) *Schulz, E. H.* und *Bischof, W.*. Neuere Entwicklung des Stahles St 52 für den Großstahlbau, Z. VDI 84 (1940), H. 14, S. 229.

194) *Busch, H.* und *Reulecke, W.*. Untersuchungen über Rißerscheinungen an einer geschweißten Brücke, Stahl u. Eisen 62 (1942), H. 4, S. 66. Erörterung der Ausführungen Stahl u. Eisen 62 (1942), H. 40, S. 844.

195) *Grosse, W.*. Untersuchungen über Bruchbildungen an geschweißten Bauwerken aus St 52, Stahl u. Eisen 60 (1940), H. 21, S. 441.

196) *Bierett, G.*. Über die Abhängigkeit von Nahtbeschaffenheit und mechanischen Eigenschaften, Elektroschweißung 8 (1937), H. 8, S. 148.

197) *Bierett, G.*: Untersuchungen zur Ermittlung günstiger Herstellungsbedingungen für die Baustellenstöße geschweißter Brückenträger, Elektroschweißung 12 (1941), H. 6, S. 94 u. H. 7, S. 114.

198) *Bierett, G.* und *Albers, K.*. Einfluß der Nahtform und der Schweißausführung auf die Querverspannung beim Schweißen unter Einspannung. Berichte des Deutschen Ausschusses für Stahlbau, H. 13. Berlin, Verlag Julius Springer, 1942.

199) *Zeyen, K. L.*. Einfluß der Wärmebehandlung auf die Festigkeitseigenschaften von Schweißungen an Baustahl St 52, Stahl u. Eisen 60 (1940), H. 21, S 456.

200) *Zeyen, K. L.*. Untersuchungen über statische Festigkeit, Kerbschlagzähigkeit und Dauerfestigkeit von geschweißtem Baustahl St 52 nach verschiedenen Wärmebehandlungen und nach Schweißung unter Vorwärmung, Techn. Mitt. Krupp, Forschungsberichte 3 (1940), H. 6, S. 87

201) *Stieler, C.*: Schweißerfahrungen mit Stahl St 52, Maschinenbau-Betrieb 20 (1941), H. 3, S. 117

202) *Kühnel, R.*. Bewertung der Schweißbarkeit des St 52, Ergebnisse von Zulassungsprüfungen, Stahlbau 16 (1943), H. 19/20, S. 75.

203) *Schulz, E. H.* und *Bischof, W.*. Die Werkstofffrage beim Schweißen dicker Abmessungen von St 52, Stahlbau 14 (1941), H. 10/11, S. 41 u. H. 12/13, S. 57

204) *Werner, O.*. Beitrag zur Analyse des Aufschweißbiegeversuches, Arch. Eisenhüttenw. 15 (1941), H. 5, S. 219.

205) *Werner, O.*. Einige neuere Ergebnisse zum Aufschweißbiegeversuch, Stahlbau 15 (1942), H. 4/5, S. 9 u. H. 6/7, S. 21.

206) *Kuntze, W.*. Prüftechnische Erfassung der Ursachen zum Sprödbruch, Stahlbau 14 (1941), H. 21/22, S. 97

207) *Hauttmann, H.*. Beitrag zur Kenntnis der Vorgänge beim Schweißen von St 52, Stahlbau 12 (1939), H. 14/15, S. 115.

208) *Kuntze, W.*. Prüftechnische Bewertung von Baustählen, Arch. Eisenhüttenw. 17 (1943/44), H. 5/6, S. 127 Anschließend Erörterung.

209) *Mac Cutcheon, E. M.* und *Kingsley, D. M.*: Einfluß des Hämmerns auf Lichtbogenschweißungen, Bericht: Elektroschweißung 8 (1937), H. 11, S. 217

210) *Graf, O.*. Über den Einfluß des Spannungsfreiglühens auf die technischen Eigenschaften der Baustähle und Bauelemente, Stahlbau 17 (1944), H. 14/15, S. 65.

211) *Busch, H.*. Das Gefüge geglühter Kesselblechschweißungen, Elektroschweißung 10 (1939), H. 1, S. 9

212) *Ulrich, M.*. Was bedeuten bei Schweißnähten die Gütevorschriften und die mechanischen und metallographischen Prüfungen im Hinblick auf die Widerstandsfähigkeit und Betriebszuverlässigkeit? Autog. Metallbearb. 35 (1942), H. 19, S. 281.

213) *Schmidt, O.* und *Jöllenbeck, E.*. Normal- und Spannungsfreiglühen von Schweißnähten, Elektroschweißung 11 (1940), H. 4, S. 57

214) *Schmidt, O.* und *Jöllenbeck, E.*: Normal- und Spannungsfreiglühen, Elektroschweißung 13 (1942), H. 10, S. 141 u. H. 11, S. 156.

215) *Busch, H.*: Das Glühen hochbewerteter Elektroschweißnähte im Kessel- und Behälterbau, Arch. Eisenhüttenw. 16 (1942), H. 5, S. 187.

216) *Matting, A., Gentner, F* und *Schnabbe, R.*: Die Glühbehandlung lichtbogengeschweißter Kesselnähte, Elektroschweißung 15 (1944), H. 7, S. 85 u. H. 8, S. 106.

217) *Bohny, C. M.* und *Busch, H.*. Spannungsfreiglühen elektrisch geschweißter Träger aus Baustahl St 52, Mitt. Forsch.-Anst. GHH-Konzern 10 (1943), H. 4, S. 59. Siehe auch Stahlbau 16 (1943), H. 25/26, S. 108.

218) *Schneider, W J.*. Einrichtungen zum Vorwärmen und Glühen geschweißter Werkstücke, Elektroschweißung 11 (1940), H. 11, S. 180.

219) *Isermann, A. W.*. Das Glühen von Schweißnähten im Rohrleitungsbau, Elektroschweißung 11 (1940), H. 6, S. 99.

220) *Tormin, R.*. Die Entwicklung von elektrischen Glühvorrichtungen für Rohrschweißnähte, Elektroschweißung 14 (1943), H. 3, S. 35.

221) *Müller, W.*. Schweißen von dünnen Stahlblechen, ETZ 61 (1940), H. 10, S. 240.

222) *Wüst, J.*: Kohleschweißung mit dem Gleichstromlichtbogen, Elektroschweißer 5 (1941), H. 3, S. 13 u. H. 4, S. 19.

223) *Wüst, J.*: Halbautomatische Kohlelichtbogenschweißung, Elektroschweißung 14 (1943), H. 4, S. 49.

224) *Pflug, H.*. Handschweißen dünner Bleche mit dem Kohlelichtbogen, Elektroschweißung 7 (1936), H. 1, S. 10.

225) *Jurczyk, K.*. Das elektrische Lichtbogenschweißen dicker Bleche, Elektroschweißung 11 (1940), H. 9, S. 146.

226) *Zeyen, K. L.*: Neuzeitliche Dickblechschweißung, Elektroschweißung 14 (1943), H. 9, S. 125. Erörterung dazu: „Zur Mossprep-Fuge", Elektroschweißung 15 (1944), H. 2, S. 26.

227) *Samesreuther, R.*. Plattierte mehrschichtige Werkstoffe und ihr Verschweißen untereinander, Autog. Metallbearb. 34 (1941), H. 11, S. 177.

228) *Canzler, H.*. Werkstoffumstellung und Werkstoffeinsparung im chemischen Apparatebau, Z. VDI, Beiheft Verfahrenstechnik (1941), H. 1, S. 1.

229) *Hase, C.*: Das Schweißen von plattierten Blechen, Technische Mitteilungen des Hauses der Technik, Essen, 32 (1939), H. 6, S. 196.

230) *Rädecker, W.*. Eigenschaften und Anwendbarkeit plattierter Grobbleche, Metallwirtschaft 9 (1941), H. 37, S. 817

231) Kupferplattierungen, Werkstoffe für den Fortschritt. Werbeschrift des Deutschen Kupferinstitutes, Berlin W 50, 1942.

232) *Hase, C.*: Schweißen und Löten von plattierten Rohren, Autog. Metallbearb. 36 (1943), H. 17/18, S. 217

233) *Richter, G.*. Beitrag zur Schweißung von nickelplattierten Blechen, Autog. Metallbearb. 35 (1942), H. 9, S. 129.

234) *Schumacher, W.*. Beitrag zur Frage des Schweißens von Stahlguß, Gießerei 27 (1940), H. 26, S. 515.

235) *Schmidt, H.*. Beitrag zur Ausbesserung von bearbeiteten Stahlgußkörpern durch Schweißen, Elektroschweißung 13 (1942), H. 9, S. 131.

236) *Tewes, K.*. Stahl und Eisen beim Schweißen, 2. Auflage. Essen, Vulkan-Verlag, Dr. W Classen, 1944.

237) *Zeyen, K. L.* und *Schottky, H.*. Das Schweißen legierter Stähle, Metallwirtschaft 18 (1939), H. 16, S. 343 u. H. 17, S. 363.

238) *Zeyen, K. L.* und *Lohmann, W.*. Das Schweißen der Eisenwerkstoffe. Düsseldorf, Verlag Stahleisen, 1943.

239) *Zeyen, K. L.*. Das Schweißen von Stählen großer Festigkeit, Techn. Mitt. Krupp 3 (1935), H. 4, S. 176 u. Stahl u. Eisen 55 (1935), H. 34, S. 901.

240) *Zeyen, K. L.*. Schweißen von Kohlenstoff-Stählen mit höherer Festigkeit, Techn. Mitt. Krupp. 4 (1936), H. 3, S. 83 u. Stahl u. Eisen 56 (1936), H. 23, S. 654.

241) *Bungardt, K.*. Über das Schweißen der nichtrostenden und säurebeständigen Stähle, T. Z. prakt. Metallbearb. 49 (1939), H. 19/20. S. 706 u. H. 21/22, S. 753.

242) *Cornelius, H.*. Schweißen von korrosions- und hitzebeständigen Stählen, Z. VDI 84 (1940), H. 8, S. 132 u. H. 10, S. 173.
243) *Buchmann, W.*. Hitzebeständige Stähle für Überhitzeraufhängungen, Mitteilungen der VGB 79/80 (1940), S. 142.
244) *Houdremont, E.* und *Schafmeister, P.*. Verhütung der Korngrenzenkorrosion bei Stählen mit 18 % Co und 18 % Ni, Arch. Eisenhüttenw. 7 (1933/34), H. 3, S. 187
245) *Cornelius, H.*. Schweißen von Chromstählen mit weniger als 10 % Cr, Z. VDI 83 (1939), H. 23, S. 707
246) *Hougardy, H.*. Die Bedeutung des elektrischen Schweißens für die Verarbeitung des säurebeständigen Stahles, Elektroschweißung 9 (1938), H. 1, S. 5.
247) DRP 567 094 vom 5 Oktober 1930 der Fried. Krupp A.-G., Essen.
248) *Zeyen, K. L.*. Verwendung von Schweißdrähten, die austenitisches Gefüge ergeben, für die Schweißung unlegierter und niedriglegierter (nichtaustenitischer) Stähle, Techn. Mitt. Krupp 5 (1937), H. 4, S. 89 u. Autog. Metallbearb. 30 (1937), H. 9, S. 130 u. 31 (1938), H. 8, S. 139.
249) *Zeyen, K. L.*. Anwendung der Auftragschweißung für Ausbesserungsarbeiten und für Neufertigung, Techn. Mitt. Krupp 7 (1939), H. 2, S. 15.
250) *Zeyen, K. L.*. Beitrag zur Herstellung harter Auftragschweißungen bei Ausbesserungsarbeiten und bei Neufertigung, T. Z. prakt. Metallbearb. 50 (1940), H. 9/10, S. 243.
251) *Haufe, W.*. Die Schmelzschweißung bei der Anfertigung und Instandsetzung von Schnellstahl-Werkzeugen, Elektroschweißung 15 (1944), H. 4, S. 45.
252) *Zeyen, K. L.*. Die Schweißung von Manganhartstahl, Elektroschweißung 11 (1940), H. 5, S. 78.
253) *Wimmer, P.*. Betriebserfahrungen mit Auftragschweißungen, Maschinenbau/Betrieb 21 (1942), H. 2, S. 69.
254) *Zeyen, K. L.*. Hochwertige Zusatzstoffe für Schweißarbeit im Bergbau, Elektroschweißung 7 (1936), H. 8, S. 141.
255) *Ammann, E.*. Anwendung der Auftragschweißung von Hartmetallen auf Arbeitsstücke und Werkzeuge, Sonderheft zur 72. VDI-Hauptversammlung (1934), S. 50.
256) *Schmidt, H.*. Elektrisches Unterwasserschweißen und -schneiden, Z. VDI 85 (1941), H. 2, S. 45.
257) *Tetzlaff, L.*. Einflußgrößen bei der Erprobung von Unterwasserschneid- und Schweißelektroden, T. Z. prakt. Metallbearb. 52 (1942), H. 11/12, S. 124 u. H. 13/14, S. 148.
258) *Hummitzsch, W.*. Elektroden zum Arbeiten unter Wasser, Elektroschweißung 14 (1943), H. 1, S. 7
259) Lichtbogenschweißung unter Wasser, Arcos-Hausmitteilungen 16 (1939), H. 91, S 1984.
260) *Stieler, C.*. Der Einfluß von Kühlmitteln auf das Schweißen, Elektroschweißung 11 (1940), H. 6, S. 93 u. H. 7, S. 115.
261) *Kautz, K.*. Stetige Handschweißung ohne Unterbrechung des Abschmelzvorganges, Elektroschweißung 10 (1939), H. 1, S. 7
262) *Raidt, W.*. Betrachtungen zur Bewährung der halbautomatischen und automatischen Lichtbogenschweißung in der Praxis, Elektroschweißung 14 (1943), H. 11, S. 152.
263) *Hafergut, G.*. Ein neues, automatisches Lichtbogenschweißverfahren besonderer Einfachheit, Elektroschweißung 10 (1939), H. 7, S. 126.
264) *Block, E.*. Selbsttätige Lichtbogenschweißung nach Elin-Hafergut bei der Herstellung von Druckluftbehältern, Die Wärme 64 (1941), H. 40, S. 365.
265) *Graf, O.* und *Munzinger, F.*. Untersuchungen an Schweißverbindungen, die mit Elin-Hafergut-Schweißverfahren hergestellt worden sind, Elektroschweißung 12 (1941), H. 8, S. 125.
266) *Ritter, P.*. Schweißung an unzugänglichen Stellen mit dem Elin-Hafergut-Verfahren, Elektroschweißung 13 (1942), H. 8, S. 120.

267) *Schreiber, A.:* Das Hafergut-Schweißverfahren für Dünnblechschweißung, Elektrotechnik u. Maschinenbau 60 (1942), H. 1/2, S. 15.

268) *Péter, L.:* Untersuchung und praktische Anwendung des Elin-Hafergut-Schweißverfahrens im Brückenbau, Elektroschweißung 13 (1942), H. 9, S. 125. Erörterung dazu. Elektroschweißung 13 (1942), H. 12, S. 175 u. 14 (1943), H. 3, S. 38.

269) *Klougt, W.*. Erfahrungen und Ergebnisse mit dem Elin-Hafergut-Verfahren, Elektroschweißung 13 (1942), H. 3, S. 33. Erörterung dazu: Elektroschweißung 13 (1942), H. 6, S. 91 u. H. 7, S. 109.

270) Selbsttätiges Lichtbogenschweißverfahren hoher Leistung, Z. VDI 86 (1942), H. 17/18, S. 278. Siehe auch Autog. Metallbearb. 35 (1942), H. 8, S. 118.

271) *Ranke* und *Tannheim:* Das Ellira-Verfahren — Ein neues elektrisches Schweißverfahren, Elektroschweißung 10 (1939), H. 6, S. 101.

272) *Tannheim, H.*. Die physikalisch-chemischen Grundlagen des Ellira-Verfahrens, Elektroschweißung 13 (1942), H. 2, S. 17.

273) *Tannheim, H.*. Über die Formfaktoren der Ellira-Schweißung, Elektroschweißung 14 (1943), H. 11, S. 141.

274) *Tannheim, H.*. Schweißversuche an M II-Kesselblech zum Nachweis der Eignung des Ellira-Verfahrens, Elektroschweißung 13 (1942), H. 12, S. 169.

275) *Albers, K.* Zugversuche an Stäben aus St 52 mit Längsnähten, die nach dem Ellira-Verfahren geschweißt wurden, Elektroschweißung 11 (1940), H. 11, S. 173 u. H. 12, S. 191.

276) *Aureden, H.*. Die Dickblechschweißung mit dem Ellira-Verfahren, Elektroschweißung 12 (1941), H. 9, S. 141.

277) *Schneider, W. J.:* Welche Faktoren beeinflussen die Schweißleistung und die Wirtschaftlichkeit der Lichtbogenschweißung im Stahlbau? Elektroschweißung 6 (1935), H. 9, S. 161.

278) *Schmid, A.*. Die Unkostenzuschläge in der Elektroschweißerei, Elektroschweißung 11 (1940), H. 10, S. 157

279) *Leisering, H.*. Kalkulation von Lichtbogenschweißungen, Maschinenbau/Betrieb 19 (1940), H. 10, S. 429.

280) *Horn, H.* und *Schäfer, E.*. Kalkulation von Schweißarbeiten, Werkstattstechnik 27 (1933), H. 1, S. 8.

281) *Meller, K.*. Beitrag zur Beurteilung von Schweißelektroden, Elektroschweißung 5 (1934), H. 4, S. 61; H. 5, S. 91, H. 6, S. 106 u. H. 7, S. 136.

282) *Müller, R.*. Beziehungen zwischen Schweißstrom, Schweißzeit, Energiekonsum, Elektrodenverbrauch und Schweißkosten, Schweiz. Bulletin 34 (1943), H. 19, S. 559.

283) *Matting, A.*. Der schweißtechnische Wärmewirkungsgrad, Elektroschweißung 14 (1943), H. 10, S. 129.

284) *Thoma, R.*. Über den Stromverbrauch bei der Lichtbogenschweißung, Arcos-Hausmitteilungen 14 (1937), H. 82, S. 1721.

285) *Staebler, J.*. Zusammenhänge in der Kostenermittlung beim Gas- und Elektroschweißen, Maschinenbau/Betrieb 17 (1938), H. 9/10, S. 247.

286) *Bauer, H.*. Zur Kostenermittlung beim Elektroschweißen, Maschinenbau/Betrieb 17 (1938), H. 21/22, S. 575.

287) Berechnung der Gestehungskosten von Schweißarbeiten mittels Fluchtlinientafeln, Arcos-Hausmitteilungen 14 (1937), H. 79, S. 1625. (Auch als Sonderdruck.)

288) *Renger, M.*. Bestimmung von Elektrodenmenge und Stückzahlen mit Hilfe eines Nomogrammes, Elektroschweißung 11 (1940), H. 3, S. 41.

289) Schweißen von Gußeisen, herausgegeben vom VDI-Fachausschuß für Schweißtechnik. Berlin, VDI-Verlag, 1943.

290) Einsparen von Monelektroden, Arbeitsblatt VDI 3066 des VDI-Fachausschusses für Schweißtechnik. Berlin NW 7, 1944.

291) *Krug, P.:* Kaltschweißung von Gußeisen, Z. VDI 84 (1940), H. 41, S. 777.

292) *Hesse, R.:* Einiges aus der Praxis der Gußeisenkaltschweißung, Elektroschweißung 10 (1939), H. 7, S. 135.

293) *Cornelius, H.:* Schweißen von Stahlguß, Gußeisen und Temperguß, Z. VDI 82 (1938), H. 37, S. 1079.

294) *Kohrs, K.:* Die Elektroschweißung gebrochener Maschinenteile aus Gußeisen, Maschinenbau/Betrieb 16 (1937), H. 11/12, S. 311.

295) *Stieler, C.:* Das Schweißen von Grauguß, Gießerei 26 (1939), H. 4, S. 82.

296) DIN E 2301, Zusatzwerkstoffe für Lichtbogen- und Gasschweißung der Sorten Ge 12·91 bis Ge 22·91, veröffentlicht in Maschinenbau/Betrieb 19 (1940), H. 7, S. 116.

297) Deutsche Reichsbahn, Technische Lieferbedingungen für gußeiserne Schweißstäbe, 918 206 A 4 8 c RBD Wien, H. IX, 34.

298) Das Schweißen von Kupfer und Messing, 2. Auflage. Werbeschrift des Deutschen Kupferinstitutes, Berlin W 50, 1940.

299) *Cornelius, H.:* Schweißen von Kupfer und Kupferlegierungen, Z. VDI 81 (1937), H. 48, S. 1375.

300) *Röll, W.:* Die Schmelzschweißung verschiedener Schwermetalle, Metallwirtschaft 20 (1941), H. 36, S. 888.

301) *Lessel, W.:* Die Schlauchelektrode zur Lichtbogenschweißung von Kupfer, Dissertation T. H. Hannover. Berlin, VDI-Verlag, 1936.

302) *Matting, A.* und *Lessel, W.:* Die Schlauchelektrode zur Lichtbogenschweißung von Kupfer, Elektroschweißung 7 (1936), H. 9, S. 161.

303) *Reitze, W.* und *Müller, B.:* Schweißen mit der Schlauchelektrode, Elektroschweißung 11 (1940), H. 4, S. 63.

304) Schweißen der Aluminiumbronzen. Werbeschrift des Deutschen Kupferinstitutes, Berlin-Charlottenburg 2, 1944.

305) *Matting, A.:* Anleitungsblätter für das Schweißen von Leichtmetallen. Berlin, VDI-Verlag, 1940.

306) *Ricken, Th.:* Das Schweißen der Leichtmetalle. Werkstattbücher Heft 35. Berlin, Verlag Julius Springer, 1941.

307) *Auchter, C.:* Über die Lichtbogenschweißung des Aluminiums, Aluminium 21 (1939), H. 2, S. 139.

308) Aluminium-Taschenbuch, herausgegeben von *M. H. Haas*, 9. Auflage. Berlin, Aluminium-Zentrale, Abt. Verlag, 1942.

309) *Matting, A.* und *Koch, H.:* Das Lichtbogenschweißen von Leichtmetallen. Tagungsbericht über die 3. Kjellberg-Tagung, S. 53. Kjellberg Elektroden- u. Maschinen G. m. b. H., Finsterwalde N.-L., 1938.

310) *Groebler, H.:* Die elektrische Aluminiumschweißung, Elektroschweißung 8 (1937), H. 3, S. 49.

311) *Auchter, C.:* Über die Ausführung der Lichtbogenschweißung des Aluminiums, Aluminium 21 (1939), H. 2, S. 147

312) *Auchter, C.:* Über die Anwendung der Lichtbogenschweißung des Aluminiums im Großbehälterbau, Aluminium 23 (1941), H. 5, S. 247

313) *Brenner, P.:* Gefüge- und Eigenschaftsänderungen von Aluminiumlegierungen beim Schweißen, T. Z. prakt. Metallbearb. 50 (1940), H. 15/18, S. 152.

314) v *Rajakovics, E.:* Über die Verwendbarkeit verschiedener Elektroden für die Lichtbogenschweißung von Aluminiumlegierungen, Elektroschweißung 14 (1943), H. 4, S. 45.

315) *Auchter, C.:* Die Fortschritte der Metall-Lichtbogenschweißung des Al und seiner Legierungen, Z. f. Metallkde. 29 (1937), H. 9, S. 310.

316) *Stieler, C.:* Die schweißtechnische Ausbesserung von Leichtmetallgußstücken, Gießerei 31 (1944), H. 12/13, S. 85.

317) *Röhrig, H.* und *Leins, H.*. Ein Vergleich zwischen der Autogen- und der Lichtbogenschweißung von Gußteilen aus Silumin-Gamma (G—Al—Si—Mg), Aluminium 25 (1943), H. 12, S. 422.

318) *Klosse, E.*: Stand und Aussichten des Lichtbogenschweißens von Magnesium-Gußlegierungen, Elektroschweißung 15 (1944), H. 6, S. 73.

319) *Thiemer, E.*. Schweißen von Leichtmetallen nach dem Arcatomverfahren, Elektroschweißung 11 (1940), H. 8, S. 125.

320) *Mäder, H.*: Über die Elektroschweißung von Al-Legierungen, Elektroschweißung 13 (1942), H. 4, S. 59.

321) *Siebel, E.*. Handbuch der Werkstoffprüfung. Berlin, Verlag Julius Springer, 1941.

322) *Poetter, H.*. Die Werkstoffprüfung im Maschinenbau. Leipzig, Verlag Julius Klinkhardt, 1941.

323) *Dümpelmann, R.*: Mechanische Prüfung von Schweißverbindungen, Autog. Metallbearb. 32 (1939), H. 5, S. 65 u. H. 6, S. 89.

324) *Koch, H.*: Praktische Erfahrungen bei der regelmäßigen Prüfung nach DIN 4100 von Elektroschweißern, Stahlbau 9 (1936), H. 26, S. 206.

325) *Freund, K.*. Erfahrungen und Ergebnisse bei der regelmäßigen Elektroschweißerprüfung nach „Vogefa", Elektroschweißung 11 (1940), H. 2, S. 21 u. H. 3, S. 46.

326) Richtlinien für die Ausbildung und Prüfung von Kesselschweißern (Erlaß des Reichswirtschaftsministers vom 30. November 1938), Autog. Metallbearb. 32 (1939), H. 7, S. 106.

327) Normung in der Schweißtechnik, Elektroschweißung 11 (1940), H. 6, S. 104.

328) *Matting, A.* und *Klein, H.*. Probestabformen für den Zug- und Faltversuch an Leichtmetallschweißungen, Autog. Metallbearb. 31 (1938), H. 13, S. 205.

329) *Koch, H.*. Die Verformungsprüfung von Schweißverbindungen, Elektroschweißung 12 (1941), H. 1, S. 2; H. 2, S. 20 u. H. 3, S. 40.

330) *Block, E.* und *Ellinghaus, H.*. Der Freibiegeversuch, Elektroschweißung 4 (1933), H. 7, S. 126.

331) *Matting, A.*. Der Reckversuch, Erfahrungen und Ergebnisse, Elektroschweißung 7 (1936), H. 3, S. 53.

332) *Blomberg, H.*. Über ein Verfahren für statische Prüfung von Schweißverbindungen, Elektroschweißung 6 (1935), H. 4, S. 61.

333) *Zeyen, K. L.*. Versuche mit Prüfverfahren zur Ermittlung der Verformungsfähigkeit von Mehrlagenschweißungen an weichem Flußstahl, Elektroschweißung 10 (1939), H. 2, S. 21, H. 4, S. 67; H. 5, S. 90.

334) *Matting, A.* und *Koch, H.*. Der Einfluß der Stabform auf die Zugfestigkeit von Werkstoffen und Schweißverbindungen unter Berücksichtigung der Bruchdehnung und der Härte, Elektroschweißung 5 (1934), H. 7, S. 127.

335) *Ricken, Th.*: Rollhärteprüfer für Schweißnähte, Werkstatt und Betrieb 73 (1940), H. 2, S. 32.

336) *Bardtke, P* und *Matting, A.*: Eignung des Kerbschlagversuches zur Prüfung von Schweißverbindungen, Autog. Metallbearb. 26 (1933), H. 18, S. 279 u. H. 19, S. 290.

337) *Jünger, A.*: Über Dauerfestigkeit der Werkstoffe, RDT. 20 (1940), Nr. 39, 40 u. 41.

338) Dauerfestigkeitsversuche mit Schweißverbindungen. Bericht des Kuratoriums für Dauerfestigkeitsversuche im Fachausschuß für Schweißtechnik im VDI, durchgeführt 1930 bis 1934. Berlin, VDI-Verlag, 1935.

339) *Cornelius, H.*: Die Dauerfestigkeit von Schweißverbindungen, Z. VDI 81 (1937), H. 30, S. 883.

340) *Thum, A.* und *Erker, A.*: Dauerbiegefestigkeit von Kehl- und Stumpfnahtverbindungen, Z. VDI 82 (1938), H. 38, S. 1101.

341) *Thum, A.* und *Erker, A.*. Wechsel-Verdrehfestigkeit von Kehlnahtverbindungen, Elektroschweißung 10 (1939), H. 11, S. 205.

342) *Brunner, P.:* Die bestimmenden Einflüsse auf die Biegewechselfestigkeit von Schweißverbindungen unter Ausschaltung der Formeinflüsse, Elektroschweißung 14 (1943), H. 7, S. 87.

343) *Thum, A.* und *Bautz, W.:* Zeitfestigkeit, Z. VDI 81 (1937), H. 49, S. 1407

344) *Volk, C..* Dauerfestigkeit und Belastungsgrenze geschweißter Proben, Elektroschweißung 10 (1939), H. 3. S. 54.

345) *Siebel, E.* und *Wellinger, K.:* Ermittlung der Dauerstandfestigkeit von Schweißverbindungen, Elektroschweißung 13 (1942), H. 7, S. 97

346) *Eisenkolb, F..* Schweißarbeit von Feinblechen und ihre Prüfung, Stahl u. Eisen 63 (1943), H. 31, S. 553.

347) *Tewes, K..* Metallographische Prüfung der Schweißung, Autog. Metallbearb. 34 (1941), H. 20, S. 321.

348) *Matting, A..* Zerstörungsfreie Prüfung von Schweißverbindungen im Stahlbau, Stahlbau-Kalender 1938, S. 402. Berlin, Verlag Wilhelm Ernst u. Sohn.

349) *Vaupel, O..* Zerstörungsfreie Werkstoffprüfung mit Röntgen- und Gammastrahlen. Frankfurt a. M., Verlag Otto Salle, 1944.

350) *Eggert, J.* und *Gajewski, H..* Einführung in die technische Röntgenphotographie. Leipzig, Verlag S. Hirzel, 1942.

351) *Berthold, R..* Atlas der zerstörungsfreien Prüfverfahren. Leipzig, Verlag Joh. Ambr. Barth, 1938, und spätere Lieferungen.

352) Vorschriften für den Hochspannungsschutz in nichtmedizinischen Röntgenstrahlen, VDE 0121 X/II, 40.

353) Verordnung zum Schutz gegen Schädigungen durch Röntgenstrahlen und radioaktive Stoffe in nichtmedizinischen Betrieben (Röntgenverordnung) vom 7. 2. 1941, Reichsgesetzblatt 1941, I, S. 88. Reichsarbeitsblatt 1941, III, 42.

354) Ausführungsbestimmungen zur Röntgenverordnung, Reichsarbeitsblatt 1941, III, 46.

355) Unfallverhütungsvorschriften für die Anwendung von Röntgenstrahlen in nichtmedizinischen Betrieben.

356) *Jaeger, R..* Strahlenschutzmessungen in technischen Röntgenbetrieben, Autog. Metallbearb. 34 (1941), H. 23, S. 369.

357) DIN Rönt 35, Bandfilme, Verstärkerfolien, Kassetten für Röntgenaufnahmen von Schweißnähten.

358) *Matting, A..* Vergleich zwischen Röntgenaufnahmen und mechanisch ermittelten Gütewerten von Schweißverbindungen, Bauingenieur 20 (1939), H. 15/16, S. 193.

359) *Nagel, K.:* Leichtmetallschweißungen im Röntgenbild, Autog. Metallbearb. 35 (1942), H. 20, S. 297

360) *Lindemann, R..* Neue Erfahrungen auf dem Gebiete der Röntgenüberwachung von Leichtmetallschweißungen, Metallwirtschaft 21 (1942), H. 45/46, S. 691.

361) *Lindemann, R..* Röntgenprüfung an Leichtmetallschweißungen, Metallwirtschaft 20 (1941), H. 28, S. 703.

362) *Bauermeister, A..* Einführung und Auswirkung der Röntgenprüfung bei Leichtmetallschweißungen, Metallwirtschaft 20 (1941), H. 28, S. 700.

363) *Kolb, W.:* Die zerstörungsfreie Prüfung in der autogenen Schweiß- und Härtetechnik, Autog. Metallbearb. 34 (1941), H. 14, S. 225.

364) DIN E 54 121: Begriffsbestimmungen und Prüfzeichen beim Magnetpulververfahren Z. VDI 87 (1943), H. 23/24, S. 369.

365) *Staebler, J..* Untersuchung von Schweißnähten mittels der magnetischen Werkstoffprüfung, Autog. Metallbearb. 31 (1938), H. 24, S. 393.

366) *Schropp, H..* Neues Verfahren zur Erzeugung von Magnetpulverbildern und deren urkundliches Festhalten, Autog. Metallbearb. 36 (1943), H. 23/24, S. 277.

367) *Dienst, H..* Das elektromagnetische Schweißnahtprüfverfahren nach dem System Unger-Hilpert erscheint demnächst in der Elektroschweißung.

368) *van Owerkerk, L.* und *Binkhorst, D. J.*. Vergleich der Kalkmilchprüfung mit dem Magnetpulververfahren zum Nachweis von Haarrissen, Wärme 64 (1941), H. 39, S. 357

369) *Holler, H.* und *Schneider, R.*. Neuerungen auf dem Gebiete des Autogenschneidens, Autog. Metallbearb. 28 (1935), H. 1, S. 1 u. H. 2, S. 17

370) *Schneider, R.*. Worin liegt die starke Verbreitung des Autogenschnittes begründet? Autog. Metallbearb. 34 (1941), H. 1, S. 2.

371) *Hilpert, A.* und *Röll, W.*. Mechanische und metallkundliche Fragen des Brennschneidens, Z. VDI 84 (1940), H. 17, S. 287

372) *Zobel, Th.*. Erhöhung der Schneidgeschwindigkeiten beim Brennschneiden durch neue Düsenformen. Berlin, VDI-Verlag, 1936.

373) *Schneider, R.*. Erhöhung der Schneidgeschwindigkeiten durch neue Düsenformen, Z. Schweißtechn. 29 (1939), H. 1, S. 8.

374) *Fibranz, E.* und *Le Comte, H.*. Maßhaltiges Brennschneiden, Stand der Schweißmaschinenentwicklung, Maschinenbau/Betrieb 20 (1941), H. 1, S. 13.

375) *Malisius, R.*. Fugenhobeln, ein neues wirtschaftliches Arbeitsverfahren als Hilfsmittel bei der Schweißfertigung, Elektroschweißung 14 (1943), H. 11, S. 147

376) *Eberle, W.*. Aus der Praxis des maschinellen Brennschneidens, Maschinenbau/Betrieb 19 (1940), H. 5, S. 201.

377) *Schoenmaker, P* und *Bergsma, H. A.*. Einfluß der autogenen Vorbearbeitung auf die Eigenschaften von elektrischen Schweißverbindungen, Autog. Metallbearb. 34 (1941), H. 12, S. 195.

378) *Wegerhoff, E.*. Die Anwendung des Azetylen-Brennschnittes als Schweißkantenvorbereitung im Stahlbau, Autog. Metallbearb. 34 (1941), H. 10, S. 161.

379) *Hougardy, H.* und *Schierhold, P.*. Das Brennschneiden von Eisen mit Plattierungen aus hochlegierten Chrom-, Chrom—Nickel- und Chrom—Manganstählen, T. Z. prakt. Metallbearb. 50 (1940), H. 13/14, S. 349.

380) *Zorn, E.*. Schneidversuche an plattierten Blechen, Metallwirtsch. 20 (1941), H. 36, S. 879.

381) Paketschneiden, ein neu entwickeltes Brennschneidverfahren, Werkstattstechnik u. Werksleiter 33 (1939), H. 7, S. 198.

382) *Zorn, E.*. Das Brennschneiden von Gußeisen, Werkstattstechnik 27 (1933), H. 1, S. 11 u. H. 2, S. 31.

383) *Trunschitz, V.*: Unterwasserschneiden, Autogenschweißer 9 (1936), H. 7/8, S. 86.

384) *Schmidt, H.*: Elektrisches Unterwasserschweißen und -schneiden, Z. VDI 85 (1941), H. 2, S. 45

STICHWORTVERZEICHNIS

GPSR Compliance

The European Union's (EU) General Product Safety Regulation (GPSR) is a set of rules that requires consumer products to be safe and our obligations to ensure this.

If you have any concerns about our products, you can contact us on ProductSafety@springernature.com

In case Publisher is established outside the EU, the EU authorized representative is:

Springer Nature Customer Service Center GmbH
Europaplatz 3
69115 Heidelberg, Germany

Batch number: 10577919

Printed by Printforce, the Netherlands